爱智文丛

STUDIES

悖论研究

第二版

陈波 著

ON

PARADOXES

北京大学出版社
PEKING UNIVERSITY PRESS

图书在版编目（CIP）数据

悖论研究/陈波著. —2 版. —北京：北京大学出版社,2017. 4
（爱智文丛）
ISBN 978 – 7 – 301 – 28119 – 2

Ⅰ. ①悖⋯　Ⅱ. ①陈⋯　Ⅲ. ①悖论—研究　Ⅳ. ①O144. 2

中国版本图书馆 CIP 数据核字（2017）第 034711 号

书　　　　名	悖论研究（第二版）	
	Beilun Yanjiu	
著作责任者	陈　波　著	
责 任 编 辑	王立刚	
标 准 书 号	ISBN 978 – 7 – 301 – 28119 – 2	
出 版 发 行	北京大学出版社	
地　　　　址	北京市海淀区成府路 205 号　100871	
网　　　　址	http://www. pup. cn　　新浪微博：@北京大学出版社	
电 子 信 箱	sofabook@163. com	
电　　　　话	邮购部 62752015　发行部 62750672　编辑部 62752728	
印 刷 者	北京中科印刷有限公司	
经 销 者	新华书店	
	965 毫米×1300 毫米　16 开本　33.25 印张　480 千字	
	2014 年 7 月第 1 版	
	2017 年 4 月第 2 版　2022 年 1 月第 4 次印刷	
定　　　　价	68.00 元	

目 录

CONTENTS

第二版序言

本书第一版获得"北京市第十四届哲学社会科学优秀成果奖"二等奖,早已于2015年年底售罄。应北京大学出版社要求,对第一版做小幅度的修订,推出第二版。本次修订涉及以下内容:

1. 原来的第十二章"中国文化中的怪论和悖论",罗列铺陈的成分多,研究性成分偏少。后来,我以此章内容为基础,从中西哲学比较的视角出发,撰写了一篇研究性英文论文《中国古代的六组悖论——从比较哲学的视角看》,发表在国际A&HCI期刊《亚洲哲学》上。此次修订,对该篇论文的中译文做了一些删改,用它替代了原来第十二章的内容。

2. 在原来第十一章概述罗尔斯正义论的部分,我加写了一段文字,讨论他构造正义论的重要方法之一,即"反思的平衡"。第一版有几处地方表述得不够准确和清晰,此次修订做了改写或重写,例如第一章"逻辑学初步"中关于矛盾律和排中律的表述,第四章中对一个推理题的重新解答,第七章中对睡美人疑难的重新表述,等等。

3. 从头至尾、仔细认真地对全书做了勘误,无分巨细,涉及字词、句子和符号等等。这里要特别感谢三个人:田茂先生和胡一乐同学认真阅读此书,不辞辛劳,逐一列出他们发现的可能的错讹之处,田先生还制成勘误表发送给我;我的博士生彭杉杉重新审读全书,也逐一标记出可能的错讹之处。在仔细核查之后,我做了必要的改动。非常感谢田茂、胡一乐和彭杉杉的热情帮助。

4. 有读者反映,第一版的字体过小,阅读有些不便;装帧设计也值得改进。出版社方面考虑到读者的感受,做了一些必要的调整和改进。

在《悖论研究》的基础上,北京大学出版社还推出了一个普及版本:《思维魔方:让哲学家和数学家纠结的悖论》,这是他们为了针对非专业读者群体而做出的安排。最后结果证明,他们的考虑很有道理,《思维魔方》更受市场欢迎，2016 年 6 月推出修订版。不过，若想对悖论做学术性理解和研究，特别是作为研究生教材，《悖论研究》或许更为合适。学界同仁对这两个版本都加以肯定，报纸杂志上已经发表了关于这两本书的多篇书评。

在以上两本书的基础上，我于 2015 年春季学期在北京大学重新开设了通选课"悖论研究"，并于 2015 年 10 月通过北京大学网络平台开设了慕课（大规模网上公开课）"悖论：思维的魔方"。我为该慕课拟定的口号是："学悖论课程，玩思维魔方，做最强大脑！"悖论慕课以后每学期都会挂在网上。有兴趣的读者可以访问北京大学主页，点击"教育教学"，再点击"慕课"，就可以找到该慕课网址。有兴趣的大学教师也可以利用我的悖论慕课资源，在所在大学进行悖论的翻转课堂教学，完全免费，只需告知我一下，以便有问题时及时沟通。2015 年 11 月，我邀请国内对悖论有研究或有兴趣的同仁，在北京大学召开了为期一天的"悖论：研究与教学"小型研讨会，与会者近 50 人。我在会上提出倡议：把悖论的研究与教学在中国做活、做火！该次会议的部分视频也可以在我的悖论慕课网站上观看或下载。2016 年 7 月，上海大学社会科学学院组织召开了"悖论研究与哲学时代化研讨会"，与会学者近 80 人。2016 年 10 月，我在北京大学组织召开了"悖论、逻辑和哲学"国际研讨会，来自美国、德国、荷兰、芬兰、意大利、澳大利亚、南非、日本、菲律宾以及中国港澳台和内地的 30 多位学者在会议上报告论文，来自国内不同学术机构的另外 30 多名学者和博士生旁听了会议。会议从"逻辑"和"哲学"两个角度探讨"悖论"问题，所涉及的具体论题包括：悖论的定义和特征、悖论的类型和分类、对某个或某类悖论的分析、关于某类和某个悖论的解决方案、悖论与真理论及其他议题的关联、有关悖论的中西方研究的评述、在大学开设悖论选修课的可能性及教学方法，等等。

《悖论研究》修订版受"北京大学研究生课程立项建设"经费资助。感谢本书读者对我的悖论著作感兴趣，欢迎你们继续对本书提出评论和修改建议。感谢本书责任编辑王立刚先生出色的眼光和认真负责的编辑工作。

陈　波

2017 年 1 月 5 日于京西博雅西园

序　言

这是一本"写"了近十年的书。

大约在 2004 年,我接到一个会议邀请,出席一个有关悖论的学术研讨会。在准备会议论文的过程中,我脑袋里忽然冒出一个问题:从悖论研究中,我们究竟应该期待什么? 当时中国的悖论研究有两大特点:一是集中关注逻辑—数学悖论和语义悖论,而对其他众多的悖论或悖论类型甚少关注;二是集中关注如何解决悖论,特别是用一个一揽子方案去解决所有悖论,至少是解决大多数有代表性的悖论。我对这两点都有所保留。经过一番思考,我对上面那个问题的回答是,悖论研究至少应该做以下事情,或者注意以下要点:

(1) 史实和现状的清理:历史上已经提出了哪些悖论? 其中哪些已经获得解决? 哪些尚待解决? 最好有一个相对完整的清单。

(2) 对历史上的那些悖论已经提出过哪些比较系统的见解和解决方案? 其中哪些比较成功? 哪些颇为失败? 它们各有什么优势和缺陷? 这件工作既是史实的清理,也是理论的思考。

(3) 在先前工作的基础上,我们能够提出关于悖论的哪些新见解,发现哪些新悖论或悖论的新类型,提出何种解决悖论的新方案? 它们对于相关学科有什么样的建设性作用?

(4) 由于悖论类型众多,表现形式繁杂,我们不太可能找到一个一揽子方案去解决所有悖论。因此,对于悖论比较明智的态度是:分而治之,各个击破,再在此基础上寻求适度概括,找出比较具有一般性的解决方案。

(5) 悖论既不能一揽子解决,也不能一劳永逸地解决。人类思考会不断发现新的悖论,它们或许有新的产生机制和作用机理,加上已经提出的各种悖论,它们一起不断要求我们去做新的思考和探索。

（6）对悖论的思考实际上是一种理智操练,锻炼我们的思考能力,培养一种思维态度。我当时脑袋里冒出一个比喻:悖论是"思维的魔方",它现在成了本书普及版的书名。从对悖论的研究中,我们应该培养一种健康的怀疑主义态度,一种适当留有余地的态度,一种适度宽容的态度,以及进行批判性思考的能力,它们正好是教条主义和独断论的反面,也正好是大学教育最应该传授给学生的。

正是从最后一点思考中,我当时产生一个想法:"悖论研究"应该成为大学教育的一门通识课程;在网上搜索,发现已经有不少国外大学开设了这样的课程。我立即着手向北京大学教务部门申请,开设一门全校通选课"悖论研究",获得批准;并准备撰写教材,2008 年与北京大学出版社签订出版合同,同年被批准列入"北京大学教材建设立项"名单,2009 年被批准列入"北京市高等教育精品教材建设项目"。大约在 2005 年和 2007 年,我先后两次在北京大学开设这样的通选课程,但由于下面三个原因后来停开了:一是悖论十分复杂,但手头没有一本可用的教科书;由于自己头绪太多,承诺太多,事情太多,自己的悖论书迟迟没有写出来。在没有相关教材的情况下,我自己讲起来和学生理解起来都很费劲;二是我自己还没有充分准备好,对有关资料搜罗不全,理解不透,讲起来有些吃力,并不得心应手,教学效果也不尽如人意;三是我于 2007—2008 年出国一年,研究的兴趣焦点发生转移。不过,我始终没有忘记我的悖论研究计划,认为它是一件很有价值的工作,故一直断断续续地写着;北京大学出版社王立刚先生也不时催促提醒;我近些年在国内多所大学做过多次悖论讲演,有些读者也不时来信追问,我的悖论书出版没有,何时出版。所有这些因素促使我下定决心,于 2013 年 10 月底最终完成了摆在读者面前的这本书——《悖论研究》。感谢北京大学出版社特别是王立刚先生的"耐心"等待:等了差不多十年!

在写作本书时,我立足于以下考虑,或者说,给自己提出了以下标准:

（1）在给出"悖论"的清晰、严格的"学术"定义之后,尽可能对"悖论"做最广义的理解,把大家通常叫做"悖论"的东西都分类型地搜罗在本书之中,条件是:它们有意思,对人类理智构成挑战,可以引发思考,启迪智慧。这本书,将是迄今为止对"悖论"搜罗最全、阐释最清晰的一本中文书;即使放到英文出版物中,这一说法大概仍然成立。在写作本书时,我的原则之一是:跟着"智慧"走,而不是跟着"名词""概念"走。

(2)本书不以解决悖论为目标,特别是不以一揽子解决所有悖论为目标。悖论的数目如此众多,类型如此庞杂,涉及的学科领域和知识如此宽广,要求我去逐一解决它们,远远超出我的能力之外。我必须老老实实承认:我做不到,甚至不想去这样做。但是,我将在每一种类型的悖论中,选择一些重点悖论,对它们做比较清楚、仔细、详尽、深入的分析和评论,有些文字是转述他人的研究成果,有些文字是述说我本人对它们的理解、分析、思考和研究。

(3)本书的目标读者是普通大学生,只要他们稍微耐心一点,就可以读下去,并且能够读懂,读起来还觉得有意思,或许还会产生对其中某些悖论做一番思考和探究的愿望。因此,本书写作力求避免匠气,多少有些灵气;条理力求清晰,文字力求有趣、有味、老道、耐读。写一本有关智慧的书,其写作方式也多少应让读者感觉到智慧的闪光:本书应该是一位"聪明人"为另外一些"聪明人"所写的、讨论一些"更聪明的人"提出来的"聪明问题"(尽管显得奇奇怪怪)的书。

(4)本书应该有一定的学术含量和学术品位,它不是市面上常见的那种薄薄的悖论小册子,随便罗列一些"悖论",不交代来龙去脉,其阐释不清楚不可靠。本书力求交代每一个悖论的来源,给有兴趣的读者提供可供进一步追溯的学术信息;写作过程中,若有参考和引用,尽可能一一注明。但需特别说明的是,本书写作过程历时近十年,且从讲稿演变而来,有些参考和引用或许有所遗漏,若有关人士发现,请予指正。本书应该是一位严肃的学者所写的一本严肃的学术著作,尽管它是写给大众读者看的。

(5)本书不仅应该受到当下读者的欢迎,成为畅销书,我个人希望,它能成为以后多所大学新开通识课程"悖论"的教材;还希望它成为长销书,即使过二三十年,它也能够被重印,仍然有不少读者,就像冯友兰的《中国哲学简史》、宗白华的《美学散步》和李泽厚的《美的历程》那样。好书不多，有长久生命力的更少。我曾经写到过："有不少书，其出版只对它的作者有意义，对读者几乎没有意义；它们的诞生就是它们的死亡。我不希望本书成为这样的书，相反真诚地希望，它能够成为畅销书，而且是长销书。"

本书基本上由我本人独立完成，但下列人士（他们大都是我的学生或已毕业的学生）撰写了其中相关部分，对此谨表谢意；我对这些部分做了修改和增补，并对它们的最终质量负责：

赵震：第六章第五节"对语义悖论的新近研究"；

王海若：第八章第四节"布洛斯逻辑谜题"；

刘靖贤：第十章"决策和合理行动的悖论"；

第十三章第三节"次协调逻辑与严格悖论"；

刘叶涛：第十一章第二节"主要道德悖论及其解读"

我的博士生彭杉杉以极其严肃认真的态度校对了本书清样，纠正了一些错讹，使本书质量得以改进，并帮助编撰了"名词索引"，特此致谢！

最后，我再次感谢北京大学出版社王立刚先生的耐心等待，以及他在编辑过程中所显示出的专业水准和判断力。

陈　波

2013 年 10 月 30 日

于京郊博雅西园

第一章　形形色色的悖论

第一节　悖论是什么? 不是什么?

"悖论"是英语词"paradox"的中译,后者源自于希腊词"παράδοξα"以及拉丁词"*paradoxa*",其中前缀"para-"表示"超过,超越,与……相反等",后缀"-doxa"表示"信念、意见、看法等"。从字面上说,悖论是指与公认的信念或看法相反的命题,或自相矛盾的命题,或荒谬的理论等。常与"paradox"在近似意义上使用的英文词还有:"antinomy"(二律背反,如康德关于时空性质的二律背反)、"riddle"(谜题,如古德曼的新归纳之谜)、"dilemma"(二难,如冲突义务二难)、"predicament"(困境,如囚徒困境),"puzzle"(谜题,如信念之谜)等等。

最早的悖论可追溯到公元前 6 世纪古希腊克里特岛人埃匹门尼德(Epimenides),他提出了说谎者悖论的最初形式:"所有的克里特岛人都说谎。"若他的话为真,由于他也是克里特岛人之一,则他也说谎,故他的话为假。若他的话为假,则有的克里特岛人不说谎,他可能是这些不说谎的克里特岛人之一,故他说的可能是真话。这被载入《圣经·新约》的《提多书》中,因而在西方世俗社会和学术界都很有影响。此后,对悖论的研究一直绵延不绝,至少经历了两个高峰期,一是欧洲中世纪经院哲学家对悖论的研究，一是从 19 世纪末叶一直延续到今天的悖论研究。

在中国先秦时期，庄子提出的"吊诡"一说，仍被某些中国学者用作"悖论"的代名词：

> 梦饮酒者，旦而哭泣；梦哭泣者，旦而田猎。方其梦也，不知其梦
> 也。梦之中又占其梦焉，觉而后知其梦也。且有大觉而后知此其大梦
> 也，而愚者自以为觉，窃窃然知之。"君乎！牧乎！"固哉！丘也与女
> 皆梦也，予谓女梦亦梦也。是其言也，其名为吊诡。万世之后而一遇
> 大圣知其解者，是旦暮遇之也。（《庄子·齐物论》）

这段话是隐士长梧子对瞿鹊子所说的，意思是说：人生无常，如梦如幻。有一夜，梦饮酒，好快活，哪知早晨醒来大祸临门，一场痛哭。又有一夜，梦伤心事，痛哭一场，哪知早晨醒来出门打猎，快活极了。做梦时不知是在做梦。梦中又做了一个梦，还研究那个梦中梦是凶还是吉。后来梦中梦醒了，才晓得那只是梦啊。后来的后来，彻底清醒了，才晓得从前的种种经历原来是一场大梦啊。蠢人醒了，自认为真醒了，得意洋洋，说长道短，谈起君贵民贱那一套，真是不可救药的老顽固。你老师孔丘，还有你本人，都是在做梦，只是自己不晓得。我说你们在做梦，其实我也是在说梦话。这样的说法，就是所谓的"吊诡"。我也不能把它们解释清楚。也许到遥远的将来，碰巧遇到一位有大智慧的人，他能够把它们解释得一清二楚。

先秦墨家也用到过"悖"这一概念，相当于某种自相矛盾的说法。例如，《墨经》说，"以言为尽悖，悖，说在其言"（《经下》）。"之人之言可，是不悖，则是有可也；之人之言不可，以当，必不当。"（《经说下》）这就是说，断言"所有言论都是假的"将导致矛盾：如若这句话是真的，则至少有的言论（如这句话）是真的，故"所有言论都不是真的"（即"所有言论都是假的"，因为不真＝假）就是假的。所以，说"言尽悖"者自己陷入了"悖谬"的境地。

在长达几千年的历程中，"悖论"或"吊诡"已成为一个庞大的家族，冠以"悖论"之名的各种语句或推论差异极大。我们有必要先厘清"悖论"的

精确含义,在此基础上展开对悖论的讨论。

一、对悖论的四种刻画

按目前的用法,"悖论"一词至少有以下 4 种含义:

1. 违反常识,有悖直观,似非而是的真命题。

在数学史上曾喧嚣一时的所谓"无穷小悖论"就是如此:微积分中的无穷小似零(作为加项可以略去),但又非零(可以作为分母),(表面上)自相矛盾。于是,当时的英国大主教、著名哲学家贝克莱(G. Berkeley, 1685—1753)说它像一个飘动不居的鬼魂。所谓的"伽利略悖论"也与此类似:对于任一自然数,都有且只有一个该数的平方数与之对应,由此会造成这样的结果,即作为整体的自然数竟与作为其一部分的平方数一样多!这与当时已知的数学知识相悖,因为当时还不能从数学上很好地理解和刻画"无穷"这个概念。在逻辑中,有为数众多的所谓"蕴涵悖论",例如著名的"实质蕴涵悖论":真命题被任一命题所蕴涵;假命题蕴涵任一命题;以及道义逻辑中的各种"道义悖论",如"罗斯悖论""导出义务的悖论"。这些"悖论"都是相应的逻辑系统中的定理,并且这些系统都是可靠的,内部并没有任何矛盾。这些定理之"悖"在于:它们有"悖"于关于相应概念的常识、直观、经验等,它们最多只能叫做"直观悖论"或"经验悖论",不属于严格意义的"悖论"之列。

2. 似是而非的假命题,与公认的看法或观点相矛盾,但其中潜藏着深刻的思想或哲理。

最典型的是古希腊哲学家芝诺(Zeno of Elea,约前 490—前 425)提出的四个"芝诺悖论",即"二分法""阿基里斯追不上龟""飞矢不动""一倍的时间等于一半"。这里仅以他的"二分法"为例:假定某个物体向一个目的地运动,在它达到该目的地之前必须先走完这路程的一半,而要走完这路程的一半,又要走完这一半的一半;要走完这一半的一半,则要先走完这一半的一半的一半，如此递推，以至无穷。因此，第一次运动所要达到的目标是没有的。没有第一次运动的目标就不可能开始运动，因此就没有运动，运动是不可能的。要注意，芝诺的论证并不是在描述或否认运动的现象和结果，而是要说明运动是如何可能的，我们应该如何在理智中、在思维中、在理论中去刻画、把握、理解运动！

与此类似的有德国哲学家康德(I. Kant, 1724—1804)关于时间和空间的四个"二律背反"。仅举一例：正题，"世界在时间上有开端，在空间上有界限"；反题，"世界并无时间的开端，也无空间的界限。就时空而言，它是无限的"。康德以触目惊心的形式揭示了世界本身就存在的矛盾。再如中国古代的名辩学家，曾提出了诸如"白马非马""鸡三足""卵有毛"这样一些表述形式怪诞的命题，其中有些命题甚至隐含集合论思想的萌芽。

3. 从一组看似合理的前提出发，通过有效的逻辑推导，得出了一对自相矛盾的命题，它们与当时普遍接受的常识、直观、理论相冲突，但又不容易弄清楚问题出在哪里，这时我们称导出了"悖论"。

例如，本书后面将谈到的布拉里—弗蒂悖论，康托尔悖论，理查德悖论，亨普尔的渡鸦悖论，古德曼的绿蓝悖论，凯伯格的彩票悖论，意外考试悖论，序言悖论等等，都属此列。其中，意外考试悖论是这样的：某位教授对学生们说，下周我将对你们做一次意外考试，你们在考前不能预先知道考试在哪一天。学生们如此思考：既然下周有考试，该考试必定在周一至周五的某一天。问题：该考试能够安排在周五吗？如果它被安排在周五，则周一至周四都未考试，我们就可推算出考试在周五，该考试不再令人意外。故该考试不能安排在周五。同样，该考试也不能安排在周四。因为，如果它被安排在周四，则周一至周三都未考试，我们就可预先推算出在周四或周五；已知考试不能在周五，故只能在周四，该考试也不再令人意外。类似地，可以论证其余三天都不可能安排考试。学生们由此得出结论：这样的意外考试不可能存在。但事实是：该教授在下周随便某一天突然宣布"现在考试"，也确实大大出乎学生们的意料。由此得到一个矛盾：意外的考试既可以进行,又无法实施。

如果从某些真实性本来就可疑的前提推导出矛盾,由于逻辑中不允许矛盾,根据否定后件就否定前件的规则,可以推知至少一个前提不成立,这时候没有悖论。例如,中国古代曾有"言尽悖"的说法,《墨经》反驳说:"以言为尽悖,悖,说在其言。"(《经下》)用印度因明的话来说,"言尽悖"这句话"自语相违",必定不成立。但"悖论"的特殊之处在于:推出矛盾的那些前提都得到很强的支持,否定任何一个前提都会导致很麻烦的后果,因而很难抉择。可以这样说:悖论是难解的矛盾。

4. 从一组看似合理的前提出发,通过看似正确有效的逻辑推导,得出了一个由互相矛盾的命题构成的等价式:p↔¬p。

这种悖论最典型的是"强化的说谎者悖论"和"罗素悖论"。前者是指这样一种情形:一个人说了唯一一句话:"我正在说的这句话是假的。"如果这句话是真的,则它说的是真实的情形,而它说它本身是假的,因此它是假的;如果这句话是假的,而它说它本身是假的,因此它说了真实的情形,因此它说了一句真话。于是,这句话是真的当且仅当它是假的。这是悖论!

通常把上面提到的"悖论"的第一种意义撇开,因为无论怎么定义,悖论似乎都不应该包括那些似非而是的命题。于是,还剩下以下可能性:如果把后面三种用法都包括在内,这是"悖论"的宽定义,有合理性,但不太科学;如果只包括后两种用法,这是"悖论"的中定义,我相当赞同;如果只包括第四种意义,则是"悖论"的狭定义,国内学界一般持这种看法。例如,《中国大百科全书·哲学卷》的"悖论"定义:"指由肯定它真,就推出它假,由肯定它假,就推出它真的一类命题。这类命题也可以表述为:一个命题 A,A 蕴涵非 A,同时非 A 蕴涵 A,A 与自身的否定非 A 等值。"[1]《辞海》的"悖论"的定义:"一命题 B,如果承认 B,可推得¬B;反之,如果承认

---

〔1〕《中国大百科全书·哲学》第 1 卷,北京:中国百科全书出版社,1987 年,33 页。

¬B,又可推得 B,则称命题 B 为一悖论。"[1] 张建军认为:"'公认正确的背景知识''严密无误的逻辑推导''可以建立矛盾等价式',是构成严格意义逻辑悖论必不可少的三要素。由此我们可以得到如下定义:逻辑悖论指谓这样一种理论事实或状况,在某些公认正确的背景知识之下,可以合乎逻辑地建立两个矛盾语句相互推出的矛盾等价式。"[2]

我基本上赞同张建军关于悖论三要素的说明,认为它是深刻的,但有两个严重保留:首先,我不太赞同把"悖论"仅限制于"由两个互相矛盾命题构成的等价式",因为有许多公认的"悖论",例如有关上帝的全能悖论和全知悖论,各种连锁悖论,各种归纳悖论,许多认知悖论(如摩尔悖论),都不表现为这样的等价式,勉强把它们化归于这样的等价式也不太自然。其次,在我看来,悖论意味着思维在某个地方出了毛病,但张建军的定义中很少有这个意涵,"公认正确的背景知识""严密无误的逻辑推导"这些字眼容易给人造成误导,似乎在导出悖论的过程中一切正常且正确。

试参看以下四个关于"悖论"的说明或定义:

蒯因(W. V. Quine,1908—2000)在《悖论的方式》一文中指出:"我们可以一般地说,一个悖论只是这样一个结论,起初听起来荒谬但却有论证去支持它吗? 我最终认为,这种说法是完全站得住脚的。但还有许多东西没有说出来。支持一个悖论的论证可能揭示了,一个被葬送掉的前提是荒谬的,或先前被看作是对物理理论或对数学或对思维过程至关重要的某个先入之见是荒谬的。因而,在看似最无辜的悖论中,可能隐藏着巨大灾难。历史上所发现的悖论,曾不止一次地正是对思想基础的主要重建。"[3]

苏珊·哈克(Susan Haack)在讨论悖论解决方案时指出:悖论在于"从表面上无懈可击的前提,通过表面上无可非议的推理,推出了矛盾的结论"。[4](着重号系引者所加)而一种合理的悖论解决方案不得不完成两

---

[1] 《辞海》(缩印本),上海:上海辞书出版社,1989 年,979 页。
[2] 张建军:《逻辑悖论研究引论》,南京:南京大学出版社,2002 年,7—8 页。
[3] 涂纪亮、陈波主编:《蒯因著作集》第五卷,北京:中国人民大学出版社,2007 年,9 页。
[4] Haack, S. *Philosophy of Logics*, Cambridge: Cambridge University Press, 1978, pp.138—139.

个任务：一是从形式上说明哪些表面上无懈可击的推论的前提或原则是不能允许的；二是从哲学上说明，为什么这些前提或原则表面上无懈可击的，但实际上是有懈可击的。

塞恩斯伯里（R. M. Sainsbury）断言："这就是我所理解的悖论：一个看起来不可接受的结论凭借看起来可接受的推理从看起来可接受的前提推导出来。现象必定具有欺骗性，因为可接受的东西不能通过可接受的步骤导出不可接受的东西。因此，一般而言，我们有下面的选择：或者该结论并非真正不可接受，或者该起点或者该推理有某些非明显的缺陷。"[1]

布莱克本（S. Blackburn）指出："当一组看起来毫无争议的前提产生了不可接受或自相矛盾的结论时，悖论出现了。解决一个悖论将牵涉到：或者证明前提中存在隐藏的缺陷，或者表明推理包含错误，或者表明看起来不可接受的结论事实上是可以容忍的。"[2]

以上四段引文旨在强调悖论意味着我们的思维在某些地方出了毛病——或者在前提，或者在推理过程，或者在结论本身，需要对其进行诊断和治疗。这是我所赞同的。因此，我更愿意接受下面的"悖论"定义：

> "如果某一个理论的公理和推理规则看上去是合理的，但在这个理论中却推出了两个互相矛盾的命题，或者证明了这样一个命题，它表现为两个互相矛盾的命题的等价式，那么，我们说这个理论包含一个悖论。"[3]

或者换一种更松散的说法：如果从看起来合理的前提出发，通过看起来有效的逻辑推导，得出了两个自相矛盾的命题或这样两个命题的等价式，则称导出了悖论。用公式表示：

$$p \rightarrow (q \wedge \neg q) \vee (q \leftrightarrow \neg q)$$

〔1〕 Sainsbury, R. M. *Paradoxes*, Third edition, Cambridge：Cambridge University Press, 2009, p. 1.

〔2〕 Blackburn, S. *Oxford Dictionary of Philosophy*, Oxford, New York：Oxford University Press, 1996, p. 276.

〔3〕 Fraenkel, A. A. and Bar-Hillel, Y, *Foundation of Set Theory*, Amsterdam：North-Holland Publishing Company, 1958, p. 1.

由此可以确定:p 是一悖论语句,这个推导过程构成了一个悖论。其要点在于:推理的前提看似明显合理,推理过程看似合乎逻辑,推理的结果则是自相矛盾的命题或者是这样的命题的等价式。

再引几部有相当权威性的哲学工具书所给出的关于"悖论"的定义或说明:

《美国哲学百科全书》:"悖论是一个论证,凭借严格的演绎从明显为真的前提推导出或似乎推导出一个荒谬的结论。"[1]

《劳特里奇哲学百科全书》:"从词源上说,一个悖论是某种与公认意见(dox)相反的(para)东西。如今,它意指一个看起来荒谬却有论证支持它的断言。当人们不清楚要抛弃哪一个前提时,悖论显现为'悖谬的'。"[2]

《剑桥哲学百科辞典》:"悖论,一串看起来可靠的推理,基于看起来真实的假设,却推导出一个矛盾(或其他明显为假的结论)。悖论表明,或者推理原则或者推理所基于的假设是有缺陷的。当我们清楚地识别出并拒绝了错误的原则或假设时,我们就说该悖论被解决了。对悖论的哲学兴趣源自于下述事实:它们有时候揭示了基础性的错误假设或者不正确的推理技巧。"[3]

请注意,以上这些关于"悖论"的说明或定义都没有特别强调"矛盾等价式"的概念,相反倒是强调了:悖论是一个推理过程,其前提看起来真实,其推理形式看起来有效,其结论却是一个矛盾或者是荒谬的命题。由此可以确定,这个推理过程中肯定有某些东西出错了,但却难以确定究竟错在哪里。这就是"悖论"。

在撰写本书时,我将对"悖论"做相当宽泛的理解,把许多有意思的、

〔1〕 Borchert, D. M. (ed.) *Encyclopedia of Philosophy*, 2nd edition, Michigan:Thomson Gale, 2005, vol. 5, p. 514.

〔2〕 Craig, E. (ed.) *Routledge Encyclopedia of Philosophy*, London and New York: Routledge, 1998, vol. 7, p. 215.

〔3〕 Audi, R. (ed.) *Cambridge Dictionary of Philosophy*, Second edition, Cambridge: Cambridge University Press, 1999, p. 643.

对人类智力构成挑战的东西都包括在内。我的写作原则之一是:跟着"智慧"走,而不是跟着"名词""概念"走。我以为,如此写作有助于传播知识,激起兴趣,引发思考,启迪智慧。

有必要强调指出:一方面,悖论很好玩。它们已经成为某种形式的思维魔方,老少咸宜,构成智力的挑战,激发理智的兴趣,养成思考的习惯,孕育新的创造性理论。另一方面,悖论又很难玩。理解悖论,需要掌握一些相关学科的基础知识;解决悖论更不容易,因为悖论表明:我们思维中某些最基本的概念出了问题,我们思维中某些最根本的原则遇到了麻烦。当试图解决这些问题、消除这些麻烦时,我们却发现:它们牵一发而动全身,会产生很多意料不到的后果,有些后果甚至比所要消解的悖论更讨厌。悖论不是那么容易被消解的:这既是悖论的麻烦之处,也是它们的迷人之处。

二、悖论不是谬误

所谓"谬误",通常指与真理相反的、虚假的、错误的或荒谬的认识、命题或理论,这是其广义;我们下面仅取其狭义,指在推理或论证过程中所犯的逻辑错误。从词源上说,英语词"fallacy"(谬误)就是指"有缺陷的推理或论证"。一个推理和论证要得出真实的结论,必须满足两个条件:一是前提真实,二是从前提能够合乎逻辑地推出结论。但前提真实这个条件,涉及命题的实际内容,涉及语言、思想和世界的关系,这是逻辑学管不了的。但如果要得出真实的或令人信服的结论,逻辑学要求前提必须真实,至少是论辩双方都能够接受。至于前提和结论之间的逻辑关系,则是逻辑学应该管也能够管的,是其职责之所在。谬误常常出现在前提与结论的逻辑关系上,它是指那些貌似正确、具有某种心理说服力、但经仔细分析之后却发现其为无效的推理或论证形式。

谬误的具体形式很繁杂,有人曾列出 113 种之多。如此多的具体谬误可以分为不同类型,例如,有人将符号学中"语形学、语义学和语用学"的三分法移植到谬误研究中,将谬误也区分为语形谬误、语义谬误和语用谬误;有人将谬误区分为形式谬误、实质谬误和无进展谬误。但较为普遍接受的做法是将其区分为"形式谬误"和"非形式谬误"两大类，再将后者分为若干小类。

所谓"形式谬误"，是指逻辑上无效的推理、论证形式。例如，"如果李鬼谋杀了他的老板，他就是一个恶人；李鬼没有谋杀他的老板，所以，李鬼不是一个恶人。"这个推理使用了命题逻辑中的"否定前件式"：如果 p 则 q，非 p，所以，非 q。这是无效推理，因为谋杀行为固然足以使某个人成为恶人，但恶人并不局限于谋杀者，还有许多其他的作恶手段，从"李鬼没有谋杀某人"不能推出"李鬼不是恶人"。再看下面两个三段论推理："有些政客是骗子，有些骗子是窃贼，所以，有些政客是窃贼。"这个推理的中项"骗子"不周延，即在相应前提中未被断定其全部外延，违反"中项在前提中至少周延一次"的规则。"所有新纳粹分子都是激进主义者，所有激进主义者都是恐怖分子，所以，所有恐怖分子都是新纳粹分子。"在这个推理中，小项"恐怖分子"在前提中不周延，在结论中却周延了，犯了"周延不当"的逻辑错误。又如，从 $\forall x \exists y R(x,y)$ 推出 $\exists y \forall x R(x,y)$，这是谓词逻辑中不正确的量词换序：假如取"自然数集"为个体域，R 表示"小于关系"，$\forall x \exists y R(x,y)$ 是说：任给自然数，都可以找到另外的自然数比它大，这等于说：没有最大的自然数；而 $\exists y \forall x R(x,y)$ 是说：有一个自然数，它比任何自然数都大，这等于说：有最大的自然数。显然，这个推理的前提真而结论假，该推理是无效推理。

所谓"非形式谬误"，是指结论不是依据某种推理形式从前提推出，而是依据语言、心理等方面的因素从前提推出，并且这种推出关系是无效的。通常把非形式谬误分为"歧义性谬误""假设性谬误"和"关联性谬误"三大类。兹举几例：

（1）概念混淆。自然语言中的词语常常是多义的，或者说是语义模糊的。如果人们在论证过程中，有意无意利用这种多义性和模糊性，得出不正确的结论，就会犯"概念混淆"的逻辑错误。例如："凡有意杀人者当处死刑，刽子手是有意杀人者，所以，刽子手当处死刑。"这个推理是不成立的，因为刽子手不是一般的"有意杀人者"，而是"奉命有意杀人者"。又如，三个秀才进京赶考，路上遇到一个算卦的，于是三人合算一卦，算命先生伸出了一个指头，并说"一"，然后不置一语。这个"一"实际上穷尽了所有可能性：三个秀才一起考上；一起考不上；只有一个考上；只有一个考不上。无论什么结果出来，算命先生都是对的，他所利用的就是卦语"一"的不确定性。再如，"蚂蚁是动物，所以，大蚂蚁是大动物"，"这是一头小象，而那是一只大蚯蚓，所以，这只小象比那只大蚯蚓小"。这里，大、小是相对概念，蚂蚁的"大"、动物的"大"、某匹象的"小"等是相对于不同类别而言的，不能混淆。

（2）窃取论题。指把论题本身或近似论题的命题当作论据去论证论题。有以下两种形式：

一是重复论题，即用另一种与论题在表述方式有差异，但实质内容没有差异的命题做论据。例如，"吸鸦片会令人昏睡，因为鸦片中含有令人昏睡的成分"；"整体而言，让每个人拥有绝对的言论自由肯定对国家有利，因为若社群里每个人都享有完全不受限制的表达自己思想感情的自由，对这个社群是非常有利的"。

二是循环论证：论证者要证明 A，这要用到 B，证明 B 要用到 C，证明 C 要用到 D，而证明 D 要用到 E，证明 E 又要用到 A。在兜了一个或大或小的圈子之后，又回到最初的出发点。例如，在《论辩的魂灵》一文中，鲁迅就以反讽的笔调揭露了顽固派的这种诡辩手法："你说谎，卖国贼是说谎的，所以你是卖国贼。我骂卖国贼，所以我是爱国者。爱国者的话是最有价值的，所以我的话是不错的。我的话既然不错，你就是卖国贼无疑了。"这里，顽固派所进行的是一个典型的循环论证：通过对方是卖国贼来证明自己是爱国者，通过自己是爱国者来证明对方是卖国贼。

有的学者正确地指出："应该记住这一点，一个很长的讨论是谬误的最有效的面纱。当诡辩以浓缩的形式呈现在我们面前时，像毒药一样，它立刻会被防备和厌恶。一个谬误若用几句话赤裸裸地加以陈述，它不会欺骗一个小孩;若以四开本的书卷加以'稀释',则它可能会蒙骗半个世界。"[1]

(3)赌徒谬误。在轮盘赌游戏中,除非经过特殊设计,红黑两色的出现概率是大致相等的,即通常所说的"五五波"。赌徒据此认为,如果红色先前出现过多,下次更有可能出现黑色;如果他以前老是输,他的下一把就有可能会赢,因此他继续赌下去,直到输光为止。这里出现了"赌徒谬误"。赌徒不明白下述道理:红黑两色的出现概率大体均等,这是大数定律,需要成千上万次实验;而红黑两色在某次投掷中的出现却是一个独立事件,与先前的事件没有任何关联,丝毫不受先前事件的影响,每种颜色的出现机会都是50%,即下一次输赢的机会还是各占一半。

赌徒谬误在日常生活中有很多表现。例如,某对农村夫妇生了四个女儿,他们特别想要一个儿子,于是给第四个女儿起名为"招弟"。他们盘算,既然男孩和女孩的出生比例大体均等,我们已经生了四个女儿,若再生一个肯定是儿子。于是,他们一共生了九个女儿。"赌徒谬误"把他们弄得筋疲力尽,一贫如洗。再如,当某支股票价格长期上扬,在初期,投资者可能认为股价走势会持续,"买涨不买跌";可一旦股价一直高位上扬,投资者又担心上涨空间越来越小,价格走势会"反转",所以卖出的倾向增强。这是股票交易中的"赌徒谬误",其根本原因在于:人们倾向于认为,如果一件事总是连续出现一种结果,则很可能会出现不同的结果来将其"平均"一下。正是这种思维使投资者更加相信股价反转出现的可能性。但这是不一定的:股市既可能在相当长一段时间内持续处于"牛市",也可能在相当长一段时间内持续处于"熊市"。

应该强调的是,"悖论"不是"谬误"。一般而言,"谬误"有以下特点:

(1)论证的前提不真实或未被证明为真实,或者论证利用了未明确陈述的前提,而未陈述的前提却是假的或者是有问题的;

---

[1] Whately, R. *Elements of Logic*, London: Longmans Green, 1948, vol. 3, section 5。转引自武宏志、马永侠:《谬误研究》,西安:陕西人民出版社,1996 年,197 页。

（2）从前提推出结论的过程中，有些步骤不合逻辑，有意无意地违反了逻辑规则；

（3）利用了有心理、情感说服力，却没有理性说服力的论证手段，如诉诸权威、人身攻击等；

（4）谬误大多是局部性、浅层的和表面的，很容易被识别出来；

（5）谬误很容易被反驳和消解掉，不会长久造成不良后果。

"悖论"与"谬误"相同的地方在于：有些悖论前提有缺陷，或者某些推理步骤有问题。但两者不同的地方在于：悖论是更深层的和全局性的，源自于我们的理智深处；产生悖论的真正原因很难被发现；悖论也很难被消解掉，一种解悖方案常会产生另外的严重问题，甚至新产生的问题与原来的悖论一样令人讨厌，甚至可能更难以被人接受。

三、悖论不是诡辩

如果有意识地运用谬误的推理形式去证明某个明显错误的观点，以便诱使人受骗上当，从中不当谋利，这就是诡辩。德国哲学家黑格尔指出："诡辩这个词通常意味着以任意的方式，凭借虚假的根据，或者将一个真的道理否定了，弄得动摇了，或者将一个虚假的道理弄得非常动听，好像真的一样。"[1] 因此，诡辩是一种故意违反逻辑规律和规则、为错误观点所进行的似是而非的论证和辩护。请看下面的例证：

> 两个 15 岁中学生找到他们的老师，问道："老师，究竟什么叫诡辩呢？"
>
> 老师稍稍考虑了一下，然后说："有两个人到我这里来做客，一个人很干净，另一个人很脏，我请这两个人洗澡，你们想想，他们两个人中谁会洗呢？"
>
> "那还用说，当然是那个脏人。"学生脱口而出。
>
> "不对，是干净人，"老师反驳说，"因为他养成了洗澡的习惯，而

---

[1] 黑格尔：《哲学史讲演录》第 2 卷，贺麟、王太庆译，北京：商务印书馆，1983 年，7 页。

脏人却觉得自己没有什么可洗的。再想想看,是谁洗澡了呢?"

"干净人。"两个学生改口说。

"不对,是脏人,因为他需要洗澡。"老师反驳说,然后再次问到,"如此看来,我的客人中谁洗澡了呢?"

"脏人!"学生喊着重复了第一次的回答。

"又错了,当然是两个人都洗了。"老师说,"因为干净人有洗澡的习惯,而脏人需要洗澡。怎么样?到底谁洗澡了呢?"

"那看来是两个人都洗了。"学生犹豫不决地回答。

"不对,两个人都没有洗,因为脏人没有洗澡的习惯,干净人不需要洗澡。"

"有道理,但是我们究竟该怎样理解呢?"学生埋怨道,"您每次都讲得不一样,而且似乎总是有道理。"

"正是如此。你们看,这就是诡辩:以貌似讲理的方式行不讲理之实。"

再看如下两个诡辩:

酗酒论证:去年,有 6000 人死于醉酒,有 4000 人死于开车,但只有 500 人死于醉酒开车。因此,醉酒开车比单纯醉酒或单纯开车更安全。

此论证的悖谬在于:它用造成死亡人数的绝对量而不是相对比例来比较一些行为方式的安全性。假如去年有 600 万人醉过酒,有 30 万人开车,但只有 1000 人醉酒开车。那么,酒醉死亡的比例是 1‰,开车死亡的比例是 1.3%,而酒醉开车死亡的比例是 50%。哪一种行为方式更危险,不是一目了然了吗?按照该论证的逻辑,我们甚至可以得出吃饭比核事故更危险的结论,因为在中国,去年吃饭时被噎死的人数(包括老人和小孩)肯定比死于核事故的人数多。

粒子论证:一位粒子物理学家开玩笑说,自从 1950 年以来,所有的费米子都是在美国发现的,所有的玻色子都是在欧洲发现的。很遗憾,希格斯粒子是玻色子,所以,它不可能在美国被发现。

这个论证的悖谬之处在于，它利用了一个没有明确提及且虚假的预设：如果 x 至今尚未成功地做到 y，则 x 就不可能成功地做到 y。由此，该论证可表示如下：

如果 x 至今尚未成功地做到 y，则 x 不可能成功地做到 y。

美国科学家在过去的 60 年都未能成功发现玻色子，

所以，美国科学家不可能成功地发现包括希格斯粒子在内的任何玻色子。

虽然上述推理是有效的，但其大前提即那个预设是不成立的，故那位物理学家原来的那个论证也不能成立：仅仅从其明示的前提出发不能得出他的结论，而未明示的那个前提却是错误的。

应该强调的是，"悖论"不是"诡辩"。粗略说来，诡辩有以下特点：

（1）诡辩者"居心不良"，有意为错误观点辩护，试图把水搅浑，以谋取不当利益；

（2）诡辩者有意使用虚假前提；

（3）诡辩者有意使用不合逻辑的推理技巧；

（4）诡辩者的错误是局部性、浅层的和表面的；

（5）诡辩很容易被发现和被反驳。

"悖论"与"诡辩"最大的不同在于：悖论是诚实而严肃的理智探讨的结果，其目的是为了探求真理、追求智慧；悖论的发现不仅使其他同行和外行感到吃惊，而且首先是使发现者自己感到吃惊；悖论对严肃的思考者都构成理智的折磨；悖论源自我们的理智深处，其产生原因非常复杂，不那么容易被消解掉。

第二节　悖论有哪些类型？

1925 年，英国数学家拉姆塞（F. P. Ramsey，1903—1930）在一篇题为《数学基础》的论文中，最先把当时已知的悖论分为逻辑—数学悖论和语义悖论两大类。他认为，有一种悖论不涉及内容，只与元素、类或集合、属于和不属于、基数和序数等数学概念相关，它们能用符号逻辑体系的语言表述，并且只出现在数学中，这样的悖论是逻辑—数学悖论。另外一种悖论不是纯逻辑和纯数学的，而与一些心理的或语义的概念，如意义、命名、指称、定义、断定、真、假相关。这类悖论并不出现在数学中，它们可能不是产生于逻辑和数学中的错误，而是源自于心理学或认识论中关于意义、指称、断定等概念的含混。[1] 拉姆塞的悖论分类很快被普遍接受，只不过后来常把逻辑—数学悖论改称为"语形悖论"，于是我们有下述的悖论分类表：

语形悖论	语义悖论
布拉里—弗蒂悖论	说谎者悖论及其变种
康托尔悖论	格雷林悖论（非自谓悖论）
罗素悖论	理查德悖论
理发师悖论	贝里悖论
等等	等等

不过，早在古希腊就已发现的与模糊性有关的连锁悖论，如秃头、谷堆等，以及与无穷有关的悖论，如芝诺悖论等，都很难归入上述两类范畴。中世纪逻辑学家还讨论了许多认识论悖论，即与知道、相信、怀疑、犹疑这类认识论概念以及真假这类语义概念相关的悖论；以及与命令、答应、允诺或希望这一类指导行动的话语或态度有关的悖论，如某人颁布了唯一一道命令："不执行这道命令！"听话人究竟是执行还是不执行这道命令？后来把与语境和认知主体及其背景知识有关的悖论称为"认知悖论"。人们还在不同学科领域发现了不同的悖论，例如，除古典归纳悖论（休谟问题）外，还有多个新归纳之谜；各种与合理行动和决策有关的悖论，如囚徒悖论和纽康姆悖论；一些哲学悖论，特别是一些道德悖论；等等。

在本书中，我将把广义"悖论"分为以下 10 组，对它们做分门别类的介

[1] Ramsey, F. P. *The Foundations of Mathematics and Other Logical Essays*, ed. by R. B. Braithwaite, London and New York: Routledge and Kegan Paul Ltd, 1931, pp. 1—61.

绍和讨论。

（1）扰人的二难困境

（2）模糊性：连锁悖论

（3）芝诺悖论和无穷之谜

（4）逻辑—集合论悖论

（5）语义悖论

（6）归纳悖论

（7）认知悖论

（8）决策和合理行动的悖论

（9）一些道德悖论

（10）中国文化中的怪论与悖论

据我所知,本书将是中文出版物中对悖论所做的最全面、最系统、最专门的探讨。这种说法即使放到英文出版物中也仍然成立。我希望,它会受到读者的欢迎,并对其理智生活构成挑战,有所裨益。

第三节　如何合理地解决悖论?

罗素(B. Russell)可能最先考虑了这一问题,主要针对逻辑—数学悖论和语义悖论。他认为,一个悖论解决方案应至少满足三个条件:让悖论消失;让数学尽可能保持原样;非特设性,即此方案的提出除了"能够避免悖论"这一理由之外,还应该有别的理由。[1]

苏珊·哈克对悖论解决方案提出了更明确的要求:

> 这种解答应该给出一个无矛盾的形式理论(语义学的形式理论或者集合论的形式理论,视情况而定),换言之,它能够阐明哪些表面上无懈可击的推论的前提和原则是不能允许的(形式的解决方法);另外,它应该解答为什么这些前提或原则表面上是无懈可击的,但实际

---

〔1〕 参见罗素:《我的哲学发展》,温锡增译,北京:商务印书馆,1982 年,70 页。

上却是有懈可击的(哲学上的解决办法)。很难精确地说明对这种解释的要求是什么,但大致说来,这种解释应该表明被拒斥的前提或原则本身就是有缺陷的,这就是说,这些缺陷不依赖被拒斥的前提或原则导致悖论。要避免那些所谓的解决方法——这样做尽管很难,但却很重要——这些解决方法简单地给违法的语句贴上标签,这种做法表面上振振有词,实际上一钱不值。更进一步的要求涉及一种"解决方法"的范围:这个范围不应该大到削弱我们需要保留的推理的程度(即"不要因噎废食"原则);但这个范围必须足够大,以至可以堵死所有相关的悖论性的论证("不要从油锅里跳到火坑中"原则)……[1]

也有人不同意其中某些要求,特别是"非特设性"这一条,例如冯·赖特(G. H. von Wright)认为,矛盾律和排中律是思维的基本规律和最高准则。假如使用某个短语或词去表示、指称某个事物时导致矛盾,这就是不能如此使用这个词或短语的理由;假如从某个悖论性语句或命题能够推出矛盾,这就是该语句或命题不成立的理由。通过对说谎者悖论和非自谓悖论的详细分析,他指出:

> 悖论并不表明我们目前所知的"思维规律"具有某种疾患或者不充分性。悖论不是**虚假推理**的结果。它们是从虚假的前提进行正确推理的结果,并且它们的共同特征似乎是:正是这一结果即悖论,才使我们意识到(某前提的)假。倘若不发现悖论,该前提的假也许永远不会为我们所知——正像人们可能永远不会知道分数不能被 0 除,除非他们实际地尝试去做并得到一个自相矛盾的结果。[2]

在综合前人意见的基础上,我认为,一个合适的悖论解决方案至少要满足下面三个要求:

(1)让悖论消失,至少是将其隔离。这是基于一个根深蒂固的信念:

---

[1] 苏珊·哈克:《逻辑哲学》,罗毅译,北京:商务印书馆,2003 年,172 页。
[2] 冯·赖特:《知识之树》,胡泽洪等译,北京:三联书店,2003 年,489—450 页。

思维中不能允许逻辑矛盾。而悖论是一种特殊的逻辑矛盾,所以仍然是不好的东西,它表明我们的思维在某个地方患了病,需要医治;或者说,我们的大脑"计算机"的某个程序染上了病毒,如果能够直接杀毒,把病毒歼灭,最好;如果不能,至少需要暂时把这些"病毒"隔离起来,不能让其继续侵蚀其他健康的机体。

(2)有一套可行的技术方案。正如张建军指出的:"悖论是一种系统性存在物,再简单的悖论也是从具有主体间性的背景知识经逻辑推导构造而来,任何孤立的语句都不可能构成悖论。"[1]因此,患病的是整个理论体系,而不是某一两个句子,"治病"(消解悖论)时我们既不能"剜肉补疮",更不能把"病人"治死,即轻易摧毁整个理论体系,这不符合一个重要的方法论原则——"以最小代价获最大收益",后者要求我们在提出或接受一个新理论或假说时,要尽可能与人们已有的信念保持一致;假如其他情况相同的话,一个新假说所要求拒斥的先前信念越少,这个假说就越合理。于是,当提出一种悖论解决方案时,我们不得不从整个理论体系的需要出发,小心翼翼地处理该方案与该理论各个部分或环节的关系,一步一步把该方案全部实现出来,最后成为一套完整的技术性架构。

(3)能够从哲学上对其合理性做出证成或说明。悖论并非只与某个专门领域发生关联,相反它涉及我们思维的本源和核心,牵涉的范围极深极广,对于此类问题的处理必须十分小心谨慎。应该明白,技术只是实现思想的工具,任何技术性方案背后都依据一定的思想,而这些思想本身的依据、理由、基础何在,有没有比这更好更合理的供选方案等等,都需要经过一番批判性反省和思考。若没有经过批判性思考和论战的洗礼,一套精巧复杂的技术性架构也无异于独断、教条和迷信,而无批判的大脑正是滋生此类东西的最好土壤。

至于通常特别看重的"非特设性",我不再特别强调。它是上面提到的技术可行性和修改理论的保守性策略的应有之义。一个解决悖论的方

---

[1] 张建军:《逻辑悖论研究引论》,8 页。

案,如果除了消除悖论这一个理由之外,还得到许多其他经验的、直觉的等理由的支持,这当然是好事情。一个新理论得到的支持越多越好,并且它对已有理论的伤害越小越好。不过,假如有人认为,悖论是我们思维中的"癌症",不治愈它就不能挽救我们的理论体系,必须"下猛药"才能"治重症",也未尝不可,只是需要对这一点做出哲学论证,并提出相应的技术方案。

第四节　悖论研究的意义

初看起来,悖论近乎是一些违背常识和直观的"胡说八道",就好像一只猫咬着自己的尾巴乱转,最后把自己弄得晕头转向,自己不认得自己了。我们为什么要关注悖论、研究悖论? 这里列出如下一些理由:

(1) 悖论以触目惊心的形式向我们展示了:我们的看似合理、有效的"共识""前提""推理规则"在某些地方出了问题,我们思维的最基本的概念、原理、原则在某些地方潜藏着风险。揭示问题要比掩盖问题好。

(2) 通过对悖论的思考,我们的前辈们提出了不少解决方案,由此产生了许多新的理论,它们各有利弊。通过对这些理论的再思考,可以锻炼我们的思维,由此激发出新的智慧。

(3) 从悖论的不断发现和解决的角度去理解和审视科学史和哲学史,不失为一种独特的视角。例如,悖论曾经造成西方数学史上的三次"危机":由$\sqrt{2}$造成的"毕达哥拉斯悖论",以及"芝诺悖论"所涉及的对无穷的理解,导致"第一次危机",其正面结果之一是引入了无理数,导致数的概念扩大。在 17 世纪末和 18 世纪初,由所谓的"无穷小量悖论"引发"第二次危机",其正面结果是发展了极限论,为微积分奠定了牢固的基础。20世纪初,由罗素悖论引发"第三次危机",其正面结果是建立了公理集合论、逻辑类型论和塔斯基的语义学等等。有人还试图以哲学史上所发现的"悖论"为线索,去重建西方哲学史的叙述架构。[1]

---

〔1〕 罗伊·索伦森:《悖论简史:哲学和心灵的迷宫》,贾红雨译,北京:北京大学出版社,2007 年。

（4）对各种已发现和新发现的悖论的思考，可以激发我们去创造新的科学或哲学理论，由此推动科学和哲学的繁荣和进步。

（5）通过对悖论的关注和研究，我们可以养成一种温和的、健康的怀疑主义态度，从而避免教条主义和独断论。这种健康的怀疑主义态度有利于科学、社会和人生。

从悖论研究中，我们究竟能够期待一些什么？我认为，我们可以有以下期待：

第一，史实的清理：历史上已经提出了哪些悖论？其中哪些已经获得解决？哪些尚待解决？最好有一个相对完整的清单。

第二，对历史上的悖论已经提出过哪些比较系统的见解和解决方案？其中哪些比较成功？哪些颇为失败？它们各有什么优势和缺陷？这件工作既是史实的清理，也是理论的思考。

第三，在先前工作的基础上，我们能够发现哪些新悖论或悖论的新类型？能够提出什么样的关于悖论的新见解和新方案？

第四，根据关于悖论的新见解和新方案，是否需要对已有的知识体系（特别是逻辑）做出必要的修改或调整？并且，我们能够发展出哪些新的带有建设性的理论或技术方案？

如此等等。

附录：逻辑学初步

要比较好地理解悖论和本书的内容，需要掌握一些最初步的逻辑知识。

一、命题逻辑和谓词逻辑

逻辑学是关于推理和论证的科学，其主要任务是提供识别有效的推理和论证与无效的推理和论证的标准，并教会人们正确地进行推理和论证，识别、揭露和反驳错误的推理和论证。逻辑包括演绎逻辑和归纳逻辑，前者研究演绎推理,后者研究归纳推理。

推理是从一个或者一些已知的命题得出新命题的思维过程或思维形式,其中已知的命题是前提,得出的新命题是结论。下面两段话都表达推理:

> 如果你热爱生命,那么你别浪费时间;你确实热爱生命,所以,你别浪费时间。

> 有的学生尊敬所有的老师,所以,所有的老师都被有的学生尊敬。

推理是由命题组成的,推理的前提和结论单独看起来都是一个个命题。对命题的不同分析会导致对推理结构的不同分析,并最终导致不同的逻辑类型。

对命题的第一种分析方法是:把单个命题看作不再分析的整体,称为"简单命题"或"原子命题",通过一些连接词可以把它们组合成为更复杂的命题。在日常语言中,这类连接词有:

> (1) 并且,然后,不但……而且……,虽然……但是……,既不……也不……,等等;

> (2) 或者……或者……,也许……也许……,要么……要么……,等等;

> (3) 如果……那么……,只要……就……,一旦……就……,只有……才……,不……就不……,除非……,等等;

> (4) 当且仅当,如果……那么……,并且,只有……才……,等等;

> (5) 并非,并不是,等等。

因为它们连接的是命题,故称其为"命题联结词"。为简单起见,我们用"并且"作为第一类联结词的代表,用"或者"作为第二类联结词的代表,用"如果,则"作为第三类联结词的代表,用"当且仅当"作为第四类联结词的代表,用"并非"作为第五类联结词的代表。通过这些联结词,我们可以由一个个命题,如"李冰能力很强""李冰品德高尚""樱桃红了""芭蕉绿了"等等,组合成为更复杂的命题。例如:

（6）樱桃红了并且芭蕉绿了。

（7）李冰能力很强或者李冰品德高尚。

（8）如果王强身高 1.8 米，则王强是高个子。

（9）只有姚刚不畏劳苦，他才能获得成功。

（10） x + 5 = 0，当且仅当，x = − 5。

（11）并非所有的花都是有香味的。

这里，第一类联结词叫做"合取联结词"，由它们形成的命题叫做"合取命题"；第二类联结词叫做"析取联结词"，由它们形成的命题叫做"析取命题"；第三类和第四类联结词叫做"条件联结词"，由它们形成的命题叫做"条件命题"或"蕴涵命题"，其中表示条件的命题叫做"前件"，表示结果的命题叫做"后件"；第五类联结词叫做"否定词"，由它们形成的命题叫做"负命题"。这些命题统称为"复合命题"，其中的原子命题或简单命题称为"支命题"。

上面所用作例子的一些命题，实际上可以换成任一命题。为了表示这种一般性，我们引入命题变项即小写字母 p, q, r, s, t 等来表示任一命题，用符号"∧""∨""→""↔""¬"来依次表示"并且""或者""如果，则""当且仅当""并非"这五个联结词，于是得到下述公式：

$$p \wedge q$$

$$p \vee q$$

$$p \rightarrow q$$

$$p \leftrightarrow q$$

$$\neg p$$

它们分别是"合取命题""析取命题""蕴涵命题""等值命题"和"负命题"的一般形式。

任何一个推理都可表示为一个"如果前提（成立），那么结论（成立）"的条件命题，只需用"并且"把它的前提（如果有多个前提的话）连接成一个合取命题，作为该条件命题的前件；把它的结论作为该条件命题的后件。

一类推理以复合命题作前提或结论,叫做"复合命题推理"。

> 健全的法制或者执政者强有力的社会控制能力,是维持一个国家
> 社会稳定的必不可少的条件。Y 国社会稳定但法制尚不健全。因此,
> Y 国的执政者具有强有力的社会控制能力。

这个推理的形式结构是:$(r \to (p \lor q)) \land (r \land \neg p) \to q$。

以复合命题为对象,研究它们各自的逻辑性质以及相互之间的逻辑关系,所得到的逻辑理论叫做"命题逻辑"。

对命题的另一种分析方法是:把一个简单命题分析为个体词、谓词、量词和联结词等成分。

个体词包括个体常项和个体变项,它们究竟指称什么样的对象取决于论域,即由具有某种性质的对象所组成的类。个体常项仅限于专名,在逻辑中用小写字母 a, b, c 等表示,经过解释之后,它们分别指称论域中某个特定的对象,随论域的不同,这些对象可以是 0、1、长江、长城、毛泽东等。个体变项 x, y, z 等表示论域中不确定的个体,随论域的不同它们的值也有所不同。如果论域是全域,个体变项 x 就表示全域中的某个东西;如果论域是"人的集合",个体变项 x 就表示某个人;如果论域是"自然数的集合",个体变项 x 就表示某个自然数。

谓词符号包括大写字母 F, G, R, S 等,经过解释之后,它们表示论域中个体的性质和个体之间的关系。一个谓词符号后面跟有写在一对括号内的适当数目的个体词,就形成最基本的公式,叫做"原子公式",例如 $F(x)$,$G(a), R(x, y), S(x, a, y)$。如果一个谓词符号后面跟有一个个体常项或个体变项,则它是一个一元谓词符号。一元谓词符号经过解释之后,表示论域中个体的性质。如果一个谓词符号后面跟有两个个体词,则它是一个二元谓词符号。依此类推,后面跟有 n 个个体词的谓词符号,就是 n 元谓词符号。二元以上的谓词符号,经过解释之后,表示论域中个体之间的关系。例如,若以自然数为论域,令 a 为自然数 1,R 表示"大于",则 $R(x, y)$ 是说"x 大于 y";令 S 表示"… + … = …",则 $S(x, a, y)$ 是说"$x + 1 = y$"。

量词包括全称量词"∀"和存在量词"∃"，它们可以加在原子公式前面。"∀xF(x)"读作"对于所有的 x 而言，x 是 F"，"∃xR(x,y)"读作"存在 x 使得 x 与 y 有 R 关系"。前面带量词的公式叫做"量化公式"，例如∀xF(x)，∃xR(x,y)。原子公式和量化公式都可以用命题联结词连接起来，形成更为复杂的公式，例如：

$$\forall x F(x) \wedge G(a)$$
$$\exists x(F(x) \vee R(x,y))$$
$$S(x,a,y) \rightarrow \forall x(\neg F(x) \leftrightarrow S(x,a,y))$$

对命题进行上述这种分析后，不仅可以表示性质命题（直言命题）及其推理，而且可以表示关系命题及其推理。例如，直言命题"所有 S 都是 P"可表示为：

$$\forall x(S(x) \rightarrow P(x))$$

若用"T(x)"表示"x 是投票人"，用"H(y)"表示"y 是候选人"，用"R(x,y)"表示"x 赞成 y"，则"有的投票人赞成所有候选人，所以，所有候选人都有人赞成"这个推理可表示为：

$$\exists x(T(x) \wedge \forall y(H(y) \rightarrow R(x,y))) \rightarrow \forall y(H(y) \rightarrow \exists x(T(x) \wedge R(x,y)))$$

把一个简单命题分析为个体词、谓词、量词和联结词等成分，研究如此分析后的命题形式及其相互之间的推理关系，所得到的逻辑理论叫做"谓词逻辑"。

二、逻辑学基本规律

通常认可的"逻辑基本规律"有三条：同一律、矛盾律和排中律，它们构成理性思维最基本的前提与预设，是理性的对话、交谈能够进行下去的最起码前提，分别确保理性思维的确定性、一致性和明确性。

1. 同一律

同一律的内容是：在同一思维过程中，一切思想（包括概念和命题）都必须与自身保持同一。可用公式表示如下：

$$A \text{ 是 } A$$

这里，"A"指在思维过程中所使用的任一概念或命题。

所谓概念保持同一，是指概念的内涵和外延必须保持同一：一个概念具有什么意思就具有什么意思，指称什么对象就指称什么对象。例如，"人"这个概念可以表示一个动物种类，也可以表示属于这个种类的每一个体。如果在同一思维过程(同一思考、同一表述、同一交谈、同一论辩)中，你在第一种意义上使用"人"这个语词，你就必须始终在这个意义上使用该语词；如果你也需要在第二种意义上使用"人"这个语词，你必须特别声明，并指出它们之间的区别，强调这两个"人"字表达两个不同的概念，两者之间不能任意转换和过渡。例如，从"人是由猿猴进化而来的，张三是人"，不能推出"张三是由猿猴进化而来的"，因为前提中的两个"人"字表达不同概念。

所谓命题保持同一，是指命题自身的意思和真假值保持同一。在同一个思维过程中，如果在什么意义上使用一个命题，就必须始终在该意义上使用该命题。从命题的真假角度说，一个命题是真的就是真的，是假的就是假的。从论辩的角度说，在一个论辩过程中，讨论什么论题就讨论什么论题，不能偏题、离题、跑题。例如，如果你断定了"$E = MC^2$"，在同一个思维过程中就必须坚持这一断定，不能随便改成"$E \geq MC^2$"，也不能随便改成"$E \leq MC^2$"。如果你发现你先前的断定错了，你要明确指明这一点，并且最好给出证据和证明。

如果无意识地违反同一律在概念方面的要求，会犯"混淆概念"的逻辑错误；如果有意识地违反同一律在概念方面的要求，则会犯"偷换概念"的逻辑错误。如果无意识地违反同一律在命题和论辩方面的要求，会犯"转移论题"的逻辑错误；如果有意识地违反同一律在命题和论辩方面的要求，则会犯"偷换论题"的错误。

同一律的作用在于保证思维的确定性，以便人们之间的思想交流能够顺利进行。

中国人是勤劳勇敢的,懒汉朱八戒是中国人,所以,懒汉朱八戒是勤劳勇敢的。

解析:在这个推理中,"中国人"在两个前提中有不同意义:在大前提中是指作为一个民族的中国人,而在小前提中是指单个中国人。所以,它在两个前提中表达了两个不同的概念,不能起到架通小项与大项的桥梁或媒介作用,不能必然推导出结论。

在一家大众旅馆里,一位旅客在半夜被一群打牌人的哄笑声惊醒,他善意地对那群打牌人说:"都夜里12点多钟了,你们休息吧。""你睡你的,管不着我们。"其中一位打牌人说。"你们这样大声吵闹,影响别人休息。""影响别人,又不影响你,关你什么事?!"

解析:当那位旅客对那群打牌人说"你们这样大声吵闹,影响别人休息"时,其中的"别人"是相对于打牌人说的,指打牌人之外的其他人,当然包括那位旅客;但当打牌人说"影响别人,又不影响你,关你什么事"时,其中的"别人"是相对于那位旅客说的,指该位旅客之外的其他人,不包括该旅客本人,而包括那群打牌人。打牌人犯了"混淆或偷换概念"错误。

2. 矛盾律

矛盾律应该叫做(禁止)矛盾律,或(不)矛盾律。其内容是:两个互相矛盾的命题不能同真,必有一假。可用公式表示如下:

$$并非(A 并且非 A)$$

这里,"A"代表一个命题,"非A"代表A的否定命题。由于两个互相反对的命题蕴涵各自的否定,故两个互相反对的命题也不能同真,必有一假。在这种派生的意义上,矛盾律中的"非A"既包括与A互相矛盾的命题,也包括与A互相反对的命题。

两个命题互相矛盾,是指它们不能同真,也不能同假。例如:

"所有 S 是 P"与"有些 S 不是 P"

"所有 S 不是 P"与"有些 S 是 P"

"a 是 P"与"a 不是 P"

"p 并且 q"与"非 p 或者非 q"

"p 或者 q"与"非 p 且非 q"

"如果 p 则 q"与"p 且非 q"

"只有 p 才 q"与"非 p 且 q"

"必然 p"与"可能非 p"

"必然非 p"与"可能 p"

都是相互矛盾的命题。

两个命题互相反对,是指它们不能同真,但可以同假。例如:

"所有 S 是 P"与"所有 S 不是 P"

"所有 S 是 P"与"(这个或那个)S 不是 P"

"所有 S 不是 P"与"(这个或那个)S 是 P"

"必然 p"与"不可能(必然非)p"

都是互相反对的命题。

矛盾律要求:在两个互相矛盾或互相反对的命题中,必须否定其中一个,不能两个都肯定。否则,会犯《韩非子》里的"自相矛盾"的逻辑错误。

矛盾律的作用在于保证思维的一致性,即无矛盾性。

以下哪些议论犯了"自相矛盾"的错误,除了

A. 电站外高挂一块告示牌:"严禁触摸电线!500 伏高压一触即死。违者法办!"

B. 一个小伙子在给他女朋友的信中写道:"我爱你爱得如此之深,以至愿为你赴汤蹈火。星期六若不下雨,我一定来。"

C. 他的意见基本正确,一点错误也没有。

D. 今年研究生考试,我有信心考上,但却没有把握。

E. 读万卷书不如行万里路,行万里路不如阅人无数,阅人无数不如名师指路,名师指路不如自己领悟。

解析:或许有人不同意选项 E 中的那些说法及其推论,但其中并无"自相矛盾"的错误,而其他各项都犯有"自相矛盾"的错误。故正确答案是 E。

找出话语之间表面上的矛盾尽管也是必要的,但更重要的是要挖掘一个理论内部隐藏着的矛盾,而这需要洞察力、逻辑训练和相关知识。例如,亚里士多德的理论"物体的下落速度与物体的重量成正比"统治物理学近两千年。伽利略通过一个思想实验对它提出了质疑。他假设亚氏理论成立,并设想有这样两个物体:A 重 B 轻,按照亚氏理论,下落时 A 快 B 慢。再设想把 A、B 两个物体绑在一起形成 A + B,A + B 显然比 A 重,按照亚氏理论,A + B 下落比 A 快;A + B 中原来 A 快 B 慢,在下落时慢的 B 拖住了快的 A(即两物的合成速度小于等于其中最快的那个物体的速度),因此,A + B 下落比 A 慢。而两个结论相互矛盾,因此,亚氏理论不成立。伽利略由此提出了他自己的理论:(在真空条件下)物体的下落速度与物体的重量没有关系,据说还进行了一次著名的实验(即比萨斜塔实验)来验证他的理论。

我想说的都是真话,但真话我未必都说。

如果上述断定为真,则以下各项都可能为真,除了

A. 我有时也说假话。

B. 我不是想啥说啥。

C. 有时说某些善意的假话并不违背我的意愿。

D. 我说的都是我想说的话。

E. 我说的都是真话。

解析:答案是 C。题干断定:我想说的都是真话。由此可推出:假话都不是我想说的。这和"有时说某些善意的假话并不违背我的意愿"矛盾。因此,如果题干为真,则 C 项不可能为真。由题干推不出我一定不说假话,

因而 A 项可能为真。由题干也推不出我可能会说假话，因而 D 项和 E 项可能为真。

3. 排中律

排中律的内容是：两个互相矛盾的命题不能同假，必有一真。可用公式表示如下：

$$A \text{ 或者非 } A$$

这里，"A"代表一个命题，"非 A"代表 A 的否定命题。若就词项逻辑而言，"A"和"非 A"中一个是特称肯定命题，另一个是全称否定命题，或者相反。若两个特称命题"有些 S 是 P"和"有些 S 不是 P"都为假，我们会得到两个互相反对的命题"所有 S 不是 P"和"所有 S 是 P"，由此可推导出一对矛盾；由于逻辑不允许矛盾，故两个具有下反对关系的命题也不能都假，其中必有一个为真，例如"有些花是红色的"与"有些花不是红色的"。在这种派生的意义上，排中律也适用于两个具有下反对关系的命题。

排中律的逻辑要求是：对两个互相矛盾的命题不能都否定，必须肯定其中一个，否则会犯"两不可"的错误。

排中律的作用在于保证思维的明确性。

于是，根据矛盾律，对两个互相矛盾的命题，不能同时都肯定，否则犯"自相矛盾"的错误；根据排中律，也不能同时都否定，否则犯"两不可"的错误。因此，在一对相互矛盾的命题中间，必定是肯定一个否定另一个；或者说，任一命题必定或者为真或者为假，非真即假，非假即真。这就是所谓的"二值原则"。一般使用的逻辑都是建立在这个原则之上的，因此叫"二值逻辑"。

学校在为失学儿童义捐活动中收到两笔没有署真名的捐款，经过多方查找，可以断定是周、吴、郑、王中的某两位捐的。经询问，周说："不是我捐的"；吴说："是王捐的"；郑说："是吴捐的"；王说："我肯定没有捐"。最后经过详细调查证实四个人中只有两个人说的是真话。

根据已知条件,请你判断下列哪项可能为真?

A. 是吴和王捐的。

B. 是周和王捐的。

C. 是郑和王捐的。

D. 是郑和吴捐的。

E. 是郑和周捐的。

解析:答案是 C。吴和王的话是矛盾的,根据排中律,其中必有一真且只有一真。又由题干,四个人中只有两人说真话,因此,周和郑两人中有且只有一个人说真话。假设郑说真话,周说假话,则可得出:是吴和周捐的款;假设周说真话,郑说假话,则可得出:是周和吴都没捐,而是郑和王捐的。这两种假设都没导致矛盾。因此,根据题干的条件,有关四人中哪两人捐款,有两种情况可能为真:(1) 吴和周捐的款;(2) 郑和王捐的款。其余的情况一定为假。因此,选项 A、B、D 和 E 不可能为真;C 项可能为真。

第二章 扰人的二难困境

第一节 苏格拉底的诘问法

苏格拉底(Socrates,前469—前399)堪称哲学家的典范,他曾把自己比作将人们从精神的慵懒、怠惰和自欺中刺醒的"牛虻"。他把"认识你自己"这句格言变成了他的终身践履。据记载,德尔菲神庙的祭司传下神谕说,没有人比苏格拉底更有智慧。为了验证神谕,苏格拉底向他在公共场合遇到的任何人提问,特别是那些自诩有智慧的人,例如政治家、诗人和手工艺匠人。他主要关心伦理问题,例如什么是德行,什么是勇气,什么是友谊,什么是美,什么是丑等,并且开始提问时总是很谦谨:请教一下……当他的对手给出关于这些问题的一个概括性说明和总体性定义后,他会进一步问更多的问题,或举出有关的反例。在他的诘难之下,与他讨论的人通常会放弃其开始给出的定义而提出一个新定义,而这个新定义接着又会受到他的质询,最后这个谈话对象会被弄得一脸茫然、满腹狐疑。由此,苏格拉底不仅证明了他人的无知,而且也证明了他自己除了知道自己无知外,其实也一无所知,这也就是他比其他人更有智慧的地方。他把这套方法比作"精神助产术",即通过比喻、启发等手段,用发问与回答的形式,使问题的讨论从具体事例出发,逐步深入,层层驳倒错误意见,最后走向某种确定的知识。它包括以下环节：

（1）反驳：举出该论断的一些反例；

（2）演绎：从对方论断中引出矛盾；

（3）归纳：从个别例证中概括出一般；

（4）诱导：提出对方不得不接受的真理；

（5）定义：对一般做出概要性解释。

因此，亚里士多德说："有两件事情公正归之于苏格拉底，归纳推理和普遍定义，这两者都与科学的始点相关。"[1]

一、苏格拉底悖论

苏格拉底断言："我知道我一无所知，这就是我比其他人更有智慧的地方。"

这似乎是一个悖论：如果苏格拉底真的知道自己一无所知，则他至少在这一点上有所知，故他不再是一无所知，因而他说知道自己一无所知就是假的。矛盾！

类似地，人们常说："世界上没有绝对真理。"不知道这句话本身算不算一个"绝对的真理"？彻底的怀疑论者说："我什么也不相信，我怀疑一切！"不知道他们是否相信他所说的这句话？他们是否怀疑"我怀疑一切"这句话？还有这样一条规则："所有规则都有例外，除了本规则之外。"不知道这条规则是否还会有其他的例外？

不过，经过仔细思考，我同意这样的论断：把苏格拉底上面的话视为自相矛盾，甚至是视为一个悖论，是对柏拉图关于苏格拉底的记述的误读。泰勒（C. C. W. Taylor）指出：

> 虽然苏格拉底经常说他不知道怎么回答辩论所涉及的问题，但是他从来没有说过他什么都不知道。事实上，他有几次强调过，他有一定的知识，这在《申辩篇》里最为明显。在这篇对话中他有两次声明，

---

[1] 苗力田主编：《亚里士多德全集》第七卷，北京：中国人民大学出版社，1993年，297页。

他知道放弃自己的神圣的使命是错误和可耻的行为（29b，37b）。他所要否认的是他拥有智慧，继而否认他在教导民众。显然他明白，教育就是授人以智慧和学识（19d—20c）。考虑到他在《申辩篇》里宣称，只有神才拥有真正的智慧，人的智慧与这种智慧相比（23a—b）根本不值一提，那么，他否认有智慧可以理解为是对人的局限性的承认，拥有一种能够洞察万物的智慧，那是神所独有的特权。无论是苏格拉底还是其他任何人都不能奢望这种智慧，苏格拉底否认自己有这种智慧，其实是在坚决抵制人类普遍存在的那种亵渎神灵的傲慢。

　　……苏格拉底的确承认有一种自己无法达到的理想的知识范式，但他说过自己懂得某些特殊的知识。这相当于说，只有满足这种范式才能称作知识，而苏格拉底自己的知识状态不能满足这种范式的要求，因此只能称作意见。只要把专家的知识称作完整的知识，把普通人的知识称作零散的知识，我们就可以区分满足范式要求的知识和不满足范式要求的知识，这样也就用不着否认后者也可以冠以知识的头衔（……）。[1]

苏格拉底所注重的是道德知识，他有一个著名的口号："德性即知识。"但是，他不承认在道德问题上有任何专家，至少不承认人类在此问题上有任何权威。因此，没有人（包括他自己在内）有权声称拥有道德真理，做这种声称的人不是出于无知，就是有意骗人。

二、欧绪弗洛：对不一致的无知

欧绪弗洛（Euthyphro）的父亲有一名奴隶，在酒后争吵中杀死了另一名奴隶。为了阻止他造成进一步伤害，欧氏的父亲把他绑起来，堵住嘴巴，并扔到沟中；与此同时，派人到雅典请教神巫如何处置此人。在等待消息的过程中，那名奴隶死于沟内。因为这个缘故，欧绪弗洛控告他的父亲谋杀他人。

---

[1] 泰勒：《众说苏格拉底》，欧阳谦译，北京：外语教学与研究出版社，2007 年，170—173 页。

苏格拉底对欧氏的做法表示怀疑,要求他必须确定控告自己父亲的行为是否正当,以免触怒诸神。为了证明自己行为的正当性,欧绪弗洛在论辩中表明他相信下面4个命题:

(1)起诉我的父亲是神圣的。

(2)诸神都同意欧绪弗洛控告他父亲这件事情是神圣的。

(3)奥林匹斯诸神之间彼此争斗,互相欺骗,相互为敌。

(4)关于何种行为是公义或不公义、神圣或不神圣等问题,诸神之间存在分歧。

从欧绪弗洛所持有的信念(3)和(4)出发,苏格拉底推出如下信念:

(5)关于欧绪弗洛起诉自己的父亲谋杀这件事情,诸神之间并没有一致的看法。

因此,欧绪弗洛必须相信,某些神灵并不认为他起诉自己的父亲这件事情是公义或神圣的。这与他的信念(2)不一致。

苏格拉底认为,欧绪弗洛没有分辨开下面两个问题:一项行为是神圣的是因为诸神喜悦它,还是诸神喜悦一项行为是因为它是神圣的?苏氏和欧氏都同意诸神喜悦一项行为是因为它是神圣的,而这表明,欧氏确实相信:神圣的本性不依赖诸神对它的喜悦!因此,欧氏本人的观点中隐藏着逻辑的不一致。[1]可以把这种无知称为"对不一致的无知"。

当苏格拉底通过从对方的信念中推出逻辑矛盾来反驳对方时,他必定已经认识到了矛盾律的作用:理性思维中不能允许逻辑矛盾,尽管他对矛盾律尚没有给予清楚而明确的表述。

三、拉刻斯:对定义的无知

关于苏格拉底的"诘问法",其大致步骤是:在对话过程中,先提出问题,使对方对某一道德问题提出最初的定义;其次引进一些事例,从而暴露

---

[1] 参见《欧绪弗洛篇》,载《柏拉图全集》第一卷,王晓朝译,北京:人民出版社,2002年,231—255页。

出这些最初的定义或者太宽泛,或者太狭隘,因而是不合适的,对方必须放弃原定义而提出新定义,这样继续下去,直到最后得到一个比较令人满意的、能够揭示某一道德行为的本质特征的定义为止。下面以《拉刻斯篇》[1]中关于"勇敢"的讨论为例。

拉刻斯本人是一位著名的勇士,自认为对勇敢的行为很了解。苏格拉底问他,在所有被称为"勇敢"的行为中有什么共同特征?拉刻斯回答说:"一个能坚守岗位、与敌拼搏而不逃跑的人,你就可以说他是勇敢的。"苏格拉底随即找出了一些并不在战场上发生的勇敢的例子,例如,有人在大海上、在疾病中、在贫困中、在政治活动等中表现为勇敢的,而这些例子是拉刻斯的定义所没有涉及的,因而其定义过于狭隘,是错误的。拉刻斯接受这种看法,并将其定义修改为:"勇敢是灵魂的忍耐。"苏格拉底接着指出,勇敢是一种高贵的品质,而忍耐却有愚蠢的、邪恶的、有害的忍耐,因此拉刻斯的定义过于宽泛,是错误的。拉刻斯又承认了这一点,并为此深感苦恼:"在思想中我确实明白什么是勇敢。但不知怎么的,它马上就溜走了,以至我不能在语言中把握它,说出它是什么。"苏格拉底鼓励他不要放弃:"亲爱的朋友,优秀的猎手必定紧随猎犬不轻易放弃追逐。"拉刻斯回答说,"确实如此。"拉刻斯在这里显露出"对定义的无知"。

"对不一致的无知"和"对定义的无知",是一般"无知"的两种表现形态。苏格拉底知道这两类"无知",并且还知道自己"无知",这就是他比其他人"有智慧"的地方。

四、关于结婚的二难推理

据说,苏格拉底曾劝男人们都要结婚,他的规劝是这样进行的:

> 如果你结婚,
> 你或者娶到一位好老婆,或者娶到一位坏老婆,
> 如果你娶到一位好老婆,你会获得人生的幸福;

---

[1] 苗力田主编:《古希腊哲学》,北京:中国人民大学出版社,1989 年,212—218 页。

如果你娶到一位坏老婆,你会成为一位哲学家;

所以,你或者会获得人生的幸福,或者会成为一位哲学家。

这两个结果都是可以接受的,

所以,你应该结婚。

在苏格拉底看来,即使成为一位哲学家,也不是一件太坏的事情。他本人就是一位哲学家。尽管不能由此推出他的老婆就一定坏,但据说他的老婆确实也不太好,经常对他作河东狮吼。恐怕也难怪他的妻子,因为苏格拉底作为一位哲学家是杰出的,但他作为一名丈夫甚至可能是不合格的。据说他长相丑陋,没有什么财产,整天又热衷于与人辩论,由此证明别人的无知,并证明他自己除了知道自己无知外其实也一无所知。当这样丈夫的妻子也实在是不容易。

苏格拉底在规劝时使用了如下的推理形式:

如果 M,

或者 P 或者 R,

如果 P 则 Q;

如果 R 则 S;

所以,或者 Q 或者 S。

Q 和 S 都是可接受的,

所以,M。

从逻辑上说,苏格拉底的规劝是不成立的:他从结婚的两种可能后果都是可接受的,推出男人们应该结婚的结论。他使用的是充分条件假言命题的肯定后件式推理:如果 P 则 Q;Q,所以,P。这是一种无效的推理形式。举个反例:如果某人感冒,则某人发烧;某人发烧了,所以,某人感冒了。即使此推理的前提都真,其结论也不一定真,因为感冒固然能引起发烧,别的原因——如某个内部器官的炎症——也能引起发烧。所以,从"某人发烧"不能必然地推出"某人感冒",最多推出"某人可能感冒了"。

顺便指出,古希腊的斯多亚派构造了另一个推理,旨在劝男人们不要结婚[1]：

> 如果你结婚，
>
> 或者你与一位漂亮的女人结婚，或者你与一位丑陋的女人结婚，
>
> 如果她是漂亮的，你将与人分享她；
>
> 如果她是丑陋的，你将面对一个惩罚；
>
> 但这两者都不是你所想要的，
>
> 所以，你不要结婚。

斯多亚派所使用的推理形式是：

> 如果 M，
>
> 或者 P 或者 R，
>
> 如果 P 则 Q；
>
> 如果 R 则 S；
>
> 所以，或者 Q 或者 S。
>
> Q 和 S 都是不可接受的，
>
> 所以，非 P。

这个推理形式在逻辑上是有效的，但结论却是不可接受的。这只有一种可能：该推理至少有一个前提不成立。我认为，这个推理的两个假言前提都有问题，不成立。如果与一位美人结婚，就一定要与人分享她吗？不一定吧。假如你各方面的条件足够优秀，假如她的道德意识足够稳固，即使面对众多诱惑，也不一定会红杏出墙、给你戴上绿帽子吧？再说，美与丑没有公认的客观的标准，情人眼里出西施，你爱一位女子，那就有爱她的理由，你至少可以接受她吧？怎么会是成天面对一个惩罚呢？既然该推理的两个前提都不成立，该推理的结论也不成立。青年男女们，别听斯多亚派的，还是结婚吧，俩人携手相伴，同走人生的旅程，一起经历酸甜苦辣，这样的人生丰富而充实。丰富而充实的人生比贫乏而枯寂的人生不止好一千倍！

---

[1] 参见 Mates, B. *Stoic Logic*, Berkeley：University of California Press, 1953, p. 52。

第二节　普罗泰戈拉:半费之讼

在雅典民主制时期,人们在议论时政、法庭辩护、发表演说、相互辩论时,都需要相应的技巧或才能。于是,传授文法、修辞、演说、论辩知识的所谓"智者"(Sophists)应运而生,他们靠收徒讲学为生,其活动具有很强的功利性。他们重在培养学生在演说和辩论方面的技艺,以便在政治和诉讼活动中取胜;而知识、真理、满足理智的好奇心,并不是他们所关注的重点。

普罗泰戈拉(Protagoras,约前490—前410)就是智者派的主要代表人物之一。他有一句脍炙人口的名言:"人是万物的尺度。"对这句话有不同的诠释。如果把其中的"人"理解为人类,那它表达了某种人类中心主义的观点;如果把"人"理解为个人,那它表达了某种唯我论的观点。这句话的大概意思是:关于世上的万事万物,人们可以提出两个相互矛盾的说法,对于任何命题都可以提出它的反题,并论证它们两者皆真。这样,他的思想就带有浓厚的主观主义和相对主义色彩。

据说有一天,普罗泰戈拉招收了一名学生叫欧提勒士(Euathlus)。普氏与他签订了一份合同:前者向后者传授辩论技巧,教他打官司;后者入学时交一半学费,在他毕业后第一次打官司赢了之后再交另一半学费。时光荏苒,欧小子从普老师那里毕业了。但他总不从事法律方面的事务,普老师也就总得不到那另一半学费。为了要回另一半学费,普老师想了一个主意,他本人去与欧小子打官司,并打着这样的如意算盘:

如果欧氏打赢了这场官司,按照合同的规定,他应该给我另一半学费。

如果欧氏打输了这场官司,按照法庭的裁决,他应该给我另一半学费。

欧氏或者打赢这场官司,或者打输这场官司。

总之,他应该付给我另一半学费。

但欧小子却对普老师说:青,出于蓝而胜于蓝;冰,水为之而寒于水。我是您的学生,您的那一套咱也会:

> 如果我打赢了这场官司,根据法庭的裁决,我不应该给您另一半学费。
>
> 如果我打输了这场官司,根据合同的规定,我不应该给您另一半学费。
>
> 我或者打赢或者打输这场官司。
>
> 总之,我不应该给您另一半学费。

欧小子继续说:吾爱吾师,但吾更爱真理! 既然我们在较劲、讲理,那就先把"理"讲清楚![1]

请读者注意,这里有两个不同的问题:

一个是法律问题:假如你是法官,这师徒俩的官司打到你面前来了,你怎么去裁决这场官司? 我的回答是:假如我是法官,我会驳回普老师的起诉,不予立案。因为普老师与欧小子的官司属于一件合同官司,起诉、立案的前提是至少一方违反了当初的合同。但在普老师起诉欧小子时,后者并没有违反合同,因为根据合同,欧小子在没有打官司之前,或者虽然打了官司但没有赢,都可以不付给普老师另一半学费。这个苦果应该由普老师自己吞下,由于他没有规定支付另一半学费的确切期限,等于与学生签订了一份毫无约束力的合同。尽管从情理上说,学生应该支付老师学费,但具有法律约束力的却只有合同。按合同规定,在欧小子没有帮人打赢官司之前,可以不支付普老师那另一半学费,而法官必须按法律办事,也只能按法律办事。当今社会是法律社会,我们应该吸取普老师的教训,签合同时必须非常小心谨慎。有一句忠告:不要随随便便在任何文件上签下你的名字!

另一个是逻辑问题:假如你是一位逻辑学家,你怎么去分析这师徒俩

---

[1] 格利乌斯(Aulus Gellius, 125—180)最早报道了这个"悖论",拉尔修重复引证它。参见第欧根尼·拉尔修:《名哲言行录》,徐开来等译,桂林:广西师范大学出版社,2010 年,461 页。

的推理？它们都成立或都不成立吗？为什么？我的解析如下：根据论证规则，论据必须是彼此一致，至少是相容的。如果论据本身不一致，即论据本身包含 p∧￢p 这样的逻辑矛盾，而根据命题逻辑：

$$p \wedge \neg p \rightarrow q$$

即从逻辑矛盾可以推出任一结论。显然，可以作为任何一个结论的论据的东西，就不能是某个确定结论的强有力的论据。因此，一组不一致或自相矛盾的命题不能做论据。普老师与欧小子之所以会得出完全相反的结论，是因为他们的前提中包含着不一致：一是承认合同的至上性，一是承认法庭判决的至上性。他们弄出了两个标准，哪一项对自己有利就利用哪一项。实际上，既然这是一件合同官司，法庭判决也必须根据合同来进行，因此合同是第一位的，是法庭判决的根据和基础；所以，合同标准就是法庭裁决的标准，故只有一个标准，没有两个相互矛盾的标准。"矛盾"是先由普老师臆造出来的，他做了很不好的示范。因此，那师徒俩的两个二难推理都不成立。

据说，我上面的分析与莱布尼茨在其博士论文中对此悖论的分析类似。他也认为，法庭不应做出裁决，因为欧小子还没有打过任何官司，没有违背合同。否则，无论怎么裁决，都将置欧小子于不利的境地。如果直接判决欧小子输了（但没有合适的理由），他当然得给钱；即使判决欧小子这次官司赢了，他便满足了根据合同必须给钱的条件。普老师可以打第二次官司，要求欧小子付钱，这一次法庭必须根据合同判决普老师胜诉。

据说，美国在 1946 年的一场堕胎官司类似于上面的"半费之讼"。控方起诉琼斯医生做不合法的堕胎手术，但所找到的惟一证人就是琼斯给她做了手术的一位妇女。根据美国法律，在这种情况下，该妇女也参与了不合法行为，是琼斯的同伙，其证据没有效力，不能根据她的证词给琼斯医生定罪。于是，控方就面临一个二难困境：要给琼斯定罪，必须有该妇女提供的证据；一旦该妇女提供证据，她就是琼斯的同伙，其证据没有效力。此情形当然对琼斯医生有利：或者不能证明他有罪，或者他本来就是清白无辜的。

第三节　鳄鱼悖论及其变体

一、鳄鱼悖论

这个悖论是由斯多亚派提出来的,在拉尔修(Diogenes Laertius,约公元200—250 年)的《名哲言行录》中有记载[1]:

> 一条鳄鱼从一位母亲手里抢走了她的小孩,要求母亲猜测它是否会吃掉小孩,条件是:如果她猜对了,它交还小孩;如果她猜错了,它就吃掉小孩。
>
> 这位母亲很聪明,她答道:鳄鱼将会吃掉她的小孩。
>
> 结果如何呢? 如果母亲猜对了,按照约定,鳄鱼应交还小孩;但这样一来,母亲就猜错了,又按照约定,鳄鱼应吃掉小孩。但是,如果鳄鱼吃掉小孩,母亲就猜对了,又按照约定,鳄鱼应交还小孩。于是,鳄鱼面临一个悖谬的境地:它应吃掉小孩当且仅当它应交还小孩。不论怎样,鳄鱼都无法执行自己的约定,它只能乖乖地把小孩交还给了母亲。
>
> 不过,如果那位母亲说:鳄鱼先生,您大慈大悲,将会把我的孩子还给我。该鳄鱼会说:啊哈,你猜错了,我不像你说的那样好,我本来就打算吃掉你的孩子。于是,他就把孩子吃掉了,还遵守了诺言。

下面几例都是鳄鱼悖论的变体。

二、国王和公鸡悖论

> 很久很久以前,某一天,一位国王对一只大公鸡说:我决定把你吃掉,只采用两种方法来吃你:或者红烧或者清炖。请你猜我会用哪一

---

[1] 参见 Bochenski, I. M. *Ancient Formal Logic*, Amsterdam: North-Holland Publishing Company, 1951, p. 101.

种方法来吃你。如果你猜错了,我就红烧;如果你猜对了,我就清炖。我是国王,一言出口,驷马难追,我保证遵守我的诺言。

读者朋友,假如你是那只大公鸡,你会怎么猜呢?

假如你猜测说:国王,您会把我清炖了吃。国王赶紧说:啊哈,恭喜你,你猜对了! 我正要把你清炖了吃。于是,他就把你清炖了。国王遵守了诺言,没有任何矛盾。

假如你说:国王,您大慈大悲,既不会把我红烧了吃,也不会把我清炖了吃,将会把我放生。我感谢您。国王说:也恭喜你,你猜错了! 我已经说过,一定会把你吃掉。既然你猜错了,我就按我的诺言,把你红烧了吃。国王也遵守了诺言,没有任何矛盾。

但那只大公鸡似乎比较聪明:

公鸡:国王,您将会把我红烧了吃。

国王(有点大大咧咧):恭喜你,你答对了。

M:国王准备把大公鸡红烧了。

公鸡:国王,慢点。您想干什么?

国王:把你红烧了!

公鸡:我猜的什么?

国王:红烧啊?

公鸡:我猜对了还是猜错了?

国王:猜对了。

公鸡:按您的约定,应该怎么办?

国王:啊,我应该把你清炖了。

M:国王准备把大公鸡清炖了。

公鸡:国王,您想干什么?

国王:把你清炖了。

公鸡:我猜的什么?

国王:红烧。

公鸡:我猜对了还是猜错了?

国王：猜错了。

公鸡：您应该怎么办？

国王：把你红烧了？

……

国王最终也面临一个悖谬性的境地：如果他遵守他的诺言，他就既不能把大公鸡清炖了，也不能把它红烧了。国王还算痛快，遵守了他的诺言，无奈之下把大公鸡放生了。后来，这只大公鸡繁衍出无数子孙，后者又为各种超市和炸鸡店提供了原料，所以，我们今天仍然有许多鸡肉吃。

三、守桥人悖论

这是欧洲中世纪逻辑学家布里丹（John Buridan，1295—1358）提出来的：

> 我假定情景是这样的：柏拉图是个有权势的贵族，他带着一帮打手守卫一座桥，未经他的允许，任何人不得通过这座桥。苏格拉底来到桥边，请求柏拉图允许他通过这座桥。柏拉图大怒，发誓说："我向你保证，假如你说的下一个命题是真的，那么我让你过桥；假如你说的是假的，我将把你扔到水中。"假如苏格拉底用"你将把我扔到水中"这个诡辩论题作回答，为了信守诺言，柏拉图应该做些什么呢？

> 问题是，假如他把苏格拉底扔到水中，他将违背他许下的诺言，因为苏格拉底说的是真话，他应该让苏格拉底过桥。但是他如果这样做，也将违背他许下的诺言，因为苏格拉底说的是假话，他应该把苏格拉底扔到水中。[1]

四、堂·吉诃德悖论

这个悖论出自塞万提斯（M. de Cervantes）的名著《堂·吉诃德》第2

---

〔1〕 约翰·布里丹：《诡辩论题11—20》，载《逻辑学读本》，陈波主编，北京：中国人民大学出版社，2009年，139页。

卷第 51 章。吉诃德的仆人桑乔·潘萨成了一个小岛国的国王,他要在这个国家奉行一条奇怪的法律:每位来岛国旅游的人都要回答一个问题:你来这里做什么? 如果旅游者回答正确,一切都好办;如果回答错了,他将被绞死。某一天,士兵们遇到了一位旅游者。

> 士兵:先生,您来这里做什么?

> 旅游者:我来这里是要被绞死的。

> 这可把卫兵们难坏了,把他们的脑袋里搅成了一锅粥:如果他们把旅游者绞死,他就说对了,就不应该把他绞死;可是,如果不把这个人绞死,他就说错了,就得把他绞死。

> 士兵们无法做出决断,他们把那位旅游者送到潘萨国王那里。

> 潘萨国王还算聪明,苦思良久,找不出对策,最后说:不管我做出什么决定,都要破坏这条法律。我们只能废除那条法律,因为它不合理,无法被执行。还是把那位旅游者放了吧。

此悖论与鳄鱼悖论非常类似。旅游者的回答使潘萨国王及其士兵们无法执行那条奇怪的法律而不自相矛盾。

五、假设的悖论

以下几个悖论也是中世纪学者布里丹提出来的:

1. 苏格拉底想要吃饭

> 让我们假定:如果柏拉图想要吃饭,那么苏格拉底也想要吃饭;反之不然。人们经常强烈希望有人陪同就餐,以至于无人陪同就无法就餐。让我们再假定,相反地,如果苏格拉底想要吃饭,柏拉图就不想要吃饭;如果苏格拉底不想要吃饭,柏拉图就想要吃饭,因为他与苏格拉底因某事而结怨,以致他不愿意与苏格拉底共同就餐。问题是这个诡辩论题是真还是假?"苏格拉底想要吃饭"和"苏格拉底不想要吃饭"是矛盾命题,无论假定的情形如何,若其中一个为真,另一个必为假。

问题是：如果你说苏格拉底想要吃饭，那么就推出它的对立命题；因为这可推出柏拉图不想要吃饭，反过来又可推出苏格拉底不想要吃饭。另一方面，如果你说苏格拉底不想要吃饭，那么也推出它的对立命题；因为这可推出柏拉图想要吃饭，反过来又可推出苏格拉底也想要吃饭。[1]

这个悖论是从前面的假定直接推出来的，它表明那些假定搁在一起不相容，造成逻辑矛盾。所以，必须放弃其中的某些假定。布里丹也指出了这一点："在严格的解释下，所假定的情景是不可能的。"

2. 苏格拉底诅咒柏拉图

所设定的情景是，苏格拉底说："如果柏拉图在诅咒我，他也会受到诅咒，反之不然。"柏拉图站在他的角度说："如果苏格拉底不在诅咒我，他会受到诅咒，但反之不然。"苏格拉底事实上是否在诅咒柏拉图？这个问题涉及该诡辩论题的真值。

假如你说苏格拉底在诅咒柏拉图，那么可推出柏拉图诅咒苏格拉底和不诅咒他，这是自相矛盾的命题。假如你说苏格拉底不在诅咒柏拉图，那么它的对立命题被推出。这是因为，可推出柏拉图在诅咒苏格拉底，因而苏格拉底在诅咒柏拉图。[2]

布里丹指出："我的观点是，你可以用下面的命题去表达所设定的情景：'苏格拉底在说，假如柏拉图在诅咒他，柏拉图将被诅咒。'现在，对这个命题有两种理解：(1) 它可被理解为一个条件命题：'如果柏拉图在诅咒苏格拉底，那么，苏格拉底在说柏拉图将被诅咒。'但是，这个命题是假的、不可能的和相当不能接受的，因为'柏拉图在诅咒苏格拉底'不蕴涵'苏格拉底在说如此这般的话'。事实上，无论柏拉图是不是在诅咒苏格拉底，苏

[1] 约翰·布里丹：《诡辩论题 11—20》，载《逻辑学读本》，陈波主编，140 页。
[2] 同上书，141—42 页。

格拉底在说他碰巧在说的事情,没有说他碰巧不在说的事情。另一方面,(2) 它可被理解为一个直言命题,其意思是:'苏格拉底在说这样的话:如果如此这般,柏拉图将会被诅咒。' 这是可以接受的,因为很可能苏格拉底要说的就是这个意思。对由该情景所设定的第二个命题 '柏拉图在说……',也应该做类似的区分。" 把更具体的分析留给读者。

3. 苏格拉底希望柏拉图受到伤害

所设定的情景是:苏格拉底有条件地希望柏拉图受到伤害,其意思是:如果柏拉图希望他受到伤害,他就希望柏拉图受到伤害;另一方面,如果苏格拉底不希望柏拉图受到伤害,则柏拉图希望苏格拉底受到伤害。关于这个诡辩论题的问题是,苏格拉底是否希望柏拉图受到伤害?

论证完全能够像在诅咒的情形中那样进行。[1]

同样,把更具体的分析留给读者。

第四节 有关上帝的悖论

根据《圣经》,上帝在七天之内创造了这个世界。第一天,创造了天和地,并创造了光,把时间分为昼与夜。第二天,创造了空气和水。第三天,用水区分了陆地和海洋,并让地上生长果木菜蔬。第四天,创造了太阳、月亮和星星,并由此划分时间节气。第五天,创造了水中的鱼和空中的鸟。第六天,上帝创造了各种动物,并用泥土按自己的样子造出了人类始祖——亚当,并让他去管理地上的各种动植物。(后来,上帝见亚当孤单,取他身上的一根肋骨造出了夏娃)第七天,上帝歇息了,于是这一天成为万民的休息日——礼拜天。基督教认为,这位创世的上帝是圣父、圣灵、圣子

---

〔1〕 约翰·布里丹:《诡辩论题 11—20》,载《逻辑学读本》,陈波主编,142 页。

三位一体,是全知、全善、全能的。

这种上帝观在大约三千年前萌生于古犹太教内,后来也为基督教和伊斯兰教所信奉。这三种宗教的正统信奉者都用非常类似的术语描述上帝(God),认为上帝至少有下列实质属性:

(1) 惟一性:只有一个上帝。

(2) 全能:上帝的能力是无限的。

(3) 全知:上帝是无所不知的。

(4) 道德完善:上帝是有爱心的、慈善的、仁慈的和正义的。

(5) 必然存在:不像世界以及其中的每一事物,上帝不会获得存在,也不会停止存在。

(6) 创造性:上帝创造世界并且维持它的存在。

(7) 人格:上帝不是一种纯粹抽象的力量或者能量的源泉,他有理智、理解力和意志。[1]

从古至今,从来就不缺少深刻的思想家对这样的上帝观念提出质疑和挑战,当然也不缺少同样深刻的思想家为它做辩护和证成。例如,在欧洲中世纪,围绕信仰和理性的关系问题,在中世纪基督教哲学家中间就曾发生过激烈的论战。一方是极端的信仰主义者,其典型代表是德尔图良(Tertulian, 145—220),他曾提出"惟其不可能,我才信仰"的主张。但这一方从来不是主流。另一方是理性护教主义者,例如安瑟尔谟(Anselmus, 1033—1109)和托马斯·阿奎那(Thomas Aquinas, 1224—1274),尽管他们也主张要先信仰后理解,但认为信仰并不排斥理解,甚至需要得到理性的支持和辩护。于是,他们提出各种论证去为上帝存在辩护,先后提出过下述"证明":

(1) 本体论证明,这是安瑟尔谟提出来的。其要点是:上帝是无限完满的;一个不包含"存在"性质的东西就谈不上无限完满;因此,上帝存在。

---

[1] 克里斯·雷奈尔等:《哲学是什么》,夏国军等译,北京:中国人民大学出版社,2010 年,276—277 页。

（2）宇宙论证明，这是阿奎那提出来的。具体有以下三个论证：（a）自然事物都处于运动之中，而事物的运动需要有推动者，这个推动者本身又需要有另外的推动者，……为了不陷于无穷后退，需要有第一推动者，这就是上帝。（b）事物之间有一个因果关系的链条，每一个事物都以一个在先的事物为动力因，由此上溯，必然有一个终极的动力因，这就是上帝。（c）自然事物都处于生灭变化之中，其中有些事物是可能存在的，有些事物是必然存在的。一般来说，事物存在的必然性要从其他事物那里获得。由此上溯，需要有某一物，其本身是必然存在的并且给其他事物赋予必然性，这就是上帝。

（3）目的论证明，也是由阿奎那提出来的。具体有以下两个论证：（a）自然事物的完善性如真、善、美有不同的等级，在这个等级的最高处必定有一个至真、至善、至美的存在物，他使世上万物得以存在并且赋予它们以不同的完善性，这就是上帝。（b）世上万物，包括冥顽不灵的自然物，都服从或服务于某个目的，其活动都是有计划、有预谋的，这需要一个有智慧的存在物的预先设计和指导。这个最终的设计者和指导者就是上帝。

在本书中，我将撇开这些"证明"不谈，只考察把上面的上帝观念纳入理性的范围之后所产生的各种矛盾、悖论和困境。

一、伊壁鸠鲁悖论

伊壁鸠鲁（Epicurus，前341—前270），古希腊哲学家。他发展了一个完整且内在关联的哲学体系，包括三部分：研究真理标准的准则学；研究自然及其生灭的物理学；研究人生及其目的的伦理学。他继承了德谟克里特（Democritus，约前460—前370）的原子论，阐述了一种幸福主义伦理学，有强烈的无神论倾向。他用如下论证去挑战被认为是全知、全善、全能的上帝之存在。

上帝或者愿意但不能除掉世间的丑恶，或者能够但不愿意除掉世间的丑恶，或者既不愿意也不能够除掉世间的丑恶，或者既愿意又能够除掉世间的丑恶。如果上帝愿意而不能够除掉世间的丑恶，则它不是全能的，而这种无能为力是与上帝的本性相矛盾的。如果上帝能够但不愿意除掉世间的丑恶,这就证明上帝的恶意,而这种恶意同样是与上帝的本性相矛盾的。如果上帝既不愿意也不能够除掉世间的丑恶,则他既是恶意的又是无能的,如此一来,他就不再是全善和全能的上帝。如果上帝既愿意又能够除掉世间的丑恶(这是惟一能够适合于神的假定),那么,邪恶是从何处产生的? 他为什么不除掉这些邪恶呢?[1]

这个论证具有如下的形式结构：

> 如果存在全知、全善、全能的上帝,则或 P 或 Q 或 R 或 S;
>
> 如果 P 则导致矛盾;
>
> 如果 Q 则导致矛盾;
>
> 如果 R 则导致矛盾;
>
> 如果 S,则邪恶不应该存在;但邪恶确实存在。
>
> 所以,全知、全善、全能的上帝之存在值得怀疑。

由这个论证可引出四个可能的结论:(1) 上帝不存在;(2) 上帝存在,但并不全善和全能;(3) 上帝有使他不能除掉邪恶的苦衷和理由;(4) 邪恶不存在。几千年来,这个论证一直作为基督教上帝观的强有力的怀疑推理而存在,如何回应它,也一直是正统基督教不得不面临的问题,故被叫做"伊壁鸠鲁悖论"或"伊壁鸠鲁之谜"。

基督教会接受了圣奥古斯丁(Augustinus, 354—430)所做出的回应,并奉其为经典版本:世界上的恶没有肯定性的存在,它们是善的缺失,其主要根源是用"对自己的爱"取代了"对上帝的爱",上帝不能对它们承担责任。当然,还有其他的回应,例如莱布尼茨(G. W. von Leibniz, 1646—1716)认为,一个在道德上有邪恶的世界,要比一个只有善的世界更好,因为在形而上学来说,那是更丰富的世界。俄国作家陀思妥耶夫斯基

---

〔1〕 没有来自伊壁鸠鲁本人的有关此论证的文字证据,此段引文来自拉克坦谛(Lactantius)在《论上帝的愤怒》(*On the Anger of God*, 13.19)中的转述,他在书里批评了伊壁鸠鲁的论证,参见 http://www.newadvent.org/fathers/0703.html。

（1821—1881）则解释说：上帝在创造世界和他的子民的时候，出于对人的至爱，赋予人以自由意志和做自由选择的权利，恶的存在只不过是人滥用自由意志和自由选择权利的结果。不过，为了自由意志和自由选择的权利，作为结果被引到这个世界上的任何苦难，都是值得的。[1] 显然，陀思妥耶夫斯基的回应是沿着上面的可能结论(3)的思路进行的。

请读者认真想一想：伊壁鸠鲁的论证成立吗？上面列举的对该论证的回应有效吗？有没有其他的回应方法？

二、全能悖论

在欧洲中世纪，有人对宣扬上帝全能的神学家提出一个问题：您说上帝全能，我请问您一个问题：上帝能不能创造一块他自己举不起来的石头？并进行了下面的推理（其中"P"表示"前提"，"C"表示"结论"）：

　　P1：如果上帝能够创造这样一块石头，则他不是全能的，因为有一块石头他举不起来；

　　P2：如果上帝不能创造这样一块石头，则他不是全能的，因为有一块石头他不能创造；

　　P3：上帝或者能够创造这样一块石头，或者不能创造这样一块石头；

　　C：上帝不可能是全能的。

这是一个典型的二难推理，似乎由此否定了上帝的全能性。

这个悖论的最早形式可以追溯到公元 6 世纪伪狄奥尼修斯（Pseudo-Dionysius）。他曾提到，有两个人发生了一场争论：全能的上帝能不能否定他本身及其主张？阿拉伯哲学家阿维罗伊（Averroës，1126—1198）于 12 世纪阐述了这一论证。阿奎那提出了此悖论的另一个版本：上帝能不能创造一个三角形，其内角之和不等于180°？他的回答是：不能，因为上帝也只

能在逻辑规律的范围内活动,应将他的"全能性"理解为"能够做一切可能做的事情"。阿奎那断言:"既然某些科学——如逻辑、几何和算术——的原理只能取自于事物的形式原理,那些事物的本质依赖于这些原理,由此推知:上帝也不能使事物违背这些原理。例如,他不能造成下面的事情:一个属不谓述它的种,或者从圆心到圆周的各线段不相等,或者一个三角形的三内角之和不等于两直角。"〔1〕

现在的问题是:上面的石头推理能够证明上帝不是全能的吗? 按下面的两种分析方法,回答都是否定的。

分析1 "上帝能不能创造一块他自己举不起来的石头"这样的提问不合理,其中暗含虚假的甚至是自相矛盾的预设。例如,如果有人问一个男人:"你已经不再打你的老婆了吗?"若他回答说"不了",则他默认了他过去经常打老婆这件事;若他回答"没停止",则他承认了两件事:他过去经常打他的老婆,并且还在继续打。因为该男人所面对的是一个"复杂问语":它预先假设了"该男人过去常打他的老婆",所问的只是"他打老婆的行为是否停止"。与此类似,当问"上帝能否创造一块他自己举不起来的石头"时,也预先假设了"有一块上帝举不起来的石头",这等于说"有一件上帝不能做的事情",后者又等于说"上帝不是全能的"。此预设与该二难推理所要导出的结论是一回事。于是,该推理就变成了如下典型的循环论证:

> 如果上帝不是全能的,则他不是全能的;
>
> 如果上帝不是全能的,则他不是全能的;
>
> 或者上帝不是全能的,或者他不是全能的,
>
> 所以,上帝不是全能的。

我们还可以把关于石头的问题置换成另一个更明显的问题:"上帝能不能做一件他自己不能做的事情?"在这个问题中预先安置了一个逻辑矛

---

〔1〕 译自 http://en. wikipedia. org/wiki/Omnipotence_paradox#cite_note-Savage. 2C_C. _Wade_1967_pp. _74—0。

盾：如果上帝真是万能的话，就没有一件事情是他自己不能做的。再问他能不能做一件他自己不能做的事情，若回答为"能"，则意味着"有一件他不能做的事情"；若回答为"不能"，也意味着"有一件他不能做的事情"，这又等于说"上帝不是全能的"，已经与"上帝是全能的"这个出发前提相冲突。所以，该提问本身是不合法的，石头推理不能证明"上帝不是全能的"。

分析2　分析1似乎很有道理，但其实有漏洞。石头推理的问题不在提问本身，而在于前提P2。若回答"上帝能够创造一块他自己举不起来的石头"，确实预先假设了"有这样一块石头"；但是，若回答"上帝不能创造这样一块石头"，却没有预先假设"有这样一块石头"，因为我们可以解释说：上帝之所以不能创造这样一块石头，是因为对万能的上帝来说，根本不可能有一块他自己举不起来的石头，它的存在违背了预先假定的上帝的全能性。既然该推理的前提P2有问题，故该推理也不成立，"上帝不是万能的"这个结论仍然推不出来。

与上帝全能的悖论十分类似的，是**不可抗拒的力的悖论**：当不可抗拒的力遇到不可移动的物体时，会发生什么事情？回答是：如果一种力是不可抗拒的，那么，根据定义，就没有任何不可移动的物体；相反，假如有不可移动的物体的话，则没有任何力能够真正定义为不可抗拒的。有人断言，摆脱这个悖论的惟一方式是：让不可抗拒的力和不可移动的物体永不碰面。但这种方式在万能的上帝那里是不可能的，因为我们的目的是追问：上帝内在的全能性是否会使他的这种全能性成为不可能？而且，如果有一种力可以移动一个物体，该物体在原则上就不可能是不可移动的，无论该种力和该物体是否碰面。于是，在实施任何任务之前，很容易设想全能性处于自身融贯的状态，但对于这种融贯的全能性来说，却无法实施某些可设想的任务，除非牺牲掉全能性的融贯性。

于是，即使石头推理不成立，我们也仍然面对一些有意思的问题，例如：如何用理性的方式去证明上帝不是全能的？如何去跟上帝的信仰者讲理，说服他们放弃"上帝全能"的信仰？更一般地说，如何去厘清理性与信仰(如对全知、全善和全能的上帝的信仰)的关系问题。这样的问题对于宗教家也是很重要的,斯温伯恩(Richard Swinburne)指出:"每一种这样的特性能否都得到一种逻辑连贯的说明(对这个问题的研究完全符合西方宗教的传统),它们是否能够以一种逻辑连贯的形式结合在一起,对这样一些问题的研究一直是宗教哲学的中心课题,其目的在于说明上帝存在的宣称归根结底是可以理解的和逻辑连贯的。"[1]

当代学者麦基(J. L. Mackie)还提出了另一个版本的"全能悖论",它始于这样一个问题:"一个全能的存在能够创造出他不能控制的事物吗?"[2]无论回答是肯定的还是否定的,似乎都会给全能观念的融贯性造成严重的威胁。

三、全知悖论

按照基督教教义,上帝作为至高无上的存在是全知的:古往今来的一切事情都在其知识范围内,无论过去、现在和将来发生的事件皆为其所知晓。于是,上帝能够预知未来,具有预先知识(foreknowledge)。但上帝的这种预知似乎会与人的自由意志相冲突:

(1) 上帝是全知的。

(2) 约翰有自由意志。

(3) 如果上帝是全知的,则他知道未来所发生的事情,故他今天就知道约翰明天将做什么。

(4) 如果上帝今天知道约翰明天将做什么,约翰的行动在时间上就是被预先决定的,故约翰明天所做的事情就是不自由的,因为他不可能以别样的方式去行动。

(5) 因此,约翰没有自由意志,因为以不同的方式去选择和行动

〔1〕 里查德·斯温伯恩:《宗教哲学》,载《当代英美哲学地图》,欧阳康主编,北京:人民出版社,2005 年,422 页。
〔2〕 Mackie, J. L. *The Miracle of Theism*, Oxford: Clarendon Press, 1982, p.160.

是自由的关键。

(6)(2)和(5)相互矛盾。

无论神学家还是其他哲学家,都力图消除这种矛盾。其途径至少有如下三条:

第一,否认或限制(1),即不承认上帝是全知的,或者限制其全知性,断言即使是上帝也不可能知道一切真理。

格瑞姆(Patrick Grim)使用集合论方法证明了这一点。假设存在一个所有真理的集合 T:$\{t_1, t_2, \cdots, t_i, t_{i+1}, \cdots\}$。T 的幂集是 T 的所有子集(包括空集和 T 本身)的集合。考虑一个真理 t_1,它将属于该幂集的某个子集,如$\{t_1, t_2\}$,但不属于其他的子集,例如空集 $\varnothing$ 和$\{t_2, t_3\}$。对于该幂集中的每一个子集 S,将有一个如下形式的真理:"t_1 属于 S"或者"t_1 不属于 S"。既然 T 的幂集比 T 更大,故在 T 的幂集中这种形式的真理就比 T 的真理更多。所以,T 不可能是所有真理的集合。

斯温伯恩主张对上帝的全知性加以限制,从而间接否定前提(3),即否认上帝拥有关于未来的知识。他将"全知性"重新定义为:"个体 P 在时刻 t 是全知的,当且仅当,他知道有关 t 或者较早一时刻的每一真命题,或者知道有关晚于 t 的一时刻的每一真命题,后者或者是逻辑必然地真,或者他有最重要的理由使之为真,并且当时他接受那些命题是逻辑上可能的。"[1] 具体细节从略。

第二,否认(2),即不承认人有自由意志。这是一种严格的神学决定论观点,但支持者甚少,因为它会带有不可接受的后果。例如,如果人的一切行动都是由神预先决定的,他完全没有自主权,于是他对他的所有行为就不能承担道德责任,我们既不能因为他行善而奖赏他,也不能因为他作恶而惩罚他。

第三,否认(4),即用某种方式说明,上帝的预知并不会导致预先决定

---

〔1〕 Swinburne, R. *The Coherence of Theism*, Revised edition, Oxford: Clarendon Press, 1993, pp. 180—181.

论,而与人的自由意志是相容的。有人做出了下面两个区分:(a)"上帝知道 P"蕴涵"P 真";但"上帝知道 P"并不蕴涵"上帝使 P 为真"。一个全能的上帝能够创造一个世界,但他并不使这个世界中为真的事情为真。但一个全知的上帝能知道他不使其为真的事情为真。(b)"蕴涵的方向"不同于"决定真理的方向"。"P 蕴涵 Q"当且仅当"P 真 Q 假是一个逻辑矛盾"。"A 得以实现"决定"B 为真",当且仅当,"A 得以实现"是"B 为真"的解释。然后,我们设想:约翰明天将会被诱使去撒谎,但他最后决定讲出实情。于是,"约翰明天将讲出实情"(记为 Y)为真。由于上帝全知,"上帝知道约翰明天将讲出实情"(记为 G)也为真。请注意:蕴涵的方向是从 G 到 Y,当然得加上"上帝全知"这个条件,而决定真理的方向是从 Y 到 G,是 Y 真使得 G 真,而不是相反或其他。于是,对约翰明天讲真话的解释是:因为他自由地选择了讲真话,这完全相容于 Y 真和 G 真。约翰能够是一个拥有自由意志的道德行动者,他讲出真话的自由决定解释了 Y 真,而"上帝全知"和"Y 真"一起解释了"G 真"。因此,上帝的预知与人的自由是相容的,上面论证中的矛盾是臆造的和虚幻的。[1]

四、恶和苦难问题

这可以看作是伊壁鸠鲁悖论的现代版本,得到了更严肃和更广泛的讨论。对于任何一神教的正统信仰者来说,下面 4 个命题是不相容的:

(1) 上帝是万能的。

(2) 上帝是全知的。

(3) 上帝在道德上是完善的。

(4) 存在着严重且广泛的恶和苦难。

由这一组命题,至少可以推出下面三个命题之一:对于恶和苦难,

---

〔1〕 参见凯斯·E.严德尔:《当代宗教哲学导论》,谢晓健等译,北京:中国人民大学出版社,2010年,352—353 页。

（5）上帝无能为力。

（6）上帝一无所知。

（7）上帝漠不关心。

而（1）和（5）冲突，（2）和（6）冲突，（3）和（7）冲突。

关于（4）的真实性，应该是毫无争议的。只要看看每日新闻就足够了。每一年，上百万的人以各种方式因各种原因而遭受苦难。饥荒、疾病、战争、贫穷、非正义、疏忽、虐待、犯罪，以及诸如地震、洪水泛滥和干旱等自然灾害，使许许多多的人遭受伤害、痛苦和不幸，甚至死亡。由此，问题出现了：全知、全善和全能的上帝为什么会允许这一切发生？假如他是全知的，他一定会意识到这一点；假如他是全能的，他应该能够阻止它，假如他愿望如此的话；假如他是大慈大悲并且道德完善的，他应该有意愿去想方设法阻止它。不希望减轻被爱者的苦难——在某些情形下真正使人极度痛苦的、难以忍受的苦难——是一种奇怪的爱；而且，以一种似乎完全无差别的方式赋予这样的苦难也是一种奇怪的正义。

在基督教传统中，解决这一冲突和矛盾的尝试被叫做"神正论"（Theodicy），它典型地捍卫上帝是正义的这一观念。"Theodicy"这个语词源自希腊语词 *theos*（a god）和 *dike*（justice）。主要思路有如下三条：（1）恶和苦难没有真正的伤害，因为在这个世界上，健康比疾病更为常见，快乐比痛苦更常见，幸福比苦难更常见，我们遇到一次烦恼就会换来一百次的快乐。（2）恶和苦难是上帝赋予我们自由意志的代价，因为我们在道德上不完善，故常常做出错误的甚至是邪恶的决定，人类自己应该为这些恶和苦难负责。（3）我们所遭遇的恶和苦难赋予我们精神提升和践行刚毅和同情等美德的机会。[1] 但这些回答都遭到了很多的甚至是极大的非议。

五、帕斯卡赌

布莱斯·帕斯卡（Blaise Pascal，1623—1662）是一位优秀的数学家，也

---

〔1〕 参见克里斯·霍奈尔等：《哲学是什么》，290—298 页。

是一位原创性的哲学家,他关于概率论的开创性工作无疑影响他提出支持上帝存在的论证,即帕斯卡赌。他的基本观点是:上帝是一个无限的存在,而每个人仅有有限的理智,这导致无法从理智上说明或否认上帝的存在:

> 上帝的存在是不可理解的,上帝的不存在也是不可理解的;灵魂和肉体同在不可理解,我们没有灵魂也不可理解;世界是被创造的不可理解,它不是被创造的也不可理解,等等;有原罪不可理解,没有原罪也不可理解。[1]

并且,感官证据也不能为我们提供所需要的裁决:

> 我四方眺望,看到的只有黑暗。大自然给我呈现的,无一不是疑惑和让人不安的东西。如果我看不到任何显示神性的标志,我就会得出无神论的结论;如果我到处都看到创造主的迹象,我就会在信仰中获得安宁。然而我看到的否定的东西太多,而可以相信的东西太少,我就处于一种可怜的状态;……但在我目前所处的状态,我不知道我是谁,也不知道自己的责任了。我一心倾向于知道真正的善在哪里,目的是追求它;为了永恒,我会付出任何代价。[2]

于是,他转而利用概率论和决策论来说明对上帝的信仰的根据:相信上帝是比不信上帝更好的赌注。

> ……是的,但必须打赌;这么做不出于自愿,但你已经上了船。那你将选哪一面呢?让我们来看看。既然非选不可,就让我们来看看什么对你的利益损害最小。你有两样东西可输:即真与善;你有两件东西可赌:即你的理智和你的意志,你的知识和你的福祉;而你的天性又有两样东西要躲避:即错误与不幸。既然非选择不可,所以不管选哪一方,不会更有损于你的理智。这一点已成定局。但你的福祉呢?让我们掂量一下赌上帝存在的得与失吧。我们来考虑两种情况:假如你

---

〔1〕 布莱兹·帕斯卡尔:《思想录》,钱培鑫译,南京:译林出版社,2010年,80页。
〔2〕 同上书,79—80页。

赢了,你将赢得一切;假如你输了,你却毫无损失。那就毫不犹豫地打赌上帝存在吧。[1]

按照帕斯卡的说法,对于上帝是否存在,我们有两个基本选择:可以选择相信或不相信;这有点像抛硬币,两种可能性均等。在每一种情形下,我们的选择会有相应的报偿。这产生四种可能的情形,以及四种可能的结果,我们不妨将其画成一个二元博弈矩阵:

	上帝存在	上帝不存在
信仰上帝	(a) 天堂:无尽的奖赏	(c) 损失少量世间的快乐
不信仰上帝	(b) 地狱:无尽的惩罚	(d) 获得少量世间的快乐

支持信仰以及与之相配的生活方式或许意味着一个人必须牺牲世俗生活中的各种快乐,承担由于宗教所施加的道德约束,花费时间从事礼拜活动。但是,作为这种相对小的赌注的回报,一个坚持信仰的人却会赢得一笔难以计数的丰厚回报。另一方面,拒绝做出这种牺牲意味着为了眼前的蝇头小利却去冒遭逢大灾难的危险。帕斯卡论证说,假如一个人假定,上帝的存在或者不存在或多或少是同等可能,那么,理性的行动方针显然是支持信仰的。它类似于花十元钱买一张彩票,而潜在的奖金是一万亿英镑;而且,这一赌注还为你买了一种针对各种灾难的综合保险。

现在,我们来讨论这样一个问题:帕斯卡赌确实合理吗?信仰上帝确实是在深思熟虑之后所做出的一个最为理性的且稳赚不赔的决策吗?不一定吧?我们可提出如下几个反对意见:

1. 它把上帝塑造成像我们一样的小心眼:对信仰他的人施以恩惠,对不信仰他的施加惩罚,威逼利诱,恩威并施,这违背了上帝的博爱本性。如果上帝确实是博爱的,他就会把爱的目光投向每一只迷途的羔羊。帕斯卡或许会辩护说,他试图做的一切就是证明:在某些情形下,承认一个人的希

---

〔1〕 布莱兹·帕斯卡尔:《思想录》,钱培鑫译,南京:译林出版社,2010 年,82 页。

望和恐惧会影响他的信仰是合法的，支持基督教信仰比抛弃它更为合理。

2. 它使信仰变了质，即变成一个关于自我利益计算的问题。尽管不能否认有些人的信仰是出于自我利益计算，但在很多的情况下，真正的信仰是出自于理性的思考和抉择。不然就很难解释，为何率先推动社会进步、使其变得更人性化的大都是那些出身富有、受过良好教育、有很高社会地位的知识分子，例如 18 世纪的法国启蒙思想家，美国的那些开国元勋，我们中国人很熟悉的马克思、恩格斯、列宁等人，以及中国近代史上的孙中山、梁启超、陈独秀、李大钊等人。他们为一个更为理想的社会奔走呼号，有些人付出了自己的一切财富，甚至生命。具体就宗教而言，它所要求的对上帝的信仰是以信任和爱为基础的。

3. 帕斯卡赌预设一个人可以随意选择相信还是不相信上帝，但这一预设是错误的。我们不能仅仅愿意相信上帝存在，就像我们可以愿意相信世界是扁平的或者那个三角形有三条边那样。信仰是由许多事情决定的：例如，个人的经验、证据、教养、教育和推理。虽然我个人的利益、希望和愿望或许在这里也起作用，但是，我不能完全决定让它们凌驾于这些其他的因素之上。帕斯卡也承认这一点的力量，但他论证说，一个人还是可以通过实际参加教会每天的仪式去选择使自己趋向信仰。在他看来，这是教会的主要功能之一：提供一种方式，让怀疑者凭借它可以"减弱他们的敏感度"从而达到信仰。

4. 假如上帝根本不存在，我们却选择相信上帝，这并非没有什么损失，而是损失巨大：不仅浪费了时间和精力，局限了理智，失去了对世界的真实认知，在这个世界上糊里糊涂地度过了一生。

帕斯卡赌用到了决策论，通过衡量每个行动可能获得的净收益，以及获得收益的概率，来帮助人们做出理性的选择。其中用来衡量的指标就是"期望值"。例如，赌博中期望值 =（奖金的价值 – 付出的成本）× 赢得奖金的概率。所有可能的行动中，期望值最大的那一个通常被认为是理性的选择。这就引发了一个问题：上帝存在和不存在的概率分别是多少呢？这两个事件是不是等可能事件？我们只能说：不知道。我们现有的感觉经验和推理都不足以明确地指出这个概率。概率论中有一个"中立原理"或"无差别原则"：如果我们没有充足理由去说明某事件是否发生，我们就选对等的概率来确定该事件发生或不发生的真实值。不过，此原理的合法应用是以"客观情况是对称的或者无差别的"为依据，例如，若硬币铸造正常，则抛掷硬币出现正面和反面的两种概率相等。当我们不知道"上帝存在"和"上帝不存在"是否有这种对称性时，或者当上帝根本不存在时，应用中立原理往往会导致荒诞的结果。

中立原理行不通，我们又没有充足的证据指出一个确定的概率，"上帝存在"的可能性就会因人而异。不同的人在计算期望值时，上帝存在的概率就取决于他对此事的相信程度，或者说愿意相信的程度。于是，从个人角度而言，计算期望值所需的"上帝存在"的概率，并非事实上的概率，而是计算者凭自己的意愿决定的。按照我们作为无神论者的直觉经验，上帝存在的可能性微乎其微。那么，在计算"相信上帝"的期望值时，我们会乘以一个极小的概率，它表明：即使有可能获得永恒的幸福，这个可能性也太小了，小得几乎可以忽略不计。

更为糟糕的是，我们还必须考虑多神的情况。这个世界上还有很多其他的影响很大的宗教，例如伊斯兰教、佛教和犹太教，它们各自有自己惟一的尊神，有不尽相同甚至完全相反的教义和戒律。每一个宗教都宣称：信我者获得至福和永生，不信我者将招致极可怕的报应。一个人无法同时信奉所有的宗教和所有的神。在没有明显证据支持的情况下，一个人如何决定去相信哪一个神或哪些神呢？帕斯卡赌在这里仍然适用吗？我们先考虑两个神的情况，由此得到的博弈矩阵是：

	基督存在	真主存在
相信基督	（a）天堂：无尽的奖赏	（c）地狱：无尽的惩罚
相信真主	（b）地狱：无尽的惩罚	（d）天堂：无尽的奖赏

所有的神都是无限的存在，都有无穷的法力。任何一个神都可以对不

信自己的人加以无尽的惩罚。假设世界上有 8 个神,我信奉了其中 6 个,尽管他们会给我永恒的至福,但剩下的 2 个神仍会给我无尽的惩罚,因为每个神都是法力无边的,故 6 个神的力量并不比 2 个神的力量更大。那么,我又有什么理由非要相信上帝不可呢? 或许不相信任何神反而来得更好些。这种多神的情景充分揭示了帕斯卡赌的不合理性。[1]

六、克尔凯郭尔的神悖论

索伦·克尔凯郭尔(Soren Kierkegaard, 1813—1885),丹麦哲学家,被称为存在主义之父。他一生致力于阐明"身为基督徒意味着什么"这项工作,其基本观点是:成为一位宗教信徒,意味着做出一种激情的个人抉择,要置一切证据和理性于不顾,来实现"信仰的飞跃"。信仰有时候是私人性的,它与教义、教会、社会团体和仪式无关。

下面三个不一致的命题被人称为"克尔凯郭尔的神悖论":

(1) 崇拜上帝在理性上是适当的。

(2) 一个理性的人不会也不能崇拜某种他不能适当理解的东西。

(3) 人不能适当地理解上帝。[2]

克尔凯郭尔认为,(2)和(3)是明显的生活事实,但(1)却是有问题的,应该加以拒绝。"真理的主观性"和"信仰的飞跃"是克氏哲学的两大核心支柱。克氏完全颠倒了他那个时代所接受的哲学—科学观,坚决主张真理的主观性,认为真理并不取决于信念与对象的适当关系,而是取决于信念与坚持那个信念的个体之间的适当关系。他或她如何坚持那个信念才是那个信念的真理性的标准。因此,克氏断言,真理是内在的,依赖于主体

---

[1] 参见 Alan Hajek, "Pascal's Wager," in Stanford Encyclopedia of Philosophy, http://plato. stanford. edu/entries/pascal-wager/index. html; Paul Saka, "Pascal's Wager about God," in The Internet Encyclopedia of Philosophy, http://www. iep. utm. edu/pasc-wag/. 读取日期:2013 年 9 月 1 日。

[2] Rescher, N. Paradoxes: Their Roots, Range, and Resolution, Chicago and La Salle, Illinois: Open Court, 2001, p.119.

的,是特殊的而不是普遍的,是私人的而不是主体间的。有限的人与无限
的上帝之间的鸿沟使得在两者之间架起任何理性桥梁的努力都徒劳无用:
"让我们把这种未知者称为:上帝。上帝只是我们给这个未知者起的一个
名字。理性几乎想不到有必要要去论证这种未知者的存在。也就是说,假
如上帝不存在,那当然就不可能论证它;而假如他存在的话,那么去论证他
的存在就是愚蠢的。"[1] 于是,成为一个基督徒就是一种绝对的承诺,或
者说是"信仰的飞跃"。这不能诉诸理智,而要诉诸激情,因为试图理解上
帝与信仰上帝是对立的:"当信仰开始丧失激情的时候,也就是需要论证来
为无信仰鸣锣开道的时候。""如果人有一天似乎成功地使基督教变得合
理了,那么那一天就是基督教寿终正寝的时候。"[2] 这是否有回到德尔图
良的"因为荒谬,所以信仰"的老路之嫌?

神圣如"上帝"(God)者,也要接受理性的审视和追问,以探究"上帝"
概念的内在融贯性,"因为荒谬,所以信仰"的时代已经远去。在历史上,
先后提过有关上帝的种种悖论,如伊壁鸠鲁悖论、全能悖论、全知悖论、恶
和苦难问题、帕斯卡赌,以及克尔凯郭尔的神悖论。本小节对它们做了比
较仔细的阐释和初步讨论,由于多种原因,没有详细展开对这些悖论的深
入讨论和详尽剖析。现有分析表明,"上帝"概念似乎具有某种"悖论"性
质,很难在理性上自圆其说。

---

[1] 转引自罗伯特·所罗门:《大问题:简明哲学导论》,张卜天译,桂林:广西师范大学出版社,
2004 年,97 页。
[2] 同上书,96 页。

第三章 模糊性:连锁悖论

第一节 什么是模糊性?

模糊性(vagueness)是一个古老的话题,可以追溯到古希腊麦加拉学派所提出的"秃头"和"谷堆"悖论。上世纪早期,皮尔士(C. S. Peirce, 1902)、罗素(1923)、布莱克(M. Black, 1937)、亨普尔(C. G. Hempel, 1939)等人关注过模糊性,但产生的影响并不大。在 1970 年代,对模糊性的兴趣井喷式爆发,达米特(M. Dummett, 1975)、法因(K. Fine, 1975)、赖特(C. Wright, 1976)等人都探讨过模糊性。此后,来自不同领域的众多学者投身于对模糊性的研究之中,其中很多人是当今的主流哲学家,例如埃文斯(G. Evans)、达米特、普特南(H. Putnam)、赖特、大卫·刘易斯(David Lewis)、威廉姆森(T. Williamson)、塞恩斯伯里(R. M. Sainsbury)、夏皮罗(S. Shapiro)、索姆斯(S. Soames)、菲尔德(H. Field)、苏珊·哈克等人。他们提出了多种不同的理论,相互之间产生了很多争论,从而使模糊性成为当代逻辑学、语言学、知识论、形而上学和法学等多学科交叉研究的一个热门话题。[1] 本章将探讨模

---

〔1〕 参见以下关于模糊性的专题文集:Keefe, R. & Smith, P. (eds.). *Vagueness*: *A Reader*, Cambridge: MIT Press, 1997; Graff, D. & Williamson, T. (eds.). *Vagueness*, Ashgate/Dartmouth, 2002; Dietz, R. & Moruzzi, S. (eds.). *Cuts & Clouds*: *vagueness*, *its nature and its logic*, Oxford: Oxford University Press, 2009; Ronzitti, G. (ed.). *Vagueness*: *A Guide*, Springer, 2011。

糊性的特征和范围，列示主要的连锁悖论，阐述和分析关于连锁悖论的主要解决方案及其所面临的困难，最后引出关于哲学研究的方法论反省。

像"高"和"矮"，"大"和"小"，"胖"和"瘦"，"美"和"丑"，"聪明"和"愚笨"，"富有"和"贫穷"，"秃头"，"谷堆"，"孩子"，以及一些颜色谓词如"红""黄""蓝"，都是典型的模糊谓词。一般认为，它们至少具有如下三个特征：

1. 模糊谓词存在难以辨别它们是否适用的界限事例。

可以把模糊谓词的外延分解成：正外延，由该谓词对之肯定适用的事例组成的集合；负外延，由该谓词对之肯定不适用的事例组成的集合；界限情形（borderline cases），由难以确定该谓词对之是否适用的事例组成。例如，相对于中国人而言，1.5米以下大概属于"高个子"这个谓词的负外延，1.8米以上大概属于该谓词的正外延，而1.6—1.7米大概可以算作该谓词的界限事例，因为我们很难说这样的人是"高个子"，也很难说这样的人不是"高个子"，他们或许属于"既不高也不矮"的界限情形。再如，小青蛙是从小蝌蚪演变而来的，在其演变过程中，肯定会有这样的阶段或时刻，我们很难辨别正在演变的那个小生命究竟是蝌蚪还是青蛙，它们正处于蝌蚪和青蛙的分界线上，是"青蛙"和"蝌蚪"之间的界限情形。所有其他的模糊谓词，如"秃头""谷堆"和"孩子"等，都存在这样的界限情形。

2. 模糊谓词"容忍"小幅度的变化，它们没有预先定义好的确定的外延。

模糊谓词是程度谓词，其意义容许有一个摆动幅度，甚至可以分出"比较级"和"最高级"。例如，不高的，比较高的，高的，很高的，非常高的，最高的。每一次只做很小一点改变，例如增减一毫米，不会影响"高的"这个模糊谓词的适用性：原来"不高的"不会因此变成"高的"，原来"高的"不会因此变成"不高的"。赖特用了一个专门的词——"容忍"（tolerance）来描述模糊谓词的这一特性：它是一个表示改变幅度的概念，该改变是如此之小，以至很难对该谓词的适用性造成影响[1]。在英文文献中，有时也把模

---

〔1〕 Keefe, R. & Smith, P. (eds.) *Vagueness: A Reader*, Cambridge: MIT Press, 1997, p.156.

糊谓词称作"容忍谓词"(tolerant predicates)。

模糊谓词的上述特征派生出两个结果:一是该类谓词没有截然分明的界限。在很多情况下,我们很难确定某个人究竟是高的还是矮的,某个物件究竟是大的还是小的,某个发育中的小动物究竟是蝌蚪还是青蛙,某个颜色斑块究竟是红色还是橘色,因为其间存在难以辨识的界限情形。二是模糊谓词没有预先定义好的确定的外延:既然很多东西属于界限情形,我们难以确定它们究竟是属于该谓词的正外延还是负外延,该谓词也就没有确定的外延了。而清晰概念并非如此,例如数学概念"偶数"和"奇数",政治身份概念如"共产党员"和"非共产党员",都有非常确定的外延。

3. 模糊谓词将会产生连锁悖论。

所谓连锁悖论,就是从明显真实的前提出发,通过一些非常微小因而难以觉察的改变,或者通过一些直观上明显有限的小的推理步骤(little by little reasoning),得出了直观上不可接受或明显为假的结论。连锁悖论(sorites paradox)源出于"谷堆"悖论。英文词"sorites"源于希腊词"soros",后者的意思就是"堆","sorites"的字面意思就是"成堆的东西"。在公元4世纪,有人把"sorites"用于表示一系列推理,叫做"连锁推理",其中前一推理的结论变成了后一推理的前提,还可以省略掉所有的中间结论,从一系列前提直接推出最后一个结论。连锁推理特别指"连锁三段论",其中前一命题的谓词是后一命题的主词,最后的结论则由第一个命题的主词和倒数第一个前提的谓词构成。

第二节　连锁悖论举要

古希腊麦加拉派的逻辑学家欧布里德斯(Eubulides)提出了很多怪论和悖论,其中两个是如下的连锁悖论:

(1) 谷堆悖论

　　一粒谷算不算谷堆? 不算! 再加一粒呢? 也不算! 再加一粒呢?

还不算。再加一粒呢? ……因此,无论加多少谷粒,即使加 1 万粒,也不会造成谷堆。

(2)秃头悖论

头上掉一根头发算不算秃头? 不算! 再掉一根呢? 也不算! 再掉一根呢? 还不算。再掉一根呢? ……因此,无论掉多少根头发,即使所有的头发都掉光了,也不会造成秃头。

顺便提及,根据网上查到的资料,长金发的人平均有 14 万根头发,长红发的人平均有 9 万根头发,长棕发的人平均有 10.9 万根头发,长黑发的人平均有 10.8 万根头发。

有资料表明,欧布里德斯提出如上两个悖论,很可能是受到爱利亚学派的芝诺早在一个世纪以前提出的如下悖论的启发:

(3)谷粒和响声

如果 1 粒谷子落地没有响声,2 粒谷子、3 粒谷子落地也没有响声,如此类推下去,1 整袋谷子落地也不会有响声。

应该注意,古希腊思想家在这里并不是要探究事实的真相,而是试图找到逻辑演绎与事实之间的差别。如果承认从一粒谷到谷堆之间、从满头头发到秃头之间、谷子落地从没有响声到有响声之间都有一个连续的系列,那么,其间会有一个变化的模糊区域,以至于我们无法弄清楚其确切的分界线在哪里。

根据第欧根尼·拉尔修的《名哲言行录》的记载,斯多亚派的克里西普斯(Chrysippus,约前 280—206)还提出了如下的悖论:

(4)很少悖论

并非 2 是很少的而 3 不是;并非 2 和 3 是很少的而 4 不是;如此类推,直至 1 万。但是,2 是很少的,所以,1 万也是很少的。[1]

---

[1] 关于以上悖论的原始资料,参见 Diogenes Laertius, Galen and Cicero, "On the sorites", in Keefe & Smith, 1997, pp.58—60; Williamson, T. *Vagueness*, London: Routledge, 1994, pp.8—35。

如上这些悖论流传很广,被后世很多人所知晓。西塞罗(Cicero,前106—43),作为古罗马的演说家、政治家和哲学家,曾谈道:

> 人们必定要批评[新柏拉图学派]利用一种极端诡辩的论证。这种论证通常在哲学上完全不能令人满意,因为它依赖一种通过一点一点增加或减少而进行推理的方法。他们称这种论证为连锁论证,是因为通过一次增加一颗麦粒到了某个时刻就成了一个麦堆……我们不具备知道绝对界限的能力,以便根据事物的本性能够精确地确定我们在任何方面到底走了多远;这种情况不仅出现在麦堆的例子中(连锁论证从这个事例得名),而在无论什么事例都是如此:如果通过逐渐细微的增加或减少,问我们如此这般的一个人是富人还是穷人,是名人还是无名之辈,问我们远处的东西是多还是少,是大还是小,是长还是短,是宽还是窄,那么,我们不知道在什么程度上能够通过增减给出一个明确的回答。[1]

(5) 王悖论

这是达米特以美籍华裔逻辑学家王浩的名字命名的一个悖论[2],与数的大小有关:

> 1 是一个小数。
>
> 对于任一 n,如果 n 是一个小数,则 n + 1 也是一个小数。
>
> 所以,每一个数都是一个小数。

这个推理的第一个前提确实是真的。而且,给一个太小的数加 1 也不会使得它从一个小数变成不小的数,故第二个前提似乎也是真的。并且,

---

[1] 斯蒂·芬里德:《对逻辑的思考:逻辑哲学导论》,李小五译,沈阳:辽宁教育出版社,1998 年,215 页。

[2] 参见 Dummett, M. "Wang's Paradox," in Keefe & Smith, 1997, pp. 99—118。达米特在后来补写的文末注释中谈道:"这个标题[王悖论]与我记得多年前在一本短暂存续的牛津出版物上读过的王浩教授的一篇文章有关。假如我很快发表这篇文章的话,我或许会去掉这个标题,因为我从不假定王教授除了展示一类古代悖论的一般形式外,还打算[就该类悖论]说任何东西。但是,既然这个名称已经获得某种流行,我认为最好让它保持原样。"

这个推理似乎也是有效的。假如 1 是一个小数，则 1 + 1 即 2 也是一个小数；如果 2 是一个小数，则 2 + 1 也是一个小数；只要有足够的耐心，我们可以不断重复这样的推理步骤，以至我们最后得到了 100 万这个数，按照前面的道理，它也应该是一个小数，但很显然它不再是一个小数，而是一个很大的数！我们究竟错在哪里呢？

如上所述的连锁悖论可以表述成如下 4 种一般形式：

（a）条件命题的递增形式，例如"谷堆"悖论：

$$\neg Fa_1$$
$$如果 \neg Fa_1，则 \neg Fa_2$$
$$如果 \neg Fa_2，则 \neg Fa_3$$
$$如果 \neg Fa_3，则 \neg Fa_4$$
$$\vdots$$
$$如果 \neg Fa_{n-1}，则 \neg Fa_n$$
$$\overline{\phantom{如果 \neg Fa_{n-1}，则 \neg Fa_n}}$$
$$\neg Fa_n（n 是足够大的自然数）$$

（b）条件命题的递减形式，例如"秃头"悖论：

$$Fa_n（n 是足够大的自然数）$$
$$如果 Fa_n，则 Fa_{n-1}$$
$$如果 Fa_{n-1}，则 Fa_{n-2}$$
$$如果 Fa_{n-2}，则 Fa_{n-3}$$
$$\vdots$$
$$如果 Fa_{a_2}，则 Fa_1$$
$$\overline{\phantom{如果 Fa_{a_2}，则 Fa_1}}$$
$$Fa_1$$

（c）否定的合取命题形式，例如很少悖论：

$$Fa_1$$

$$\neg(Fa_1 \wedge \neg Fa_2)$$

$$\neg(Fa_2 \wedge \neg Fa_3)$$

$$\neg(Fa_3 \wedge \neg Fa_4)$$

$$\vdots$$

$$\underline{\neg(Fa_{n-1} \wedge \neg Fa_n)}$$

$$Fa_n(n \text{ 是足够大的自然数})$$

（d）数学归纳法形式

$$Fa_1$$

$$\underline{\forall n(Fa_n \rightarrow Fa_{n+1})}$$

$$\text{所以}, \forall n Fa_{n+1}$$

应该注意,上述推理模式构成一个连锁悖论,必须满足一些条件。首先,$\langle a_1, a_2, a_3, \cdots, a_i \rangle$ 必须是一个有序 i 元组,例如,根据头发根数的多少对"秃头"排序,根据谷粒的多少对"谷堆"排序。其次,谓词 F 必须满足三个限制条件:(i) 它必须对该序列中的第一项 a_1 是真的;(ii) 它必须对该序列中最末一项 a_i 是假的;(iii) 在该序列中,紧邻的两个项 a_n 和 a_{n+1} 必须足够相似以至相对于谓词 F 难以鉴别,即是说,它们同时满足谓词 F 或者同时不满足 F。由这样的谓词 F 和序列 $\langle a_1, a_2, a_3, \cdots, a_i \rangle$ 所构成的论证就是一个"连锁悖论"。[1] 在此类悖论中,一个前提的轻微不精确,在一连串推理步骤中被一再复制或放大,最后得到荒谬的结果。这是由演绎推理而导致的悖论,并且很可能是这种悖论中最简单的一类。

下面列举一些与连锁悖论很相似的悖论,它们都是从明显真实的前提出发,通过微小而难以觉察的改变,或者通过直观上有效的小的推理步骤,得出了明显为假的结论,或者是得出了其真实性高度可疑的结论。

---

[1] 参见 Hyde, D. "Sorites Paradox," 2011. in Stanford Encyclopedia of Philosophy, http://plato. stanford. edu/entries/sorites-paradox/。

（6）忒修斯之船

据普鲁塔克(Plutarch,约46—120)记载,忒修斯(Theseus)是传说中的雅典国王,在成为国王之前,他驾船率人前往克里特岛,用利剑杀死了怪物米诺陶,解救了作为贡品的一批童男童女。后来,人们为了纪念他的英雄壮举而一直维修保养那艘船。随着时光流逝,那艘船逐渐破旧,人们依次更换了船上的甲板,以至最后更换了它的每一个构件。这时候,人们禁不住发出疑问:更换了全部构件的忒修斯之船还是原来那艘船吗？后来,常把其所有部分被替换后原主体是否仍然存留的哲学问题称之为"忒修斯之船"。英国哲学家霍布斯(Hobbes,1588—1679)曾在其著作《论物体》(第2编第11章第7节)中对其加以探讨。

"忒修斯之船"的悖谬之处在于:

（a）如果一艘船仅有部分构件被更换了,那艘船仍然是原来那艘船。

（b）如果一艘船的全部构件都被更换了,那艘船不再是原来那艘船。

（c）根据(a),如果我们每一次只更换那艘船的很少构件,比如说一个构件,在每一次更换后,那艘船仍然是原来那艘船;直到最后一次更换时仍然如此。

（d）根据(b),到最后一次更换时,该艘船的所有构件都被换掉了,那艘船不再是原来那艘船。

（e）矛盾:被更换了全部构件的那只船,既是原来那艘船又不是原来那艘船![1]

忒修斯之船所涉及的问题是:我们如何理解和刻画跨越时间或空间的个体的同一性(identity)？例如,一个人从小孩变成了老人,我们认为还是同一个人;一艘船尽管更换了全部部件,我们是否仍然认为它还是原来那

---

[1] 参见 Rescher, N. *Paradoxes*: *Their Roots*, *Range*, *and Resolution*, p. 86。

艘船？如果这样的话，莱布尼茨的"同一不可分辨"原则（如果 x = y，则 Fx→Fy）和"不可分辨者的同一"原则（如果 Fx↔Fy，则 x = y）是否仍然成立？其理由是什么？……

（7）卡特勒爵士的袜子

这是忒修斯之船的变体。

> 据说，约翰·卡特勒爵士有一双非常喜欢的袜子，他一直穿了好多年。一旦某个地方破了，他就要仆人织补，如此不断反复。若干年之后，原来袜子上的一根线都不存留了，全部材料都换成了新的。这时候，他感到纳闷：我的这双袜子还是我原来喜欢的那一双吗？如果不是，它在什么时候变得不是原来那双袜子了呢？

（8）*颜色悖论*

> 假设我们把 100 个色块顺序排列，从左端的红色到右端的橘色。如果我们把所有其他色块拿掉，只留下相邻的两个色块，它们之间的差别仅凭我们的视觉难以觉察和分辨，因而我们应该把它们视为同一，既然第一块是红色，由于第二块在颜色上与第一块无法分辨，则第二块也是红色；而第三块在颜色上与第二块也无法分辨，则第三块也是红色；第四块在颜色上与第三块也无法分辨，则第四块也是红色；如此类推，最后应该得出第一百块也是红色。但事实上，第一百块是橘色的！问题出在哪里呢？我们在哪一步或哪些步的推理上出错了呢？

颜色谓词是观察谓词，涉及我们感官的观察能力和分辨能力。其他连锁悖论都或多或少带有一点"臆造"的性质，人们很容易把"悖论"的产生归结为我们的语词不精确，例如"秃头""谷堆""很少""小数"这些词就是边界不精确的词语，而颜色悖论似乎就是现实世界中真实存在的情形，因此颜色悖论是比较难对付的连锁悖论之一。

以上三个悖论涉及"不可分辨性"，根据莱布尼茨提出的"不可分辨者的同一"原则，即 $\forall x \forall y((Fx↔Fy)→(x = y))$，它们都涉及等词" = "，有如下的共同形式：

$$Fa_1$$

$$Fa_1 \leftrightarrow Fa_2$$

如果$(Fa_1 \leftrightarrow Fa_2)$,则$(a_1 = a_2)$

$$Fa_2 \leftrightarrow Fa_3$$

如果$(Fa_2 \leftrightarrow Fa_3)$,则$(a_2 = a_3)$

$$Fa_3 \leftrightarrow Fa_4$$

如果$(Fa_4 \leftrightarrow Fa_4)$,则$(a_3 = a_4)$

$$\vdots$$

$$Fa_{n-1} \leftrightarrow Fa_n$$

如果$(Fa_{n-1} \leftrightarrow Fa_n)$,则$(a_{n-1} = a_n)$

Fa_n(n是任意的自然数)

（9）自我折磨悖论

由奎恩(W. S. Quinn)提出,亦称"奎恩悖论"[1]。

有一个人,权且叫他"约翰"吧,受雇做医学实验:接受很轻微的令人感到些许疼痛的刺激,为此他会得到一笔钱;随着刺激量的逐渐轻微加大,所得到的钱的数目会以更大幅度增加。每一次刺激量加大所造成的疼痛加重是如此轻微,以至很难与上一次刺激所造成的疼痛区分开。所以,可以合理地设想,约翰没有理由叫停下一次刺激量增加,何况他还可以得到更多的钱。但到某一次刺激量增加时,其所造成的疼痛是如此难以忍受,不是所得到的任何数目的钱所能补偿的。

下面的难题与连锁悖论有很密切的类似,但很难说它是一个连锁悖论。

〔1〕 Quinn, W. S. "The puzzle of the self-torturer," *Philosophical Studies*, vol. 59. No. 1, 1990, pp. 79—90.

（10）云彩悖论

通称"一多问题"。彼特·昂格尔(P. Unger)最明确地阐述了这个问题[1]，后来引起了广泛讨论。

试设想晴朗天空中的一块云彩。从地面上看，那块云彩有明确的边界。但事实并非如此。那块云彩由大量的水蒸气组成，在云彩的外缘，水蒸气的浓度逐渐降低，以至它们是如此稀薄，我们会迟疑地不再把它们视作那块云彩的一部分，而只是说它们靠近那块云彩。但是，变化是渐进的，许多层面都同样可以作为该块云彩的边界的候选者。因此，许多水蒸气的聚集，或浓或淡，或大或小，都同样可以视作该块云彩。既然它们有同等的根据，我们凭什么说水蒸气的这团聚集而不是另一团聚集是那块云彩？如果它们全都可以算作云彩，则我们有许多块云彩，而并非只有一块云彩。如果它们每一个都不算作云彩，则我们就没有一块云彩。问题在于：我们如何可能只有一块云彩？尽管事实上确实如此。

云彩悖论的产生源自于下面 8 个命题，单独来看，它们每一个都是真的，但搁在一起却不相容：

（a）有几团不同的水蒸气聚集 s_k，对于每一团 s_k 来说，该 s_k 中的水蒸气是否构成了那块云彩，这一点是不清楚的。

（b）晴朗的天空中有一块云彩。

（c）晴朗的天空中至多有一块云彩。

（d）对每一聚集 s_k 来说，有一个由 s_k 中的水蒸气所构成的对象 o_k。

（e）如果 s_i 中的水蒸气构成对象 o_i，并且 s_j 中的水蒸气构成对象 o_j，并且 s_i 和 s_k 不是同一个聚集，则 o_i 和 o_j 也不是同一个对象。

（f）如果 o_i 是天空中的云彩，并且 o_j 也是天空中的云彩，并且 o_i 不等同于 o_j，则它们是天空中两块不同的云彩。

（g）如果任一聚集 s_i 的成员构成一块云彩，那么，对于任一其他

[1] Unger, P. "The Problem of the Many," *Midwest Studies in Philosophy* 5, 1980, pp.411—467.

的聚集 s_j 而言,如果其成员构成一对象 o_j,则 o_j 也是一块云彩。

(h) 任何云彩都由一团水蒸气构成。

这 8 个命题相互之间不一致:根据前提(b)和(h),有一块由水蒸气所构成的云彩。比如说,这块云彩是由 s_i 中水蒸气构成的,令 s_j 是任何一团另外的水蒸气,就我们所能辨认的而言,其成员有可能构成一块云彩。前提(a)保证有这样的聚集存在。根据(d), s_j 中的水蒸气构成对象 o_j。根据(e), o_j 不等同于我们原有的那块云彩。根据(g), o_j 是一块云彩,既然它明显也在天空中,它也是天空中的一块云彩。根据(e),天空中有两块云彩。但这与前提(c)不相容。对此悖论的解决方案必须合理地说明:为什么要拒斥其中的一个前提?或者,为什么要拒斥导致矛盾的推理方式?或者,为什么要容忍该矛盾并与其和平共处?

关于以上的连锁悖论,我先做以下两点评论:

第一,此类悖论给我们的教训是:微小差别的不断累积和放大,可以造成巨大的差别。试考虑三个数:0.9,1,1.1,后个数与前面数的差别只有0.1。若让每个数与自身连乘 10 次,0.9 变成了 0.31,1 仍然是 1,1.1 变成了 2.85,它是 0.31 的近 10 倍,1 的近三倍!差距就是这样造成的。所以,每个人都必须当心生命过程中的每一步:小胜有可能积成大胜,小过有可能铸成大错!

第二,连锁悖论对经典逻辑和经典语义学构成了非常严重的挑战。二值原则是经典的语义学和逻辑的核心:任一语句或命题是真的或者是假的,非真即假,非假即真,不存在其他的可能性。我们的传统真理论、认识论等等都是建立在二值原则之上的,并且二值原则背后还隐藏着实在论假设:正是独立于心灵和语言的外部实在使得我们说出的任一描述外部实在的语句或命题为真或为假,即使这种真假不被我们所知道,甚至不能被我们所知道。但二值原则似乎对含模糊谓词的句子或命题失效,因为很难说清楚含模糊谓词的句子或命题是真的还是假的。例如,对于处于界限情形的事例来说,你很难说它有某种性质,也很难说它没有某种性质,因此,有时候很难确定像"张三是秃头"这样的句子的真假。但问题的严重性在于:模糊性在自然语言中几乎是无处不在的,若经典逻辑和经典语义学不适用于模糊语句,则几乎等于说:除了数学等少数精确科学之外,它们无处可用。因此,模糊性对经典逻辑、经典语义学、传统的知识论和形而上学构成了严重的挑战。

第三节　模糊性理论概观

为了回应这种挑战,1970 年代以来,模糊性逐渐成为哲学、逻辑学和语言学等学科交叉研究的一个热点问题,并把许多当代的主流哲学家卷入其中,形成了不同的研究进路或者理论,其中主要有:

（1）精确语言进路,其代表人物是弗雷格（G. Frege）、罗素和蒯因。他们认为,模糊性是自然语言的缺陷,应该用精确的人工语言来代替,现代逻辑应该用精确语言来建构,且只适用于精确科学。但由于模糊性在自然语言中无处不在,在绝大多数时候我们是用自然语言来思维,这等于说:现代逻辑不适用于自然语言和我们的日常思维,或者,当把现代逻辑应用于自然语言时,要对后者做语义整编,即用现代逻辑语言对后者做改写,有些无法改写的东西就必须舍弃。这两个后果都难以接受,故这种观点在模糊性研究中处于边缘地位。

（2）多值逻辑和真值度理论:模糊语句的真值超越真假二分,可以在[0,1]这个区间内取多种真值。

（3）超赋值主义:可以用多种方式把模糊语句精确化,尽管它们不在经典语义学的意义上或真或假,但可以有别的真值,如相对于某种精确化方式为真,或超真（supertruth）。

（4）认知主义:模糊性源自于我们的认知能力的局限性,源自于我们对事物存在状况的无知。

（5）语境主义:模糊性是语境敏感的,可以通过话语语境去消解。

（6）虚无主义:模糊谓词没有精确的外延,包含它们的句子也没有确定的真值。

（7）形而上学的模糊性:世界本身是模糊的,存在着模糊对象,例如"云"和"山"。有这样一个论证:山脉是实在的一部分,但它们是模糊的,因为它们没有截然分明的边界:哪里是山脉的终点和平原的起点? 这一点是暧昧不清的。因此很容易看出,模糊性是实在的特征,并不是我们的思想或者话语的特征。[1]

通过考虑以下 3 个问题,我们可以对关于模糊性的以上各种理论做分组或定性:

第一,模糊性的根源是语言、外部世界,还是我们的认知本身?

语义说明:模糊性源自于我们的语言和概念。语义说明包括多值逻辑和真值度理论,超赋值理论,语境主义,或许还包括虚无主义。

认知主义:模糊性源自于我们的认知能力的局限性。

形而上学说明:模糊性源自于独立于心灵的外部世界本身。

第二,对经典逻辑特别是二值原则的态度:是保留,还是拒斥和修改?

坚持保留经典逻辑特别是二值原则的,有认知主义,虚无主义,某些形式的语境主义。而坚持拒斥和修改经典逻辑特别是二值原则的,有多值逻辑和真值度理论,超赋值理论,某些形式的语境主义,或许还包括对模糊性的形而上学探究。

第三,以何种方式对导致连锁悖论的论证做出回应?

（a）坚持精确语言进路的研究者,如罗素,通常会否认该类论证的有效性,即不承认其结论确实可从其前提中推出。

（b）认知主义者,某些超赋值主义者,以及多值逻辑和真值度理论家往往质疑其中的条件命题或归纳前提的真实性。

（c）关于模糊性的某些形而上学探究者接受该论证的有效性,也承认其所有条件前提或归纳前提的真实性,但质疑第一个前提的真实性,或质疑其结论的真实性。

（d）达米特和赖特等人承认,有很强的理由要求我们承认该论证形式

〔1〕 Sainsbury, R. M. *Paradoxes*, Third edition, p. 43.

的有效性,并同时接受其前提但拒绝其结论,这正好揭示了模糊谓词是内在不一致的。

第四节　三种模糊性理论及其困难

在上面提到的关于模糊性的各种理论中,(1)、(6)和(7)的拥趸比较少,没有多大影响力,而其他几种探究较有影响,其中最有影响的或许是认知主义,对它的批评和辩护都很多。这里只讨论三种理论:多值逻辑和真值度理论,超赋值理论,认知主义。

一、多值逻辑和真值度理论

所谓"多值逻辑"(Many-valued Logic),是其命题取多于两个真值(即真和假)的逻辑。在研究亚里士多德逻辑时,波兰逻辑学家乌卡谢维奇(J. Lukasiewicz, 1878—1956)遇到了"未来偶然事件",即"明天将要发生海战",这个命题在今天既不真也不假,而是不确定的,于是他引入"真""假"之外的第三值,即"不确定",创立了三值逻辑[1],后来又将其推广成任意 n(n > 3)值的逻辑,甚至是无穷多值的逻辑。后来的"模糊逻辑"(fuzzy logic)实际上是在实数区间[0,1]中取值的无穷多值逻辑。要使多值逻辑成为有关模糊性的理论,必须把它用于处理自然语言句子的逻辑语义特性,特别是模糊性,并对由模糊语句导致的连锁悖论给出解决方案。最早把多值逻辑引入模糊性研究的,是霍尔登(S. Halldén)、科勒(S. Körner);后来的重要人物有苟谷恩(J. A. Goguen)、查德(L. A. Zadeh)、马奇娜(K. Machina)、迈克尔·泰(Michael Tye)、艾丁顿(D. Edgington)、海德(D. Hyde)、史密斯(N. J. J. Smith)等人,苏珊·哈克最早对此类研究提出了系

---

[1] Łukasiewicz, J. "O logice trojwartosciowej," *Ruch Filozoficzny* 5, 1920, pp. 170—171. English translation in Łukasiewicz, J. *Selected Works*, ed. L. Borkowski, Amsterdam：North-Holland Publishing Company, 1970.

统的批评。[1]

为了给像"张三是秃头""李莉很美"这样的模糊语句赋值,很多研究者引入了"真""假"之外的其他真值,如果是三值逻辑,这个另外的值是"中间的"(intermediate);如果是在实数区间[0,1]取值,"0"表示确定为假,"1"表示确定为真,而像"0.1""0.4""0.8""0.9"这样的真值则表示一个模糊语句为真的程度,叫做"真值度"(degrees of truth)。常用[p]表示原子模糊句 p 的真值度,"min{[p],[q]}"表示取两个值中较小的那个,"max{[p],[q]}"表示取两个值中较大的那个。复合模糊句(其中至少包含一个原子模糊句)的真值度遵循下述联结词规则去计算:

$$(\land)\ [p \land q] = \min\{[p],[q]\}$$
$$(\lor)\ [p \lor q] = \max\{[p],[q]\}$$
$$(\neg)\ [\neg p] = 1 - [p]$$
$$(\leftrightarrow)\ [p \leftrightarrow q] = 1 - (\max\{[p],[q]\} - \min\{[p],[q]\})$$
$$(\to)\ [p \to q] = [p \leftrightarrow (p \land q)]$$
$$= 1 - ([p] - \min\{[p],[q]\})$$

真值度理论(Degree Theories)有不同的形式,有两个解决连锁悖论的方案:一是通过对联结词的语义解释使连锁悖论中的条件前提或归纳前提不成立,二是通过使肯定前件式(modus ponens)失效来使整个论证失效,由此消解连锁悖论。

---

[1] 参见 Halldén, S. *The Logic of Nonsense*, Uppsala Universitets Arsskrift, 1949; Körner, S. *Conceptual Thinking*, Cambridge University Press, 1955; Goguen, J. A.. "The logic of inexact concepts," *Synthese* 19, 1969, pp. 325—373; Zadeh, L. A. "Fuzzy logic and approximate reasoning," *Synthese* 30, 1965, pp. 407—428; Machina, K. "Truth, Belief and Vagueness," *Journal of Philosophical Logic* 5, 1976, pp. 47—78; Tye, M. "Sorites Paradoxes and the Semantics of Vagueness," in J. Tomberlin (ed.), *Philosophical Perspectives: Logic and Language*, California: Ridgeview, 1994; Edgington, D. "Vagueness by Degrees," in Keefe and Smith (eds.), *Vagueness: A Reader*, 1996, pp. 294—316; Hyde, D. *Vagueness*, *Logic and Ontology*, Aldershot: Ashgate, 2008; Smith, N. J. J. *Vagueness and Degrees of Truth*. Oxford University Press, 2008; Haack, S. *Deviant Logic*, *Fuzzy Logic: Beyond the Fromalism*, The University of Chicago Press, 1996。

但真值度理论遇到了严重挑战,主要是以下 3 个:

(1) 高阶模糊性。这里仅以最简单的多值理论——三值逻辑为例。如前所述,为了给"张三是秃头"这样的模糊句赋值,通常引入"真""假"之外的第三值"中间的",这等于把任一谓词的外延分成了三部分:正外延,相对于它"a 是 F"取值为 1,有最高的真值度;负外延,相对于它"a 是 F"取值为 0,有最低的真值度;界限情形,相对于它"a 是 F"取值为 0.5。但是,由此带来的问题是:对于任一模糊谓词 F 而言,如果我们不能截然划分它的正外延和负外延,因而不能断定它对于某些事例究竟是真的还是假的,难道我们能够进一步把它的外延截然分明地分成正外延、负外延和界限情形三部分吗? 若回答是肯定的,其根据或标准是什么? 假如有 1 万根头发的人肯定不是秃头,连一根头发也没有的肯定是秃头,那么,有 9999 根,9997 根,……1 根头发的究竟是不是秃头呢? 在哪里划出"秃头"和"秃头的界限情形"以及"秃头的界限情形"和"非秃头"之间的界限呢? 真实的情况是:如果我们因不能划出"秃头"和"非秃头"之间的界限,故要设置"秃头的界限情形",那么,我们更不能划出"秃头""秃头的界限情形"和"非秃头"这三者之间的界限。即是说,如果"秃头"的界限情形是模糊的,那么"秃头的界限情形的界限情形"更是模糊的。这叫做"高阶模糊性"(high-order vagueness)。威廉姆森指出:

> 对二值逻辑的异议来自如下的假定:不可能把模糊命题分类成真的和假的。而二阶模糊性现象使得同样难以把模糊命题分类成真的、假的和既不真也不假的。随着谷粒堆垒在一起,我们无法找出一个精确点,恰好在这个点上,"这是一个谷堆"从假的变成了真的。我们同样也不能找出两个精确的点,在其中一个点上,该命题从假的变成中性的;在另一个点上,它从中性的变成了真的。如果两个值不够用,则三个值也不够用。[1]

---

[1] Williamson, T. *Vagueness*. p.111.

很显然，这样的说法可以推广：如果你不能找出一个谓词的正外延和负外延的分界点，那么，你更难以找出它的两个、三个、四个或任一多个分界点！之所以如此，很可能是因为模糊谓词本身就没有精确的分界线！[1]

（2）原子模糊句的真值度。如果张三有 97 根头发，而赵四有 99 根头发，则张三比赵四更接近于秃头，因此，我们应该给"张三是秃头"指派比"赵四是秃头"稍高一点的真值度。但麻烦在于：我们应该分别给这两个句子指派什么样的真值度？比如说，给前一句子指派 0.48 的真值度，给后一句子指派 0.46 的真值度。为什么这样指派？在做这样的指派时，是否意味着我们脑袋里已经有了一个非常清晰的"秃头"和"非秃头"的概念？例如有一万根头发的不是秃头，连一根头发也没有的是秃头，然后我们据此对含有这些概念的句子赋值。这是否意味着：关于"秃头"和"非秃头"，我们实际上有清晰的概念，因而是不模糊的？这样一来，不是把我们用真值度理论去研究模糊概念和模糊语句的基础掘掉了吗？！

还有一个派生的问题：什么叫"真值度"？"张三所说的话的真值度是0.25"，这一说法有两种可能的解释：一是在张三所说的全部话中，有 25%是真的，比如说，假设张三说了 100 句话，我们可以从中找出 25 句真话。这种解释有意义，说得通。二是张三说的某句话，如"赵四很傻"，有 0.25的为真程度。这种说法不好理解，说不通。因为按照亚里士多德的说法，"说是者为非，或说非者为是，是假的；而说是者为是，或说非者为非，是真的"。[2] 一个句子是真的，如果实际的情形正像它所说的那样；一个句子是假的，若实际情形不像它所说的那样。若如此，一个句子，若是真的就是全真的，若是假的就是全假的。弗雷格反复强调，真和假没有程度之分："……我们可以发现两个对象是美的，但其中一个比另一个更美。相反，如果两个思想是真的，其中一个不会比另一个更真。这里出现了一个实质性的区别，即真的东西不依赖于我们的承认而是真的，而美的东西仅对于觉

[1] Sainsbury, M. 1990. "Concepts without Boundaries," in Keefe & Smith, 1997, pp. 251—264.
[2] Aristotle, *The Metaphysics*, translated by Hugh Lawson-Tancred, London: Penguin Books, 2004, p. 107.

得它美的人才是美的。对此人美的东西,对彼人不一定美。"[1]

还有另一个派生问题:当我们按照真值度理论把一个谓词的外延分成正外延、负外延、界限情形时,假设李娜恰好处于"美丽"的界限情形,于是我们会说"'李娜是美丽的'这个句子既不真也不假",由此我们再后退一步,退到元元语言层次,我们会说"'李娜是美丽的'这个句子既不真也不假"这个说法是真的,因为实际情况正像它所说的那样。这意味着:在真值度理论的元理论层次上,我们又退回到二值原则:任一句子是真的或者是假的;若它所说属实,是真的;否则是假的。真值度理论是以在对象理论层次上拒斥二值原则开始的,难道它要以在元语言层次上恢复二值原则结束吗? 这里肯定有某种潜在的冲突和不一致。为了回应这一类指责,某些真值度理论家,如迈克尔·泰,使用模糊的元语言去避免相关的困难。[2]

(3) 复合模糊句的真值度。前面给出的联结词赋值规则会导致许多问题。假设 p 是一个描述界限情形的句子,既不全真也不全假,而是取中间值,那么,经典重言式"p∨¬p"不全真,经典矛盾式"p∧¬p"不全假,两者有同样的真值度:0.5;更离奇的是,经典重言式"¬(p↔¬p)"却是全假的! 再设想这样的情形:张三有 76 根头发,赵四有 108 根头发,并假设赵四恰好处于"秃头"和"非秃头"的界限情形,于是"赵四是秃头"和"赵四不是秃头"都既不真也不假,有同样的真值度 0.5,"张三是秃头"的真值度稍高一点,如 0.58。我们再由此组成两个合取命题:"赵四是秃头并且张三不是秃头","赵四是秃头并且张三是秃头",根据∧-赋值规则,前一句子的真值度是 0.42,后一句子的真值度是 0.5,但在直观上,我们会认为前一句子是假的!

通常规定,如果一条件句其前件的真值度不高于其后件的真值度,则该条件句为真。考虑两个模糊条件句:"如果赵四是秃头,则张三是秃头",根据直观应该是真的;"如果赵四是秃头,则张三不是秃头",根据直

[1] Beaney, M. (ed.), *The Frege Reader*, Oxford: Blackwell, 1997, pp. 231—232.
[2] Tye, Michael. 1994. "Sorites Paradoxes and the Semantics of Vagueness," in Keefe & Smith, 1997, pp. 281—293.

观应该是假的。但根据→赋值规则，后一句子的真值度不全假！再看"如果 9991 颗谷粒不构成谷堆，则 9992 颗谷粒也不构成谷堆"。若把谷粒堆放在一起，9992 颗谷粒还是比 9991 颗谷粒更接近于"谷堆"，哪怕是一点点，故其前件的真值度比其后件的真值度高一点点，则该条件句不全真，于是谷堆悖论中作为前提的各个条件命题都不全真，因此肯定前件式（即如果 p 则 q，p，所以 q）就不能用于这样的条件命题，若应用，就会出错。但这与我们的常识和直观相冲突：根据赖特所表述的容忍原则，我们一般认为，连锁悖论中的那些条件命题是真的，肯定前件式规则可以应用于这样的条件命题。

二、超赋值理论

超赋值理论（Supervaluationism）有关于模糊性的，也有关于空专名的和关于语义悖论的。关于模糊性的超赋值理论的重要代表人物是基特·法因，他最早提出了对该理论的比较成熟的形式表述。麦尔伯格（H. Mehlberg）、达米特、大卫·刘易斯等人也从正面或反面对超赋值理论的发展做出过贡献。超赋值理论的当代捍卫者或奉行者包括姬菲（R. Keefe）、夏皮罗、瓦茨（A. C. Varzi）等人。[1] 该理论的基本思想是：模糊性产生于模糊谓词在语义上的不完整（incompleteness）或不确定（indecision）。通过以不同方式使模糊谓词精确化（precisification，有人用"specification"［刻画]"，有人用"sharpening"［锐化]），使它们获得确定的外延，并使得含模糊谓词的句子获得相对于该精确化方式的真值，然后把"超真"定义为相对于所有精确化方式为真，把经典逻辑的"真"等同于"超真"。据称，超赋值理论由此做到了：消解连锁悖论，接受经典逻辑的绝大多数规律，不承认

〔1〕 Fine, Kit. "Vagueness, Truth and Logic," in Keefe & Smith, 1997, pp. 119—150; Mehlberg, H. "Truth and Vagueness," in Keefe & Smith, 1997, pp. 83—88; Dummett, M. "Wang's Paradox," in Keefe & Smith, 1997, pp. 199—218; Lewis, D. "General Semantics," *Synthese* 22, 1970, pp. 18—67; Keefe, R. *Theories of Vagueness*. Cambridge: Cambridge University Press, 2000; Shapiro, S. *Vagueness in Context*. Oxford: Oxford University Press, 2006; Varzi, A. C. "Supervaluationism and Its Logics," *Mind* 116, 2007, pp. 633—676.

模糊谓词有截然分明的界限。这个结果似乎相当令人满意。

设 L 为一个含模糊谓词的语言，令"T"和"F"分别表示句子的真或假，并把"T"进一步细分为"T_p"（相对于某个精确化方式为真）、"T_s"（超真，相对于所有精确化方式为真）和"T_c"（经典逻辑中的真），相应地，我们有"F_p""F_s"和"F_c"。我们先按经典逻辑的方式，把 L 中所有不含模糊谓词的句子赋值为 T_c 和 F_c。至于 L 中含模糊谓词如"谷堆"的句子，我们可以按各自喜欢的方式把它们"精确化"。例如，我们可以把"谷堆"和"非谷堆"的界限定在 5000 粒，5000 粒以下的不是谷堆，5000 粒及其以上的是谷堆，按此标准对含"谷堆"谓词的句子赋值，例如"4999 粒谷是谷堆"赋值为 F_p，"5001 粒谷是谷堆"赋值为 T_p，"1 万粒谷是谷堆"赋值为 T_p。但是，不同的人可能把"谷堆"的精确化标准定在不同数字上，因此，使"谷堆"谓词精确化的方式有很多种，相对于这些不同的精确化方式，含"谷堆"谓词的句子可能取不同的真值。但是，不管怎样去把"谷堆"谓词精确化，有些句子，如"1 粒谷是谷堆"和"1 万粒谷是谷堆"，总有确定的真值，例如"1 万粒谷是谷堆"总为真，而"1 粒谷是谷堆"总为假。这种相对于所有精确化方式所具有的真值分别叫做"超真"（T_s）和"超假"（F_s）。超赋值理论有一个著名的口号："真就是超真"，即 $T_c = T_s$。相应地，我们还可以说："假就是超假"，即 $F_c = F_s$。由于含模糊谓词的句子既不超真也不超假，因而既不（经典地）真也不（经典地）假，因而有"真值间隙"，故二值原则在超赋值理论中失效。

不过，把模糊谓词精确化时，要满足一些限制条件：根据常识毫无疑问为真的句子应该在任何一种精确化方式中为真，根据常识毫无疑问为假的句子应该在任一精确化方式中为假。按此限制，使"谷堆"谓词精确化的下述方式是不允许的：给"1 粒谷是谷堆"赋值为真，或者，给"1 万粒谷是谷堆"赋值为假。另以"高个子"为例，使这个模糊谓词精确化的任何方式都必须满足这样的条件：比高个子还高的人一定是高个子，任何是高个子的人都不能再是矮个子。不满足这些条件的任何精确化方式都是不允许的。例如，设 a 这个人为 1.75 米高，b 为 1.8 米高，c 为 1.65 米高，在一次精确化中,给"a 是高个子"赋值为 T_p,而把"b 是高个子"赋值为 F_p,这是不允许的;在另一次精确化中,把"高"与"矮"的界限定在 1.70 米,然后把"a 是高个子"和"b 是高个子"都赋值为 F_p,这与上述规则相抵触,也是不允许的。如果 L 中的一个句子,在所有可允许的精确化方式下都为真,则称其为"超真",按超赋值理论,经典逻辑中的真(T_c)就是超真(T_s)。

超赋值理论有如下一些有意思的结果:

(1) 经典逻辑的排中律和矛盾律都是超真的,因而也都是经典真的。假设在 T_p 和 F_p 的层次上,逻辑联结词满足其标准定义,那么,即使 p 中含有模糊谓词 F,相对于有关 F 的任一精确化方式而言,"$p \vee \neg p$"和"$\neg(p \wedge \neg p)$"都是 T_p,因而是 T_s(超真),因而是 T_c(经典真),仍是有效的逻辑规律。一般而言,在超真(即经典真)的层次上,绝大多数经典逻辑规律仍然成立。在解决模糊性问题时,超赋值理论并不以拒斥经典逻辑和经典语义学为代价,这是它的一大优势。

(2) 在超真层次上的联结词不再是真值函项性的,即是说,L 中句子的真值并不由其子语句的真值所决定。例如,一个析取式可以是 T_s,但其中却没有一个析取支为 T_s。一个合取式可以是 F_s,其中却没有一个合取支为 F_s。考虑含"谷堆"谓词的句子 S_1 和 S_2:

S_1 99 粒谷构成谷堆 $\vee$ 99 粒谷不构成谷堆。

S_2 99 粒谷构成谷堆 $\wedge$ 99 粒谷不构成谷堆。

相对于使这两个谓词精确化的任一方式而言,不管我们把"谷堆"和"非谷堆"的界限定在多少粒谷上,S_1 的两个析取支总有一个为真,因此 S_1 是超真的,因而是经典真的。但是,我们可以找到许多不同的精确化方式,使得"99 粒谷构成谷堆"赋值为 F_p;我们也可以找到另外的精确化方式,使得"99 粒谷不构成谷堆"赋值为 F_p;因此,这两个子语句都不是超真的,因而也不是经典真的。显然,对于任一精确化方式,S_2 均取值为假,即超假(F_s),因而是经典假的。但是,我们肯定可以找到很多的精确化方式,使得"99 粒谷构成谷堆"取值 T_p;我们也可以找到另外的精确化方式,使得"99

粒谷不构成谷堆"取值 T_p；故这两个子语句都不是超假的，因而也不是经典假的。

（3）超赋值理论的量词也有不同于经典量词的逻辑特性：一个存在量化式可以为 T_s，但它的例证却没有一个为 T_s；一个全称量化式可以为 F_s，但它的例证却没有一个为 F_s。稍后对此给出详细的证明。

超赋值理论如何消解连锁悖论？其途径是以某种精确化方式使得连锁悖论中某个条件前提为假，或者使得作为其归纳前提的某个例证为假，从而使得该条件前提或该归纳前提不是超真的，因而不是经典真的，故连锁悖论不可靠，由此使该论证失效。先看条件前提的例子：

S_0　1 粒谷不构成谷堆。

S_1　如果 1 粒谷不构成谷堆，则 2 粒谷也不构成谷堆。

S_2　如果 2 粒谷不构成谷堆，则 3 粒谷不构成谷堆。

$\vdots$

C　10 万粒谷也不构成谷堆。

根据超赋值理论，S_0 是超真的，因而是经典真的；C 是超假的，因而是经典假的。但是，总有某个精确化方式，使得 n 粒谷不构成谷堆，但 n+1 粒谷却构成谷堆，因而使得在 S_0—C 之间的某个条件句为 F_p，因而该条件句不是超真的，因而不是经典真的。（请注意，对于 S_0—C 之间的任一条件句而言，有很多精确化方式使其为 T_p，因而该条件句不是超假的，也不是经典假的）因此，即使谷堆论证是有效的，它也不是可靠的，因为其中有前提不是超真的，因而不是经典真的，由此把谷堆悖论消解了。

再看连锁悖论的数学归纳法形式：

S_0　1 粒谷不构成谷堆。

S_n　对于任意 n，如果 n 粒谷不构成谷堆，则 n+1 粒谷也不构成谷堆。

C　10 万粒谷也不构成谷堆。

前提 S_n 是一个全称概括。根据如上所述的理由，对于每一种精确化方式而言，都会使得 S_n 的某个例证为假，因而使得 S_n 不仅不是超真的，反而是超假的。于是，该论证不是可靠的，谷堆悖论因此被消解。其他连锁悖论可以用类似方式去消解。

应该注意，超赋值理论并不承认模糊谓词有截然分明的界限。对于模糊谓词 F 而言，超赋值理论接受断言 A：

$$A \quad T_s \exists n(F_n \wedge \neg F_{n+1})$$

但它不承认断言 B：

$$B \quad \exists n T_s(F_n \wedge \neg F_{n+1})$$

因为根据超赋值理论，把 F 精确化的任何一种方式，都断定有一个确切的分界点 n 把 F 和 ¬F 区分开来，故断言 A 相对于该精确化方式是真的（T_p），因而该说法是超真（T_s）的，因而该说法是经典真的。但是，却找不到这样一个分界点 n，使得对于任一使 F 精确化的方式而言，"$F_n \wedge \neg F_{n+1}$"是真的（T_p），因为不同的精确化方式设定的分界点不同，因而有的精确化方式会使"$F_n \wedge \neg F_{n+1}$"为假（F_p），因而"$F_n \wedge \neg F_{n+1}$"不是超真的，因而断言 B 也不是超真的，因而不是经典真的。用如此方式，超赋值理论避免了一个反直观的结论：模糊谓词有截然分明的界限。

补充一点：尽管对于模糊谓词 F 而言，"$\exists n(F_n \wedge \neg F_{n+1})$"是超真的，但是该公式的任一例证公式却不是超真的，因为对于某个特定的 n 来说，有很多精确化方式使得"$F_n \wedge \neg F_{n+1}$"为假，因而该例证公式不是超真的，因而也不是经典真的。这是超赋值理论对量词处理的怪异之处，即前面所说的：一个存在量化式可以为超真，但它的例证却没有一个为超真；一个全称量化式可以为超假，但它的例证却没有一个为超假。

这里简单论及超赋值理论所面临的一些困难：(1) 高阶模糊性。精确谓词有正外延和负外延。模糊谓词除正外延和负外延之外，还有界限情形。超赋值理论实际上是通过给模糊谓词任意指定一个分界点，再把界限情形区分成该谓词的正外延和负外延。由此会出现至少两个问题：一是指定某个分界点的依据是什么？既然可以任意指定分界点，那就说明任何一个分界点的指定都没有充足理由，都可以受到诘难。二是模糊谓词分界点的多重化：本来意义的正外延 E_1，界限情形中通过任意指定分界点而得出的正外延 E_2 和负外延 E_3，本来意义的负外延 E_4，由此又遇到下面的问题：E_1 和 E_2 之间，E_2 和 E_3 之间，E_3 和 E_4 之间的分界点又在哪里？这就是所谓的"界限情形的界限情形"，亦称"高阶模糊性"。多值逻辑和真值度理论必须回答这个问题，超赋值理论也必须回答这个问题。（2）超赋值理论通过使连锁悖论中的某个条件前提或归纳前提的某个例证不再为超真，从而使导致该悖论的论证不再可靠，由此来消解连锁悖论。但问题是：常识和直观告诉我们，同时也依据赖特所述的"容忍原则"，这些条件前提或归纳前提实际上是真的，如何解释超赋值的解决方案与常识和直观之间的冲突或不一致？（3）如何解释超赋值理论中联结词和量词的怪异之处？即使接受这些怪异之处，超赋值理论还是会在联结词和量词的解释方面遇到一些其他的技术性困难。（4）如何解释相对于某个精确化方式的真（T_p）、超真（T_s）和经典真（T_c）之间的关系？从直观上说，我们似乎必须先理解 T_c（如符合论意义上的真概念），然后才能理解 T_p 和 T_s，但在超赋值理论中，解释次序却是相反的。

三、认知主义

认知主义（Epistemicism）认为，客观事物本身存在截然分明的界限：对任一谓词（包括模糊谓词）F，任一对象 x 是 F 或者不是 F；作为经典逻辑和经典语义学基础的二值原则有效；模糊性源自我们对事物的存在状况的无知：由于我们的认知能力的局限性，我们不知道、甚至不可能知道该界限究竟在哪里。具体来说，认知主义认为，在导致连锁悖论的论证中，作为宽容原则的条件前提"如果 Fa_n，则 Fa_{n+1}"或归纳前提"$\forall n(Fa_n \rightarrow Fa_{n+1})$"不成立，意即 $\exists n(Fa_n \wedge \neg Fa_{n+1})$，即是说，存在一个精确的分界点 n，使得 a_n 是 F 但 a_{n+1} 不是 F。凭此方式，认知主义消解了连锁悖论，因为其中一个前提不成立，该论证不可靠，无法保证其结论的真。据称，古希腊斯多亚学派的克里西普斯是认知主义的最早提倡者。在 1970—1990 年代，卡吉尔（J.

Cargile,1969)、坎普贝尔(R. Campbell,1874)和索伦森(R. Sorensen,1988)等人阐述了认知主义,但牛津哲学家蒂莫西·威廉姆森对认知主义做出了最细致、最高水准的阐述和辩护,他因《模糊性》一书(1994)而成名,该书已经成为模糊性研究方面的经典著作。[1]

威廉姆森对认知主义的论述分为两个方面:正面阐述,为什么认知主义是正确的?反面阐述,模糊性的其他所有解决方案都面临很多难以克服的困难,且所付出的代价太大。

在威廉姆森看来,当我们的认知局限性不允许我们的知识是精确的时候,就会出现不精确的知识。例如,设想有一个足球场馆,它可以容纳3.2万名观众,某次比赛时实际容纳了15689人。你也是场中观众之一,你看了一下,知道该场馆内的观众人数多于1万人但少于2万人。由于你的认知能力的局限性,以及有些人可能在你的视野之外,你不能仅仅通过扫视一下该场馆内的人数,就知道该场馆内恰好有15689人。即使你确实相信该场馆内有15689人,这个信念也不足够可靠以至构成你的知识。(插入一句:自从柏拉图以来,西方哲学的传统观点是,知识蕴涵真理)威廉姆森指出,"在我们的知识是不精确的地方,仅当我们留有误差余地时,我们的信念才是可靠的"[2]。

威廉姆森所谓的"误差余地原则"(a margin for error principle),在他的模糊性研究和认识论研究中都发挥了关键性作用。该原则的大概意思是:如果你的真信念p要被当作知识,它不应该仅凭运气才成为真的。如果存在这样一些情形,由于你的认知能力的限制,你无法在相关方面将其与实际情形区别开来,而在这些情形下p却是假的,那么,你的信念p是仅凭运气才成为真的。为了防止这一点,必须给我们的认知能力留下误差余地。

〔1〕 参见 Cargile, J. "The Sorites Paradox," *British Journal of the Philosophy of Science* 20, 1969, pp.193—202; Campbell, R. "The Sorites Paradox," *Philosophical Studies* 26, 1974, pp.175—191; Sorensen, R. *Blindspots*, Oxford: Clarendon Press, 1988; *Vagueness and Contradiction*, Oxford: Clarendon Press, 2001; Williamson, T. *Vagueness*, London and New York: Routledge, 1994。

〔2〕 Williamson, T. *Vagueness*, p.226.

"知识必须是非偶然的正确，……这反过来要求误差余地。没有误差余地，就没有知识。"[1] 于是，你的信念 p 要被当作知识，就要求 p 在所有与实际情形类似的情形中都是真的；若不满足这一要求，就不能把你的信念 p 视为知识。根据威廉姆森的表述，"误差余地原则是如下形式的原则：在所有与'知道 A 是真的'的情形相类似的情形中，'A'是真的"[2]。这个按字面从英语翻译过来的说法有些拗口，更直白地说，误差余地原则要求知识具有可靠性。如果在一些情形中你知道 A，按西方哲学传统，这意味着 A 是真的；由于你的认知能力的局限性，在另外一些你无法将其与上述情形区别开来的情形中，A 也应该是真的。反之，如果在后面这些类似情形中 A 不是真的反而是假的，这就表明：你并不真的知道 p，你的信念 p 是仅凭运气才碰巧成为真的。

把误差余地原则应用于任一模糊谓词 F，会得到如下一个特殊原则：相对于由模糊谓词 F 排定的序列 $\langle a_1, \cdots, a_n \rangle$ 而言，如果你知道 a_i 是 F，则 a_{i+1} 也是 F。反之，如果 a_i 是 F 而 a_{i+1} 不是 F，那么，你并不知道 a_i 是 F，因为 a_i 与 a_{i+1} 之间相对于 F 是如此类似，你的认知能力无法鉴别它们之间的微小差别。因此，如果模糊谓词 F 有截然分明的界限的话，即存在某个分界点 i 使得 a_i 是 F 而 a_{i+1} 不是 F，那么，由于你的认知能力的局限，你也不可能知道这个分界点在哪里。因此，模糊性不存在于客观事物本身，也不存在于我们的语言之中；它不是一个语义现象，而是一个认知现象。客观事物本身存在截然分明的界限，我们语言中的模糊谓词也存在截然分明的界限，只是由于人的认知能力的局限性，我们不知道、甚至不可能知道那些界限在哪里。认知主义有一句口号："模糊性是某种类型的无知。"（Vagueness is a type of ignorance）

认知主义有一个好处：承认二值原则继续有效，因而可以保留经典逻辑和经典语义学。相比之下，关于模糊性的其他理论，如多值逻辑和真值

---

[1] Sainsbury, R., *Paradoxes*, p. 51.

[2] Williamson, T. *Vagueness*, p. 227.

度理论、超赋值理论，都不接受二值原则的有效性，因而要对经典逻辑和经典语义学做出某些修改，但由此造成了很多并且很大的理论困难。得失相衡，认知主义还是比关于模糊性的其他理论好得多。这就是威廉姆森为认知主义所做的反面辩护：

> 如果因为模糊话语去抛弃二值原则，人们将为此付出高昂的代价。他们不再能够将真值条件语义学应用于模糊话语，很可能甚至也不能应用经典逻辑。但是，就其简单性、力量、过去的成功以及与其他领域内理论的整合而言，与其替代理论相比，经典的语义学和逻辑有巨大的优越性。仅仅依据这些理由而坚持认为二值原则必定以某种方式适用于模糊话语，并把任何相反的表面现象归诸于我们的缺乏洞见，这样做并不是完全不合理的。并不是每一种反常都要证伪一个理论。假如对模糊性的某种非经典处理是真正具有洞察力的，这样一种态度或许最终不再能够立得住。迄今为止，却没有发现任何一种这样的处理方案。[1]

正如姬菲指出的："……认知观点经常遇到怀疑的瞪视。许多人认为，或者已经认为，我们的模糊谓词有截然分明的界限这个论题不值得严肃的考虑，并认定下述想法是荒谬的：在光谱中存在一个精确的点，在那里红色变成了橘色，或者失掉一根头发能够使弗里德变成秃头，或者我能够在某个高度上不是高个子，当长高不到百分之一毫米时却忽然变成了高个子。"[2] 所以，像威廉姆森这样的认知主义者所要做的第一件事，就是去解释他们观点的高度反直观性：根据我们的常识和直观，没有任何东西决定我们的模糊谓词之间惟一的截然分明的分界线，也没有任何东西决定界限情形中间的分界线。威廉姆森运用误差余地原则所证明的只是：假如模糊谓词确实存在截然分明的分界点的话，那么，由于我们的认知能力的局限，我们不可能知道该分界点在哪里。为了证明他的模糊性源于无知的观

---

〔1〕　Williamson, T. *Vagueness*, p.186.

〔2〕　Keefe, R. *Theories of Vagueness*, Cambridge: Cambridge University Press, 2000, p.64.

点确实是正确的,他还必须做两件事:第一,证明他所谓的误差余地原则是正确的,这或许不太难;第二,直接证明模糊谓词的分界点是存在的,这是很难的。因为,即使承认他的误差余地原则为正确,我们还是可以不接受认知主义,而做出相反的解释:比如说,我们之所以不知道模糊谓词的截然分明的界限之所在,是因为根本就没有这样的界限,因而也就不存在非得我们去知道的有关模糊谓词的事实问题。我们可以反问:假如这样的界限确实存在的话,再假设给予我们足够的时间,并且我们自身也付出足够的努力,有什么东西能够阻止我们去知道那些界限的存在呢?

第五节　关于哲学研究的方法论反省

如上所述的关于模糊性的研究,以及当代中国的哲学研究现状,引发了我本人关于下述问题的反思:在中国,应该如何从事哲学研究? 中国哲学家是否应该借鉴西方哲学家的做法? 如何借鉴? 等等。我由此引出的教训是:至少在我本人以后的哲学研究中,应该像一部分西方分析哲学家那样,抓住一些具体的关键性论题,将它们置于一个宽广的学术背景之中,在充分理解他人工作的基础上,运用现代逻辑等技术性工具,做原创性的哲学思考和论证,与学界同仁展开深入的有效率的对话,由此参与到哲学的当代建构中去。

一、抓住具体的关键性论题

在某学术刊物举办的一次座谈会上,我曾简短谈到,中国哲学家习惯于宏大叙事:选大题目,做大文章,说大话。例如,一篇论文的题目可以是:"社会建设:西方理论与中国经验","论历史唯物主义的当代形态",等等,甚至是"哲学的未来,人类的未来"。如何在一篇 1 万多字的文章内,就对如此宏大的题目说出一些有意思的思想,并对之提供可供学界同仁做批判性审查的详实论证,还提供可供进一步追溯的学术资料来源? 我曾经谈到,优秀的西方分析哲学家的做法通常相反,他们有一个共同的特点,"那就是研究领域和课题相对集中、专门而具体，甚至可以说有点狭窄。他们在其个人主页和所出版的个人著作中，在介绍自己时都会列出目前的研究课题和研究兴趣，例如菲尔德的最近兴趣包括客观性和不确定性，先天知识，因果性，语义悖论和集合论悖论等。斯柯特·索姆斯(我在牛津听过他的一次出色讲演)，其研究兴趣包括真理，模糊性，指称，意义，命题和命题态度，语义学和语用学的关系，关于自然语言的语言学理论的性质等；新近又对法律和语言、日常生活中的哲学问题，分析哲学的未来等等感兴趣。这些学者所具有的宽广的知识视野和扎实的知识基础，使得他们有很好的学术眼光和学术实力；他们所选择的具体而专门的研究课题，使得他们能够进行深入的研究，而不是停留在一般性的泛泛而谈。"[1] 本章所讨论的模糊性虽然是一个很窄的题目，自从 1970 年代以来，却吸引了许多西方哲学家、逻辑学家、语言哲学家、法学家等等的注意，有来自不同领域的一流学者投身对它的研究之中，提出了多种不同的理论，研究者相互之间还展开对话、论战和交锋，使之成为一个持续的研究热点。

二、置于宽广的学术背景之中

在选择研究课题时，仅仅着眼小而窄是不够的。如果我们所选择的问题尽管小而窄，但它却是一个孤立的问题，一个死问题，与当代学术的前后左右都没有多少关联，那么，无论你付出多少努力，你的研究很可能将无功而返，至少不会受到学界的广泛注意，不会造成很大的反响。在选择小而窄的研究课题时，我们还必须把它们置于一个广大的学术背景之中，与许多不同的领域、方面、传统、背景关联起来，于是，对它们的研究才会左右逢源，且变得十分关键，甚至有"牵一发而动全身"的效果。具体就"模糊性"而言，它首先牵涉到二值原则是否成立的问题，这个问题又进一步牵涉到经典逻辑和经典语义学是否成立的问题，而目前的认识论理论大多建立在经典的语义学和逻辑的基础之上，故模糊性问题又与许多认识论问题相关

---

[1] 陈波：《与大师一起思考》，北京：北京大学出版社，2012 年，149—150 页。

联。并且,该问题还牵涉到形而上学领域:模糊性究竟是源自客观事物,还是源自于我们的语言或认知能力？由于模糊性在自然语言中无处不在,因而在研究自然语言的语义学和语用学时必定会碰到模糊性问题,如在法学、美学、计算机科学等领域中都会遇到这一类问题……正因如此,像"模糊性"这样小而具体的研究课题,才会把许多领域的一流学者卷入其中。

三、做原创性的哲学思考和论证

在关于模糊性的研究中,西方哲学家选择了不同的进路,提出了各种不同的理论。前面曾谈到,有多值逻辑和真值度理论,超赋值理论,认知主义,语境主义,虚无主义,形而上学的模糊性等等。这是因为每一位研究者都是独立思考者,由于所具有的背景知识、看问题的角度、所使用的方法不同,得出的见解自然也有所不同。西方学术传统历来讲究对思想的论证以及思想的系统性,在学者们相互切磋和诘难的过程中,各种不同的见解逐渐发展成比较系统的学说。所以,在西方学术背景下,比较容易出哲学家,而不只是出哲学学者。

中国哲学界的情况有所不同。毋庸讳言,我们所做的大部分工作是在整理、介绍、诠释、分析古人和同时代外国人的思想,有时候在结尾处也会加上一些"评论",但很多时候不着边际,不得要领,无关痛痒。当然,这样的工作在文化积累、传承和传播方面有其价值,也有学术基础训练的价值。但问题在于,不应该所有的中国哲学家都做这样的工作,并且只做这样的工作。我曾经撰文提倡,中国哲学家,至少一部分中国哲学家,要去面对真正的哲学问题,去做创造性的哲学思考,提出一些带有原创性的哲学观点和理论,并对它们提出深入而详实的论证,参与到哲学的当代建构中去,参与到国际学术共同体中。[1]在中国经济政治势力变得日渐强大、正在寻求文化软实力和影响力的今天,这一呼吁显得尤为迫切而重要。

---

[1] 陈波:《面向问题,参与哲学的当代建构》,《晋阳学刊》2010 年第 4 期,12—24 页。

四、与学界同仁展开建设性对话

根据我本人的体会，按照西方学术标准去做哲学，必须注意：在一个学术传统中说话，在一个学术共同体中说话，说一些别人没有说过的话，对自己的观点提供相当严谨而系统的论证，对他人（包括前人，特别是当代学界同仁）的观点做出适度的回应。这些要求体现了哲学的"对话"特质：在古希腊，哲学就是爱智慧，而对智慧的热爱和追求体现在持不同观点的人相互对话以及由此带来的挑战上。在前面提到的那次座谈会上，我还曾谈到，目前的中国学术界还没有形成真正意义上的学术共同体，因为学界同仁之间没有真正意义的"对话"关系：各位学者发表了文章，出版了著作，但除了由作者友人撰写的个别广告式"书评"外，其他学者似乎都很忙，没有时间去仔细阅读和评论，也很少征引、批评、辩护、发展其观点和学说。这种状况必须改变。我们必须达成共识：批评一位作者的学术观点是对该作者的人格和学问的"变相"尊重，因为他所做的学术工作不是"垃圾"，值得我们去认真对待和反思，值得去与他商榷和讨论。在西方哲学界，常常是大量的批判性评论，把某位作者捧成了"红人"和"牛人"，从而使他或她具有了很大的学术影响力。

第四章　芝诺悖论和无穷之谜

第一节　芝诺悖论和归于不可能的证明

芝诺(Zeno of Elea,公元前490—前430年),爱利亚(如今叫"维利亚"[Velia],在意大利南部)学派的领袖,是该学派创始人巴门尼德(Parmenides)的学生和朋友,后者年长他25岁。据说芝诺著有一本关于悖论的著作,其中讨论了40个悖论,仅有10个留下来,其中四个还有名称。他用这些悖论力图证明巴门尼德的学说:"多"和"变"是虚幻的,不可分的"一"和"静止的存在"才是惟一真实的;运动只是假象;假若我们承认运动、变易和杂多,就会导致矛盾和荒谬("悖论");现象和实在是截然不同的两个世界。下面讨论他论证运动不可能的四个论证,史称"芝诺悖论"。[1]

1. 二分法

假设你要达到某个距离的目标。在你穿过这个距离的全部、达到该目标之前,你必须先穿过这个距离的一半;此前,你又必须穿过这一半的一

---

〔1〕　作为记载和讨论这四个悖论的最早文献之一,参见亚里士多德:《物理学》,徐开来译,北京:中国人民大学出版社,2003年,180—181页。

半;此前,你又必须穿过这一半的一半的一半;如此递推,以至无穷。更具体地说,假如你要达到的目标是一米远的终点。为了达到那个位置,你必须先穿过 1/2 米,1/4 米,1/8 米,1/16 米,如此等等,以至无穷。由于你不可能在有限时间内越过无穷多个点,你甚至无法开始运动,更不可能达到运动的目标。

2. 阿基里斯

奥林匹克亚长跑冠军阿基里斯与乌龟赛跑。乌龟先爬行一段距离,比如说 1 米。在阿基里斯追上乌龟之前,他必须先达到乌龟的出发点。而在这段时间内,乌龟又爬行了一段距离,比如说 10 厘米。阿基里斯又要赶上这段距离,而此时间内乌龟又爬行了一段距离,比如说 1 厘米。于是,阿基里斯距乌龟越来越近,但永远不可能真正追上它。

3. 飞矢不动

时间划分为不同的瞬间。在每一个瞬间,任何事物都占据一个与它自身等同的空间,即是说,它都处在它所处的地方。空间或处所并不移动。因此,如果飞矢在任何一个特定瞬间都占据一个与它自身等同的空间,则飞矢是静止不动的。

4. 运动场

假设有三列物体 A、B、C,A 列静止不动,B 列和 C 列以相同的速度朝相反方向运动,如下图所示:

$$A_1, A_2, A_3, A_4$$
$$B_4, B_3, B_2, B_1 \rightarrow$$
$$C_1, C_2, C_3, C_4$$

当 B_1 达到 A_4 位置时,C_1 则达到了 A_1 的位置。B_1 越过四个 C 的时间等于越过两个 A 的时间。因此,一倍的时间等于一半。

吴国盛认为,亚里士多德的上面转述过于没有深度,难道芝诺连相对于静止物体的运动与相对于运动物体的运动不相同这一点都不懂吗？比较合乎情理的解释是,芝诺想通过三列物体在离散的时空结构中的运动揭示运动是不可能的,要害在时空的离散结构上。[1]他给出了如下解释:

假定在时刻 1 时,三列物体排列如下图所示,其中每个物体占据一个空间单元。

$$A_1, A_2, A_3, A_4$$
$$B_4, B_3, B_2, B_1$$
$$C_1, C_2, C_3, C_4$$

过一个时间单元后是时刻 2,再后是时刻 3,如此递推。在时刻 2 的排列情况是:

$$A_1, A_2, A_3, A_4$$
$$B_4, B_3, B_2, B_1$$
$$C_1, C_2, C_3, C_4$$

在时刻 3 的排列情况是:

$$A_1, A_2, A_3, A_4$$
$$B_4, B_3, B_2, B_1$$
$$C_1, C_2, C_3, C_4$$

芝诺的意思是说,在时刻 3 时,仅仅过了两个时间单元,B 与 C 两列物体之间却有四个空间单元的位移;在时刻 2 时,仅仅过了一个时间单元,B 与 C 却有 2 个空间单元的位移。那么,对应于 1 个空间单元的位移的时刻是什么呢,也就是在什么时刻出现下面的排列呢?

$$B_4, B_3, B_2, B_1$$
$$C_1, C_2, C_3, C_4$$

---

[1] 参见吴国盛:《芝诺悖论今昔谈》,《哲学动态》1992 年第 12 期。

对这个问题无法回答,所以在时空的离散结构中谈论运动必然要出现一个时间单元等于两个时间单元的问题,也就是芝诺所说的"一倍的时间等于一半的时间"。这当然是荒谬的。

希腊数学史家赫斯(Thomas L. Heath)认为,这四个悖论刚好形成一个非常有趣且有系统的对称性。第一个和第四个是关于有限空间的运动,而第二和第三个的运动长度是不定的。第一个和第三个的运动个体只有一个,第二和第四则比较两个物体的运动,说明了相对运动与绝对运动是同样不可能的。第一个和第二个悖论假设了空间的连续性,但未假设时间是否连续;第三个和第四个假设了时间的连续性,但未假设空间是否连续。也有这样的说法:以上四个悖论可以分为两组,前两个假定时空是连续的,后两个假定时空是离散的,每组中的第一个论证绝对运动不可能,第二个论证相对运动不可能。

这里有必要强调两点:(1)不要用常识和直观去反驳芝诺悖论。作为哲学家,芝诺肯定是聪明人,他不会否认感觉层面的运动。他所诧异的是:像运动这样神奇的事情是如何发生的?诚如恩格斯所言,芝诺悖论并不是在描述或否认运动的现象和结果,而是要说明和刻画运动如何可能的原因,即如何在理智中、在思维中、在理论中去理解、刻画、把握运动!(2)芝诺悖论涉及一个更困难的问题:我们如何在思维中去理解和把握无穷?芝诺本人否认无穷数列和无穷量的真实性。他认为,如果你能表明某个东西涉及无穷,你就可以证明该东西不存在。请注意上面"二分法"论证中关键的一步:"你不可能在有限的时间内越过无穷多个点"。

5. 一组否认多的悖论

如上所述的一组运动悖论所攻击的是常识信念,即运动是真实的。既然运动是某种类型的多,如涉及位置的变动,与位置变动伴随的是时间方面的多,所以,"运动是不可能的并且是虚幻的"这一结论也是对运动所导致的时空方面的多的否定。此外,芝诺还著有一篇论文,其中提供了一组直接否认多的论证。芝诺自己谈到,我这个作品实际上是为巴门尼德的论证辩护，反对那些试图取笑他的论证的人，这些人试图从他那个"一存在"的前提推导出许多谬误和矛盾。因此，这篇作品是对那些肯定多的人的一个驳斥。它有意把他们的攻击还置他们自己，旨在通过彻底的考察，揭示从它们那个"多存在"的前提推导出来的结论比假定"一存在"更加可笑。[1]

6. 相似和不相似

柏拉图在《巴门尼德篇》中谈到，芝诺论证了多的假定——即存在许多事物——将导致一个矛盾。他引用芝诺的原话："假定事物是多，那么它们必定既相似又不相似。但这是不可能的，因为不相似的事物不会相似，相似的事物也不会不相似。"[2] 芝诺的意思是：考虑许多的事物，例如许多人和许多山。这些事物有共同的属性：是重的。但是，如果它们全都具有这一属性，则它们是同一类的事物，因此就不是多，而是一。通过这样的推理，芝诺相信他已经证明多不是多而是一，这是一个矛盾。所以，不存在"多"，只有"一"，恰如巴门尼德所说的那样。

柏拉图立刻反驳说，芝诺在这里犯有歧义谬误。一个事物可以在某个方面与某个另外的事物相似，但在另一个不同方面却与后者不相似。你与其他事物共有一个属性，并不会使你等同于另一个事物。再次考虑人和山的例子。人在"是重的"这一点上类似于山，但在"是有智能的"这一点上却区别于山。于是，它们在"是山"这一点上不同：山是山，但人不是山。如柏拉图所言，当芝诺试图引出结论"同一个事物既是多又是一"时，我们却应该说：他正在证明的是某物既是多又是一（在不同的方面），而不是一是多或者多是一。所以，这里没有矛盾，该悖论就这样被柏拉图消解了。

7. 有限制的与无限制的

这个悖论也叫做"稠密性悖论"。假设存在多个事物，而不是如巴门

---

〔1〕 柏拉图：《柏拉图全集》第二卷，王晓朝译，北京：人民出版社，2002 年，758 页。
〔2〕 同上书，757 页。

尼德所言,只存在一个事物。于是,那些事物加在一起将是一个确定的或固定的量,也就是说,将是"有限制的"(limited)。但是,如果存在多个事物,比如两个,那么它们必定是不同的。为了确保它们是不同的,必须有第三个事物把它们区隔开来。于是,存在三个事物。……如此递推下去,将得到这样的结论:事物是稠密的,没有一个确定的或固定的量,故它们是"无限制的"(unlimited)。而这是一个矛盾,因为多个事物不可能既是有限的又是无限的。因此,不存在"多":只存在惟一一个事物,没有多个事物。

通常认为,芝诺的上述论证中有一个成问题的假定:为了确保两个事物是不同的,必须有第三个事物把它们区隔开来。实际上,芝诺最多能够说:两个在空间上区隔开来的物理对象之间,必定存在一个处于它们中间的位置,因为空间是稠密的。但芝诺却错误地断言:在这两个事物之间有第三个物理对象。在某个时间内,两个对象之不同可以仅仅在于:其中一个具有某个属性,而另一个不具有。

8. 大和小

巴门尼德反对事物有大小。芝诺对此提供了论证,但论证的细节不详,下面是后世学者根据有关文献所做的推测性重构。假设存在多个事物,而不是如巴门尼德所言,只存在一个事物。那么,组成"多"的每一个部分必定既如此之小以至没有大小,又如此之大以至趋于无穷。具体推理如下:如果存在多的话,它必定由本身不再是多的部分构成。而本身不再是多的事物不能有大小,否则它们就是可以再划分的,因而本身就是多。把一个没有大小的物体加给另一个物体,就不会有大小的增加。如果把成千个没有大小的物体放在一起,也不会增加什么东西,因为没有大小的东西与"无"(nothing)并无不同,它们就是"无"。因此,如果一个事物是没有大小的话,则可以推出无物存在。既然有事物存在,构成原来的"多"的各部分本身就是有大小的,而这些部分又有各自的子部分,后者也有大小。如此递推,以至无穷。于是,由这些子部分所构成的那些部分就有无穷多个有大小的部分,它们是如此之大,以至大到无穷。

一般认为,在芝诺的上述推理中有很多错误。(1)他一开始就说错了:如果存在多的话,它必定由本身不再是多的部分构成。一所大学就是这种说法的一个反例。大学是由学生组成的多,但这不排除学生本身是多的可能性。什么是整体、什么是多,取决于我们的视角。当我们把一所大学视为由学生组成的"多"时,我们把学生看作没有部分的整体。但是,对于另外的目的而言,学生是由细胞构成的"多"。芝诺弄不清楚这种相对性概念,因而在整体—部分推理上犯错。当代评论者弄清楚这一点之后,在关于多元论和一元论的形而上学争论中,不再严肃考虑芝诺的有关论断。

(2)芝诺错误地认为,"多"的每一个部分必定有非零的大小。1901年,法国数学家勒贝格(Henri Lebesgue,1875—1941)表明了定义测量的适当办法:即使任何点的单元集的测量值为零,一条线段却有非零的测量值。线段[a,b]的测量值是 b－a,边长为 a 的立方体的测量值是 a^3。勒贝格的理论开启了现行的测度理论,并且也开启了有关长度、容积、时间、质量、电压、亮度和其他连续的量值的测度理论。

下面有一个与芝诺关于"大和小"论证类似的论证,请读者评价该论证是否可靠:该论证的前提是否都是真的,其推理步骤是否都是有效的。"如果在有限长的线段 L 上有无穷多个点的话,那么,如果这些点都有长度,则 L 将无限长;如果这些点都没有长度,则 L 将没有长度。而一个有限长的线段不可能无限长,也不可能没有长度。因此,在有限长的线段上不可能有无穷多个点。"[1]

9. 无限可分性

这是芝诺所提出的关于"多"的悖论中最具挑战性的一个,亦称"关于部分和整体的悖论"。设想把一个对象划分为两个不相交的部分,然后类似地把这些部分再划分为部分,直至该划分过程完成为止。假定由此导致

〔1〕 参见陈波:《逻辑学导论》第二版,北京:中国人民大学出版社,2006 年,93 页。

的理论上的划分是"穷竭的",或者会走到一个终点,并且在那个终点我们得到芝诺所谓的"元素"。关于这些元素如何组装成那个对象,存在三种可能性:(1) 那些元素是无,所以那整个对象只是一种表象,而这是荒谬的;(2) 那些元素是某物,但其大小为零。于是,原来那个对象是由其大小为零的元素构成的。把无穷多个零相加,所得到的和仍然是零。所以,原来那个对象的大小为零,而这是荒谬的;(3) 那些元素是某物,但其大小不为零。这样一来,它们就可以再被划分,划分的过程将无法结束,而这与我们先前假定的该过程已经完结相矛盾。这就是说,上面三种可能性都导致矛盾,所以,对象不能被划分为多个部分。

一般认为,在回答芝诺的这个挑战前,我们应该弄清楚他所分割的东西究竟是具体物还是抽象物。如果他把一根物质性的棍子分割成它的组成部分,我们将会达到终极性的成分,如夸克和电子,后者本身不能再分割。这些东西有大小,其大小为零。但是,由此得出整根棍子的大小也为零却不正确。所以,芝诺在这里弄错了。如果芝诺是在分割抽象的路径或轨迹,这将会导致更具挑战性的悖论。如果是这样,上面的选择(2)就是我们所要思考的,我们在谈论多个零的相加。我们假定被分割的对象是一维的,如一条路径。在这种情况下,该对象被视为与其元素是连续的,后者被排列成一个有序的线性连续统,此时我们应该使用勒贝格的测度理论去发现该对象的大小。点元素的大小(长度)是零,但大小为零的所有元素之总体的大小却非零。一个对象的大小是由指派给它的两个端点的坐标数的差所决定的。一个沿直线延伸的对象,其一个端点在该直线的 1 米处开始,另一端点在该直线的 3 米处结束,则该对象的大小是 2 米,而不是 0 米。所以,这里没有组合问题,芝诺论证中的一个关键步骤不成立。

10. 反对场所的论证

巴门尼德提出过一个反对场地的论证。常识区别了物体和它占据的空间。毕竟,一个物体可以从自己的场地挪开,另一个物体可以占据这个场地。实际上,物体只是离开了自己的地方而留下一个空的场地。由于物体是所是,而场地是所非,故巴门尼德对非存在的反驳也驳倒了场地存在的断言。对巴门尼德的一个回击是:场地并非只是无。畜栏里的各个小隔间是场地,但它们的存在有赖于畜栏之建造,因而它们只是正在成为场地。芝诺对此反驳说:给定一个对象,我们可以假定,关于"什么是它的场地?"这个问题,有单独一个正确的回答。因为每一个存在的事物都有场地,而场地本身也是存在的,因此它必定也有一个场地,由此递推,以至无穷。由此导致太多的场地,而这是一个矛盾。[1]

对芝诺的这个论证的通常回答是否认场地有场地,并且指出场地概念是相对于参考框架的。不过,在芝诺所处的古希腊,场地也有其自身的场地却被当作常识。所以,他的论证是基于错误的假定之上。

11. 归于不可能的证明:归谬法

由上可知,在否认"运动"和"多"的哲学论证中,芝诺使用了一种归于不可能的论证方法,即归谬法。本来要证明某个论断为假,但以退为进,先假设那个论断为真,逐步推出荒谬的命题或自相矛盾的命题,由此得出结论:所假设的那个论断不能为真,必定为假。例如,芝诺论证说,如果"存在"是多,它必定既是无限大又是无限小,其数量必定既是有限的又是无限的,它一定存在于空间之中,而此空间又必定存在于彼空间中,依此类推,以至无穷。他认为这些都是不可能的,所以"存在"必定是单一的。

顺便提及,与芝诺所使用的归谬法类似的是反证法。本来要证明某个论断为真,但以退为进,先假设那个论断为假,逐步推出明显为假的命题或自相矛盾的命题,由此得出结论:所假设的那个论断不能为假,必定为真。

运用归谬法和反证法,可以解许多逻辑智力思考题。例如:

题1:在一个遥远的海岛上,有一些居民总是说真话,有一些居民总是说假话,他们分别属于说真话者部落和说假话者部落。没有任何其他外在的标记把这两个部落的人区别开来。某一天,你来到这个岛

---

[1] 参见亚里士多德:《物理学》,87 页。

上,遇到三个人,分别是艾丽丝、保罗和查理。你先问艾丽丝,她究竟是说真话的还是说假话的。她用部落语言回答,你没听懂。然后你问保罗,艾丽丝说的是什么。保罗说"艾丽丝说她说假话"。你又问保罗关于查理的情况,保罗说"查理说假话"。最后,你问查理,他说"艾丽丝说假话"。你能推出这三个人各自属于哪个部落吗?

解析:如果艾丽丝是说真话的人,她会说自己说真话;如果她是说假话的人,她也会说自己说真话。因此,无论艾丽丝是说真话的还是说假话的,当被问及自己是说真话还是说假话时,她都不可能说自己说假话。所以,保罗的话"艾丽丝说她说假话"肯定是一句假话,故保罗是说假话者,所以,他的话"查理说假话"是一句假话,查理是说真话的,因此,艾丽丝说假话。于是,这三个人中,只有查理说真话,艾丽丝和保罗都是说假话的。

题 2:A、B 和 C 由于 D 被谋杀而受到传讯,他们中肯定有一人是谋杀者。现场证据表明,仅有一人谋杀了 D。警察录得供词如下:

A:(1) 我不是律师;(2) 我没有杀 D。

B:(3) 我是个律师;(4) 我没有杀 D。

C:(5) 我不是律师;(6) 有一个律师杀了 D。

警察最后发现:(7) 上述六条供词只有两条是实话;(8) 三人中只有一个不是律师。请逻辑地推出 A、B、C 的身份,以及谁是谋杀者。

解答:如果(2)和(4)都是真的,由题干,则 C 杀了 D;由(7),则(5)和(6)都假,即 C 是律师,且没有律师谋杀 D,故 C 没有杀 D。矛盾。所以,(2)和(4)不能都是真的,A 和 B 中至少有一人是杀人犯。

假设(5)真,则 C 不是律师,由(8),则 A 和 B 都是律师,已知 A 和 B 中至少有一个是杀人犯,则(6)为真。由(7),则(1)—(4)为假,则 B 不是律师,则 B 和 C 都不是律师,与(8)矛盾。所以,(5)必假,C 是律师。

假设(1)为真,则 A 不是律师;由(8),B 和 C 是律师,故(3)为真;由(7),则(2)、(4)、(5)、(6)为假,A 和 B 杀 D,则(6)真。于是有三句真话,与(7)矛盾。所以,(1)必为假,A 是律师。所以,B 不是律师,(3)为假。

已知(2)和(4)中至少有一个假,则(6)必真,则 B 未谋杀 D,则(4)是真的,(2)是假的,A 谋杀了 D。

结论:A 和 C 是律师,B 不是律师,A 谋杀了 D。

题3:A、B、C、D、E、F、G 按比赛结果的名次排列情况如下(其中没有相同名次):

(1) E 得第二名或第三名。

(2) C 没有比 E 高四个名次。

(3) A 比 B 低。

(4) B 不比 G 低两个名次。

(5) B 不是第一名。

(6) D 没有比 E 低三个名次。

(7) A 不比 F 高六个名次。

上面7个句子中只有两句是真实的,确定是哪两句,并确定7位参赛者的名次。

解答:假设(5)为假,即(5′)B 是第一名。由于(1)—(7)中只有两句真话,则(3)(4)(7)中至少有一句为假,由此可知:或者(3′)A 比 B 高,或者(4′)B 比 G 低两个名次,或者(7′)A 比 F 高六个名次,即 A 是第一名。这里,(3′)和(5′)冲突,(4′)和(5′)冲突,(5′)和(7′)冲突。由此可知,假设(5)为假必定导致矛盾,(5)必定为真。

假设(1)和(5)是真实的,则(2)(3)(4)(6)(7)都是假的,由此可得(2′)C 比 E 高四个名次,但(1)E 得第二名或第三名与(2′)冲突。故(1)不是真实的。

假设(2)和(5)是真实的,则(1)、(3)、(4)、(6)、(7)是假的,由此可得:(1′)E 没有得第二名或第三名,(3′)A 比 B 高,(4′)B 比 G 低两个名次,(6′)D 比 E 低三个名次,(7′)A 比 F 高六个名次。由此可知,A 为第一名,F 为第七名;于是,由(1′)和(7′),E 最多为第四名,若(6′)D 比 E 低三个名次,则 D 必须是第七名,但第七名已经是 F。矛盾。故(2)不是真实的。

假设(3)和(5)是真实的,则(1)、(2)、(4)、(6)、(7)是假的,即(1′)E没有得第二名或第三名,(2′)C比E高四个名次,(4′)B比G低两个名次,(6′)D比E低三个名次,(7′)A比F高六个名次。(2′)和(6′)冲突。故(3)不是真实的。

假设(4)和(5)是真实的,则(1)(2)(3)(6)(7)是假的,即:(1′)E没有得第二名或第三名,(2′)C比E高四个名次,(3′)A比B高,(6′)D比E低三个名次,(7′)A比F高六个名次。由此可知,(2′)和(6′)冲突。结论:(4)不是真实的。

最后,假设(5)和(6)是真实的,则(1)、(2)、(3)、(4)、(7)是假的,即:E没有得第二名或第三名,C比E高四个名次,A比B高,B比G低两个名次,B不是第一名,D没有比E低三个名次,A比F高六个名次。没有矛盾。

最终答案:(5)和(6)两句是真话,排名如下:A,C,G,D,B,E,F。

题4:甲(男)、乙(男)、丙(女)、丁(女)、戊(女)五个人有亲戚关系,其中凡有一个以上兄弟姐妹并且有一个以上儿女的人总说真话;凡只有一个以上兄弟姐妹或只有一个以上儿女的人,所说的话真假交替;凡没有兄弟姐妹,也没有儿女的人总说假话。他们各说了以下的话:

甲:丙是我的妻子,乙是我的儿子,戊是我的姑姑。

乙:丁是我的姐妹,戊是我的母亲,戊是甲的姐妹。

丙:我没有兄弟姐妹,甲是我的儿子,甲有一个儿子。

丁:我没有儿女,丙是我的姐妹,甲是我的兄弟。

戊:甲是我的侄子,丁是我的侄女,丙是我的女儿。

根据题干给定的条件,能推出下面哪一个选项是真的?

A. 甲说的都是真话,丙是他的妻子。

B. 乙说的真假交替,他的母亲是戊。

C. 丁说的都是假话,她是甲的姐妹。

D. 戊说的都是假话，丙是她的女儿。

E. 丙说的假真交替，她是甲的母亲。

解答[1]：首先说明：以下推导中这样理解"一个以上"和"兄弟姐妹"。

一个以上：一个或多个。

兄弟姐妹：必须是亲兄弟姐妹，不含堂兄弟姐妹或表兄弟姐妹。

使用正向推理，需要事先有所假设，然后再根据假设和题目的已知条件进行推导。如果出现矛盾，则假设不成立；如果没有出现任何矛盾，则说明这是一组可能的答案。最后再看选项，从中挑选。

从甲说的话入手。甲说的话只有三种可能：全是真话，全是假话，真假交替。

（1）如果甲说的全是真话。

由题意，甲有一个以上兄弟姐妹并且有一个以上儿女。同时获得如下信息：丙是甲的妻子，乙是甲的儿子，戊是甲的姑姑。下面分析其他人，不妨从与甲有明显亲戚关系的丙和乙开始。

先看丙所说的话。根据甲提供的信息，可知丙的第二句话是假话。又知丙有儿子（乙），那么丙所说的话只能是真假交替。也就是说：丙的第一句话和第三句话都是真话，即她没有兄弟姐妹且甲有一个儿子。这里和已有的信息没有任何矛盾。

再看乙所说的话。显然他说的第二句话和第三句话都是假话。那么根据题目的规定，乙一定没有兄弟姐妹，也没有儿女。并且可推出他说的第一句话也是假的，即：丁不是乙的姐妹。这里也没有任何矛盾出现。

下边看丁所说的话。根据丙提供的信息可知丁的第二句话是假话。而且可以肯定：她所说的第一句话和第三句话要么都是真话，要么都是假

---

[1] 此题是我的《逻辑学导论》（北京：中国人民大学出版社，2003 年）中的一道习题（110 页）。若干年前，北京大学数学学院 02 级张梦瑶同学选修了我开设的通选课《逻辑导论》，用电子邮件发给我对它的解答，我检查了，认为它是正确的。这里采用了她的解答。谨致谢忱！

话。如果都是假话,那么说明丁有儿女,按照题目规定,丁不可能说的全是假话,这里出现矛盾。如果都是真话,也即:丁没有子女,而且甲是丁的兄弟。这样与题目要求和已经得到的信息均不矛盾。所以,丁说的话是真假交替的。

最后看戊所说的话。根据甲和丁提供的信息,可知戊的第一句话和第二句话都是真话,那么第三句话也必然是真话。这样又得到:戊既有子女又有兄弟姐妹,同时丙是戊的女儿。虽然按现代观点,甲和丙属于近亲结婚,不是太可能的事情;但是这里如果仅就分析五个人的亲戚关系而言,并没有矛盾。

所以,得到结论如下:甲说的都是真话,乙说的都是假话,丙说的真假交替,丁说的真假交替,戊说的都是真话。而且五人关系是:戊有独生女儿丙,侄子甲和侄女丁;甲和丁是亲的兄弟姐妹,甲和丙是夫妻,有独生儿子乙,乙没有儿女。

(2)如果甲说的全是假话。

由题意,甲既没有兄弟姐妹也没有儿女。同时获得如下信息:丙不是甲的妻子,乙不是甲的儿子,戊也不是甲的姑姑。

看丙所说的话。易见她说的第三句话是假话。那么她说的第一句话也一定是假话。这也就是说:丙有兄弟姐妹。根据题目规定,丙不可能说的都是假话,那么第二句话一定是真话,即:甲是丙的儿子。这样就得到:丙既有兄弟姐妹又有子女。由题目的规定,她必须总说真话。这就出现了矛盾。

所以,开始的假设"甲说的全是假话"是不成立的。

(3)如果甲说的真假交替。

由题意,甲或者只有兄弟姐妹,或者只有儿女,二者必居其一,不可兼得。

如果甲只有兄弟姐妹而没有儿女。那么,他的第二句话是假话,同时可知第一句话和第三句话是真话。得到如下信息:丙是甲的妻子,乙不是甲的儿子,戊是甲的姑姑。再看丙所说的话,显然她说的第二句话和第三句话都是假话,那么第一句话也必然是假话。因为丙说的都是假话,由题目规定,丙必然既没有兄弟姐妹也没有子女;但同时,因为丙的第一句话是假话,可知丙有兄弟姐妹。这里出现矛盾。

所以,甲不可能只有兄弟姐妹而没有儿女。

由此推知:甲只有儿女而没有兄弟姐妹。则甲说的三句话依次为:假话、真话、假话。得到信息:丙不是甲的妻子,乙是甲的儿子,戊不是甲的姑姑。看丁所说的话,第三句话显然是假话,故第一句话也是假话,即丁有儿女。那么她说的第二句话必为真话,即丙是丁的姐妹。再看丙所说的话,易见第一句话是假话。但是丙有姐妹,故不可能总说假话,这样她说的第二句话是真话,即甲是丙的儿子。这样,丙就既有姐妹也有儿女,按题目规定,必须总说真话,这与其第一句话是假话发生矛盾。

所以,甲也不可能只有儿女而没有兄弟姐妹。

所以,开始的假设"甲说的真假交替"是不成立的。

综合上述三种情况,知五人关系及说话的真假情形有且只有(1)中分析的那种。据此,得到本题的答案选项是:A。

12. 亚里士多德对四个芝诺悖论的解决

亚里士多德在《物理学》中分析了四个芝诺悖论。[1] 关于"二分法",亚里士多德批评说,芝诺的错误在于:"他认为一个事物不可能在有限的时间里通过无限的东西或者分别与无限的东西相接触。"亚氏区分了两种"无穷":"划分上的无穷"(相当于"潜无穷")和"极端的无穷"(相当于"实无穷")。"……时间自身在划分上也是无限的,所以,穿越无限的时间不是有限的而是无限的,与无限的接触是在数量上无限的而不是有限的瞬间中实现的。"[2] 关于"阿基里斯",亚氏认为,它与"二分法"依据相同的成问题假定,由此得出错误的结论。假如允许阿基里斯通过一个有限的距

---

[1] 参见亚里士多德:《物理学》,第四卷第二章,第六卷第二章和第九章。
[2] 亚里士多德:《物理学》,158页。译文有改动。

离,它就可以追上甚至超越乌龟。关于"飞矢不动",亚氏认为,这个论证的前提是时间的不连续性,若不承认这个前提,其结论也就不再成立。他认为,时间并不是由不可分的"瞬间"(moment)组成的,正如别的任何量都不是由不可分的部分组合成的那样。关于"运动场",亚氏认为,芝诺的错误在于,他把一个运动物体经过另一运动物体所花的时间看作等同于以相同速度经过相同大小的静止物体所花的时间,事实上这两者是不相等的。由于芝诺没有意识到绝对运动和相对运动之间的区别,才得出错误的结论。

如何评价芝诺所提出的各种悖论?这里提请读者注意著名哲学家怀特海(A. N. Whitehead,1861—1947)的下述说法:"你的书被之后所有的时代批驳,乃是最大的成功……接触过芝诺哲学的人,没有一个人不反驳他,然而每个时代的人又认为他是值得反驳的。"[1]对于芝诺哲学和芝诺悖论之价值,难道还有比这一说法更好的评价吗?

第二节　芝诺悖论的现代变体——超级任务

在哲学中,所谓"超级任务"(supertask)是指在有穷时间间隔内相继出现的可数无穷的操作序列;如果操作数目变成不可数无穷,则该任务变成为"超任务"(hypertask)。"超级任务"这个词是由哲学家汤姆逊(J. F. Thomson)创造的[2],"超任务"这个词则源自于克拉克(P. Clark)和里德(S. Read)合写的论文[3]。

1. 抛球机器

哲学家马克斯·布莱克设想了这样一台抛球机器[4],该机器把一枚

---

[1]　A. N. Whitehead, *Essays in Science and Philosophy*, New York:Philosophical Library, 1947, p. 114.

[2]　Thomson, J. "Tasks and Super-Tasks,"*Analysis*,XV, 1954—55, pp. 1—13.

[3]　Clark, P. & Read, S. "Hypertasks," *Synthese* 61(3), 1984, pp. 387—390.

[4]　Black, M. "Achilles and the Tortoise,"*Analysis*,XI, 1950—51, pp. 91—101.

玻璃球在一分钟内从 A 盘送到 B 盘,然后在 1/2 分钟内再把玻璃球倒回 A 盘,在下一个 1/4 分钟又把玻璃球倒到 B 盘,如此往复,每次的时间都是该序列中前次的一半。于是,该机器来回抛球的时间依次是:1,1/2,1/4,1/8,1/16,……,$1/2^n$……这个序列是收敛的,恰在两分钟时结束。结束时玻璃球在哪里? 这取决于在无穷序列中 n 次抛球取奇数还是取偶数:若 n 取奇数时落在 B 盘,取偶数时落在 A 盘。可是,小球越抛越快,只有在经过无限次之后才会到达 2 分钟,但一个无限数是不能区分奇数和偶数的,可以说根本没有最后一次,故玻璃球在 A 盘和 B 盘两种可能性似乎都被排除了。但是,假如玻璃球不在 A 盘也不在 B 盘,它会在哪里呢?

2. 汤姆逊灯

在上面提到的那篇文章中,为了证明超级任务在逻辑上是不可能的,汤姆逊设想了一盏与普通的灯没有什么区别的灯,后来被叫做"汤姆逊灯"。它也由一个按钮开关来控制。按一下开关灯亮,再按一下灯灭。一个超自然的精灵喜欢这样把玩这盏灯:把灯拧开一分钟,然后关掉 1/2 分钟,再拧开 1/4 分钟,再关掉 1/8 分钟,再拧开 1/16 分钟,如此往复,由此得到一个无穷序列:1,1/2,1/4,1/8,1/16,……,$1/2^n$,……该序列恰好在 2 分钟时结束。到 2 分钟的最后一个瞬间,该精灵按了无穷多次开关。现在的问题时,在这一系列过程结束时,那盏灯是开着的还是关着的?

按照物理学常识,这种灯是不可能的。然而,我们的想象力可以不受普通物理学的束缚。关于此灯的操作描述已经达到了最大的逻辑精确性。为了判定该灯是开着还是关着,我们已经获得了全部必要的信息。并且,在过程结束时,该灯要么开着要么关着,这一点似乎也是确定无疑的。

但是,回答关于汤姆逊灯的问题却是荒唐的,因为该问题等价于判定最大的整数究竟是偶数还是奇数。由于整数序列是无穷序列,故没有最大的偶数,也没有最大的奇数。同样地,汤姆逊论证说,在 2 分钟时,该灯不可能是开着的,因为没有一个时刻,该灯在该时刻是开着的而不会被立即关掉;该灯也不可能是关着的,因为没有一个时刻,该灯在该时刻是关着的而不会被立即拧开。所以，该灯在该时刻既不是开着的也不是关着的，而这与假定的情形矛盾。所以，汤姆逊灯在逻辑上是不可能的。

但也有人如贝纳塞拉夫（Paul Benacerraf）认为，超级任务在逻辑上还是可能的。他同意汤姆逊的说法，所概述的实验并未决定灯在 2 分钟时所处的状态，如开着还是关着。但是，他与汤姆逊的分歧在于：他不认为由此可以导致矛盾，因为灯在 2 分钟时的状态不必由先前的状态所逻辑地决定。从逻辑上说，在 2 分钟时，该灯可以是开着的，也可以是关着的，甚至可能彻底消失了。不能预先排除这些逻辑的可能性。

3. 圆周率机

在一间屋子里同步运行圆周率机和汤姆逊灯。圆周率机是一种神奇的机器。当开启后，它立即通过高速计算得到圆周率的各位数字：3.141592653……它计算圆周率的每一位数字所需时间是计算上一位数字的时间的一半，即是说，如果计算第一位数字需要 30 秒，计算第二位数字则只需 15 秒，第三位 7.5 秒，如此递推。每当通过计算得到一位数字时，该数字立即弹入机器顶端的一个窗口内。在任一时刻，只有刚经计算得到的数字才会弹入窗口内。所有计算在一分钟内完成，由此得到一个收敛的序列：$1/2, 1/4, 1/8, 1/16, \cdots\cdots, 1/2^n, \cdots\cdots$ 在一分钟结束时，该机器将正确地显示圆周率的最后一位数字，并且，在闪烁的照明下可以见到圆周率的所有奇数位数字。但是，这是不可能做到的事情，圆周率是一个无穷数列，它根本没有最后一位数字，也不可能显示其中的所有奇数位的数字。

4. 罗斯—里特伍德悖论

亦称"罐与球问题"[1]，它有附加各种限制条件的多个变体。

假设有一个罐子，它能够装标号为 1、2、3，……的无穷多个弹子球。在时间 t = 0 时，从 1 到 10 的弹子球被放进罐内，标号为 1 的弹子球被从罐

---

[1] Ross, A. "Imperatives and Logic," *Theoria* 7, 1941, pp. 53—71.

中取出。在 $t = 0.5$ 时,标号从 11 到 20 的弹子球被放进罐内,标号 2 的弹子球被从罐中取出。在 $t = 0.75$ 时,标号从 21 到 30 的弹子球被放进罐内,标号 3 的弹子球被从罐子中取出。一般地说,在 $t = 1 - 0.5^n$ 时,标号从 $10n + 1$ 到 $10n + 10$ 的弹子球被放进罐内,编号 $n + 1$ 的弹子球被从罐中取出。问题:在 $t = 1$ 时,罐内有多少个弹子球? 或许有人会说,这个问题显然是荒谬的,因为这个过程需要耗费无穷的时间,我们不可能等到那个时候。那么,可以换一个问法,避开所需时间无穷的问题:在差一分钟到正午 12 点时进行第 1 次操作,在差 30 秒(1/2 分钟)到正午 12 点时进行第 2 次操作,在差 $1/2^{n-1}$ 分钟到 12 点时进行第 n 次操作。那么,到 12 点的时候,罐内有多少球呢?

看似简单的问题,却出现了不同的甚至是相互矛盾的答案,故称其为"悖论"。最直观的答案是:罐内应该有无穷多个弹子球,因为在 12 点之前,每一步与先前的步骤相比,所放入的球都比取出的多 9 个,因此,对于任一步骤 n,n 步时罐内球的数量是 9n。在经过无穷多步骤之后,罐内应该有无穷多个球。但数学家阿利斯(V. Allis)和科伊特赛(T. Koetsier)却认为,12 点时罐内没有球,因为我们第 1 次放进 1 至 10 号球,然后取出 1 号球,第 2 次放入 11 至 20 号球,然后取出 2 号球,以此类推。请注意,n 号球总是在第 n 次操作时被取出,因此无限次操作下去,每个球都会被取出来! 但有人发现,这个说法有问题:前面的证明假设我们取出的依次是 1 号球、2 号球、3 号球等,如果我们改成依次取 10 号球、20 号球、30 号球,则最后罐内又出现无穷多个球了。有些人这样回答,把该问题的解看作无穷序列求和:$10 - 1 + 10 - 1 + 10 - 1 + \cdots\cdots$,这可以重新排列成一个等价序列:$1 - 1 + 1 - 1 + 1 - 1 + \cdots\cdots$这样一个和是不确定的,该序列可以如此排列,以至产生我们想要的任一整数和。所以,该问题没有惟一的数学解。但亨利(J. M. Henle)和提莫茨克(T. Tymoczko)却认为,罐内恰好有 n 个球。具体算法如下:令 i 表示已经发生的操作的数量,令 n 表示希望得到的最后留在罐内的球的数量。对于 $i = 1$ 至正无穷,如果 $i \leqslant n$,则取出罐内编号 2i 的球;如果 $i > n$,则取出编号 $n + i$ 的球。很显然,n 步之前的奇数号球没有被取出,而所有其编号大于等于 2n 的球被取出。所以,罐内恰好有 n 个球。当然,还有其他不同的回答。[1]

5. 多神悖论

伯纳德特(J. Bernardete)设想,"一个人从 a 点出发走一英里。有无穷多个神,每一个神都不认识其他的神,他们都打算阻止那个人达到目的地。当那个人走到半英里处时,一个神会设置一道栅栏阻止他进一步前行。当那个人走到 1/4 英里处时,第二个神会设置一道栅栏阻止他前行。当他走到 1/8 英里处时,第三个神会设置一道栅栏阻止他前行,如此类推,以至无穷。于是,那个人甚至不能开始行走,因为无论他行走多么短的距离,他都会被一道栅栏所阻挡。但这样一来,就根本不会出现栅栏,以至于没有任何东西会阻止他出发。仅仅由于多个人的那些未实施的意图,那个人就被迫停在他实际所处的位置上。"[2]

下面转述雅布罗对这个悖论的消解。[3] 显然,我们自己的世界没有这样的神。但是,所有这些神能够形成它们的意图,并且能够设置阻挡系统,这一点至少在原则上是可能的,并没有被逻辑所排除。但雅布罗分析说,这是一个幻觉。设想那些神躲在那条路沿途某处,从而确保那个人走到某处时,已经在该处设置了一堵墙。但这种阻挡系统不能存活下来以供测试。因为,如果那个人离开 A 处,无论他走了多短的距离,一堵墙已经设置起来以便阻止他走到该处。假定一堵墙设置在 p 点,当且仅当那个人走到 p 点;所以,当且仅当在 p 点之前没有设置任何墙。在 A 处之外,没有可以设置一堵墙的第一个点。这就是说,点的序列……,1/64,1/32,1/16,1/8,1/4,1/2 有终点但无开端。如果该序列有第一个点,那个人就能够在

---

[1] 参见 Clark, M. *Paradoxes from A to Z*, 2nd edition, Routledge, 2007, pp. 147—148;"Ross-Littlewood Paradox," in http://en. wikipedia. org/wiki/Ross% E2% 80% 93Littlewood_paradox#cite _note-1。

[2] Bernardete, J. *Infinity: An Essay in Metaphysics*, Oxford: Clarendon Press, 1964, pp. 259—260.

[3] Yablo, S. "A Reply to New Zeno," *Analysis* 60(2), 2000, pp. 148—151.

被阻挡之前走到那里。但是,在由 A 出发的那条路上的任何一个点上,都有一个神意图设置一堵墙;而在这个点之前都有无穷多个点,在其中每一个点上,如果那个人走到那里,某个神意图设置一堵墙。这样一个阻挡系统在整体上不会像所设想的那样发挥作用,因为:如果那个人开始走,并非神的所有意图都能够实现。记住,实际上,每个神在他所处的位置意图设置一堵墙,当且仅当,没有更靠近 A 的墙已经设置起来。因为假设那个人开始走了,或者设置了至少一堵墙,或者根本没有任何墙。如果已经有一堵墙,一个神将已经设置了它,尽管已经设置了更靠近 A 的墙;如果没在任何点上设置一堵墙,每一个神都会没有设置它的墙,即使该点的前面没有墙。而这样的规定在逻辑上是有毛病的;一旦我们明白了这一点,多神悖论就消失了。

6. 特里斯特拉姆·杉迪悖论

这个悖论亦称"传记悖论",由罗素提出。特里斯特拉姆·杉迪(Tristram Shandy)是斯特恩(L. Sterne)的 9 卷本幽默小说《杉迪传》(第一卷出版于 1759 年,其他各卷出版于 1760 年代)的主人公,他是一位健谈的故事讲述者。罗素写道:"如我们所知,特里斯特拉姆·杉迪用了两年时间来记录他生活中头两天的历史,然后他抱怨道,按照这个速度他永远也写不完。但是我认为,如果他可以永远活下去,且坚持不懈地写下去,那么,即使他的一生始终像开端那样充满了需要记录的内容,他的传记也不会遗漏任何部分。"[1]

罗素的论证大致是这样的,其中假定了"时间在未来方向是无限的"。假设杉迪生于 1700 年 1 月 1 日,而他的自传写作开始于 1750 年 1 月 1 日。写作的头一年(1750 年)记录他出生头一天的事情,写作的第二年记录出生第二天的事,第三年记录第三天的事,以此类推。于是,我们得到如下的一一对应表:

---

〔1〕 Russell, B. *The Principles of Mathematics*, London: Allen & Unwin, 1937, pp. 358—360.

写作的年份	所记录的事件
1750 年	1700 年 1 月 1 日
1751 年	1700 年 1 月 2 日
1752 年	1700 年 1 月 3 日
1753 年	1700 年 1 月 4 日
1754 年	1700 年 1 月 5 日
……	……
……	……

对于杉迪生命中的任何一天,杉迪都可以用他生命中后来的一年去记录,正是在这个意义上,罗素说"杉迪的传记不会遗漏任何部分"。不过,杉迪的写作将越来越滞后,例如,第 101 天和第 102 天的事情必须等到约一个世纪之后才能写,而第 1001 天和第 1002 天的事情,要等一千年之后才能写。并且,上面的一一对应还需要满足一些先决条件:时间将沿着未来的方向无限延伸;杉迪不会死,他能够永远活下去;杉迪有足够好的记忆力,能够记忆几百年、甚至千年以前在他的生活中所发生的事情,如此等等。

克雷格(W. L. Craig)提出了杉迪悖论的颠倒版。[1] 假定时间在过去的方向上是无限的,且杉迪已经写作了无穷长的时间。即使在这种情况下,在年与日之间也存在一一对应,杉迪应该刚刚写完他的传记的最后一页。但克雷格论证说,这是荒谬的。既然杉迪要花一整年的时间去记录昨天的事情,他如何能够已经把昨天的事情记录下来呢?因此,克雷格认为,时间在过去的方向上不可能是无穷。

斯莫尔(R. Small)在 1986 年对颠倒版的杉迪悖论做了分析[2],所得到的结论是:不可能在特定的一天和特定的一年之间建立一一对应。假定现在是 1985 年 12 月 31 日午夜,杉迪刚刚完成他的手稿的最后一页。在

〔1〕 Craig, W. L. "Time and Infinity," in *Theism, Atheism, and Big Bang Cosmology*, W. L. Craig and Q. Smith, eds., Oxford: Oxford University Press, 1993, p. 100.

〔2〕 Small, R. "Tristram Shandy's Last Page," *British Journal for the Philosophy of Science* 37(2), 1986, pp. 213—216.

过去一年里发生了很多的事情,杉迪所记录的是哪一天的事情? 最多是 1984 年 12 月 31 日的事情,因为杉迪要用一年时间去记录某一天,所以他在 1985 年不可能去记录在 1985 年某一天所发生的事情。但这样一来,所留下的问题是:1984 年 12 月 30 日所发生的事情,由哪一年来记录呢? 按照题设,应该由 1985 年的前一年即 1984 年来记录;但同样按照题设,那一天又不可能由 1984 年来记录,因为杉迪不能在一年内记录当年所发生的事情。矛盾! 实际上,这种情形具有一般性:在过去某一年和过去某一天内无法建立满足要求的一一对应,杉迪一直在写的那一天向过去无穷倒退,他不可能是过去的任何一天。斯莫尔由此做出结论:假设过去的时间是无限的,杉迪也一直在写,那么,杉迪将留下无穷多的未完成的写作任务。他最近完成的手稿所记录的是无穷远的过去的事件。

实际上,解决杉迪悖论的办法很简单:罗素没有说杉迪会完成他的传记,而只是说:假如时间在未来的方向无限延伸的话,我们无法找到杉迪不能记录的某一天。斯莫尔则应该说,杉迪传记的最后一页永远不会完成,它只是一个遥不可及的海市蜃楼![1]

7. 无穷倒退和无穷嵌套

有一个古老的问题:世界上究竟是先有鸡还是先有蛋?

一种回答是:当然是先有鸡。但根据进化论,刚开始时它不是鸡,而是别的动物,后来它们的繁衍方式发生了变化,变成卵生的,才有了蛋。还可以追溯到更远:最初没有卵生动物,很多生物是无性繁殖分裂的,后来慢慢才进化成卵生的或哺乳的动物,所以按道理讲,应该先进化成生物本体,才可能有蛋的由来。但对此的异议是:"蛋"有可能来自外星球,后来适应环境而孵化,随后在地球繁衍,由此形成了"鸡生蛋、蛋又孵化成鸡"的循环。

蛋和鸡这个古老的问题是"无穷倒退"最普通的例子。老人牌麦片往

---

[1] 关于杉迪悖论的转述,参考了庞德斯通:《推理的迷宫:悖论、谜题及知识的脆弱性》,李大强译,北京:北京理工大学出版社,2005 年,184—186 页。

往装在一个盒中,上面的画是一个老人举着一盒麦片,这个盒上也有一张画有一个老人举着一盒麦片的小画片。自然,那个小盒上又有同样的画片,如此以往,就像一个套一个的无穷连环套一样。中国民间也有一个广为流传的故事:从前,远处有座山,山上有座庙,庙里有两个和尚,老和尚在给小和尚讲故事,他讲的故事是这样的:从前,远处有座山,山上有座庙,庙里有两个和尚,老和尚给小和尚讲故事,他讲的故事是这样的:从前,远处有座山,山上有座庙,庙里有两个和尚,老和尚给小和尚讲故事……

爱尔兰作家乔纳·斯威夫特(Jonathan Swift)在一首诗中描写了关于跳蚤的无穷倒退,英国数学家德摩根(Augustus de Morgan)把它改写成:

> 大跳蚤有小跳蚤
>> 在它们的背上咬,
> 小跳蚤又有小跳蚤,
> 如此下去
>> 没完没了。
> 大跳蚤倒了个儿——变小
>> 上面还有大跳蚤,
> 一个上面有一个,
> 总也找不到
>> 谁的辈数老。[1]

据新近报道,困扰人类的世纪谜题"鸡生蛋还是蛋生鸡"终于有了答案。英国科学家称:先有鸡后有蛋。他们解释道,鸡蛋只有在一种化学物质的催化下才能形成,而这种物质只存在于鸡的卵巢内。研究发现,这种化学物质是名叫OC-17的蛋白质,它起到催化剂作用,加速蛋壳的形成。而蛋壳就好比是蛋黄的家,保护着蛋黄最终变成小鸡。科学家通过电脑技术不断放大观察鸡蛋的形成过程,发现OC-17在鸡蛋的形成初期起着至关

---

[1] 参见《科学美国人》编辑部编著:《从惊讶到思考——数学悖论奇景》,李思一等译,北京:科学技术文献出版社,1984年,9页。

重要的作用。在 OC-17 蛋白质的作用下,碳酸钙转化为形成蛋壳的方解石。科学家认为,这个发现除认识到鸡是如何孕育出蛋以外,还有助于研发新型材料或程序。

8. 爱丽丝和红方国王

在《镜中世界》中,刘易斯·卡罗尔(Lewis Carroll)写道:

> "陛下真不该这样大声地打呼噜。"爱丽丝醒了过来,一边揉着眼睛,一边对小猫说。她的声音充满了尊敬,但也显得有些严厉。"你把我从,哦,多么美妙的一场梦里唤醒过来。你一直都跟着我,小黑猫——一直跟我在梦中世界里漫游!你知道吗?我的小乖乖?"
>
> ……
>
> "好了,小黑猫,我们现在来认真考虑一下,到底是谁做了那场梦。这是一个严肃的问题。……对了,小黑猫,一定是我或是红方国王做的那场梦。当然,他是我梦中的一部分——但是,我也是他梦中的一部分!真是红方国王吗?亲爱的,你做过他的妻子,你是应该知道的——哦,小黑猫,替我解答这个问题。……"〔1〕

《镜中世界》第 4 章写道:爱丽丝碰到了红方国王。国王睡着了,特威弟告诉爱丽丝,国王正梦见她,她只是国王睡梦中的人,实际上是不存在的。"要是躺在那儿的国王醒来的话",特威哥也凑上来说,"你就会——啪的一声——像支蜡烛一样熄掉了!"〔2〕

爱丽丝所担忧的是:我在做梦,梦见了红方国王。可是他睡着了,却梦见我正做着关于他的梦。啊,我的天!这样梦下去哪有个完,并且到底是国王是她梦中的事物,还是她是国王梦中的事物?哪一个是真实的?或者两个都不是真实的,都只是梦中事物?

---

〔1〕 刘易斯·卡罗尔:《爱丽丝漫游奇境记》,何文安、李尚武译,南京:译林出版社,2011 年,197—198 页。

〔2〕 同上书,131 页。

9. 庄周梦蝶

实际上,爱丽丝的思考早在中国先哲那里就出现了。最典型的是庄子,他那里有多个关于梦的故事:

> 昔者庄周梦为胡蝶,栩栩然胡蝶也。自喻适志与!不知周也。俄然觉,则蘧蘧然周也。不知周之梦为胡蝶与?胡蝶之梦为周与?周与胡蝶则必有分矣。此之谓物化。(《庄子·齐物论》)

> 梦饮酒者,旦而哭泣;梦哭泣者,旦而田猎。方其梦也,不知其梦也。梦之中又占其梦焉,觉而后知其梦也。且有大觉而后知此其大梦也,而愚者自以为觉,窃窃然知之。"君乎!牧乎!"固哉!丘也与女皆梦也,予谓女梦亦梦也。是其言也,其名为吊诡。万世之后而一遇大圣知其解者,是旦暮遇之也。(《庄子·齐物论》)

双重梦引出了哲学上关于真实性的深刻问题。罗素曾这样谈到爱丽丝的梦:假如它不是以幽默的笔调写成的,我们就会发现它太令人痛苦了。

第三节　康德的"二律背反"

在康德之前,关于认识的经验论往往走向怀疑论,唯理论常常走向独断论,它们都不能说明经验知识的普遍必然性。为了说明经验知识的普遍必然性,康德试图综合传统的经验论和唯理论的因素,认为我们的认识中自始至终包括两种成分:一是质料,最初是由物自体(本体)作用于我们的感官所引起的表象;二是先天的认识形式。我们用先天的认识形式去统摄、整理零散的感觉材料,赋予后者以普遍必然的形式,由此获得具有普遍必然性的经验知识。但这种经验知识只能达到现象界,无法达到隐于现象之后或超越现象之外的物自体。感性、知性和理性,既可以说是人的三种认识能力,也可以说是三个前后相继的认识阶段。感性提供对象,知性进行判断,理性加以最高的综合。在感性阶段,刺激感官的对象叫做"物自体",感官接受的表象叫做"感性直观",感性对物自体的刺激所做出的反应叫做"直观形式",即时间与空间。在知性阶段,其质料是感性直观,即由时空统摄的感觉材料;其认识形式是先验范畴,具体包括量、质、关系、样式等四组、十二个范畴。在理性阶段,我们得到三个最高程度的概念:灵魂、世界和上帝。如果把它们当作认知研究的客观对象,它们是先验幻相;如果把它们视为我们的知识系统的指导原则和道德体系的公设,它们是先验理念。知性所获得的只是有条件的、相对的、关于现象界的知识,而理性却不满足于此,它顽强追求关于无条件的、绝对的、完满的东西的知识。当理性企图用有限的知性范畴去规定"灵魂""世界""上帝"这样的无限整体,并把它们当作客观的对象来把握时,就会出现对同一整体(对象)可以有两种截然相反的规定,而且它们都能得到同等程度的证明。这就是著名的"二律背反"(antinomy),共有四组,每组各有一个正题和反题。康德用反证法证明了前三组二律背反,但在证明第四组二律背反时,却同时使用了反证法和直接证明,以增强其逻辑力量。

1.1 正题:世界在时间上有开端,在空间上有界限。

关于时间的证明:假设世界在时间上无开端,那么,从现在开始,无止境地向过去追溯,就有一个已经完成了的无穷时间序列。可是,一个无穷序列的本性就在于它不可能被完成。因此,该假设不成立,这就证明了其反论题:世界在时间上有开端。

关于空间的证明:假设世界在空间上是无限的,那么,我们只能从身边所处的有限空间开始,通过想象,逐渐把空间扩大,以至无穷。而这需要花费无穷的时间,但前面已经证明时间是有限的,所以,该假设不成立,它的反论题——世界在空间上有界限——成立。

1.2 反题:世界在时间和空间上无开端,都是无限的。

关于时间的证明:假设世界在时间上有开端,那么,在此开端之前,世界还不存在,什么事物也没有发生,这只能算做"空虚的时间"。但是,世界不可能存在于空虚的时间里,也不可能从空虚的时间中产生出来。因此,该假设不成立。在世界中,虽然许多事物序列可能有开端,但世界本身作为整体不能有开端,世界是无限的。

关于空间的证明:假设世界在空间上有界限,那么,这个空间之外就是一个空虚的空间,它构成这个世界的界限,但空虚的空间完全是虚无,不可能对世界构成任何限制。所以,该假设不成立,世界在空间上是无限的。

2.1　正题:世界上一切事物都是由单一不可分的东西构成的。

证明:假如复合实体非由单一的东西所构成,但若无单一的东西,就会出现所剩为无的情况,因为没有一个东西站得住,无就是没有实体的空的东西。而无中不能生有,所以,该假设不成立,正题本身是正确的。

2.2　反题:世界中没有单一不可分的东西,一切事物都是复合的。

证明:假设世界是由单一的不可再分的东西构成。于是,这许许多多单一的不可分的东西彼此处在一种外在的关系中,每个单一体都占有一个空间。但是,任何空间都是组合的,那么,占据空间的单一体也一定是组合的,而这与其单一性相矛盾。所以,该假设不成立,世界本身是无限可分的。

3.1　正题:世界上有出自自由的原因。

证明:假设世界没有自由,一切都是必然的。于是,在因果系列中,从结果推论到原因,又由原因推论到原因的原因,如此递推以至无穷,这个因果系列永远不会完成,也就是说,不可能有第一因。但是,没有第一因,就无法说明世界的最初的发动者,无法说明世界是如何产生的。所以,该假设不成立,世界有先天的出自自由的原因。

3.2　反题:没有自由,世界上一切都是按自然规律发生的。

证明:假设世界上有出自自由的原因,有世界最初的第一因。既然世界有第一因,那么,这个第一因与其先行状态就不属于因果关系,世界可以不受因果规律的支配。凡是不受规律或因果关系支配的东西,都不可能产生统一的经验,不可能成为经验的对象。所以,该假设不成立,世界上一切东西都是必然的。

4.1　正题:有一个绝对必然的存在即上帝,或者作为世界的一部分,或者作为世界的原因,一切别的东西必定都依赖它。

证明分三个层次进行:

（1）正题把绝对必然的存在即上帝看作在世界中、时间中,作为世界的一部分而存在,作为时间系列的最高点和结束点。既然在时间系列中,作为世界的一部分,那么,此绝对必然的存在就属于感觉世界,否则就不成其为绝对必然的存在。因此,上帝应该处在时间之内和世界之中。

（2）如果把上帝这种绝对必然的存在看成在世界和时间之外的存在,则它会与世界毫不相干,从而失去了上帝的意义。因此,这一说法——世界之外有绝对必然的存在即上帝作为原因——是行不通的,世界之中必定有一个绝对必然的存在者,即上帝。

（3）正题的最后一点,也许是最根本的一点是,世界上的东西都是有限的、个别的,都需要用最后的东西来说明。因为这是人的本性决定的,人的本性总是不满足用有限的东西来说明有限的东西,总是追求最后的、绝对的、完满的东西作为一切个别的、有限的、偶然的东西的根源,这个根源就是上帝。

4.2 反题:在世界之中和之外,都没有一个绝对必然的存在者,一切都是偶然的。

证明:假设有一个绝对必然的存在即上帝,它或者存在于宇宙之中,或者存在于宇宙之外。如果存在于宇宙之外,上帝就没有立足点,就成为空洞的东西。如果上帝存在于宇宙之中,则有两种情况:(1)在宇宙之中作为宇宙的一部分。于是,他既是宇宙的一部分又是上帝,因此就成为一个绝对的开端,即没有原因的开端。但后一说法是行不通的。(2)在宇宙之中作为宇宙的整体。那么,就无所谓开端,因为整个宇宙就是上帝。但是,没有开端就谈不上绝对必然的存在,从而把上帝看成绝对必然的存在就失去意义,由此就证明了:没有绝对必然的存在,一切都是偶然的。

问题:康德自己如何看待和解决这些二律背反?当代哲学和科学如何看待它们?

康德指出,这四组二律背反的正题代表了传统形而上学和神学的主流,反题代表的是非主流的看法。他把两者的对立总结为"柏拉图路线"和"伊壁鸠鲁路线"的对立。他承认,后者虽然是非主流,但在近代却被经验论发扬光大,与代表"柏拉图路线"的莱布尼茨—沃尔夫唯理论体系尖锐对立。他认为,正题具有实践意义,符合道德和宗教的利益;反题具有思辨意义,对自然科学的发展有利。

康德认为,上述二律背反都是由混淆现象界(对象)与本体界(理念)所造成的结果。旧形而上学总爱用有限的、只适用于现象界的知性范畴去说明和规定无限的、超验的物自体,或者说,它把宇宙作为一个统一整体去追求,从而超出了感性经验的范围,却仍用知性范畴去说明理念,其结果总是弄得知性范畴与无限本体之间不相适合,从而导致矛盾。只要我们不把先验理念如灵魂、世界、上帝当作认识对象,只把它们当作我们努力追求而又永远无法完成的课题或目标,我们就会摆脱这种悖谬境地。

一般认为,康德的二律背反以触目惊心的形式揭示了人的认识和世界本身中存在的矛盾:它们既是这样又是那样;在一种意义上是这样,在另一种意义上是那样;在一个方面是这样,在另一个方面是那样。

康德在晚年回忆《纯粹理性批判》的发端史时,在一封信中强调指出,正是二律背反,尤其是自由问题——"人有自由,以及相反地:没有自由,在人那里一切都是自然的必然性"——才把他从独断论的迷梦中唤醒,并使他转到对理性的批判上来,以便消除"理性与自身有矛盾这种怪事"。在《纯粹理性批判》的基本问题——先天综合判断何以可能——背后,回响着另一个对康德来说更为重要的问题:人的自由为什么是可能的?他在《实践理性批判》一书的结尾写道:"有两种东西,我对它们的思考越是深沉和持久,它们在我心灵中唤起的惊奇和敬畏就会日新月异,不断增长,这就是我头上的星空与心中的道德律。"[1]

---

[1]　Kant, I. *The Critique of Practical Reason*, translated by Thomas Kingsmill Abbott,网络版 http://ebooks. adelaide. edu. au/k/kant/immanuel/k16pra/part2. html#conclusion,读取日期 2013 年 8 月 4 日。

第四节 "无穷"悖论与三次数学危机

数学史上有"三次数学危机",它们都与数学中所发现的"悖论"有关,或直接或间接地涉及如何认识和处理"无穷"。

一、希帕索斯悖论

第一次数学危机主要起因于"希帕索斯悖论",如上所述的芝诺悖论在其中也发挥了很重要的作用。

毕达哥拉斯(Pythagoras)是公元前 5 世纪古希腊著名数学家和哲学家,他创立了毕达哥拉斯学派,该学派的哲学信仰是"万物皆数",其数学信仰是"一切数均可表示成整数或整数之比(分数)"。整数和分数后来合称"有理数"。然而,在毕达哥拉斯定理(中国称"勾股定理")提出后,该学派中的一个成员希帕索斯(Hippusus)考虑了一个问题:边长为 1 的正方形其对角线长度是多少呢? 他发现,这一长度不能用整数和分数表示,而只能用一个新数即$\sqrt{2}$来表示。这一简单的数学事实的发现使毕达哥拉斯学派的人感到迷惑不解。它不仅违背了该学派的信条,而且冲击着当时希腊人持有的"一切量都可以用有理数表示"的信仰,故被称为"希帕索斯悖论"。据说,因发现和泄露这一研究结果,希帕索斯被毕达哥拉斯学派的人扔进大海淹死了。此外,芝诺关于运动的四条悖论也从根本上挑战了毕达哥拉斯学派所一直贯彻的度量和计算方式,实际上还涉及如何在数学中处理无穷的问题。这些悖论引发了历史上所谓的"第一次数学危机"。

第一次数学次危机的解决:约在公元前 370 年,柏拉图的学生欧多克萨斯(Eudoxus,约公元前 408—前 355)解决了关于无理数的问题。他纯粹用公理化方法创立了新的比例理论,巧妙地处理了可公度和不可公度。他处理不可公度的办法,被欧几里得(Euclid)《几何原本》第二卷(比例论)收录,并且与戴德金(J. W. R. Dedekind)于 1872 年给出的关于无理数的现代解释基本一致。

该次数学危机表明,几何量不能完全由整数及其比来表示,而数却可以由几何量来表示。于是,整数的尊崇地位受到挑战,古希腊的数学观点受到极大的冲击。几何学由此开始在希腊数学中占有特殊地位。该次危机还表明,直觉和经验不一定靠得住,而推理和证明才是可靠的。希腊人从此开始从"自明的"公理出发,经过演绎推理,凭此办法建立几何学体系。这是数学思想上的一次革命,也是第一次数学危机的自然产物。

二、伽利略悖论

"无穷"曾经困惑了不少古希腊哲学家和数学家,在近代以来,它们仍然困扰着很多优秀的大脑,构成理解方面的障碍,因为无穷所导致的一些结果与通常接受的一些正统观念剧烈冲突。例如,通常认为,整体大于部分,或者说,"整体在数量上多于部分"。举例来说,从直观上看,自然数远远多于其平方数,假如给出一个很短的自然数数列:

1, 2, 3, 4, 5, 6, 7, 8, 9, 10

1, 4, 9, 16, 25, 36, 49, 64, 81, 100

显然,自然数的平方数比自然数少得多,或者说"稀"得多。不过,伽利略在《关于两种新科学体系的对话》一书中写道,假如自然数序列无限延伸,则会出现戏剧性的结果,自然数序列与其平方数的序列可建立一一对应,这两个序列**一样长**:对于任一自然数 n,都有另一个平方数 n^2 与其对应,并且 n^2 仍然是一个自然数!

1, 2, 3, 4, 5, 6, 7, 8, 9, 10, $\cdots,n,\cdots$

1, 4, 9, 16, 25, 36, 49, 64, 81, 100, $\cdots,n^2,\cdots$

伽利略清楚地意识到这是一个重要发现,但不知道从中可以引出什么样的结论。实际上,他引出了一个错误的结论:如果无穷集合的真子集与原集合大小相等,则"相等""大于"和"小于"不能应用于有关"无穷"的讨论中。"依我所见,我们只能推断平方数的个数是无穷的,它们的根的个数也是无穷的;平方数的个数不比所有数的个数少,后者的个数也不比前者的个数多;故'相等''大于'和'小于'不能应用于无限量。"[1]

三、莱布尼茨悖论

莱布尼茨也发现了与伽利略悖论类似的令人困惑的现象,即所谓的
"整体大于或等于部分",但他认为这是不可能的,由此做出结论:无穷集
不存在。

在给神学家和哲学家尼古拉·马勒伯朗士(N. Malebranche)的一封
信中,莱布尼茨讨论了下面的问题:即使把所有自然数1,2,3,……所组成
的集合当成一个完成了的实无穷来处理是有意义的,那么问这个集合中有
多少个数是否也有意义呢? 是否存在无穷数可以用来计数无穷集中的元
素呢? 莱布尼茨或许不反对这种完成的实无穷,但他认为,用来计数这种
集合的无穷数并不存在,其理由如下:只要能够在一个集合中的元素与另
一个集合中的元素之间建立一一对应,则我们就可以说这两个集合有同样
数目的元素,即使不知道其数目到底是多少。例如,如果我们发现一个礼
堂中既没有空座位又没有站着的人,则我们不必清点就能断言:礼堂中的
人数与座位数是相等的。当我们这样做时,我们其实是在每一个座位与每
一个人之间建立了一一对应。莱布尼茨认为,如果真有无穷数存在的话,
我们就可以在两个无穷集之间建立一一对应,故而就可以说,这两个集合
拥有同样数目的元素。他发现,很容易在所有自然数1,2,3,……组成的
集合与所有偶数2,4,6,……组成的集合之间建立一一对应关系,只要令
每一个自然数对应于它的二倍就可以了:

$$1 \quad 2 \quad 3 \quad 4 \quad 5 \quad \cdots\cdots$$
$$\updownarrow \quad \updownarrow \quad \updownarrow \quad \updownarrow \quad \updownarrow \quad \updownarrow$$
$$2 \quad 4 \quad 6 \quad 8 \quad 10 \quad \cdots\cdots$$

莱布尼茨推论说,如果真有像无穷数这样的东西的话,则这种一一对

---

[1] Galileo Galilei, *Dialogues Concerning Two New Sciences*, translated Henry Grew and A. de Salvio, New York: Dover Publications, 1954, p.88.

应的存在就会迫使我们做出结论:自然数的数目和偶数的数目是相等的。但他对此感到疑惑:这怎么可能呢? 自然数中并非只有偶数,此外还有奇数,后者的全体又组成一个无穷集。他坚信一条最基本的数学原理,即整体大于它的任何部分,这可以追溯到欧几里得。凭此他做出最后结论:所有自然数的数目这一概念是不一致的,谈论一个无穷集中元素的数目也是没有意义的。否则,将会导致荒谬的结果:所有自然数的数目并不比偶数的数目更多,也就是说,整体不比部分大。

四、波尔查诺悖论

波尔查诺(B. Bolzano,1781—1848)著有《无穷的悖论》一书[1],该书受到许多后世的杰出逻辑学家,如皮尔士、康托尔(G. Cantor)、戴德金等人的高度评价。波尔查诺认识到无穷集合的重要性,重点研究了实数集合及其性质。为了理解他关于无穷实数集合的思想,我们借助下面的简单图表:

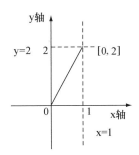

考虑实数线上由大于等于 0 且小于等于 1 的所有数所构成的区间[0,1]。接下来在这个区间内画一条斜线,线上每个点的 x 坐标都大于等于 0 且小于等于 1,y 坐标则依线的斜度而变化,从 0 变化到 2。上面的图表给出了[0,1]上的每个 x 点对应于[0,2]区间上的每个 y 点,且[0,2]上的每个 y 点对应于[0,1]上的每个 x 点。也就是说,在[0,1]上的所有点与[0,2]区间的所有点之间存在一一对应。这证明短区间上的点与长区间上的点一样多。

〔1〕　Bolzano, B. *Paradoxes of the Infinite*, translated from the German by Dr. Fr. Prihonsky, New Haven: Yale University Press, 1950.

事实上,我们可以使上图中的斜线任意倾斜来推广这一结果:[0,1]区间上的点可以与[0,n]上的点一一对应,n表示大于0的任一自然数。

波尔查诺还发现,实数线上的任何区间与整个实数线一一对应。考虑方程 $y = (x - 1/2)/(x - x^2)$,其中 x 是[0,1]区间中的任一实数,当 x = 0 或 x = 1 时,该函数无定义,因为在这些点上分母为0。在下图中给出了该函数的曲线图,它沿着整个 y 轴向上和向下延伸,可以看出:[0,1]区间的每一个点恰与 y 轴上的一个点对应,y 轴上的每一个点恰与 x 轴[0,1]区间的一个点对应。这表明[0,1]区间的点与实数线上的点一样多。可类似地证明,任一小区间上的点都与实数轴上的点一一对应。

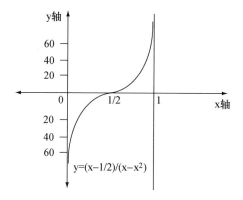

波尔查诺还引入"集合"概念去定义无穷,他承认无穷集的存在性。但是,当把无穷集与有穷集相比较时,他仍然对前者所显现出的各种"悖论"性质迷惑不解,甚至得出了不正确的看法:

> 我无法否认,一股悖论的味道笼罩着这些断言;其惟一的来源应该在下面的情形中去寻找:上面所提到的用对偶所刻画的两个集合之间的关系,在有穷集那里,确实足以确立它们有完全一样多的元素。……由此造成的幻觉是:当[所比较的]集合不再是有穷的、相反却是无穷的时候,这种关系也应该成立。[1]

---

〔1〕 Bolzano, B. *Paradoxes of the Infinite*, p.98.

五、贝克莱悖论

17 世纪,牛顿(I. Newton,1643—1427)、莱布尼茨各自独立地发明了微积分,但侧重点有所不同:牛顿侧重于运动学的视角,莱布尼茨却侧重于几何学的视角。他们的出发点都是直观的无穷小量,其理论都建立在无穷小分析之上,但是,对于一些关键性问题,如无穷小量究竟是不是零,无穷小及其分析是否合理等问题,两个人都没有给出清晰且融贯的回答。牛顿曾给出过三种关于"无穷小"的解释:1669 年说它是一种常量,1671 年说它是一个趋于零的变量,1676 年又说它是"两个正在消逝的量的最终比"。莱布尼兹曾试图用与无穷小量成比例的有限量的差分来代替无穷小量,但他也没有找到从有限量过渡到无穷小量的桥梁。尽管微积分在当时获得了广泛且成功的应用,但"无穷小量"等关键性概念的模糊却威胁到微积分的理论基础的可靠性。

当时的英国大主教、著名哲学家贝克莱(1685—1753)于 1734 年以"渺小的哲学家"之名出版了一本标题很长的书——《分析学家;或一篇致一位不信神数学家的论文,其中审查一下近代分析学的对象、原则及论断是不是比宗教的神秘、信仰的要点有更清晰的表达,或更明显的推理》,对当时微积分的基本概念、基本方法和全部内容提出了激烈且有见地的批评。在《求曲边形的面积》一文中,牛顿说他避免了"无穷小量",他给 x 以增量 o,展开 $(x+o)^n$,减去 x^n,再除以 o,求出 x^n 的增量与 x 的增量之比,然后扔掉增量 o 这个项,从而得到 x^n 的流数。贝克莱指责说,在这样的推理过程中,先取一个非零的增量并用它计算,最后又让 o"消失",即令增量为零得出结果。贝克莱断言,关于增量的假设前后矛盾,是"分明的诡辩","依靠双重错误得到了不科学却正确的结果"。因为增量有时候像 0,作为加项可以忽略不计;有时候又不像 0,如可做除数。贝克莱讥讽道:"这些消失的增量究竟是什么呢? 它们既不是有限量,也不是无限小,又不是零,难道我们不能称它们为消失量的鬼魂吗?"这"像猜谜一样","是瞪着眼睛说瞎话"。"再也明白不过的是,从两个互相矛盾的假设,不可能得出任何合理的结论。"〔1〕数学史上把贝克莱的诘难——无穷小量究竟是不是 0——称之为"贝克莱悖论",由此引发了所谓的"第二次数学危机"。

第二次数学危机的结果是:柯西(A. L. Cauchy)和魏尔斯特拉斯(K. Weierstrass)等人建立了极限理论,为微积分奠定了严格的基础;同时,该次危机也促进了 19 世纪的分析严格化、代数抽象化以及几何非欧化的进程。

19 世纪末和 20 世纪初,随着布拉里—弗蒂悖论、康托尔悖论和罗素悖论等一系列逻辑—集合论悖论的发现,引发了所谓的"第三次数学危机"。此部分内容留待本书第五章"逻辑—集合论悖论"去详细探讨。

第五节　康托尔的贡献:关于"无穷"的数学

在讨论芝诺悖论时,亚里士多德明确区分了"潜无穷"和"实无穷":

> ……只有与运动相关的东西是连续的时,运动才是连续的,而且,虽然在连续的东西中蕴含有无限数的一半,但那不是现实上,而是潜能上的。如若他[芝诺]要使它们现实化,那么,所造成的就不会是连续的运动而是间断的运动。……所以,对于是否可能通过无限数的时间和长度单位的问题,必须这样来回答:在一种意义上是可能的,在另一种意义上则不可能;因为,如若这些单位是现实上的,就不可能;如若是潜能上的,就可能。〔2〕

亚里士多德还把实无穷叫做"完成了的无穷"。他相信,实无穷的概念本身或许是不融贯的,因此,无论在数学中还是在自然中都不是实在的。之所以如此,是因为如果实无穷确实存在的话,它们就必须一劳永逸地永远存在,而这是不可能的。潜无穷是时间中的存在,是一个永远可以在随后的时间中展开的过程。潜无穷是惟一能够成为实在的无穷,它是时间中的某些操作的无限制叠加。潜无穷永远不可能变成实无穷。亚里士多德

---

〔1〕　参见韩雪涛:《数学悖论与三次数学危机》,长沙:湖南科学技术出版社,2006 年,153 页。
〔2〕　亚里士多德:《物理学》,244 页。

断言,假如芝诺不使用实无穷概念,他的"二分法"和"阿基里斯追不上龟"等运动悖论就不会产生。

"无穷"之所以对很多优秀的思想家构成理解的障碍,主要有两个原因:一是无穷集有一些"怪异"性质,例如母集合和子集合有同样多的元素,这与广泛持有的常识信念"整体大于部分"构成冲突,假如我们把母集合看作"整体",且把其子集合看作"部分"的话。二是假如不得不承认无穷集的话,很多思想家也只能在"潜无穷"的意义上接受它,即把它视作可以在时间进程中无限展开的一种可能过程,而不愿在"实无穷"的意义上接受它,即不愿把无穷集看作一种完成的现实对象去谈论,甚至对其做数学处理。在科学史上,德国数学家康托尔(1845—1918)明确接受"实无穷"并发展了相关的数学理论——集合论,以至有这样的说法:关于数学无穷的革命几乎是由他一个人独立完成的。

康托尔生于俄国圣彼得堡,后随家人迁居德国法兰克福。他引入"实无穷"概念,在此基础上建立了集合论和超穷数理论。但他的观念与当时主导的数学观念不符,并受到以其大学老师克罗内克(L. Kronecker,1823—1891)为首的众多数学家的长期攻击,克罗内克甚至阻扰他申请柏林大学教授职位。由于其研究工作长期得不到承认,加上疾病和研究工作本身所遭遇的困难,导致他罹患抑郁症,多次因精神失常而住进精神病院。自 1869 年任职于德国哈雷大学,直到 1918 年在该大学附属精神病院去世。康托尔的研究工作在晚年终于获得广泛认可,为其赢得很高声誉。著名数学家希尔伯特(D. Hilbert,1862—1943)高度赞誉康托尔的集合论是"数学天才最优秀的作品","人类纯粹智力活动的最高成就之一","这个时代所能夸耀的最巨大的工作"。

康托尔有一些名言,例如:"在数学中,提出问题的技艺比解决问题的技艺更有价值。""数学在它自身的发展中完全是自由的,对它的概念限制只在于:必须是无矛盾的,并且与由确切定义引进的概念相协调。……数学的本质就在于它的自由。"针对他的集合论的持续误解和攻击,他回应说:"我的理论像岩石一样坚固,所有射向它的箭,都会很快被反弹回来射向射箭的人。""我对超穷数的真实性毫不怀疑,仰赖上帝的帮助,我认识到它们,在其多样性中我研究它们长达 20 多年,其间的每一年,甚至几乎是每一天,都把我带到这门科学。"[1] 下面概要介绍康托尔关于无穷的研究。

（1）一一对应与无穷集定义。康托尔提出集合的"基数"的概念：两个集合 A 和 B 能够建立一一对应,则称 A 和 B 等势；等势的集合有相同的基数。这里,"基数"是刻画集合中元素数量的一个概念,两个集合具有相同的基数,表示它们的元素数量相同。借助一一对应或基数概念,康托尔如此定义无穷集：一个集合 A 是**无穷集**,当且仅当,在 A 与其真子集 B 之间能够建立一一对应,或者说,A 与 B 有相同的基数。例如,自然数集、有理数集、实代数数集等都是无穷集。康托尔用 $\aleph_0$ 表示自然数集的基数。任何与自然数集能建立一一对应的集合的基数都是 $\aleph_0$。自然数的任一无穷真子集的基数都是 $\aleph_0$。基数为 $\aleph_0$ 的无穷集合称为无穷可数的；有穷集合称为有穷可数的。可数集合包括有穷集合和基数为 $\aleph_0$ 的无穷集合。

（2）对角线方法与无穷集的大小和等级。康托尔利用对角线方法证明,存在比自然数集更大的集合,例如实数集。他的证明使用反证法,步骤如下：

（a）假设[0,1]区间中的点数是可数无穷多的。

（b）故我们可以把该区间内的所有数字排成数列 $r_1, r_2, r_3, r_4, \cdots$。

（c）已知每一个这类的数字都能表示成小数形式。

（d）我们把所有这些数字排成数列,在一数字有多种表达形式时,如 $0.7999\cdots$ 和 $0.8000\cdots$,我们选择前者。

（e）举例,该数列的小数形式如下所述：

$$r_1 = 0.5105110\cdots$$
$$r_2 = 0.4132043\cdots$$
$$r_3 = 0.8245026\cdots$$

---

〔1〕 参见网址 http://en. wikiquote. org/wiki/Georg_Cantor,读取日期 2013 年 8 月 5 日。

$$r_4 = 0.2330126\cdots$$

$$r_5 = 0.4107246\cdots$$

$$r_6 = 0.9937838\cdots$$

$$r_7 = 0.0105135\cdots$$

......

（f）考虑 r_k 小数点后第 k 个位的数字，为方便起见，我们用下划线和粗体标记这些数字：

$$r_1 = 0.\underline{\mathbf{5}}105110\cdots$$

$$r_2 = 0.4\underline{\mathbf{1}}32043\cdots$$

$$r_3 = 0.82\underline{\mathbf{4}}5026\cdots$$

$$r_4 = 0.233\underline{\mathbf{0}}126\cdots$$

$$r_5 = 0.4107\underline{\mathbf{2}}46\cdots$$

$$r_6 = 0.99378\underline{\mathbf{3}}8\cdots$$

$$r_7 = 0.010513\underline{\mathbf{5}}\cdots$$

......

（g）我们设一实数 $x \in [0,1]$，x 定义如下：

如果 r_k 的第 k 个小数位等于 5，则 x 的第 k 个小数位是 1；

如果 r_k 的第 k 个小数位不等于 5，则 x 的第 k 个小数位是 2。

（h）很明显，x 是一个在 [0,1] 区间内的实数，例如由上面所列 $r_1, \cdots,$ r_7 可得到相应的 x 应为 $0.1222221\cdots$。

（i）由于我们假设 $r_1, r_2, r_3, r_4, \cdots$ 包括了 [0,1] 区间内的所有实数，故必有 $r_n = x$。

（j）但据 x 的定义，x 与 r_n 至少在第 n 个小数位上不同，故 x 不属于数列 $r_1, r_2, r_3, r_4, \cdots$。

（k）所以，数列 $r_1, r_2, r_3, r_4, \cdots$ 未能罗列 [0,1] 区间内的所有实数，与（a）假设发生矛盾。

(1) 所以,在(a)步所提出的假设"[0,1]区间内的点数是可数无穷多的"不成立。

康托尔由此证明:由[0,1]区间内的所有实数构成的集合(实数集)是比自然数集更大的集合,其基数为 $2^{\aleph_0} = \aleph_1$,有这样的基数的集合包括:实数集,时间瞬间集,线段上的点集,平面上的点集,球体内的点集,等等。还有基数更大、等级更高的无穷集合,其基数分别为 $2^{\aleph_1} = \aleph_2, \cdots, 2^{\aleph_i} = \aleph_{i+1}$。描述无穷集大小的数,如 $\aleph_0$, $\aleph_1$, $\aleph_2, \cdots, \aleph_{i+1}$ 等等,叫做"超穷数"。

(3) 利用"幂集"概念建立关于无穷集的数学理论。在康托尔那里,一个集合的"幂集"就是其所有子集的集合。任何非空集合的幂集都比其本身大,这个结论对有穷集是显然的,且对无穷集也成立。如果 A 是一个无穷集,则 A 的幂集的基数总是比 A 本身的基数大。也就是说,任何集合都不能与其幂集之间建立一一对应。康托尔由幂集概念得出,存在无穷多的大小不同的无穷集,并引入"超穷数"去表示无穷集的基数。他将有穷数推广到超穷数,这是对数系的一种新扩张,他还研究了超穷算术运算的可能性,并成功地将加法和乘法推广到我们现在所谓的基数运算(但不能对超穷数做减法和除法运算)。

(4) 连续统假设。康托尔已经证明了一些超穷数的存在,如 $\aleph_0$, $\aleph_1$, $\aleph_2, \cdots, \aleph_{i+1}$ 等,还存在其他的超穷数吗?例如,是否存在比 $\aleph_0$ 严格大但比 $\aleph_1$ 严格小的超穷数?若存在,这个数的例子与自然数集相比太大,与实数集相比太小,从而不能与自然数集或实数集构成一一对应。这个问题称为"连续统假设"(continuum hypothesis),是数学上的一个著名问题,可以将其推广为:在序列 $\aleph_0$, $\aleph_1$, $\aleph_2, \cdots, \aleph_{i+1}$ 的超穷数中,是否还存在其他的超穷数?这个问题被称为"广义连续统假设",它是关于最基础的数学问题。在 1900 年于巴黎召开的第二届国际数学家大会上,希尔伯特把康托尔的连续统假设列入 20 世纪初有待解决的 23 个重要数学问题的第一位。该问题迄今仍未得到解决。

下面,我们将康托尔关于无穷的研究结果做一次日常应用。有一家旅馆,拥有有穷多个房间,被有穷多位客人住满了,又来了有穷多位客人要求住店。该旅店老店只好对那些新来的客人说,对不起,本店已经住满了,没有空余房间了,请你们到别的旅店看看,欢迎你们下次再来。现在设想,有一家超级旅馆,权且把它叫做"希尔伯特旅馆",它有无穷多个房间,按次序用自然数数字标记为1,2,3,4,5,……再设想下面的情况:

希尔伯特旅馆有无穷多个房间,已经入住了无穷多个旅客。

(1)如果又来了5位旅客,能否入住?如何入住?

(2)如果又来了9999位旅客,能否入住?如何入住?

(3)如果又来了无穷多位旅客,能否入住,如何入住?

(4)如果又来了无穷多个旅游团,每个团都有无穷多位旅客,能否入住?如何入住?

解答:(1)将已入住的旅客作如下调整:令已入住 n 号房间的旅客换到 n+5 号房间入住,空出前5个房间,由新来的5位旅客入住。

(2)类似(1),令已入住 n 号房间的旅客换到 n+9999 号房间,空出前面9999间客房,由新来的9999位旅客入住。

(3)令已入住 n 号房间的旅客调到 2n 号房间,空出无穷多个奇数号房间,由新来的无穷多位旅客入住。

(4)即使新来无穷多个旅游团,每个团中有无穷多位旅客,仍可入住,分析从略。

以上解答表明:

$$\aleph_0 + 5 = \aleph_0$$

$$\aleph_0 + 9999 = \aleph_0$$

$$\aleph_0 + n = \aleph_0$$

$$\aleph_0 \times 2 = \aleph_0$$

$$\aleph_0 \times n = \aleph_0$$

$$\aleph_0 \times \aleph_0 = \aleph_0$$

$$……$$

这些结果进一步表明,用于普通算术的很多运算对超穷数失效。由此或许不难理解,为什么"无穷"对那么多优秀的大脑几乎构成了一道难以逾越的障碍! 在常识的眼光看来,无穷确实是太怪异了!

应该强调指出,即使有了康托尔关于无穷的研究,特别是其数学理论——集合论,但关于无穷的争论仍然没有停止,而且在当代形而上学、认识论、逻辑学、数学哲学等众多领域还有愈演愈烈的趋势。由于康托尔的工作,"无穷"(infinity)现在有三种类型,或者说有对它的三种理解:潜无穷(potential infinity),实无穷(actual infinity),超无穷(transcendental infinity)。关于无穷,我们至少可以区分为四种问题:一是形而上学问题:"无穷"真的存在吗? 是以潜无穷的形式存在,还是以实无穷甚至超无穷的形式存在? 承认无穷会带来哪些益处? 假如不接受无穷,会带来哪些麻烦和困难? 二是认识论问题:作为一种有限存在物的人类,其心智究竟如何理解和把握无穷? 如果能或者不能,其理由和根据是什么? 三是数学问题:在数学中是否应该接纳无穷? 接纳何种形式的无穷? 接纳或者不接纳无穷会有什么样的数学后果? 四是宗教哲学或伦理学问题:上帝通常被设定为无穷,其善意、知识和能力都是无穷的,全知、全善和全能。这样的上帝真的存在吗? 是否需要证明? 如何证明? 承认或不承认有这样一位上帝,在宗教、道德、伦理学等方面会导致什么样的后果? 或者说,无限的上帝对于这个世界有什么样的解释力和规范能力? 如此等等。关于无穷的争论在当代学术领域仍然激烈地进行着,人类对无穷的探索远没有结束,或许仍将无穷地进行下去!

第五章 逻辑—集合论悖论

第一节 集合论初步

一、集合和元素

集合是集合论的初始概念。对于一个初始概念,我们无法确切地定义,只能给它以描述性说明。一般地说,将一些可区分的对象放在一起就构成一个集合。一个集合完全是由它的元素决定的,相同的对象构成相同的集合,不同的对象构成不同的集合。构成集合的对象,称为集合的**元素**。给出一个集合有两种方法:

一是列举法,即通过完整列出组成该集合的所有元素来确定一个集合。例如,{水星,金星,地球,火星,木星,土星,天王星,海王星}是一个由太阳系大行星组成的集合;{红烧肉,酸菜鱼,西红柿炒鸡蛋,清炒苦瓜,啤酒,米饭}也是一个集合,比如说,一顿晚餐的食物和饮料的集合;{粉笔,黑板刷,《逻辑学》,笔记本电脑}也是一个集合,其元素是某位逻辑学教师在某次上课时他面前的桌子上的东西。如果构成集合 A 的元素是 x_1, x_2, x_3,$\cdots$,x_n,则集合 A 记为 A = $\{x_1, x_2, x_3, \cdots, x_n\}$;不包含任何元素的集合,称为空集,记为 $\varnothing$。显然,用列举法只能给出有穷集合,如果一个集合包含无穷多个元素,列举法无济于事。

二是刻画法,即通过刻画一个集合的元素必须具有的某个性质来确定该集合。例如,｛x|x 是太阳系的大行星｝,｛x|x 是周末晚餐所吃的一种食品或饮料｝,｛x|x 是自然数｝。一般地,集合 A 可以表示为:A = ｛x|F(x)｝,集合 A 的元素就是由所有并且只有那些具有性质 F 的对象组成的。例如,A = ｛x|x 是奇数｝,表示 A 是由所有的奇数构成的集合。习惯上,我们用 N 表示自然数集(包含 0);用 Z 表示整数集;用 Q 表示有理数集;用 R 表示实数集——这些都是无穷集。

x 是集合 A 的元素,读作 x 属于 A,记为 x∈A。为书写方便,如果 x∈A 且 y∈A,我们将之简写为 x,y∈A。元素 x 不是集合 A 的元素,读作 x 不属于 A,记为 x∉A。例如,对任一的 x 来说,x∉∅。

素朴集合论中有所谓的"概括规则"(记为 GR):任何一个合理的条件都可定义一个集合,该集合由并且仅由满足该条件的那些事物所组成。这里,"合理的条件"是指:任一事物或者满足条件 F 或者不满足条件 F,并且没有事物既满足条件 F 又不满足条件 F。用符号表示:

$$\forall x \neg (x \in \{x|F(x)\} \leftrightarrow x \notin \{x|F(x)\})$$

二、集合之间的关系与运算

两个集合 A 和 B 相等,当且仅当,它们具有相同的元素:对任一 x,x∈A 当且仅当 x∈B,记作 A = B。A 和 B 不相等,当且仅当,至少有一 x 使得 x∈A 且 x∉B,或者 x∉A 且 x∈B,记作 A≠B。显然,两个集合相等,只要求它们有相同的元素,与其元素在相应集合中的排列顺序无关;并且,若一个元素重复出现,仍计算为一个元素,而不是两个元素。于是,｛a,b,b｝= ｛a,b｝= ｛b,a｝。

设 A、B 是两个任意的集合,如果对任一 x,若 x∈A,则 x∈B,那么,称 A 是 B 的**子集**,亦称 A **包含于** B,或者称 B **包含** A,记为 A⊆B。若 A⊆B,且 A≠B,则称 A 是 B 的**真子集**,亦称 A **真包含于** B,或者称 B **真包含** A,记为 A⊂B。显然,根据定义,若 A⊂B,则有元素 x∈B 但 x∉A。空集∅是任意集合的子集。

应该指出,元素与集合之间的属于关系不同于集合与集合之间的包含关系。具体来说,属于关系的特点是:(1) 任一 x,x ∉ x;(2) 若 x ∈ A,则 A ∉ x;(3) 设 x ∈ A 且 A ∈ B,则有时 x ∈ B 有时 x ∉ B。这就是说,属于关系禁自返、反对称、不传递。而包含于关系的特点是:(1) 对任何 A 而言,A ⊆ A,即任一集合都是它自身的一个子集;(2) 当 A ⊆ B 时,B ⊆ A 不一定成立,如 {a} ⊆ {a,b},但并非 {a,b} ⊆ {a};(3) 若 A ⊆ B 并且 B ⊆ C 则 A ⊆ C。这就是说,包含于关系是自返、非对称、传递的。显然,这两种关系很不相同。

在集合与集合之间,也可以进行各种运算,如交、并、补。

由集合 A 的元素和集合 B 的元素构成的集合,称作 A 和 B 的**并集**,记作 A ∪ B:{x|x ∈ A 或者 x ∈ B}。也就是说,集合 A ∪ B 中的元素或者是 A 的元素,或者是 B 的元素。

由既是集合 A 的元素又是集合 B 的元素所构成的集合,称作 A 和 B 的**交集**,记作 A ∩ B:{x|x ∈ A 并且 x ∈ B}。也就是说,集合 A ∩ B 中的元素,既是 A 的元素,又是 B 的元素。

由属于 A 但不属于 B 的元素构成的集合,称为 A 与 B 的**补集**(或**差集**),记为 A − B:{x|x ∈ A 并且 x ∉ B}。也就是说,x ∈ A − B,当且仅当 x ∈ A 并且 x ∉ B。

如果我们所谈论的集合是同一个集合 D 的子集,那么对任一集合 A 来说,我们称 A 的**补集**是指 D − A,记作 Ā:{x|x ∈ D 并且 x ∉ A},即由 D 中不是 A 的元素的那些元素构成的集合,并且称 D 为**全集**(或论域,或个体域)。

如果 A 和 B 没有共同的元素,即如果 A ∩ B = ∅,则称 A 和 B 是不相交的。

由一个集合 A 的所有子集构成的集合,称为 A 的幂集,记为 P(A):{x|x ⊆ A}。

三、关系、函数与映射

集合的元素之间是不分顺序的。为了区别两个元素的顺序,我们引进有序 n 元组的概念。

一个**有序对**(或序偶)$\langle x,y \rangle$ 不仅与其组成元素 x, y 有关,而且与 x, y 的出现次序有关。我们称 x 为 $\langle x,y \rangle$ 的第一个坐标,y 为 $\langle x,y \rangle$ 的第二个坐标。我们还规定:$\langle x,y \rangle = \langle z,w \rangle$,当且仅当,x = z 并且 y = w。这就是说,两个有序对相等,不仅要求其元素相同,而且要求这些元素的出现次序相同。

我们还可以引进有序三元组 $\langle x_1, x_2, x_3 \rangle$,以至有序 n 元组 $\langle x_1, x_2, x_3, \cdots, x_n \rangle$。我们规定:$\langle x_1, x_2, x_3, \cdots, x_n \rangle = \langle y_1, y_2, y_3, \cdots, y_n \rangle$,当且仅当,$x_1 = y_1$ 并且 $x_2 = y_2$ 并且 $x_3 = y_3$ 并且……并且 $x_n = y_n$。特殊地说,有序一元组就是该元素本身,即 $\langle x \rangle = x$。

利用有序 n 元组的概念,我们定义 n 个集合的卡氏积。

设 A, B 是两个集合,定义 A 和 B 的卡氏积如下:$A \times B = \{\langle x,y \rangle | x \in A$ 并且 $y \in B\}$。也就是说,$A \times B$ 由 A 的元素做第一个坐标,B 的元素做第二个坐标所形成的全部有序对所组成的集合。

类似地,n 个集合的卡氏积 $A_1 \times A_2 \times A_3 \times \cdots \times A_n = \{\langle x_1, x_2, x_3, \cdots, x_n \rangle | x_1 \in A_1$ 并且 $x_2 \in A_2$ 并且 $x_3 \in A_3$ 并且…并且 $x_n \in A_n\}$。当 $A_1, A_2, A_3, \cdots, A_n$ 都等于 A 时,我们将 $A \times A \times A \times \cdots \times A$ 简记作 A^n。

一个**二元关系**是由有序二元组形成的一个集合。设 R 为一个二元关系,于是我们有一个集合 $R = \{z | z$ 是 $\langle x,y \rangle\}$。也就是说,我们用具有某种关系的所有那些个体所组成的有序对来定义一种关系,这是一种外延逻辑的方法。例如,"大于关系"可以定义为下述有序对形成的集合:$\langle 2,1 \rangle$,$\langle 3,2 \rangle$,$\langle 3,1 \rangle$,$\langle 5,4 \rangle$,$\langle 6,3 \rangle$,……;"夫妻关系"是下面这些有序对的集合:$\langle$蒋介石,宋美龄$\rangle$,$\langle$毛泽东,江青$\rangle$,$\langle$周恩来,邓颖超$\rangle$,……由于关系 R 是一个集合,因此,我们有 $R \subseteq A \times B$,即 R 是一个卡氏积的子集。于是,$\langle x,y \rangle \in R$ 就表示 x 和 y 之间有 R 所代表的那种关系,其中 $x \in A$, $y \in B$;

$\langle x,y\rangle \notin R$ 表示 x 和 y 之间没有 R 所代表的那种关系,其中 $x\in A$,$y\in B$。为简便计,在实际应用中,$\langle x,y\rangle \in R$ 常写成 $R(x,y)$ 或 xRy;$\langle x,y\rangle \notin R$ 常写成 $\neg R(x,y)$ 或 $\neg(xRy)$。

设 R 是集合 A 上的一个二元关系。如果对于任一 $x\in A$ 都有 $\langle x,x\rangle \in R$,则称 R 具有**自返性**;对于任一 x,y$\in$A,若 $\langle x,y\rangle \in R$,则 $\langle y,x\rangle \in R$,我们就称 R 具有**对称性**;对于任一 x,y,z$\in$A,若 $\langle x,y\rangle \in R$ 且 $\langle y,z\rangle \in R$,则 $\langle x,z\rangle \in R$,我们就称 R 具有**传递性**。若 R 具有自返性、对称性和传递性,则称 R 是集合 A 上的一个等价关系。若 R 是集合 A 上的一个**等价关系**,$a\in A$,称集合 $\{R\mid \langle a,x\rangle \in R\}$ 为 a 所在的**等价类**,记为 $[a]$;称集合 $\{[a]\mid a\in A\}$ 为由关系 R 做成的 A 的商集,记为 A/R。

设 R 是一个二元关系。它的所有元素(有序对)的第一个坐标所组成的集合叫做关系 R 的定义域,记作 $dom(R)$,用公式表示:$dom(R)=\{x\mid \exists y\langle x,y\rangle\}$;它的所有元素(有序对)的第二个坐标所组成的集合叫做关系 R 的值域,记作 $ran(R)$,用公式表示:$ran(R)=\{y\mid \exists x\langle x,y\rangle\}$;关系 R 的定义域和值域的并集叫做 R 的域,记作 $fld(R)$,用公式表示:$fld(R)=dom(R)\cup ran(R)$。

如果一个二元关系 R 满足下述条件:R 的定义域是 A 的一个子集,值域是 B 的一个子集,并且,对每一个 $x\in A$,有且只有一个 $y\in B$ 使得 $\langle x,y\rangle \in R$,也就是说,如果 $\langle x,y\rangle \in R$ 并且 $\langle x,z\rangle \in R$,则 $y=z$,我们就称 R 为一个**从集合 A 到集合 B 的函数**,记作 f;有时也称 f 是从 A 到 B 的一个映射,记为 $f:A\to B$。当 A 是一个 n 元关系时,我们也称 f 为一个 $n+1$ 元关系。例如,$\{\langle 2,10\rangle ,\langle 3,15\rangle ,\langle 4,20\rangle ,\langle 5,25\rangle\}$ 是一个函数,但 $\{\langle 3,4\rangle ,\langle 4,5\rangle ,\langle 5,6\rangle ,\langle 6,1\rangle\}$ 不是函数。当 f 是个函数,我们通常以 $f(x)=y$ 来替代 $\langle x,y\rangle \in f$,并说 y 是函数 f 在 x 处的值;有时候,我们又称 x 为函数 f 的自变量,称 y 为函数 f 的因变量,因变量也叫做函数值。两个函数相等是指它们的定义域相等,并且它们在定义域中的任一元素处的值都相等。

设有函数 $f:A\to B$。如果 f 满足:若 $f(x_1)=f(x_2)$,则 $x_1=x_2$,那么称 f 为从 A 到 B 的**单射**;如果 f 满足 $ran(f)=B$,那么称 f 为从 A 到 B 的**满射**;

如果 f 既是单射又是满射,则称 f 为 A 到 B 的**双射**,双射也称为一一**对应**。

换一种方式说,当 f 是一个函数时,若有 $\forall x \exists! \; yf(x,y)$,即是说,若对于任一的 x,恰好存在一个 y(意思是:至少存在一个 y 并且至多存在一个 y)使得 $x \in \text{dom}(f)$,$y \in \text{ran}(f)$,则称 f 是一个一对一函数。若对于任意给定的集合 S_1 和 S_2,存在一个一对一函数 f,使得 $S_1 = \text{dom}(f)$,$S_2 = \text{ran}(f)$,则称集合 S_1 与 S_2 是一一对应的。

四、基数与序数

如果在集合 A 和 B 之间存在一一对应,则称 A 和 B 是**等势的**。其直观含义是:这两个集合恰好含有同样多的元素。

所有等势的集合所确定的数称为**基数**。集合 A 的基数记为$|A|$。通俗地说,基数是日常语言中用以表示多少的数这一概念的推广和发展,它是对集合 A 的元素进行属性和次序双重抽象之后的结果,是一切与 A 等势的集合的共同特征。

如果存在自然数 n,使得$|A| = n$,则称 A 为**有穷集**;否则称 A 为**无穷集**。当 A 是有穷集时,由这些集合等势显然可知这些集合所含的元素的个数是相等的,所以直观地说,当 A 是有穷集时,A 的基数即是 A 的元素的个数。当 A 的元素的个数是无穷时,因为任一与 A 等势的集合与 A 有一一对应,则我们同样可以认为这些集合有同样多的元素,因此当 A 是无穷集合时,基数也是刻画含有多少个元素的一个概念,也可以把 A 的基数看作是 A 的元素个数。因此,基数是一个刻画集合大小的概念。

自然数集是我们碰到的第一个无穷集,我们用 $\aleph_0$ 表示它的基数。如果 A 为有穷集或$|A| = \aleph_0$,则称 A 为**可数集**;否则称 A 为**不可数集**。可以证明,Z、Q 都是可数集,无理数及 R 都是不可数集,任一集合的幂集的基数都要大于该集合的基数。

序数也是集合论的基本概念之一,是日常使用的第一、第二等表示次序的数的推广。序数概念是建立在良序概念之上的,而良序集又是偏序集、全序集的特殊情形。具体地说,如果一个集合 A 具有下述三条性质,则称集合 A 为一个序数：

（1）∈连接性：对于任意的 y，z∈A，都有 y∈z 或者 y＝z 或者 z∈y 成立；

（2）∈传递性：对于任意的 y，z，如果有性质 y∈A，z∈y，则有 z∈A；

（3）正则性：对于任意的集合 B⊂A，如果 B 不空，则有 z∈B 使得 z∩B＝∅，即 z 与 B 不相交。这时，常称 z 为 B 的极小元。

关于序数还可以有以下等价定义：

（1）自然数 0 是一序数；

（2）若 α 是一序数，则 α＋1 是一序数；

（3）若 A 是序数的一个集合，则 ∪A 是一序数；

（4）任一序数都由（1）—（3）获得。

上面定义中的 α＋1 是 α∪{α}，∪A 为 A 的并集。

第二节　一些逻辑—集合论悖论

所谓"语形悖论"，亦称"逻辑—数学悖论"，是指与许多逻辑、集合论和数学概念相关的悖论，这些概念包括：类、集合、元素、属于关系、基数、序数等等。

一、布拉里—弗蒂悖论

这是一个关于最大序数的悖论。1895 年，康托尔已经发现这一悖论，并于 1896 年告知了希尔伯特，但未公开发表。1897 年 3 月 28 日，意大利数学家布拉里—弗蒂（C. Burali-Forti）在巴拉摩数学小组会上，宣读了一篇论文《超穷数本身的一个问题》[1]，发表了最大序数悖论。该悖论与集合论中的良序集有关，可叙述如下：

---

〔1〕　见于 van Heijenoort（ed.），*From Frege to Godel*，*A Source Book in Mathe matical Logic*，*1879—1931*，Cambridge，MA：Harvard University Press，1967，pp.104—112。

在集合论中有这样三个定理:(1) 每一良序集必有一序数;(2) 凡由序数组成的集合,按其大小为序排列时,必为一良序集;(3) 一切小于或等于序数 α 的序数所组成的良序集,其序数为 α+1。根据康托尔集合论的造集规则(概括规则),由所有序数可组成一良序集 Δ,其序数为 δ,这样 δ 也应包括在由所有序数组成的良序集 Δ 之中,而根据(3),由包括了 δ 在内的所有序数组成的良序集 Δ 的序数应为 δ+1,比 δ 要大,故 δ 不会是所有序数的集合的序数,由此产生逻辑矛盾。

二、康托尔悖论

这是关于最大基数的悖论,由康托尔本人发现。在 1899 年 7 月 28 日和 8 月 31 日,康托尔在给戴德金的两封信中,讨论了这一悖论。

素朴集合论中有一条康托尔定理:任一集合 M 的基数小于其幂集 P(M) 的基数。根据概括规则,可由一切集合组成集合 μ,由康托尔定理,μ 的基数小于 μ 的幂集 P(μ) 的基数。但是,P(μ) 又是 μ 的一个子集,证明如下:设 x 为 μ 的一个子集,即 x∈P(μ),由此可知 x 是一集合,故 x∈μ,因此 P(μ)⊆μ,即 P(μ) 为 μ 的子集,从而 P(μ) 的基数小于或等于 μ 的基数,由此产生逻辑矛盾。

在这两封信中,康托尔还提出了这样的思想,即区分多数体和集合。他把多数体分为两类:一种是不一致的多数体或绝对无穷的多数体,假定它的所有元素的总体就会导致矛盾。因此,不能把这种多数体看成一个单一体,看成"一个已经完成的东西"。另一种多数体是一致的多数体,其元素的总体可以无矛盾地看成是"结合在一起的",因而它们能聚合成"一个东西",即集合。所有序数和所有基数的总体是不一致的、绝对无穷的多数体,因而不是集合。这一思想与冯·诺伊曼(J. von Neumann)在其集合论中区分"真类"和"集合"的做法是相通的。

上述两个悖论牵涉到的数学和集合论的专门概念和原则较多,当时人们还存有一种希望,它们可能是由于某种技术性错误引起的,从而有可能通过发现和改正错误而加以排除。所以,这些悖论没有引起当时数学界的足够注意。

三、罗素悖论

这也是素朴集合论中的一个悖论。根据概括规则,由下述条件可定义一个集合 S:对任一 x 而言,x∈S 当且仅当 x∉x。在这个条件中用 S 替换 x,得到悖论性结果:S∈S 当且仅当 S∉S。这个悖论只涉及"集合""集合的元素"等简单概念。

可用自然语言复述如下:

把所有集合分为两类:(1) 正常集合,例如,所有中国人组成的集合,所有自然数组成的集合,所有英文字母组成的集合。这里,"中国人的集合"不是一个中国人,"自然数的集合"不是一个自然数,"英文字母的集合"不是一个英文字母,故这类集合的特点是:集合本身不能作为自己的一个元素。(2) 非正常集合,例如,所有非人的事物的集合,所有集合所组成的集合。这里,"所有非人的事物的集合"也是一个非人的事物,"所有集合所组成的集合"也是一个集合,故这类集合的特点是:集合本身可以作为自己的一个元素。现假设由所有正常集合组成一个集合 S,那么,S 本身是否属于 S? 或者说 S 究竟是一个正常集合还是一个非正常集合? 如果 S 属于自身,则 S 是非正常集合,所以,它不应该是由所有正常集合组成的集合 S 的一个元素,即 S 不属于它自身;如果 S 不属于它自身,则它是一正常集合,所以,它是由所有正常集合组成的集合 S 的一个元素。于是,得到悖论性结果:S 属于 S 当且仅当 S 不属于 S。

早在 1901 年,罗素就发现了这个悖论。1902 年 6 月,他给弗雷格写了一封信,对他的工作大加赞赏:"我发现我在一切本质方面都赞成您的观点……我在您的著作中找到了在其他逻辑学家的著作中不曾有过的探讨、区分和定义。"不过,他接着写到,他只在弗雷格的《算术基本规律》第一卷的一个地方发现了困难,这个困难就是后来著名的"罗素悖论"。弗雷格立刻认识到这个困难的严重性,当时《算术基本规律》第二卷马上就要出版,他赶紧采取一些补救措施,其中之一是加写了一个跋语,报告了这个悖论,并且写道:

> 在工作结束之后,却发现自己建造的大厦的基础之一被动摇了,对于一个科学家来说,没有任何事情比这更为不幸的了。
>
> 恰好在本卷印刷即将完成之际,伯特兰·罗素先生的一封信就把我置于这样的境地。成问题的是我的公理 V。……
>
> "在灾难中有伴相随,对于受难者来说是一个安慰。"如果这是一种安慰的话,那么我也就得到这种安慰了;因为,在证明中使用了概念的外延、类、集合的每一个人,都与我处于同样的地位。成为问题的不仅是我建立算术的特殊方式,而是算术是否完全有可能被给予一个逻辑基础。[1]

在 1903 年出版的《数学的原则》一书中,罗素写了一个附录,对弗雷格从《概念文字》到《算术基本规律》等著作第一次做了广泛而详尽的评论,当然也详尽地谈到了他所发现的悖论。罗素晚年写道:"每当我想到正直而又充满魅力的行动时,我意识到没有什么能与弗雷格对真理的献身相媲美。他毕生的工作即将大功告成,其大部分著作曾被能力远不如他的人所遗忘。他的第二卷著作正准备出版,一发现自己的基本设定出了错,他马上报以理智的愉悦,而竭力压制个人的失望之情。这几乎是超乎寻常的,对于一个致力于创造性的工作和知识,而不是力图支配别人和出名的人来说,这有力地说明了这样的人所能达到的境界。"[2]

策梅罗(E. Zermelo)在 1903 年之前独立地发现了这个悖论,并告知了

---

[1] Beaney, M. (ed.) *The Frege Reader*, Oxford: Blackwell Publishers, 1997, pp. 279—280.

[2] 参见 Van Heijenoort, J. (ed.) *From Frege to Godel, A Source Book in Mathematical Logic, 1879—1931*, pp. 124—128。

希尔伯特。所以,这个悖论有时候被称为"罗素—策梅罗悖论"。下面是罗素悖论的几个变形:

1. 性质悖论

大多数性质并不适用于自身,例如,"是一个人"这个性质是一个性质但不是一个人,所以它不适用于"是一个人"这个性质。不过,有些性质是自我适用的,例如,"是一个性质"这个性质显然适用于自身,并且"对多于一百个事物为真"这个性质也是一个对多于一百个事物为真的性质,也是一个自我适用的性质。现在,考虑"不自我适用"这样一个性质。可以证明:这个性质适用于自身当且仅当它不适用于自身。

2. 关系悖论

无论何时,只要 R 和 S 不具有 R 关系,令 T 是存在于 R 和 S 这两个关系之间的关系,那么,不论关系 R 和 S 是什么,"R 对 S 具有关系 T"等值于"R 对 S 不具有 R"。因而,对 R 和 S 赋值为 T,"T 对 T 具有关系 T"等值于"T 对 T 不具有关系 T"。[1]

3. 书目悖论

一个图书馆编纂了一本书名词典,它列出这个图书馆里所有没列出自己书名的书。那么它列不列出自己的书名?

罗素悖论只使用了少数几个最基本的逻辑概念、集合、属于关系等,其中没有任何技术上的错误,因而引起了当时逻辑界和数学界的震惊,导致了所谓的"第三次数学危机"。

---

[1] 参见罗素:《逻辑与知识》,苑利均译,北京:商务印书馆,1996 年,72 页。

4. 理发师悖论

这是罗素悖论的日常语言变形。

> 某村庄有一位理发师,他规定:给并且只给本村庄中不给自己刮胡子的人刮胡子。那么,他究竟给不给他自己刮胡子? 如果他给自己刮胡子,则按照他的规定,他不应给自己刮胡子;如果他不给自己刮胡子,则按照他的规定,他应该给自己刮胡子。由此得到悖论性结果:他给自己刮胡子,当且仅当,他不给自己刮胡子。

但这个悖论的问题是,很容易地找出摆脱悖论的方法或途径:不可能有这样一个理发师,更具体地说,或者这位理发师不是该村村民;如果这位理发师是该村村民,则他颁布了一条自己无法执行的规定;或者她本身是一位女士,不需要给自己刮胡子。蒯因断言,这个悖论所得出的"恰当结论恰好是,没有这样一个理发师。我们所面临的正是两千多年来逻辑学家一直谈论的'归谬推理'。我们否认理发师的时候却是在肯定他的存在,并荒谬地推演出他给自己理发当且仅当他不给自己理发。这个悖论只是证明了,没有哪个乡村会有这样一个人,他给村子里所有不给自己理发的人理发。这种囊括一切的否定初听上去很荒谬:乡村里为什么不会有这样一个人? 但这个论证确实表明了为什么没有,所以我们承认这种囊括一切的否定,就像我们承认弗雷德里克在他五岁生日时不止五岁这种可能性一样,尽管这初听起来也很荒谬。"〔1〕

在其他悖论的情况下,常常不那么容易地否定某个前提或结论。因此,理发师悖论有时被叫做"伪悖论",或者叫做"悖论的拟化形式"〔2〕。

可以构想出许多与那位理发师类似的"悖谬"情景。例如,设想有一位占星家,他给一切不占卜自己的占星家以忠告,他也只给这些占星家以

---

〔1〕 涂纪亮、陈波主编:《蒯因著作集》第五卷,北京:中国人民大学出版社,2007 年,10 页。

〔2〕 "悖论的拟化形式"是张建军引入的一个称谓,见他的专著《科学的难题——悖论》,杭州:浙江科学技术出版社,1990 年,13 页。

忠告。问题:这位占星家是否给自己以忠告? 再如,设想有这样一个机器人,它修理一切不修理自身的机器人。问题:当这个机器人出了毛病之后,它是否修理它自身?

四、斯柯伦悖论

所谓的"斯柯伦悖论"(Skolem's Paradox)源自数理逻辑中两个定理之间看起来的"冲突"。在1873年和1891年的两篇论文中,康托尔利用"一一对应"准则和对角线方法证明:对于任意集合S,它的基数小于S的幂集合P(S)的基数。这个结果后来被称为"康托尔定理"。该定理表明:无穷集合是有区别的,例如有些无穷集合可数,有些无穷集合却不可数;无穷集合还有大小和等级之分,等等。1915年,洛文海姆(L. Löwenheim)证明,如果一个一阶语句有模型,则它有一个其个体域可数的模型。1922年,斯柯伦(T. Skolem)把这个结果推广到整个句子集合。他证明,如果一阶语句的一个可数集合有无穷模型,则它有其个体域仅是可数的模型。这个结果后来被称为"洛文海姆—斯柯伦定理"。如果我们注意到:标准的集合论公理本身可以表述为一阶语句的一个可数集合。如果这些公理有模型,那么,洛文海姆—斯柯伦定理保证它们有一个带可数个体域的模型。这个结果似乎是反常的:用来证明存在不可数集合的那些原则本身怎么能够被一个本身只是可数的模型所满足? 一个可数模型怎么能够满足断言存在不可数无穷多个数学对象的那个一阶语句? 因此被叫做"斯柯伦悖论"。

围绕这个悖论的哲学讨论集中在三个问题。一是纯粹的数学问题:为什么该悖论并没有把一个直接明显的矛盾引入集合论之中? 二是历史问题:斯柯伦本人相当好地解释了该悖论并不构成一个直接的数学矛盾,但他和同时代人为什么仍然认为该悖论在哲学上是烦人的? 三是纯哲学问题:就我们对集合论的理解或者就集合论语言的语义学而言,该悖论告诉我们一些什么，如果它确实告诉我们什么的话。[1]

五、沈有鼎的有根类悖论

沈有鼎于 1953 年在美国《符号逻辑杂志》上发表《所有有根类的类的悖论》一文[2]，提出了如下悖论：

对于类 A 而言，有一个由类组成的无穷级数 $A_1, A_2, \cdots$（不一定都不相同）使得

$$\cdots \in A_2 \in A_1 \in A,$$

则称 A 为无根的。并非无根的类，被称为有根的。令 K 是由所有有根类组成的类。

假定 K 是无根的。那么有一个由类组成的无穷级数 $A_1, A_2, \cdots$ 使得

$$\cdots \in A_2 \in A_1 \in K。$$

由于 $A_1 \in K$，A_1 就是一个有根类；由于

$$\cdots \in A_3 \in A_2 \in A_1,$$

A_1 又是一个无根类。但这是不可能的。

所以，K 是有根类。因而 $K \in K$，并且我们有

$$\cdots \in K \in K \in K。$$

因此，K 又是无根类。

这一悖论跟所有非循环类的类的悖论以及所有非 n-循环类的类的悖论（n 是一个给定的自然数）一起，形成了一个三体联合。其中第三个悖论有一个特殊情况就是，所有不属于自身的类的悖论（n=1）。

更精确地说，一个类 A_1 是循环的，仅当有某个正整数 n 和类 A_1，$A_2, A_3, \cdots, A_n$ 使得

---

[1] 参见"Skolem's Paradox," http://en.wikipedia.org/wiki/Skolem's_paradox, 2013 年 5 月 3 日；Timothy Bays, "Skolem's Paradox," in Stanford Encyclopedia of Philosophy, http://plato.stanford.edu/entries/paradox-skolem/, 2013 年 5 月 3 日。

[2] 沈有鼎：《沈有鼎文集》，北京：人民出版社，1992 年，211—214 页。

$$A_1 \in A_2 \in / \cdots \in A_n \in A_{n+1} \equiv A_{n+1} \in A_n \in A_{n-1} \in \cdots \in A_1。$$

对于任一个给定的正整数 n 而言,一个类是 n-循环的,仅当有类 A_2,$\cdots$, A_n,使得

$$A_1 \in A_2 \in / \cdots \in A_n \in \cdots \in A_2 \in A_1。$$

十分显然,通过类似于上面的讨论,我们就得到一个所有非循环类的类的悖论,以及对于各个整数 n 得到一个所有非 n-循环的类的类的悖论。

第三节　罗素的类型论

在发现著名的"罗素悖论"之后,罗素本人也在探索解决悖论的途径与方法。在《数学的原则》(1903)一书中,罗素提出了对类型论的最初表述;但在《论超穷数理论和序数理论的某些困难》一文(1906)[1]中,罗素却放弃了类型论,而提出了三种尝试性方案,即曲折理论、限制大小理论、无类或非集合理论。但在《以类型论为基础的数理逻辑》(1908)一文[2]中,他又回到了类型论,并在他与怀特海合著的《数学原理》(3 卷,1910,1912,1913)中做了详细阐述。

一、对悖论原因的哲学分析

在《以类型论为基础的数理逻辑》一文的开头,罗素叙述了一些矛盾即悖论,例如,说谎者悖论,罗素悖论,关系悖论,贝里悖论,柯尼希悖论,里查德悖论,布拉里—弗蒂悖论,其中既有语义悖论,也有逻辑—数学悖论。他指出:"在上述所有的矛盾(……)中有一个共同的特点,我们可以将此特点描述为自我指称或自返性。埃匹门尼德的话在其自身的范围之内必

---

〔1〕　Russell, B. "On Some Difficulties in the Theory of Transfinite Numbers and Order Types," *Proceedings of the London Mathematical Society* 4, 1907, pp. 29—53.

〔2〕　载于罗素:《逻辑与知识》,69—124 页。本小节引文,除特别注明者外,均引自此文。

定包含自身。如果所有的类——只要它们不是自身的元素——都是 w 的元素,这一点也必定适用于 w;与此类似的关系矛盾也是同样道理。在名称和定义的情形下,悖论产生于将不可命名性和不可定义性视作定义中的要素。在布拉里—弗蒂悖论的例子里,其序数导致困难的序列是所有序数的序列。在每个矛盾里,都是对一类情形的所有事例说话,而从所说的话中又产生了新的情况。当所有的事例与所说的话有联系时,这新的情况既属于又不属于这类事例。"然后,罗素逐一分析了他上面所提到的那些悖论,以印证他的观点。

强化的说谎者悖论等于说:"存在一个我正在肯定的命题,而这个命题是假的。"而这又等值于下面的命题:"这对所有这样的命题 p 都不是真的:如果我肯定 p,则 p 是真的。"罗素指出:"这个悖论源于将这个陈述视作肯定了一个命题,因此这个命题必定进入这个陈述的范围。而从这一点可以看出,'所有的命题'这个概念不合理;因为,否则必定有一些(有如上述的)命题,它们论及所有的命题,但是它们又不能无矛盾地包含在它们所论及的那些命题之中。不论我们假定的命题总体是什么,关于这一总体的陈述范围同样在扩大,因而必定不存在命题的总体,而'所有的命题'必定是无意义的短语。"

在罗素悖论中,"类 w 通过涉及'所有的类'而定义,结果又成了这些类中的一个"。他指出:"不存在这样一个类这一点来自于以下事实:如果我们假定存在这样一个类,这个假定立即(正像上述的矛盾那样)导致产生新的类,这些类处在所假定的所有的类的总体之外。"

在贝里悖论中,"'不可用少于十九个音节命名的最小整数'(The least integer not nameable in fewer than nineteen syllables)牵涉到名称的总体,因为它是'这样的最小整数:所有的名称或者不适用于它,或者有多于十九个的音节'。……因而'所有的名称'是一个不合理的概念。"

对其他悖论的分析与上面的相同和类似。罗素由此作出结论:

因此,所有的矛盾都共同有这样一个关于总体的假定:如果它合理,它立即就由它自身所定义的元素而扩大。

这使我们得出以下规则："凡涉及一个集合的全部元素者,它一定不是这一集合中的一个元素";或者相反,"如果假定某个集合有一个总体,且这个总体有由这个总体惟一可定义的元素,那么所说的集合就没有总体。"

在《数学原理》中,罗素以更明确方式说:"使我们能够避免不合法总体的那个原则,可以陈述如下:'凡牵涉到一个汇集的**全体**者,它本身不能是该汇集的一个分子';或者,反过来说,'如果假定某一汇集有一个总体,它便将含有一些只能用这个总体来定义的分子,那么这个就没有总体'。我们把上述原则叫做'恶性循环原则',因为它能使我们避免那些由假定不合法的总体而产生的恶性循环。……'所有命题',在它成为一个合法的总体之前,必须以某种方式加以限制,并且任何使它合法的限制,必须使关于总体的陈述不属于这个总体的范围之内。"[1]

正如罗素所说,如上所述的(禁止)"恶性循环原则"(缩写为 VCP)"在其范围内是纯粹否定的。它足以表明许多理论是错误的,但是它不能说明怎样纠正这些错误。"于是,罗素提出了基于这一原则之上的建设性方案——类型论。

二、避免悖论的建设性方案

对罗素悖论的分析表明,它是基于如下几个前提或假定之上的:(1) 素朴集合论中的概括原则,即任一性质 $F(x)$ 决定一个集合 S;(2) 对任一集合 S,$S \in S$ 是一有意义的命题;(3) 任一集合 S 可作为元素属于另外的集合 S' 或属于 S 自身;(4) 一阶逻辑是集合论的基础逻辑。由这 4 个前提,可推出康托尔悖论赖以产生的另两个前提:(5) 存在大全集,即由一切集合组成的集合;(6) 由任一集合可以生成其幂集,即由该集合的所有子集构成的集合。一般认为,作为集合论的基础逻辑的一阶逻辑是不可动

---

[1] Whitehead, A. N. and Russell, B. *Principia Mathematica*, Cambridge: Cambridge University Press, vol. 1, 1910, pp. 37—38.

摇的,于是要摆脱悖论,就只能至少否定前三个前提或假定之一。

从哲学上说,类型论的基础就是所谓的"恶性循环原则"(VCP):没有一个整体能够包含只能借助于这个整体才能定义的元素。从技术上说,它所否定的是罗素悖论赖以产生的前提(3),即任一集合 S 可作为元素属于另外的集合 S′或属于 S 自身。类型论分为简单类型论和分支类型论。

在简单类型论中,每一个类或集合都有一个确定的类型:0 型的对象称为个体,1 型的对象是个体的类,2 型的对象是个体的类的类,……其他更高的类型依此类推。在这一理论中,没有不属于确定类型的对象,人们不能泛泛谈论所有的对象如何,而只能谈论属于某一类型的所有对象如何。在这一理论的语言中,变项都要加下标:0,1,2,3,……表示它们属于相应的类型;对于任一变项 $x_i, y_j, x_i \in y_j$ 是合式公式当且仅当 $j = i + 1$;也就是说,一个类 x 能够是另一个类 y 的元素,当且仅当,y 的类型比 x 的类型恰好多 1;并且,一个类的元素必须属于同一类型,不允许属于不同类型的东西成为它的元素。通常把如此构成的简单类型论系统称为 T,除一阶逻辑的公理和推理规则之外,T 还包括外延公理、概括公理、乘法公理和无穷公理。

在如此构成的 T 中,只能说某一类对象构成的类,某一类型的所有对象构成的类,等等;一个类是否为自身的分子,所有的类所组成的类等说法都是无意义的。甚至像"$x \in x$","$x \notin x$","$x \in y \wedge y \in x$"这样的公式都不是 T 中的合式公式,当然也无意义。这样一来,T 就排除了已知的集合论悖论——罗素悖论、康托尔悖论和布拉里—弗蒂悖论。例如,根据 T,一个类 S 的元素必须属于比 S 低的逻辑类型,因此,就不会有这样的类,它的定义能够跨越或囊括所有的类型。相反,对于每一类型 n,只存在一个类 S_n,它的元素是属于 n 型的对象,但 S_n 本身却属于 n + 1 型,它不可能再成为自身的一个元素。这样,罗素悖论就不会再产生。关于康托尔悖论,只需注意到,在 T 中不存在所有类的类,当然也就不存在由所有基数组成的类。布拉里—弗蒂悖论的情形与此类似。

但是,简单类型论不能排除像说谎者悖论、理查德悖论这样的语义悖论,因为这些悖论涉及语言表达式的意义、指称、真、假等概念。由此,罗素进一步发展了分支类型论,后者的要旨是:在区分对象类型的基础上,同一类型的谓词(命题函项)再分成不同的阶,其目的是为了避免恶性循环,消除"不合法总体"。

有必要说一下"命题函项"这个概念。所谓命题函项,是与"谓词""开公式""开语句"类似的用语,指含有至少一个自由变项的公式或句子,例如,$F(x)$,$R(x,y)$,$\forall x(R(x,y)\rightarrow\exists zS(x,y,z))$;或者,用自然语言表述,"x 是一位哲学家","x 和 y 是一对夫妻",等等。把这些公式或句子的变项换成某些具体对象,如某个或某些自然数,某个或某些人之后,相应的句子会具有确定的真值:真或者假。所有可以用来替换命题函项中的变项从而使它变成或真或假的命题的那些对象的集合,构成该命题函项的意义域,也就是类型。"一个类型被定义为一个命题函项的意义域,即这个函项对其有值的变目的集合。"

分支类型论的构造如下:

首先,给定一个确定的论域(由个体变项 x,y 或个体常项 a,b 所指称的个体所组成的个体域)以及其中的一些基本谓词 F、G、H 等。在这个论域上,使用狭义谓词演算便得出一阶理论。一阶谓词是一元或多元的函项,它由基本谓词借助于 $\neg$,$\wedge$,$\vee$,$\rightarrow$,$\leftrightarrow$,$\forall$,$\exists$ 等组合而成。量词只涉及原有的论域(个体域)。把一个谓词的个体变项用论域中的个体来替换,或把个体变项全都用量词约束起来,便得到一阶命题;不包含约束变项的一阶谓词称为"一阶母式"。简单地说,一阶谓词就是除(约束或自由的)个体变项之外不含其他变项的谓词。例如,$F(x)$,$\forall yR(x,y)$,$\exists x\forall yG(x,y,z)$ 等都是一阶谓词,而 $\forall x\forall y H(x,y)$ 是一阶命题。

在一阶理论的基础上可构造二阶理论。我们把一阶谓词和命题当作一个新的域,加到原有的个体域上去,便得到一个扩大的论域。为此,我们引进一阶谓词变项 ϕ^1,φ^1 等(右上标代表阶);一阶命题变项 p^1,q^1 等。因此,新的论域包括 ϕ^1,φ^1,$\cdots$;p^1,q^1,$\cdots$;x,y,$\cdots$。以这个论域为基础,我们便能够构造出二阶谓词和命题。它们与一阶谓词和命题的区别在于:谓词的变目以及全称量词和存在量词,不但涉及原有的个体,而且涉及一阶谓词和命题。例如,$\phi^!(x)$是含变项$\phi^!$和 x 两个变项的函项,是一个二阶函项;$\forall x\phi^!(x)$是含变项$\phi^!$的函项,是一个二阶函项;$(\forall \phi^!)\phi^!(x)$是含变项 x 的二阶函项。

仿照以上办法,可以构造三阶以至更高阶的理论。

由此可见,如果在一个谓词和命题中出现的最高阶数为 n,那么,当有一个约束 n 阶变项的量词出现时,该谓词或命题的阶数为 n + 1。对于谓词的阶数,还要看该谓词的变目的阶数而定,谓词的阶数必须高于所有变目的阶数。当确定一个谓词的阶数时,还要计算在作为缩写用的记号的定义式中所出现的阶数,例如,$f(\phi^!, x)$是缩写,表明这是$\phi^!$和 x 的函项,因此该函项是二阶函项。

实际上,以上做法是把同一型的集合再分为不同的阶,高阶的集合不能再当作低阶的集合看待。最低阶的集合称为"直谓的",决定它的性质或谓词也称为直谓的性质或谓词,其他层次的集合或性质称为"非直谓的"。例如,一个 n + 1 型集合 S_{n+1},如果对于任一 n 型对象 x_n,必须考察 n + 1 型整体方能断定 x_n 是否属于 S_{n+1} 时,则称 S_{n+1} 是非直谓的。非直谓的是高阶的,根据概括公理,由任一性质可决定一集合,于是非直谓的集合可借由定义它的性质来说明。使用罗素原来的例子,"一个典型的英国人具有大多数英国人所具有的性质",这里"具有大多数英国人所具有的性质"也是一种性质,但它涉及个体性质的全体,是一非直谓的性质。一般地说,凡涉及某一类型的全体而又是此类型的性质的性质,叫做非直谓性质;否则,叫做直谓的性质。体现上述思想的分支类型论系统记为 RT,它是由对 T 中的概括公理做某种限制而得到的。

通过以上办法,我们可以得到两个结果:

(1)我们可以把每个命题、性质或关系作为被判定的对象;

(2)因为我们只允许依次构成的各个阶的谓词和命题,又因为对于某个阶的理论,它所涉及的对象的总体总是明确地限定于某一论域之中,所以,我们就能避免"所有命题""所有谓词"这种"不合法的总体"。

RT 可以消除语义悖论,以说谎者悖论为例。为了用符号表示它,我们把它改为:"我在某一时刻所说的一切命题都是假的",记为 p,用 B(q) 表示"我在某一时刻断定 q",这样 p 就等于(∀q)(B(q)→¬q)。设 q 为一阶命题,则 p 为(∀q¹)(B(q¹)→¬q¹),根据 RT,p 是一个二阶命题,即 p^2,它不能作为 q¹ 的一个值。换句话说,如果 q 具有一阶的真或假,则 p 就具有二阶的真或假。我们可以认为,"我在某一时刻所说的所有一阶命题是假的"这句话为真,而不会引起悖论,因为它是一个二阶命题。

但 RT 也付出了很大的代价。对于一个集合,人们不能笼统地说此集合的所有元素(它们是较低型的集合)都有某种性质,而必须区分阶才能作出断定。实数就是这样的一个集合,于是对实数就不能作出一个单一的断定。这样一来,分支类型论就不能作为描述数学命题的恰当工具。为了弥补这一严重缺陷,罗素又给 RT 引入了还原公理,相当于说:每一个非直谓性质都有一个直谓性质与之等价。而这等于取消了直谓和非直谓的区分,也就取消了分支类型论。

一般认为,类型论在哲学上的问题就是它的特设性,它禁止任何形式的"恶性循环",也就是禁止任何形式的自我指称或自我相关。但是,并非一切形式的循环都是恶性的,也并非一切形式的自我指称都导致悖论,有不少循环或自我指称的命题相当自然,且丝毫不会导致悖论,例如,"本语句不是用英语写成的","数 1 是使得对一切数 x 而言都有 x×1=1 的数"。更有人这样断言:若禁止一切形式的循环或自我指称,则会牺牲掉大部分数学,或至少是使得许多数学表述极其复杂、笨重和烦琐。

第四节　公理集合论

一、公理集合论为何产生?

公理集合论产生于第三次数学危机,是为了避免素朴集合论中的各种悖论特别是罗素悖论而提出来的。

需要先说明一些历史背景。数学家们追求数学的严格性。一般认为,由于建立了严格的实数论和极限论,前两次数学危机已经获得解决。但是,由于严格的实数论和极限论事实上都以集合论为基础,尽管当时人们还不能证明非欧几何、欧氏几何的不矛盾性,也不能证明实数论的不矛盾性,但人们都相信这些理论不会导致矛盾,并将它们的不矛盾性归约为集合论的不矛盾性。当时人们普遍认为,集合论的概念是逻辑概念,集合论是逻辑理论,似乎应该不包含矛盾。当把数学的无矛盾性归约到集合论时,数学的严格性基础就完全达到了。1900 年,在巴黎国际数学家会议上,数学家们当时喜气洋洋,非常乐观。德国数学家希尔伯特(David Hilbert, 1862—1943)提出了由 23 个数学问题组成的"希尔伯特规划",要以某种方式一劳永逸地证明数学的可靠性。法国大数学家庞加莱(J. H. Poincare, 1854—1912)甚至宣称:今天,我们可以说绝对的严格性是达到了。但事隔不到两年,却出现了罗素悖论。

对罗素悖论稍加分析就可以发现,这个悖论是依据集合论中最基本的概念集合、属于关系以及最基本的概括原则作出的,并且只要用逻辑术语代替集合论术语,罗素悖论就直接牵涉到逻辑理论本身,这就不能不惊动整个西方数学界、逻辑学界和哲学界。弗雷格的反应是:他所构造的算术体系的基础被动摇了;庞加莱由对集合论的信任改为讥讽:集合论不再是无用的了,它会产生悖论。希尔伯特指出,"必须承认,在这些悖论面前,我们目前所处的情况是不能容忍的。试想:在数学这个真理性和可靠性的典范里,每一个人所学的、所教的和所用的那些定义和演绎法竟然导致谬论!如果数学思维也有缺点,那么我们应该到哪里去寻找真理性和可靠性呢?"[1]

因此,罗素悖论的提出,引起西方数学界、逻辑学界和哲学界对于悖论问题的极大重视,人们纷纷研究避免、解决悖论的各种方案,其中有策梅罗等人所发展的公理集合论。抓住公理集合论是为了解决悖论而提出的这

---

[1] 保罗·贝纳塞拉夫、希拉里·普特南编:《数学哲学》,朱水林等译,北京:商务印书馆,2003年,219 页。

一点,对于理解公理集合论的整体思路是很重要的。

由于从原有的素朴集合论能够导出悖论,因此需要对它加以改造。策梅罗指出,在解决悖论问题时,我们必须一方面对素朴集合论中的那些原则加以足够限制以排除悖论;但另一方面,又必须使它们充分广泛以便保留原有理论中一切有价值的东西。[1] 具体地说,策梅罗认为,悖论的出现是由于使用了太大的集合,特别是大全集,因此必须对康托尔的素朴集合论加以限制,特别是必须抛弃概括原则,因为从概括原则可立即推出大全集的存在性;此外,策梅罗之所以提出"保留理论中有价值的成分",是指应当使限制后的集合论仍起原来的基础作用,即由此发展出全部数学理论。为了上述目的,策梅罗于 1908 年提出了公理集合论,1920 年弗兰克尔(A. A. Fraenkel)、斯柯伦对策梅罗原来的 7 条公理作了若干改进,并增加了一条或两条新公理,由此得到了所谓的"ZF 系统"。

二、ZF(C)系统

如前所述,罗素悖论是基于如下几个前提或假定之上的:(1) 素朴集合论中的概括原则,即任一性质 $F(x)$ 决定一个集合 S;(2) 对任一集合 S,$S \in S$ 是一有意义的命题;(3) 任一集合 S 可作为元素属于另外的集合 S' 或属于 S 自身;(4) 一阶逻辑是集合论的基础逻辑。由这四个前提,可推出康托尔悖论赖以产生的另两个前提:(5) 存在大全集,即由一切集合组成的集合;(6) 由任一集合可以生成其幂集,即由该集合的所有子集构成的集合。要避免悖论,就要否定上面的某些前提或假定。集合论公理系统 ZF(C)和 NGB(C)分别作出了不同的选择,ZF(C)否定(1),即否定任一性质 $F(x)$ 决定一个集合 S,从而对集合的生成作出更严格的限制;NBG(C)否定(2),即否定对任一集合 $S,S \in S$ 是一有意义的命题,从而对集合元素的身份作出更严格的限制。

---

[1] 参见 Hao Wang, *From Mathematics to Philosophy*, London: Routledge & Kegan Paul, 1974, p. 190。

ZF(C)是在 1908 年策梅罗系统的基础上,经斯柯伦、弗兰克尔、冯·诺伊曼等人的改进和补充所建立的一个公理化系统,是对素朴集合论的形式化处理。其核心做法是修改原来的概括规则:并非由任一性质都能决定一个集合,而只能在已经形成的集合中由任一性质能够分离出一个新的集合。这一思想体现在分离公理模式和正则公理中。ZF(C)系统是建立在一阶逻辑基础之上的,是一种一阶理论。一阶逻辑的所有公理、推演规则都是它的出发点。此外,它还有自己特有的初始概念,如"集合"和"属于关系",以及以下 10 条公理:外延公理、空集存在公理、无序对集合存在公理、并集公理、幂集公理、无穷公理、分离公理模式、替换公理模式、正则公理(亦称基础公理)和选择公理(记为 C)。[1] 下面将对这些公理分别作一些介绍和讨论。

1. 集合是分阶段的

集合是可区分对象的一个汇集。因此,通过选择一定的物体,便形成了一个集合。这些对象称为这个集合的元素。所以,一个集合完全由其元素所决定。

$$\text{集合的元素}\begin{cases}① \text{ 非集合的个别对象,叫做"本元";}\\② \text{ 以集合为元素构成的集合。}\end{cases}$$

以后着重讨论第二种集合。

必须抛弃素朴集合论的如下概括原则:由任一性质 F 可以构造一个集合,$\{x \mid x \text{ 是 } F\}$,因为由它可以导致罗素悖论:$x \in x \leftrightarrow x \notin x$。

抛弃概括原则必定导致下述思想:集合是分阶段的。

在一个阶段上,要构造一个集合,只有把在前一阶段构造好了的集合作为元素,而不能把属于本阶段的集合作为元素,当然更不能把以后阶段构造的集合作为元素;对于任一阶段 S,都可以有一个后继的阶段。但是,

---

[1] 参阅张锦文:《公理集合论导引》,北京:科学出版社,1991 年,145—149 页。

并不存在一个一切阶段的后继阶段。

2. ZF(C)公理

（1）外延公理：$x = y \leftrightarrow \forall z(z \in x \leftrightarrow z \in y)$

该公理断言，集合由它的元素所惟一决定；若两个集合有相同的元素，则这两个集合相等。例如：$\{x \mid x$ 能被 2 整除$\}$，$\{x \mid x$ 是偶数$\}$就是两个相等的集合。这表明了集合的外延性质，故叫做"外延公理"。

上面的公式从左边到右边是一个逻辑真理，从右边到左边是（严格意义上的）集合论的外延公理。但外延公理常常采取上述等值式的形式。

（2）空集存在公理：$\exists x \forall y(y \notin x)$

空集是没有任何元素的集合，通常用 ∅ 表示。可以证明，空集是惟一的，即是说，有并且只有一个空集。需要指出的是，集合论中需要空集，就像算术中需要 0 一样。

（3）无序对集合公理：$\forall x \forall y \exists z \forall v(v \in z \leftrightarrow v = x \lor v = y)$

该公理断言，对于任意集合 x 和 y，存在一个集合 z，z 恰以 x 和 y 为元素。当 $x = y$ 时，我们就得到单元集$\{x\}$。

根据无序对公理，集合$\{a,b\}$与 a、b 的出现次序无关，即$\{a,b\} = \{b,a\}$；也与一元素的出现次数无关，重复出现的元素只计算为一个元素，而不是两个元素，即$\{a,a\} = \{a\}$。此外，还需指出，单元集$\{x\}$不等同于它的惟一元素。例如，单元集$\{∅\}$有一个元素，即 ∅；而 ∅ 本身没有任何元素。再如：单元集$\{\{a,b\}\}$只有一个元素$\{a,b\}$，而集合$\{a,b\}$则有两个元素：a 和 b。

（4）幂集公理：$\forall x \exists y \forall z(z \in y \leftrightarrow z \subseteq x)$

这里，$x \subseteq y$ 表示 x 是 y 的子集，读作"x 包含于 y"，定义如下：$x \subseteq y =_{\text{df}} \forall z(z \in x \rightarrow z \in y)$。即是说，对于任意集合 x、y，$x \subseteq y$ 当且仅当凡是 x 的元素都是 y 的元素。

该公理断言：对于任一集合 x，存在一集合 y，y 的元素是 x 的所有子集。例如：

{a,b}的幂集是{∅,{a},{b},{a,b}};

∅的幂集是{∅};

{a,b,c}的幂集是{∅,{a},{b},{c},{a,b},{b,c},{a,c},{a,b,c}}。

一般地说,含有 n 个元素的幂集具有 2^n 个元素。

(5)并集公理:$\forall x \exists y \forall z(z \in y \leftrightarrow \exists t(t \in x \wedge z \in t))$

该公理断言,一个集合 x 的所有元素之并也是一个集合,记为∪x。具体地说,对于任一集合 x,存在一个集合 y,y 的元素是 x 的所有元素的元素。或者说,对于任一集合 x,存在一个集合 y,y 是由 x 的各子集的元素所构成的。例如:

若 x = {{1,2,3,4},{4,5,6,7}},则 y = {1,2,3,4,5,6,7}。

若 x = {{正偶数},{正奇数}},则 y = {自然数}

并集公理也可以这样陈述,任给两个集合 x 和 y,可以构造一个新的集合 z,z 由 x、y 中的所有元素所构成,记为 z = x∪y。可以证明,任给两个集合 x 和 y,集合 x∪y 存在且惟一。

(6)分离公理模式:$\forall x \exists y \forall z(z \in y \leftrightarrow z \in x \wedge A(z))$

该公理模式说,对于任一集合 x 和任一集合论公式 A(z),都存在另一集合 y,y 的元素恰好由 x 中所有那些满足公式 A(z)的元素构成。或者说,在一个已构成的集合 x 中,我们可以根据其元素是否有某种性质 A,构成一个新集合 y,即由 x 中一切具有性质 A 的元素所构成的集合,这个新集合是 x 集的一个子集。所以,此公理模式又叫做"子集公理模式"。

顺便说一下,之所以称(6)为"公理模式",是因为随集合论公式 A(z)所代表的具体公式的不同,(6)可以表现为不同的具体公理。

根据分离公理,由{人}这个集合,可以分离出它的一个子集:{x|x 是男人},即{男人}这个集合;由{自然数}这个集合,可以分离出它的一个子集:{x|x 是正偶数},即{正偶数}这个集合。

对于分离公理应予特别重视,因为 ZF(C)是用它来代替原来的概括原则,它与概括原则的区别在于增加了一个限制:"在一个已经构造完成的集合中⋯⋯"从概括原则可推出分离公理模式,但从后者不能导出前者,分离公理模式排除了大全集的存在,可以免除罗素悖论。

（7）无穷公理

先定义集合的后继和前驱：

$$x^+ = x \cup \{x\}$$

x 是 x^+ 的前驱,x^+ 则是 x 的后继。

每一个集合都有一个后继集,因此,可以有无穷多个集合。现在要问：是否有一个由这无穷多个集合所组成的集合即无穷集,无穷公理所回答的正是这一问题。

$$无穷公理：\exists y(\varnothing \in y \wedge \forall x(x \in y \rightarrow x^+ \in y))$$

该公理断言,存在一个由无穷多个集合构成的集合,即无穷集。

之所以引入无穷公理,是为了能够从公理集合论依次发展出自然数理论,有理数理论,实数理论,复变函数理论⋯⋯也就是说,发展出全部数学,从而证明公理集合论是全部数学的基础。若没有无穷公理,甚至不能充分表达自然数的性质,自然数集合就是一无穷集合,有些教科书干脆把无穷集叫做自然数集合。

自然数集 N（无穷集）具有下述性质：

（1）0 是自然数,

（2）对于每一自然数 n,有惟一的自然数 n^+,n^+ 是 n 的后继,

（3）0 不是任何自然数的后继,

（4）若 m,n 是自然数,且 m≠n,则 $m^+ \neq n^+$,

（5）数学归纳法原理。若 S 是 N 中满足下列条件的一个子集：(i)$0 \in$ S,(ii) 若 $n \in S$,则 $n^+ \in S$,则 S = N。

（8）替换公理模式

$$\forall x \forall y \forall z(A(x,y) \wedge A(x,z) \rightarrow y = z) \rightarrow \forall x \exists y \forall z(z \in y \leftrightarrow \exists u(u \in x \wedge A(u,z)))$$

若把 A(x,y) 读作为 x 提名 y,替换公理模式断言：如果 x 的每一元素

u 至多提名一个 z,则由 x 的元素 u 所提名者 z 构成一个集合 y,由于 y 集合是用 x 的元素 u 的所提名者 z 替换 x 的元素而得到的,并且,A(x,y) 是一公式模式,可以代表许多不同的具体公式,所以(8)叫做"替换公理模式"。

换一种表述方式,替换公理是说:设 A(x,y) 为一公式,且对于每一个 x 至多有一个 y 使得 A(x,y) 成立,则对于每个集合 x,存在一集合 y 恰好含有这样一些 z,使得 A(u,z) 对于某些 u∈x 成立。由于对任一 u∈x,至多有一个 z,使得 A(u,z) 成立,因此,若 u 存在,u 与 z 有函数关系,而这个函数定义在集合 x 上。因此,置换公理模式断言:如一函数的定义域是一集合,则它的值域也是一集合。此公理模式使我们能从一已有集合,将这集合的每一个元素换以新的元素,而得到一个新集合。

例如:令 x = ω,A(u,z) 为 (u∈ω)∧z = (ω+x),即得 y = {ω,ω+1,ω+2,⋯},无穷公理只保证自然数集 ω 的存在,与其他已有的公理一起,可以使我们得到更大的集合,ω,ω+1,ω+2,⋯,但它们不足以保证所有这些集合聚合成的集合存在,即不能保证 {ω,ω+1,ω+2,⋯} 的存在,而置换公理保证了这一点。无穷公理保证了可数无穷"穷竭"之可能性,而置换公理保证了一般的超穷"穷竭"的可能性。

(9) 正则公理

对于非空集合 S,当 S 的元素 x 是一本元;或者 x 是一集合,并且它与 S 不交时,我们就称 x 是 S 的一极小元。例如:

$$S = \{2,\{2\},\{3\}\}$$
$$S\cap\{2\} = \{2\}\neq\varnothing$$

所以,{2} 不是 S 的极小元。

但 S 中的 2、3 是集合,

$$0 = \varnothing$$
$$1 = \{\varnothing\}$$
$$2 = \{0、1\}$$
$$3 = \{0、1、2\}$$

$S \cap 2 = \varnothing$，因为集合 2 中的元素为 0、1，而 S 中没有，因此，2 是 S 的极小元。

{3} 的元素是 3，而 S 中无 3，所以 $S \cap \{3\} = \varnothing$，3 是 S 的极小元。

正则公理：

$$\forall x(x \neq \varnothing \rightarrow \exists y(y \in x \wedge x \cap y = \varnothing))$$

该公理断言：对任一非空集合 x，都存在另一集合 y，使得 $y \in x$ 但 y 与 x 不相交；也就是说，任一非空集都有极小元；或者说，任一非空集 S 包含一元素 t_1 使得 S 和 t_1 没有共同元。

从正则公理出发，可得如下两个结果：

(1) 对于任一集合 S，都有 S 不属于 S；

(2) 对于任一集合 S_1 和 S_2，$\neg((S_1 \in S_2) \wedge (S_2 \in S_1))$。

显然，这可以排除罗素悖论。所以，正则公理的作用在于从系统中排除非正常集合，如 $S \in S$，$(S_1 \in S_2) \wedge (S_2 \in S_1)$，从而避免悖论。

如上所述的无序对公理、并集公理、分离公理模式、幂集公理、替换公理模式都是条件存在公理，它们都是在假定其他集合存在的条件下，肯定某个集合的存在。根据这几个公理得到的集合都是惟一的。而空集公理和无穷公理则是存在公理，它们独立于其他集合存在的假定，肯定某个集合如空集、无穷集的存在。

(10) 选择公理

该公理有多种等价的表达方式，这里给出常见的几种：

(i) 若 T 为两个不相交的非空集之集，则它的并集 ∪T 至少包含一个子集 S，它与 T 的每一元素有且只有一个共同元。用符号表示：

$$\forall t(\forall x \forall y((x \in t \rightarrow x \neq \varnothing) \wedge (y \in t \wedge y \neq x \rightarrow x \cap y = \varnothing))$$
$$\rightarrow \exists s \forall z \exists v \forall w(z \in t \rightarrow (w \in s \cap z \leftrightarrow w = v)))$$

集合 S 称为 T 的代表集。这种形式的选择公理肯定了非空集合的集合 T 的代表集存在。

(ii) 如果 T 是由不空集组成的集，则存在一个以 T 为定义域的函数 f，

使得对于 T 中的每一个集合 x,都有 f(x) ∈ x 成立。用符号表示:

$$\forall t(\forall y(y \in t \rightarrow y \neq \varnothing) \rightarrow \exists f \forall x(f \in {}^{\backprime}(\cup t) \wedge (x \in t \rightarrow f(x) \in x)))$$

这时,称 f 为集合 T 上的一个选择函数。该公理的直观含义是:对于任意多个非空集合,可以指定属于每个集合自身的一个元素。选择函数就是这样的一个指定,f(x) 就是属于 x 的一个元素。

(iii) 对于任一非空关系 R,存在一函数,使得 Dom(f) = Dom(R) 并且 f ⊆ R。

选择公理本身的合理性和正确性尚存争议,这是因为:对于每个确定的非空集合,指定属于它自身的一个元素总是可以做到的,如果这些集合的个数有限,则一个一个指定就行了。但是,对无限多个非空集合,同时指定属于每个集合自身的一个元素,其直观合理性却不明显。这等于"断定一个集合的存在,却不同时说明这个集合有些什么样的元素"。但是,选择公理还是"逐渐被许多数学家所接受。其中有几点理由。首先,哥德尔在 1938 年证明,除非集合论的其他公理导致矛盾,否则,选择公理与集合论的其他公理一起不会导致矛盾。其次,大多数数学家认为,选择公理在直观上是可信的,选择公理是关于集合的一个正确断定。最后,选择公理在数学的几乎所有分支中都有重要应用,而且它使得一些数学理论简化,特别在集合论的基数理论中是如此。尽管这样,数学家们,不论对它持何种态度,都希望考察不用选择公理能得什么结果,如果可能,避免使用这个公理,以区分独立于这个公理的数学领域和依赖于这个公理的部分,而且对用到选择公理的定理常常加以标明。"[1]

选择公理简记为 AC,亦为 C。由于对它的可靠性尚存疑义,因此,一般把不用 C 所得之集合论与加上 C 所得之集合论区别开来。由公理 1—9 构成的系统记为 ZF 系统,由公理 1—10 构成的系统记为 ZFC 系统。

---

[1] 参阅晏成书:《集合论导引》,北京:中国社会科学出版社,1994 年,79—80 页。

三、NBG(C)系统

NBG(C)是在冯·诺伊曼(Von Neumann)于1925年提出的系统,后经贝尔纳斯(Paul Bernays)、哥德尔(Kurt Gödel)修改而成。

冯·诺伊曼于1925发表著名论文《集合论的一种公理化》,建立了一个不同于ZF的集合论公理系统,并在1928年的论文《集合论的公理化》中作了详细展开。贝尔纳斯在1937—1954年间在《符号逻辑杂志》发表系列论文《公理化集合论的一个系统,I—VII》,并于1954年出版专著《公理化集合论》,进一步完善了他的系统,对冯·诺伊曼系统作了重大改进,奠定了NBG系统的基础。1940年,哥德尔发表《选择公理和广义连续统假设与集合论公理的相容性》一文,对冯·诺伊曼和贝尔纳斯的系统作了新的表述,得到了现在通称为NBG的系统。

NBG(C)系统的创立者认为,悖论产生的真正根源不在于使用了过大的集合,而在于让这些过大的集合再做其他集合或它自身的元素。因此,有必要对集合的元素资格做出更严格的限制,具体做法是:不修改概括规则,而是区分集合和真类,前者可以作为其他集合的元素,而后者不能再作为其他集合的元素,由此摆脱悖论。NBG(C)系统的公理分为五组:A组公理,4个;B组公理,8个,与真类存在性有关;C组公理,4个,与集合存在性有关;D组公理,类似于ZF(C)中的正则公理;E组公理,即选择公理,但比ZF(C)中的选择公理稍强。[1]

在NBG系统中,有两种变元:集合变元,用小写英文字母表示;类变元,用大写英文字母表示。此外有初始概念"类"和"集合",分别用Cla和m表示,二元关系$\in$,各种逻辑符号,如联结词,量词,等词。

NBG的原子公式:$x = y, x = Y, X = y, X = Y, x \in y, x \in Y, X \in y, X \in Y$,$Cla(x), m(x)$,以及有序组$\langle x, y \rangle, \langle x, y, z \rangle$等。

NBG有下述五组公理:

---

[1] 参阅张锦文:《公理集合论导引》,318—320页。

A 组：

A1 $\forall x \mathrm{Cla}(x)$

A2 $\forall X \exists Y(X \in Y \to m(x))$

A3 $\forall X \exists Y(\forall x(x \in X \leftrightarrow x \in Y) \to X = Y)$

A4 $\forall x \forall y \exists z(\forall v(v \in z \leftrightarrow v = x \lor v = y))$

这里，A1 是说：每一个集合都是一个类。A2 是说：对任一类 X 和 Y，若 X 是类 Y 的元素，则 X 是一个集合；也就是说，类的元素都是集合。A3 是说：类由它的元素所惟一决定，即外延公理。由于每一集合也是一个类，于是也就有了关于集合的外延公理。A4 是说：这是无序对公理，它断言，对任意集合 x、y，都存在一集合 z，z 的元素恰好是 x 或 y。

B 组(类的存在公理)：

B1 $\exists X \forall x \forall y(<x,y> \in X \leftrightarrow x \in y)$

B2 $\forall X \forall Y \exists Z(\forall u(u \in Z \leftrightarrow u \in X \land u \in Y))$

B3 $\forall X \exists Y(\forall u(u \in Y \leftrightarrow u \notin X))$

B4 $\forall X \exists Y(\forall x(x \in Y \leftrightarrow \exists y(<x,y> \in X)))$

B5 $\forall X \exists Y(\forall x \forall y(<x,y> \in Y \leftrightarrow x \in X))$

B6 $\forall X \exists Y(\forall x \forall y(<x,y> \in Y \leftrightarrow <y,x> \in X))$

B7 $\forall X \exists Y(\forall x \forall y \forall z(<x,y,z> \in Y \leftrightarrow <z,x,y> \in X))$

B8 $\forall X \exists Y(\forall x \forall y \forall z(<x,y,z> \in Y \leftrightarrow <x,z,y> \in X))$

这里，B1 是关于属于关系的公理，它肯定存在一个类，其元素是第一个元与第二个元有 $\in$ 关系的有序对。B2 是类的交公理：对任一类 X 和 Y 来说，它们的交还是一个类。B3 是类的补公理：对任意类 X 来说，X 的补也是一个类，但一集合的补不再是集合。B4 是说：任意类关系 R 的定义域 Dom(R) 也是一个类。所以，B4 常记为 Dom 公理。B5 是直积公理。由于空集合 $\varnothing$ 是一个类，于是 $\varnothing$ 的补类，即全类 U，也是一个类。因此，B5 是在断言：对于任一类，X × U 还是一个类。B6 是逆公理：对任一类 X，它的逆 X^{-1} 也是一个类。B7 是说：对于任一类 X，存在一个类 Y，对任一集合 x、y、 z,有$\langle x,y,z \rangle \in Y$,当且仅当,$\langle z,x,y \rangle \in X$。B8 的意思与 B7 类似。

C 组(集合的存在公理):

C1　$\exists x(\varnothing \in x \wedge \forall y(y \in x \rightarrow \exists z(z \in x \wedge y \subset z)))$

C2　$\forall x \exists y \forall u \forall v(u \in v \wedge v \in x \rightarrow u \in y)$

C3　$\forall x \exists y \forall u(u \subseteq x \rightarrow u \in y)$

C4　$\forall X(\forall x \exists ! y(<x,y> \in X \rightarrow \forall x \exists y \forall z(z \in y \leftrightarrow \exists u \in x(<u,z> \in X)))$

这里,C1 为无穷公理;C2 为并集公理;C3 为幂集公理;C4 为替换公理,它是说:对于描述一一对应的类 X(即对任一 x,恰好有一个 y 使得$\langle x,y \rangle \in X$),若把 X 的元(有序对)的第一元限制在一给定集合 S_1 中,即令 $Dom(X) = S_1$,则 X 的元的第二元也组成一集合 S_2。

C1—C3 与 ZF 相应公理是一样的,C4 以公理形式出现,但 ZF 相应者是一公理模式,代表无穷多条公理。因此,ZF 不能有穷公理化,而 NBG 可有穷公理化。

D 组公理:

$$\forall X(X \neq \varnothing \rightarrow \exists y((y \in X) \wedge (y \cap X = \varnothing)))$$

这是关于类的正则公理或基础公理:对任一非空类 X,都有一个集合 $y \in X$,使得 y 与 X 不相交。

E 组公理:

$$\exists X(\forall x \exists ! y(<x,y> \in X \wedge \forall x(x \neq \varnothing \rightarrow \exists y((y \in x) \wedge (<x,y> \in X)))))$$

这是选择公理:存在一个具有一对一性质的类 X,对所有集合 x,若 x 非空,则存在一 y 使得 $y \in x$ 并且$\langle x,y \rangle \in X$。或者说,存在一个类,对于每一非空集合来说,都可以从中选择一个函数。公理 E 比前面所述的选择公理更强,因为它表明:用一个关系就可以从所考虑的论域的每一个非空集合中同时选择一个元素。用这个公理能够证明,集合的全域可以良序化。E 被称为“整体选择公理”,前面的选择公理被称为“局部选择公理”。

令 φ(x) 为上述二类集合论（即 ZF(C) 和 NBG(C)）语言中的一个公式，x 在其中自由出现，X 不在其中自由出现，并且 φ(x) 中不含量词，则

$$(*) \quad \exists X \forall x(x \in X \leftrightarrow \varphi(x))$$

称为直谓类的概括公理模式，若用（ * ）替换 NBG 中的 B 组公理，则得到系统 NBG_1，已证：

对任一公式 A，$NBG \vdash A$，当且仅当，$NBG_1 \vdash A$。

四、NBG(C) 与 ZF(C) 的比较

康托尔悖论产生的原因：(1) 存在大全集；(2) 任意集合都有幂集。ZF(C) 否定 (1) 而保留 (2)，NBG(C) 否定 (2) 而保留 (1)，幂集公理不适用于真类。

NBG 最主要的优点是同时引进"集合"和"类"两个初始对象，因此可以使用概括公理。这对于数学推导极为方便，另一优点是可较早地引进序数理论，且可有穷公理化，这些都是与 ZF 系统不同的地方。但也有共同之处：NBG 虽引进类和类公理，但是可排除集合论悖论，它禁止不是集合的类（真类）作为其他类之元素，如所有集合的类，所有序数的类等都是真类，它们不能再作为其他集合的元素，从而从根本上铲除了悖论的根源。

已经证明：

1. 若 ZF 一致，则 NBG 也一致。

2. NBG 中只涉及集合变元的每一定理也是 ZF 的定理，即 NBG 是 ZF 的保守扩张。也就是说，ZF 的定理都是 NBG 的定理，但 NBG 中涉及真类的定理不是 ZF 的定理。这一结果称为这两个系统的准等价性。

从技术上说，ZF(C) 和 NBG(C) 作为避免悖论的方案是成功的，但问题在于是否需要对它们做哲学辩护。按前面所谈到的罗素、苏珊·哈克等人的意见，是需要做这种辩护的，因为可以对这些系统的背景假定提出质疑，如它们在公理的选择上存在任意性、特设性，公理本身有真假对错问题，这些系统本身有一致性或可靠性问题，而按哥德尔不完全性定理，最后

一个问题只有在比这些系统更强的系统中才有答案,因此只能获得相对的解决。按另一些人的意见,这些系统能够避免悖论,并且能够做现有的数学,这就是对这些系统的最好辩护。我本人持后一种观点。

第五节 蒯因的 NF 和 ML 系统

蒯因执着地坚持逻辑主义纲领,认为全部数学可以化归为逻辑。他对于怀特海和罗素的《数学原理》(简称 PM)为避免悖论而基于类型论而构造出来的系统很不满意,而是热衷于构造它们的替代品,这就是他的 NF 和 ML 系统,前者用"分层公式"的办法避免悖论,后者把类区分为两种:一是可以充当某个类的元素的类,称为"元素"或"集合";另一是不能作为某个类的元素的类,称为"非元素"或"真类"。

一、NF 系统

NF 实际上是逻辑加集合论,其中包括三个部分,即真值函项理论、量化理论和类理论。NF 是蒯因在《数理逻辑的新基础》一文[1](NF 缩写来自此文的英文名称)陈述出来的。他之所以要构造这一系统,是因为他认识到,罗素在《数学原理》中为克服悖论而发展的类型论有一些不自然和不方便的后果。由于此理论只允许一个类含有属于统一类型的分子,因此全类 V 就让位于无穷长的一系列拟全类,每个类型有一个。补类 – x 不再包括所有不属于 x 的对象,而变成只包括不属于 x 且其类型较低的那些对象。甚至空类 Λ 让位于无穷长的一系列空类。布尔(G. Boole)的类代数不再适用于一般的类,而是要在每一类型中复制,关系演算也是如此。甚至当算术是以逻辑为基础通过定义引进时,也须经过同样的多重化。此时数不再是惟一的:对于每一个类型都有一个新的 0,新的 1,等等。所有这

---

[1] 此文后来编入蒯因:《从逻辑的观点看》,江天骥等译,上海:上海译文出版社,1987 年,74—93 页。

些分裂和重复不仅直观上很讨厌，而且它们还不断地要求进行或多或少精细的技术处理，以恢复被割断了的联系。对于以追求简便、精确、雅致著称的蒯因来说，上述缺陷是不可容忍的，因此他寻求构造可避免悖论而又无需接受类型论及其令人难堪后果的系统，这个系统就是 NF。

NF 的符号体系构造下（符号及表达式有非实质性改动）：

　　Ⅰ　初始符号：

1. 变项：x，y，z，x′，y′，z′……

2. 联结词：∈，|；

3. 全称量词：∀。

　　Ⅱ　形成规则：

1. 任一变项 α 是项（term）；

2. 若 α 和 β 是项，则 α∈β 是公式；

3. 若 A 和 B 是公式，则（A|B）也是公式；

4. 若 A 是公式，α 是变项，则 ∀αA 也是公式。

关于上述符号 ∈ 和 | 之意义，蒯因解释说，"∈"是一个二元谓词，表示"属于关系"（membership）：在 β 是个体的情况下，α∈β 读作"α 是个体 β"；在 β 是类的情况下，α∈β 读作"α 是 β 的一个分子"；这样一来，就导致每个个体都与它的单元类相混淆，但蒯因认为这无关紧要。"|"是一个二元联结词，读作"析否"（alternative denial），"A|B"的意思是"并非既 A 又 B"，A|B 为假当且仅当 A 和 B 都真。蒯因认为，"完全由数学和逻辑方法构造的每个语句都必定可以最终翻译成刚才所规定意义下的一个公式"，不过这要求诉诸定义，通过定义由初始符号引入 PM 系统的其他逻辑概念，进而构造出其他数学概念。

　　Ⅲ　定义

D1　$\neg A =_{df} (A|A)$

D2　$(A \wedge B) =_{df} \neg(A|B)$

D3　$(A \vee B) =_{df} (\neg A \rightarrow B)$

D4 $\quad (A \rightarrow B) =_{df} (A \mid \neg B)$

D5 $\quad (A \leftrightarrow B) =_{df} (A \mid B) \mid (A \lor B)$

D6 $\quad (\exists \alpha) A =_{df} \neg (\forall \alpha) \neg A$

D7 $\quad (\alpha \subset \beta) =_{df} \forall \gamma ((\gamma \in \alpha) \rightarrow (\gamma \in \beta))$

D8 $\quad (\alpha = \beta) =_{df} \forall \gamma ((\gamma \in \alpha) \leftrightarrow (\beta \in \gamma))$

D9 $\quad ((\iota \alpha) A \in \beta) =_{df} \exists \gamma ((\gamma \in \beta) \land \forall \alpha ((\alpha = \gamma) \leftrightarrow A)))$

D10 $\quad (\beta \in (\iota \alpha) A) =_{df} \exists \gamma ((\beta \in \gamma) \land \forall \alpha ((\alpha = \gamma) \leftrightarrow A)))$

这里,"x⊂y"表示 x 包含于 y,即 x 是 y 的子类,x 的分子都是 y 的分子。"x = y"表示 x 类等同于 y 类,即 y 属于 x 所属的每一个类。$(\iota \alpha) A$ 是摹状词,它表示"那个满足条件 A 的惟一对象",它的作用相当于指称个体对象的变项 x,y,z 等,蒯因指出,凡适用于变项的定义也同样适用于摹状词。

蒯因还引进了抽象运算的概念:给定一个对 x 所要求的条件 A,凭借这种运算可以构成类 $\hat{x}A$,其分子正好是满足条件 A 的那些对象 x。算子 $\hat{x}$ 读作"使得……的所有对象 x 的类"。类 $\hat{x}A$ 可以借助于摹状词定义为:

$$\hat{x}A =_{df} \iota \beta \forall \alpha ((\alpha \in \beta) \leftrightarrow A)$$

蒯因认为,借助于抽象运算,布尔的类代数的概念如补类、并类、全类、空类、单元类、双元类都可定义出来,关系则可以作为序偶的类引进,并且还可以进一步引进关系抽象运算,"至此我们已提供足够的定义,可以直接依仗《数学原理》中的定义来得到其他数理逻辑概念。"

蒯因甚至认为,除变项外只含三个初始符号即 ∈(属于)、|(析否)、∀(全称量词)的选择既不是必然的,也不是最低限度的。我们本来可以做到只用两个初始词,即前述 D7 和 D11 所定义的 ⊂(包含)和 ^(抽象运算)。因为以这两者作为出发点,通过一系列定义可以重新得到那三个初始词,从而相应定义出其他数理逻辑概念。但蒯因认为,尽管由包含和抽象运算组成的基底比三重基底更精致,但三重基底也有一定的好处,其中之一就是三个初始词对应于逻辑的三个部分,即真值函项理论、量化理论和类理论。

NF 有如下四条公理(模式):

A1 $(A|(B|C))|((D→D)|((D|B)→(A|D)))$

A2 $∀αA→B$,这里 B 是用自由变项 β 替换 A 中的自由变项 α 所得到的公式。

A3 $∃x∀y((y∈x)↔A))$,这里 A 是分层公式且不含 x。

A4 $(x⊂y)∧(y⊂x)→(x=y)$

此外,它还有两条推理规则:

R1   如果 A 和 $A|(B|C)$ 都是定理,则 C 是定理。

R2   如果 $A→B$ 是定理,而 α 不在 A 中自由出现,则 $A→∀αB$ 是定理。

这里,A3 可以叫做抽象原理,它保证:给定任一要求于 y 的条件 A,都存在一个类 ŷA,其分子正好是满足条件 A 的那些对象 y。不过,要求 A 是分层(stratified)公式。在 NF 中,若可以找到一种方式,对公式 A 中的每一变项指派一个自然数(相同的变项指派相同的自然数,不同的变项指派不同的自然数),使得 A 中每个由符号 ∈ 联系的表达式,都成为 $n∈n+1$ 形式,则称 A 是分层的,否则称为不分层。例如,公式 $(x∈y)→(y∈z)$ 是分层的,因为对 x、y、z 可分别指派 1,2,3,使上述公式具有 $(1∈2)→(2∈3)$ 的形式。反之,公式 $(x∈x)$ 和 $(x∈y)∨(y∈x)$ 则是不分层的。蒯因特别提醒说:"定义性简写都是与形式系统无关的,因此在检验一个表达式是否分层之前,必须把它扩展成初始记法。因此,'$x⊂x$'将被表明是分层的,而'$(x∈y)∧(x⊂y)$'则不是。"

蒯因指出,假如 A3 没有"A 必须是分层公式且不含 x"这一限定,很容易导致罗素悖论。这是因为,A3 可导出定理:

$$∃x∀y((y∈x)↔¬(y∈y))$$

一旦我们特别地把 y 取作 x,这就得到一条悖论性定理:

$$∃x((x∈x)↔¬(x∈x))$$

而假如我们禁止把$(y \in y)$这样的不分层公式用作公理 A3 中的公式 A，就能消除罗素悖论及其他有关的悖论。

公理 A4 叫做"外延性公理"，其意思是：一个类由其分子所决定，换句话说，若两个类有相同的分子，则这两个类相等。因此，A4 可改写成下述形式：

$$A4' \quad \forall x \forall y \forall z(((z \in x) \leftrightarrow (z \in y)) \rightarrow (x = y))$$

蒯因指出，A1 和 R1 提供的定理构成真值函项理论，A2 和 R2 提供了处理量词的技法，A1、A2、R1 和 R2 所提供的定理构成量化理论。A3 和 A4 特别地涉及类属关系。于是，NF 实际上包含三个不同的部分：真值函项理论，量化理论和类理论，并且由于这三个部分是依次包含的，所以它们就结合为一个完整的整体，即类理论或集合论。因此，NF 本质上是一个类理论或集合论的公理系统。

二、ML 系统

部分地为了克服 NF 在数学归纳法方面遇到的困难，蒯因在《数理逻辑》(1940)一书中提出了一个比 NF"更强且更方便"的系统 ML(ML 来自于该书英文书名的缩写)。在 ML 中，类分为两种：一是可以充当某个类的元素的类，蒯因称之为元素或集合；一是不能作为某个类的元素的类，称为非元素或真类。变项以所有的类为个体域。ML 系统是通过修改 NF 而得到的，即将其中的 A3 换成以下两个公理模式：

A3′ $\exists x \forall y \forall z((y \in x) \leftrightarrow ((y \in z) \wedge A))$，这里 A 不含 x。

A3″ $\exists z(y_1, y_2, \cdots, y_n \in z \rightarrow \hat{x} A \in z)$，这里 $x, y_1, y_2, \cdots, y_n$ 是 A 中的自由变项，A 本身是分层公式，并且其中的变项都是元素或者集合。特别地，当 $n = 0$ 时，$\exists z(\hat{x} A \in z)$。

这里，A3′是关于类存在的，它放弃了 NF 中 A3 关于公式 A 必须是分层公式这一要求，预设了满足任何一条件 A(分层的或不分层的)的所有元素的类存在。A3″就是集合的概括公理，它是关于元素身份的，预设了恰好是对于 NF 存在的那些类具有元素身份。

把 ML 和 NF 加以对比,就会发现:数学归纳法在两者之中有不同的遭遇。数学归纳法这条规律是说,任何条件 A,如果它对于 0 成立,而且只要对 x 成立,则对 x+1 成立,那么,它对每个自然数都成立。这条定律的逻辑证明是这样进行的,把"z 是一自然数"定义为:

D12 $\quad \forall y((0 \in y \wedge \forall x((x \in y) \to (x+1 \in y))) \to z \in y)$

然后取 D12 中的 y 作为满足 A 的那些对象的类。但是此证明在 NF 中只对于分层公式成立,对于不分层的 A 则行不通,因为缺乏任何保证能有一个正好满足 A 的那些对象组成的类。但在 ML 中对任何公式都普遍成立。因此,蒯因认为 ML 比 NF 优越,对于作为数学演绎大厦的基础来说,ML 在本质上比 NF 更强且更方便。

出于历史兴趣,提及下述一点是必要的:如上所述的 ML 并不是蒯因本人原来的系统。罗塞尔(J. B. Rosser)1942 年证明:在蒯因原来的系统中可以推出布拉里—弗蒂悖论,因而该系统是不一致的。蒯因很快提供了一个修正,但当时作为蒯因的博士生的王浩于 1948 年提供了一个更好的修正。蒯因采纳了王浩的修正,其结果就是如上所述的 ML 系统。

三、NF 和 ML 的一些性质

NF 实际上放松了类型论中不许类型混淆的要求。在 NF 中,若完全遵循类型论,则必须把公理 A1—A3 及规则 R1 和 R2 中的公式都规定为分层公式,并且加上统一的假设:要作为定理推出的表达式同样必须是分层的。这就是说,类型论是通过从语言中排除全部不分层公式来避免矛盾的。但蒯因认为:"其实我们不妨继续默认不分层的公式而只是明确地把规则 3 限制为分层的公式来达到同一目的。"[1] 这就是 NF 所采用的办法。这两种方法带来了很不相同的后果:按类型论,存在无穷多个不同的

---

[1] 蒯因:《从逻辑的观点看》,85 页。

全集和空集;而在 NF 中,空集和全集都是惟一的。因此,NF 比类型论更简便、更自然,更符合人们的直觉。有的逻辑学家指出:"NF 是类型论经过极大简化之后的翻版,它表明:用对数学主体部分极少的伤害来剜出已知的悖论,是可能的。"[1] 哥德尔也认为,蒯因的 NF 系统"和罗素的之字形理论有某些共同的本质特点。不仅如此,沿着这些线索好像存在着令人感兴趣的可能性"[2]。

ML 是 NF 的改进和扩充,它当然保留了 NF 的主要优点。有人评论说,ML 在语法上是完美的,其基本装置惊人地简单和雅致:单一形式的变项以所有事物组成的全域为个体域,只含三个初始符号,其中一个用于真值函项,一个用于量化,最后一个用于类属关系。在 ML 之前,尽管已经有人认识到:集合论可以用如此简单的记法来展开;在一个严格的形式系统内,应该可以用机器来检验证明,即用机械程序判定任一公式是不是该系统的定理,但从没有人真正把此认识付诸实施,ML 则是满足上述要求的真正严肃的努力。逻辑学家詹森(R. B. Jensen)曾谈到:正是通过阅读蒯因的《数理逻辑》一书,他作出了从经济学转到逻辑学的决定。[3]

NF 和 ML 这两个系统受到了广泛的关注和研究。直至 1981 年 10 月,还在比利时的卢汶召开了一次关于 NF 和 ML 的国际会议。通过几十年的研究,人们获得了一些重要结果,它们分别刻画了 NF 和 ML 的一些重要性质。1944 年,海尔帕伦(T. Hailperin)证明:

　　T1　NF 可有穷公理化。

1949 年,王浩证明:

　　T2　如果 NF 是一致的,则 ML 也是一致的。

---

[1] Hahn, L. and Schilpp, P. (eds.) *The Philosophy of W. V. Quine*, La Salle, Ill: Open Court, 1986, p.576.
[2] 中国社会科学院哲学所逻辑研究室编:《数理哲学家译文集》,北京:商务印书馆,1988 年,166 页。
[3] 参见 Hao Wang, *Beyond Analytic Philosophy*, Cambridge, MA: The MIT Press, 1986, p.177。

若用 USC(Y)表示 x 的单元素子集之集,则 USC(Y)和 Y 不一定等势。罗塞尔以此为基础,把 NF 中的集合分为两类:若集合 Y 和 USC(Y)等势,则称 Y 是康托尔集。在 NF 中非康托尔集存在,全集 V 即是其中之一。非康托尔集的存在为寻找 NF 模型增添了困难。1950 年,罗塞尔和王浩共同证明:

T3　NF 没有标准模型,即其中" = "有它通常的意义,并且自然数和序数都有被小于关系" < "良序化的模型。

在 ML 中,自然数的类 N_n 是包含 0 并相对于后继运算封闭的所有类(不只是所有集合)的交。罗塞尔 1952 年得到下述结果:

T4　如果 NF 是一致的,则 ML 的类 N_n 不是集合。

这一结果对 ML 是不利的,因为数学的任何实质性发展都需要 N_n 是一个集合。

斯佩克(E. P. Specker)于 1953 年在 NF 研究方面取得了决定性进展。他出人意料地证明:

T5　选择公理在 NF 中不成立。

由于在 NF 中可以证明选择公理对有穷集成立,由此可得到一个自然的推论:NF 中存在无穷集,即:

T6　无穷公理在 NF 中可导出。

1958 年和 1962 年,斯佩克先后发表两篇论文,再次得到了一个有趣的结果;

T7　NF 是一致的,当且仅当,类型论有类型歧义的模型。

类型歧义模型是指:对于任一不含自由变项的语句 P 以及通过给 P 的所有下标加 1 由 P 得到的语句 P^*,$P \leftrightarrow P^*$ 在此模型内真。这一结果深刻揭示了 NF 和类型论之间的本质差异和内在联系,为寻找 NF 的模型开辟了一条新的道路。

1969 年,詹森将 NF 稍作改动,要求 x 非空,即要求在 A4 的前提部分增加 $\exists z(z \in x)$ 这一条件:

$$A4''\quad \exists z((z \in x) \wedge (x \subset y) \wedge (y \subset x) \rightarrow (x = y))$$

由此得到的系统记作 NFU。詹森证明:

> T8　NFU 的一致性可以在普通算术即初等数论中得到证明。

尽管 20 世纪 80 年代以来,还有人在 NF 和 ML 的研究方面做了一些工作,取得了一些新的结果,但 NF 的一致性迄今没有得到证明,并且也没有得到反证,仍然是有待解决的问题。另外,在下述一点上现在看法比较一致:NF 和 ML 都不构成对集合论基本系统如 ZF 的严重挑战,它们都不足以与后者抗衡和竞争。

蒯因所构造的 NF 和 ML 这两个系统,公理简明,特性奇异,逻辑学家们对它们褒贬不一。例如,罗素对它们持批评态度,他说:"蒯因教授曾制作出一些系统来。我很佩服这些系统的巧妙,但是我无法认为这些系统能够令人满意,因为这些系统好像是专为此创造出来的,就是一个最巧妙的逻辑学家,如果他不曾知道这些矛盾(即悖论——引者),也是想不到这些系统的。"[1] 我国数理逻辑学家莫绍揆先生则对蒯因的工作表示赞许,认为 NF 简单方便,"在这个系统中,分支类型论的一切琐碎不自然之处,大体都克服了"[2]。美籍华裔逻辑学家王浩的一段话更是耐人寻味:"NF 的故事构成逻辑史上神奇的一章。一方面,NF 偏离了(逻辑学发展的)主流,有关它的结果只具有孤立的兴趣。另一方面,正是在接受这个富有魅力的挑战——即从一个表面上如此简单的系统中推出矛盾,或者证明它相对于标准系统是一致的——尝试中,发展出了最精致的数学。"[3]

我个人认为,无论关于这两个系统的最后结论是什么,它们已经得到了如此广泛的关注,引出了许多有意思的结果,并且对于逻辑学家的智力

---

〔1〕 罗素:《我的哲学发展》,70 页。
〔2〕 莫绍揆:《数理逻辑初步》,上海:上海人民出版社,1980 年,94 页。
〔3〕 Hao Wang, *Beyond Analytic Philosophy*, p.183.

仍然构成一个挑战,这一切本身就足以证明蒯因工作的价值,说明他的工作具有一定的深度、难度和创造性。

第六节　罗素的非存在之谜

一、存在悖论

在我们的自然语言中,存在许多"空专名",其所指个体在现实世界中不存在,如宗教人物"土地娘娘",神话人物"牛郎"和"织女",文学人物"孙悟空"和"林黛玉"。还存在很多"空摹状词",其所描述的对象也不存在,例如"最大的自然数","永动机的发明者","乾隆皇帝的第一百个儿子"。由此至少引出两个重要问题:(1)这样的表达式是否也有其所指对象? 如果有,它们指称什么?(2)含有这类表达式的句子,例如"孙悟空能够七十二变","当今的法国国王不是秃子",是否有真假可言? 如果有,它们究竟是真的还是假的? 哲学家们为此展开了非常激烈的争论。

奥地利哲学家和心理学家迈农(A. E. Meinong,1853—1920)在哲学上以"对象理论"而知名。他深受其大学教授布伦塔诺(F. Brentano,1838—1917)的内在意向性论题的影响:每一个心理状态都包含一个意指对象,该心理事件(或行为)在语义上指向这个对象。他的对象理论经历了一些变化,在其成熟形式中,包含下列原理:

(1)无限制的自由假定原则:思想能够自由地(即使是虚假地)假定任何可描述的对象存在;或者说,任给一个或一组性质,都可以惟一地决定一个对象是否具有那个或那组性质。

(2)修正的意向性论题:每一个思想都意向性地指向一个超验的、独立于心灵的意指对象。

(3)对象的so-being(指特征、性质)独立于being(指存在)论题:每一个意指对象都有一个或一组性质、特征,这与它的本体论状况(即是否存在)无关;

（4）中立论题：being 和 non-being 都不是任何意指对象的 so-being 的一部分，也不是一个就自身考虑的对象的 so-being 的一部分。

（5）意指对象有两种形式的 being：一是时空中的存在（existence），另一个是柏拉图主义的潜存（subsistence）。

（6）有某些意指对象，它们没有 being，既不实存也不潜存，但还是可以真实地说：没有这样的对象。

（7）同一性论题：同样的对象有同样的性质，不同的对象有不同的性质。

由上述原则出发，迈农认为，凡是可以思维者都是对象；所有对象都不依赖于人的心灵而独立存在，它们分为两类：一类是现实存在的对象，叫"实存对象"（existence）；另一类是只存在于观念或思维中的对象，叫"潜存对象"（subexistence）；除此以外，还有"不可能的对象"或"荒谬的对象"（absurd）。

迈农的对象理论受到很多批评，甚至被认为是荒谬的。不过，假如从认识论角度去解读的话，该理论其实也有其合理性：它的首要动机是要解释意向性现象。所谓"意向性"（intentionality），又被解释为"关涉性"（aboutness）：某些东西是关于、指向或表征其他东西的。许多心智状态、心智现象、心智行为、心智事件都有"关涉性"："狗是动物"这个信念是关涉狗的，想要有一条宠物狗，看见许多狗在打架，也是关涉狗的，因此也说它们有"意向性"。从这个角度，可以将迈农所说的"对象"解释为意识的可能对象，或者可能的意识对象，它们并不一定存在于客观世界中，而只是作为我们思考或谈论的对象而存在。

罗素极其坚定和激烈地批评迈农的对象理论："在这样一些理论中，缺乏那种甚至是抽象的研究也应当保持的实在感。我倒是认为，既然动物学不能承认独角兽，逻辑学也就同样不能加以承认。因为逻辑学虽然具有较为抽象和一般的特点，但它与动物学同样真诚地关心实在世界。……这种实在感在逻辑中很重要，谁要对它耍花招，佯称哈姆雷特有另一种存在，那是在危害思想。在对有关独角兽、金山、圆的方以及其他类似的虚假对象

进行正确分析时,必须有一种健全的实在感。"〔1〕他论述说,若承认任何名称和摹状词都有所指,至少会造成下面两个困难:

（1）排中律失效。根据排中律,"A 是 B" 和"A 不是 B" 必有一真,但是,"当今的法国国王是秃子" 和"当今的法国国王不是秃子" 都是假的,因为当今法国是共和政体,根本就没有国王。"孙悟空能够七十二变" 和"孙悟空不能七十二变" 也都是假的,因为现实世界中根本就没有孙悟空。

（2）存在悖论。以"当今的法国国王不存在" 为例:如果这个语句是真的,那么"当今的法国国王" 一词就不指称对象,相应也就无意义,以无意义的词语做主词的命题本身也是无意义的。如果这个语句是假的,则"当今的法国国王" 所指称的对象存在,这样"当今的法国国王" 便有意义,而整个语句是关于"当今的法国国王" 的指称对象的,故它也有意义。这就证明,该语句不可能既是真的,又是有意义的。悖论!

从其健全的实在感出发,罗素始终高举"奥康剃刀"——"若无必要,勿增实体"。具体来说,他在逻辑上采取了两个技术性措施:一是构造摹状词理论,把摹状词消解成个体变元、谓词、联结词和量词的逻辑组合,不再是指称表达式,不指称任何实存或虚拟的对象,而只是描述那些现实存在的对象,只不过有些描述是真实的,有些描述则是虚假。以包含摹状词的句子"《威弗利》的作者是苏格兰人"〔2〕为例,按罗素的分析,这个句子可以分解为:

（1）至少有一个人是《威弗利》的作者;
（2）至多有一个人是《威弗利》的作者;
（3）谁是《威弗利》的作者谁就是苏格兰人。

这三个分句都是真的,它们可分别写成下面的一阶逻辑的公式:

---

〔1〕 罗素:《数理哲学导论》,晏成书译,北京:商务印书馆,1982,159—160 页。
〔2〕 《威弗利》(Waverley)是英国作家瓦尔特・司各特爵士(Sir Walter Scott,1771—1832)所写的一部历史小说,匿名发表于 1814 年,当时很受欢迎,以至该作者后来的作品都署名为"《威弗利》的作者"。

(1′) $\exists xW(x)$

(2′) $\forall x\forall y(W(x)\wedge W(y)\rightarrow(y=x))$

(3′) $\forall x(W(x)\rightarrow S(x))$

还可以进一步把这三个公式缩写成一个一阶逻辑的公式：

(4) $\exists x(W(x)\wedge\forall y((W(y)\rightarrow(y=x))\wedge S(x)))$

由于上面三个分句都是真的,故(4)也是真的:它是关于现实对象的一个真实描述。

再以"当今的法国国王是秃子"为例。它也可以分解为：

(1) 至少有一个人是当今法国国王；

(2) 至多有一个人是当今法国国王；

(3) 谁是当今法国国王谁就是秃子。

这三句话可以缩写成一个一阶逻辑的公式：

(4) $\exists x(F(x)\wedge\forall y((F(y)\rightarrow(y=x))\wedge T(x)))$

由于当今法国没有国王,所以(1)是假的,因此(1)(2)和(3)三者的合取也是假的,故作为这三者缩写的(4)也是假的:它是关于现实对象的一个虚假描述。

罗素采取的第二个措施就是:把专名当作伪装的摹状词。例如,我们可以把"亚里士多德"看作是下面的摹状词的缩写:"柏拉图的学生","亚历山大的老师","古希腊最后一位伟大的哲学家"等等,然后用上面消解摹状词的办法把名称也消解掉,故名称也不是真正的指称表达式。

还剩下什么是真正的指称表达式呢？罗素回答说:"逻辑专名",例如"这"和"那",它们没有含义,直接指称对象,是纯指称性的。那么,它们究竟指称什么对象呢？罗素又回答说:感觉材料(sense-data),即当我们用"这"或"那"指着某物时,我们的感官所感受到的一切。至于其他一切东西,都只不过是基于感觉材料之上的逻辑构造。这就是罗素的摹状词理论所隐含的哲学结论！

二、"存在"是不是谓词？

在其摹状词理论中，罗素还引出另一个结论："存在"不是一阶谓词，而是高阶谓词。

有必要先介绍一些背景。在印欧语系中，系词"是"可以作为命题的第二要素出现，它前面有一个主词，后面不再跟谓词，例如"God is"和笛卡尔的名言"I think，therefore I am"。在这种情况下，系词"to be"含有"存在""有"的意思，因此"God is"通常译为"上帝存在"；笛卡尔名言则译为"我思故我在"。正因为系词"to be"（是）可以作为命题的第二要素表示存在，于是派生出一场关于"'存在'是不是谓词"的古老论战。

必须澄清这场古老论战的真实意蕴。没有人疑问，"存在"是一个语法谓词，像"上帝存在"之类的句子是一个合乎语法的意义完整的句子。争论在于"存在"是不是一个逻辑谓词，说"某物存在"是否像说"某物是圆的"一样，给某物增添了一些主词本身所未包括的新内容，是否对主词做出了主词尚未隐含做出的新说明；换句话说，在一阶逻辑中，我们能否将任何一个包含"存在"一词的语句，改述为一个不包含"存在"一词但可以起同样作用的语句。如果能改述，则"存在"不是谓词；若不能改述，"存在"就是一个真正的谓词。

对"'存在'是不是谓词"有两种回答。传统和主流的回答是否定的，以康德、弗雷格、罗素、摩尔（G. E. Moore）、斯特劳森（P. F. Strawson）、涅尔（W. C. Kneale）等人为代表。例如，康德在《纯粹理性批判》一书中认为，"存在"虽然在表面上与性质相近，实际上却不是真正的性质；关于上帝存在的"本体论证明"的错误在于引入了虚假的前提。他还以想象中的一百元与口袋中实实在在的一百元的区别，说明不能从观念中推出存在。

根据其摹状词理论，罗素也认为"存在"不是个体的性质，"存在"不能作为谓词修饰个体，只能作为谓词修饰命题函项，"存在实际上是命题函项的一种性质","存在本质上是命题函项的一个谓词。"[1] 这里,"命题函项"是指一个带空位的表达式,其一般形式是 F(…),相当于一个简单谓词或复合谓词,而空位处(…)则可以填上一个或多个个体词,如"苏格拉底"。罗素认为,在"金山存在"这一句子中,"存在"只是表明有个体满足"x 是山 ∧ x 是由金子构成的"这个命题函项:

$$\exists x(x \text{ 是山} \wedge x \text{ 是由金子构成的})$$

即使以全域(一切事物所组成的集合)为 x 的值域,也没有一个 x 满足该命题函项,所以该句子是假的,但仍然有意义。在"当今的法国国王不存在"这一句子中,"不存在"只是表明没有个体满足复合谓词"F(x) ∧ ∀y((F(y)→(y = x)) ∧ T(x))":

$$\neg \exists x(F(x) \wedge \forall y((F(y) \rightarrow (y = x)) \wedge T(x)))$$

原句子的主词"当今的法国国王"现在变成了一个复合谓词,原句子的谓词"不存在"变成了否定词和存在量词。假如令 x 的个体域为"当今的法国公民",即使我们找遍该个体域,也找不到一个 x 满足"x 是当今的法国国王",故上述公式是假的,但仍然有意义。由此,我们就避免了把一个"否定存在陈述"看作实质上是主谓式命题而产生的难题,所谓的"存在悖论"也被消解掉了。

罗素断言,与其说"存在"代表个体的性质,毋宁说它表示命题函项的可满足性。在这个意义上,可以说"存在"是命题函项的一个性质,实际上起量词的作用,可以化归为存在量词"∃"。如果把只能应用于命题函项的谓词转移到满足一个命题函项的个体上,那结果就是错误的。因此他认为,把"存在"用于摹状词是有意义的,因为摹状词最终可以化归为某种形式的命题函项;但把"存在"用于专名则是无意义的,因为 a 作为一个名字,它必指某个东西,不指任何东西的不是一个名字。于是,肯定专名指称的对象存在显得重复啰唆,而否定它指称的对象存在则导致逻辑矛盾,因此,

---

[1] 罗素:《逻辑和知识》,280 页。

"a 存在"是不合逻辑句法的。罗素认为,以往哲学中的本体论证明以及对这些证明的大部分反驳都是由于不明了"存在"的这一特性造成的,"都依赖于很坏的语法"。他甚至说,他关于"存在"的分析"澄清了从柏拉图的《泰阿泰德篇》开始的、两千年来关于'存在'的思想混乱"[1]。

但是,罗素的摹状词理论及其后果并不尽如人意,主要是其处理办法过于人为,在技术上过于复杂和烦琐,也不符合人们的常识和直觉,例如不把名称看作独立的意义单元,把空词项处理成伪装的摹状词,然后用改写摹状词的方法把空词项改写掉。由于与空词项相应的摹状词无所指,经如此改写之后得到的命题不满足与摹状词相关的存在性条件,罗素因此把此类命题一概视为假命题。例如:

(1)孙悟空会七十二变。

(2)孙悟空不会七十二变。

(3)孙悟空 = 孙悟空。

(4)孙悟空 ≠ 孙悟空。

按照罗素的摹状词理论,(1)—(4)都是假的。但按照常识,(1)、(3)是真的,(2)、(4)是假的。

从 1950 年代起,有人开始反思罗素的摹状词理论及其后果,寻找其替代理论,发展了所谓的"自由逻辑"(free logic)。一阶逻辑包含两个存在预设:一是个体域非空,量词毫无例外的有存在含义;二是每一词项都有所指。由此造成的结果是:一阶逻辑或者将空词项以及涉及空词项的命题排除在视野之外,或者像罗素的摹状词理论那样处理空词项。但空词项是日常语言中大量出现的,而罗素对空名称和摹状词的处理却有如上所述的很多缺点。自由逻辑力图克服罗素摹状词理论的缺陷,其办法就是摆脱(free from)一阶逻辑的两条"存在预设"。自由逻辑在命题逻辑层次上与经典逻辑是一致的,不同之处在于谓词逻辑层次上处理空词项和量词的方式。

---

[1] 罗素:《西方哲学史》下卷,马元德译,北京:商务印书馆,1976 年,392 页。

第六章　语义悖论与真理论

第一节　与悖论相关的真理论

所谓"语义悖论",是指与许多语义学概念如意义、指称、外延、定义、满足、真、假等等相关的悖论。其中,"真"(truth)具有特别重要的意义。对于"真值承担者"我们这里不做追究,权且认定语句或命题是能够为真为假的东西。下面简单讨论三种与悖论相关的真理论,即符合论、融贯论、冗余论。

一、符合论

真理的符合论(correspondence theory of truth),简称"符合论",其基本思想是:语句的真不在于它与其他语句的关系,而在于它与对象、与世界的关系,在于它与对象在世界中的存在方式或存在状况的符合与对应,故有这样的说法:"真在于与事实相符合","真在于与实在相一致"。符合论有悠久的传统,亚里士多德可能是最早且最有影响的符合论者,因为他断言:"说是者为非,非者为是,是假的;而说是者为是,非者为非,是真的。于是,一个人对任何东西谈论它之是或谈论它之非,将说出或真或假的东西。"[1] 罗素、早期维特根斯坦(L. Wittgenstein)、奥斯汀(J. L. Austin)及绝大多数逻辑经验论者,也都是符合论的倡导者和坚持者。

符合论有本体论和认识论的预设。在本体论方面,符合论要承认或假设存在一个不依赖于人的心灵或精神的外部世界,人的认识是关于这个世界的认识,是对这个世界的反映、描述和概括,这个世界使人的认识有真假对错的分别。符合论必定持某种实在论立场。根据思想与之相符合的对象是绝对理念、物质世界、感觉经验等等,符合论可以区分出不同的形态,不一定就是唯物论,也可以是客观或主观形态的观念论(唯心论)。在认识论方面,符合论要假设,人的认知能力能够到达外部世界,能够形成关于这个世界的或真或假的认识。这就是一种外部世界可知论的立场。

符合论最合乎人们的常识和直观,但在理论上却遇到许多困难:

(1) 什么是事实?其性质和特点是什么?事实是客观的还是主观的?事实能否个体化,如何个体化?事实有特殊和普遍、肯定和否定、真和假之分吗?这里,个体化问题牵涉到我们是否能够在事实之间建立区分:这个事实,那个事实;我们是否能够对事实进行重新确认:同一个事实,不同的事实;我们是否能够对事实进行计数:一个事实,两个事实,……人们对这些问题的理解差别极大:有时候,人们将事实视为外在对象及其情况,例如对象具有什么性质,与其他对象处于何种关系之中;有时候,将其视为关于外在对象及其状况的感觉经验;有时候,将其视为关于外在对象的某种陈述、记载和知识;有时候也把某种毋庸置疑的理论原理,甚至把假想、预期和内心体验也当作"事实"。在后面几种情况下,命题与"事实"相符合,实际上就蜕变成命题与其他主观性认识相符合,"符合"因此就成为命题与命题之间的关系。"事实"一词的用法是如此歧异,以至罗素在给维特根斯坦的《逻辑哲学论》所写的序言中指出:"严格地说,事实是不能定义的,但是我们可以说,事实是那使得命题为真或为假的东西,以此来表明我们

---

[1] Aristotle, *Metaphysics*, translated by W. D. Ross,英文版,北京:中央编译出版社,2012 年,85 页。

所说的意思。"[1]

（2）什么是语句与事实之间的符合关系？我们如何去定义这种符合关系？罗素和早期维特根斯坦试图用逻辑原子主义学说去解释。例如，罗素认为，在语言中，我们有原子命题和分子命题，分子命题由原子命题复合而成；在世界中，我们有原子事实和分子事实，分子事实由原子事实复合而成。语言和世界之间具有结构同型性，整个世界就是建立在原子事实之上的逻辑构造，它同构于一个理想化的逻辑语言体系。早期维特根斯坦认为，"命题是实在的一种图像"，"命题是实在的一种模型。"[2]命题(即复合命题)是原初命题的真值函项，原初命题则由名称的排列构成。事实由事态构成，事态则由处于某种排列中的对象构成。命题对应于事实，原初命题对应于事态，名称对应于对象。

但罗素和维特根斯坦的逻辑原子论都基于一些不成立的假定之上：事实或事态是独立自主的，没有一个事实依赖于任何其他的事实，在不同的存在物之间没有内在关系，即像逻辑推出那样的关系。"原初命题的一个标志是：没有任何原初命题能与之相矛盾。"[3]但"原子命题相互独立"这个说法是假的。毫无疑问，"玛丽身高 1.67 米"和"玛丽身高 1.85 米"都是原子命题，"琼斯杀了约翰"和"苏珊杀了约翰"也都是原子命题，其中每对命题都是相互排斥的(假设只有一个人杀了约翰)：若其中一个命题为真，另一个命题必假；反之亦然。此外，原子事实或基本事态的存在性也受到质疑。我们有相对确定的标准去区分原子命题与分子命题，去区分一个命题内部的各种构成成分；但我们却没有确定的标准去区分原子事实与分子事实，以及把事实分解为不同的构成成分，因为任何事实本质上都是复合的，都是由多种因素组成的，并且自身具有复杂的结构。因此，把语句与事实的"符合"解释为语言与世界的结构同型和一一对应是行不通的。

---

〔1〕 维特根斯坦：《逻辑哲学论》，贺绍甲译，北京：商务印书馆，1996 年，7 页。

〔2〕 维特根斯坦：《维特根斯坦全集》第一卷，陈启伟译，石家庄：河北教育出版社，2003 年，204页。

〔3〕 同上书，216 页。

后来有人如奥斯汀、皮切尔（G. Pitcher）和怀特（A. R. White）等人试图用约定、关联（correlation）、和谐（congruity）、相配（correspondence with）、相应（correspondence to）等概念去精确阐释"符合"，均未获得成功。

二、融贯论

真理的融贯论（coherence theory of truth），简称"融贯论"，其基本观点是：一个命题的真不在于它与事实、实在的符合或对应，而在于它与它所从属的命题系统中其他成员是否融贯：融贯者为真，不融贯者为假。真理是一组信念的各个元素之间的融贯关系。一个命题是真的，当且仅当，它是一个融贯的命题集合中的元素。由此引申出：对融贯论者来说，谈论作为一个命题系统的元素的单个命题的真假是有意义的，但谈论它所从属的整个命题系统的真假则是无意义的。早期融贯论属于哲学中的唯理论传统，17 世纪的莱布尼茨、笛卡尔（R. Descartes）、斯宾诺莎（B. Spinoza），19 世纪初的黑格尔和 19 世纪末的布拉德雷（F. H. Bradley）都持有融贯论思想。20 世纪，某些逻辑实证主义者特别是纽拉特（O. Neurath）和亨普尔，以及晚近的雷谢尔（N. Rescher）也是融贯论者。

融贯论也有本体论和认识论的根据。在本体论方面，例如布拉德雷认为，实在本身就是一个统一且融贯的整体，他称之为"绝对"，只有作为整体的绝对本身才是真实的，如果我们只考虑绝对的某个部分、侧面或某种表现，我们就只能获得部分的或某种程度的真实性。由此推出，关于现象的感觉经验不能为我们关于绝对的认识提供可靠的基础，惟有把关于部分、侧面、表现的认识（孤立的命题）置于关于绝对的整体性认识（命题系统）之中，才能判别和保证它们的真理性。在认识论方面，有些融贯论者持有整体论立场（holism），例如纽拉特认为，我们不可能退居一旁，作为我们身处其中的这个世界的旁观者，保持某种超然立场，把我们的命题与该命题所谈论的实在相比较。在某种程度上，我们所看到的世界是我们"能够"看到的世界，也是我们所"希望"看到的世界，关于世界的"事实"已经被我们自己的概念框架所污染，在确定命题的真假时纯粹客观的"事实"

和"实在"不起作用,起作用的只是被我们认识到的、纳入到我们的概念框架中的"事实"和"实在"。命题与"事实"和"实在"的对照在本质上是系统内的一些命题与另一些命题的对照,命题的真假就在于与它所从属的命题系统中的其他命题之间的相互融贯。

融贯论的理论基础是矛盾律和"系统"概念。融贯性在于系统内各命题之间的相容性、关联性和系统本身的丰富性。其中,"相容性"是指一组命题互不冲突和排斥,可以同时成立。"关联性"有不同的意义,强的关联是指系统内的任意命题都必须衍推出其他命题,且被其他每个命题所衍推;弱的关联是指系统内的任意命题可以被该系统内的所有其他命题逻辑推出,或系统内的任意命题在逻辑上都不独立于系统内的所有其他命题。"丰富性"涉及一系统的容纳能力:是否把一定范围内的真命题都包括进来,使得一个系统足够大和足够丰富。很明显,"关联性"和"丰富性"这两个概念没有得到精确定义,而相容性又潜在地依赖"真"这个概念:两个命题在逻辑上相容当且仅当它们可以同时为真。由于相容性依赖于"真"概念,再用依赖相容性的融贯性去定义"真",在逻辑上就会造成循环。

融贯论受到了很多的非议,主要有:(1) 自身融贯只是一个理论为真的必要条件,而不是充分条件。神话、谎话、宗教理论和其他任意臆造的理论也可能编得天衣无缝,自身融贯,但它们根本不是真理而是谬误。(2) 有可能存在两个甚至多个互不相容的命题系统,每一个系统都自身融贯,但把它们合并成一个更大的系统时,其内部不再融贯。根据融贯论,这些系统中的命题既都是真的又不都是真的,由此陷入矛盾。(3) 如果一个命题的真在于它同一个系统内其他命题的融贯,这个系统本身的真理性就只能取决于在更大的系统内与其他命题系统之间的融贯。那个更大的系统本身的真理性又如何确定呢?融贯论由此陷入无穷倒退。可以看出,融贯论是以个别命题相对于理论系统的逻辑可推演性(简称"内部真理性")取代了该理论作为一个整体的真理性(简称"外部真理性"),遭遇严重的理论困难。

不过,融贯论包含一些合理因素。(1)自身融贯尽管不是真理的充分条件,但却是必要条件。因此,如果能证明某个命题与其他已知为真的命题系统相容,"它为真"这一点至少是可能的;如果能进一步证明它是其他真命题的逻辑推论,它就必定为真。(2)正如布拉德雷的论述所表明的,融贯论在以隐含的形式强调真理的总体性和全面性,这无疑是一个正确而深刻的洞见。"实在"是一个普遍的相互联系和相互制约的整体,关于这个整体的真理性认识也必定要以知识系统的形式出现。因此,全面的真理性认识必定是一个完整的科学体系。

三、冗余论

真理的冗余论(redundancy theory of truth),简称"冗余论",最早由拉姆塞于 1927 年提出,后由艾耶尔(A. J. Ayer)、斯特劳森、格罗弗(D. Grover)等人加以充实和发展。他们认为,"p 是真的"仅仅等同于 p,或者说,说"p 是真的"只不过意味着断定 p、接受 p、同意 p 等。因此,"真的"和"假的"这两个谓词是多余的,它们并没有对 p 做出什么新的描述和断定,可以把它们从任何语境中删除而不会引起任何语义上的损失。根本没有孤立的真理问题,有的只是语言混乱。在新近的文献中,冗余论常被称为"紧缩论"(deflationism),消失论(the disappearance theory),无真理论(the no-truth theory),去引号理论(the disquotational theory),极小理论(the minimalist theory)等。

拉姆塞认为,说一个命题是真的,只不过是断定该命题本身。他分两种情形说明这一点。情形一:人们把"真"或"假"明确归诸于某个命题,例如"p 是真的"或"p 是假的"。这里,"p 是真的"只不过意指 p,"p 是假的"只不过意指非 p。例如,说"凯撒被杀是真的",无非是说"凯撒被杀",说"凯撒被杀是假的"无非是说"凯撒没有被杀"。情形二:人们用"真的"或"假的"去描述没有被明确说出的命题,例如"他所说的话都是真的"。我们可以采用命题量化的办法把那句话改述为:"对于所有 p 来说,如果他断定 p,则 p。"在这两种情形下,含有"真""假"的命题都被不含"真""假"的命题所代替,并没有造成任何语义损失。因此,"真的""假的"作为句子谓词是多余的,它们并不具有断定或描述功能,只具有实用功能,如用来加强语气或显示文风。

斯特劳森认为,"真"只是一个施事表达式(performative expression),使用它并不是做出关于某个陈述的陈述,而是完成一个同意、接受、承认、确信、赞成该陈述的行为。当一个人说"'天在下雨'是真的"时,他只是在断定"天在下雨"。因此,"p是真的"并没有做出陈述的作用,并没有描述意义,完全可以用"我同意p""我接受p""我确信p""我赞成p"等等来代替;"p是假的"可以用"我否定p""我拒绝p""我不相信p""我反对p"等等来代替。

新近出现的"紧缩论"认为,"p是真的"(It is true that p),或"命题p是真的"(The proposition that p is true)明显等价于p,并且这种等价关系构成了对真概念的定义。若用"≡"表示"当且仅当",紧缩论可用如下T模式来表示:

T_1 "p是真的"(It is true that p)≡p;或者

T_2 "命题p是真的"(The proposition that p is true)≡p

在紧缩论者看来,(i) 不存在像"真"(truth)这样的属性,由"p是真的"或"命题p是真的"这类句子所表达的命题等同于由p本身所表达的那个命题;(ii) 要适当定义真概念,只需要它能推出如上的T模式或近似模式的所有(合适的)特例;(iii) 无论是否能够给出关于真概念的适当定义,真谓词的内容是由所有这些真模式的(合适)例证的总体给出的;(iv) 人们对真概念的掌握在于,他们接受关于由这些例证所表达的那些命题的知识,或者人们接受由这些例证所表达的命题的那种倾向。

格罗弗把古典冗余论发展成为一种"代语句理论"(prosentential theory)[1],后者更多地与英语的特点相关。他论证说,正像有代名词等一样,

---

[1] 参见 Grover, D. , Camp, J. and Belnap, J. "A Prosentential Theory of Truth," *Philosophical Studies*, vol. 27, 1975, No. 2, pp. 73—125。

我们也可以引入一个代语句词"tthat",从而把"对于所有 p 来说,如果他断定 p,则 p"改述为"对于所有 p 来说,如果他断定 tthat,则 tthat",从而避开下述指责:p 不是一个句子,只有给 p 加上一个谓词"是真的"才构成句子。霍维奇(P. Horwich)把古典冗余论发展成为"极小理论":T-语句集已经穷尽了关于真的论述。[1]古典冗余论、代语句理论、极小理论都是紧缩论的不同形式。

关于古典冗余论和后来出现的紧缩论,我只作如下简要评论:作为一种在一个语言内处理像"p 是真的"之类语句或命题的技术性手段,它们或许是可行的,例如对一个可靠而完全的形式系统 S 来说,命题 A 在 S 解释下是(逻辑)真的当且仅当 A 是 S 的定理(即 S 断定 A)。但是,冗余论把"p 是真的"等同于(潜在或明显地)断定、接受 p,这是明显的倒果为因:我们断定 p,是因为 p 是真的或者我们相信 p 是真的;但 p 之为真,并不因为我们对它的断定或相信。也就是说,"p 真"是我们断定 p 的原因,而不是我们断定 p 的结果。说"p 是真的"或"p 是假的"是在做认识论意义上的客观评定,而断定、接受、相信、同意等则是认知主体的主观行为,它们是性质不同的两码事。

在以上几种真理理论中,我认为,尽管符合论有不少理论困难,但它的基本思想是比较合理的,因为它隐含地断定了真理的客观性。客观性是真理的一个本质性特征,没有客观性就没有真理。如同金岳霖所指出的,尽管符合论确有困难,但"本书认为符合说不容易放弃,而在本书的立场上说,不应放弃。它不容易放弃,因为放弃它的人常常无形之中仍然保留它;放弃也许只是在明文的表示上放弃,而保留是非正式的骨子里的保留。"[2]

---

[1] 参见 Soames, S. *Understanding Truth*, Oxford: Oxford University Press, 1999, pp.246—251。

[2] 金岳霖:《知识论》,北京:商务印书馆,1983 年,895 页。

第二节　语义悖论举要

一、说谎者悖论及其变体

这是最早提出的语义悖论,也是最典型的。

公元前 6 世纪,古希腊克里特岛人埃匹门尼德说了惟一一句话:"所有的克里特岛人都说谎",假如这句话为真,既然他自己也是克里特岛人,可推出该句话为假;假如这句话为假,则并非"所有克里特岛人都说谎",由此可知有的克里特岛人不说谎,埃匹门尼德可能属于不说谎的克里特岛人之列,故该句话可能为真。所以,埃匹门尼德的那句话还不会导致严格意义上的悖论。

公元前 4 世纪,欧布里德斯(Eubulides)把它改述为:一个人说:"我正在说的这句话是假话。"可以确定,这个人说真话当且仅当这个人说假话。有时候,也把说谎者悖论表述为:

> 本方框内的这个语句是假的

或表述为:

$$S1:S1 \text{ 是假的。}$$

容易推知,此方框内的那句话是真的当且仅当它是假的,S1 是真的当且仅当 S1 是假的,由此得到严格意义的悖论。

欧洲中世纪逻辑学家研究了说谎者悖论的许多变体。仅举两种类型:一种是"明信片悖论"。

一张明信片的一面写有一句话:"本明信片背面的那句话是真的。"翻过明信片,只见背面的那句话是:"本明信片正面的那句话是假的。"无论从哪句话出发,最后都会得到悖论性结果:该明信片上的某句话为真当且仅当该句话为假。

下面是"明信片悖论"的一个变体:

苏格拉底说了惟一一句话:柏拉图说假话;

柏拉图说了惟一一句话:苏格拉底说真话。

问:苏格拉底(或柏拉图)究竟说真话还是说假话?

要确定苏格拉底是否说真话,只要看柏拉图的话真不真;而要确定柏拉图的话之真假,又要回到苏格拉底自己的话,这实际上等于苏格拉底自己说自己说假话,最后导致悖论。

把明信片悖论展开,让圈子兜得更大,这就是所谓的"转圈悖论"(本书作者杜撰的一个名词)。

一般地说,若依次给出有穷多个句子,其中每一个都说到下一个句子的真假,并且最后一个句子断定第一个句子的真假。如果其中出现奇数个假,则所有这些句子构成一个悖论,并且此情况构成"恶性循环"。图示如下:

S_0:S_1 是假的
S_1:S_2 是假的
S_2:S_3 是假的
S_3:S_4 是假的
$\vdots$
$\vdots$
S_{n-1}:S_n 是假的
S_n:S_0 是真的

若出现奇数个假,则为恶性循环,导致悖论。

另一种可以叫做"经验悖论"。给出几个命题,根据常识和经验,可以确定一些命题的真假,另一个命题的真假却不能凭经验或常识确定,而要靠它自身确定:如果它是真的,会逻辑地推出它是假的;如果它是假的,会逻辑地推出它是真的。例如:

(1)有惟一的析取命题:"$2+2=5$ 或者这个析取命题是假的。"

由于此析取命题的一个析取支 2+2=5 明显为假,于是该析取命题真不真就取决于它的另一个析取支"这个析取命题是假的"的真假,可以逻辑地推知:此析取支为真当且仅当此析取支为假。下面几个悖论语句的分析从略。

(2) 2×2=4 并且这个合取命题是假的。

(3) 仅有三个命题:所有的人都是傻瓜;雪是黑的;这里的每一个命题都是假的。

(4) 仅有四个命题:人是动物;雪是白的;独角兽不存在;除这最后一个命题外的其他每一个命题都是真的。

(5) 仅有三个命题:莎士比亚是英国国王;李白是诗人;这里假命题比真命题多。

在此类悖论中,一组命题的真假取决于其中一个支命题的真假,后者就像一个砝码一样,但这个支命题却通过迂回的途径说自己为假,从而导致悖论。在这个意义上,本书作者给它们杜撰另一个名称:砝码悖论。

二、否定的回答和发疯的计算机

欧洲中世纪逻辑学家布里丹提出了有关否定回答的悖论:

你将以否定的方式回答问题。

让我们假定:把这个命题提交给你,你有义务直接回答它,只能说"是"或"否"。你应该愿意履行这一义务:归根结底,任何一个提交给你的命题或是真的或不是真的。回答"是"意味着它真,回答"否"意味着它不真。我们经常正确地用"是"或"否"来回答问题,你也应该做好准备和尽义务这样回答问题。现在我有一个问题问你,"你将以否定的方式回答问题吗?"[1]

根据题设,如果你回答"是",即你肯定地回答该问题,你就没有按问

---

〔1〕 陈波主编:《逻辑学读本》,北京:中国人民大学出版社,2009 年,137—138 页。

题的字面意思去回答它，因此你在否定地回答它；如果你回答"否"，即你否定地回答该问题，你就在按该问题的字面意思去回答它，因此你在肯定地回答它。由此导致悖论：你肯定地回答该问题当且仅当你否定地回答该问题！

后人把这个悖论改成了所谓的"发疯的计算机"。请一台计算机验证悖论式语句"S1：S1 是假的"的真假，并给它指令：若该语句为真，输出结果为"yes"；若该语句为假，输出结果为"no"。这台计算机却因此发疯，在"yes"和"no"之间来回变换，程序无法结束，因而不能停机，直至该台计算机报废。又有人在科幻小说中写道，某些科学家想让计算机不工作来节省机器的寿命，于是给它发布一条指令："你必须拒绝我现在给你编的语句，因为我编的所有语句都是假的。"不曾料想，该台计算机却因此不停地重复工作直至耗尽了它的寿命。

三、蒯因的"加引号"悖论

说谎者悖论还可以表述为："这个句子是假的。"可以证明：该句子是真的当且仅当它是假的。有人提出质疑：在"这个句子是假的"中，所用的"这个句子"这个短语什么都没有指称。若这个短语指称什么的话，那就是指"这个句子是假的"这个句子。因此，若把所指的这个句子加上引号来替换"这个句子"这个短语，就得到："'这个句子是假的'是假的。"但该句子之外的整个部分不再把"假的"这种性质赋予自身，而只是赋予某个不同于自身的东西，由此就不再产生悖论了。

为了对付如上的责难，蒯因构造了另一个说谎者悖论式语句：

"一旦给自己加上引号就生成一个假句子"一旦给自己加上引号就生成一个假句子。

这个句子明确规定了由这 17 个汉字组成的字串，并且说明了：如果你把它们写两次，用引号来标明这两次出现中的第一次，其结果就是假的。但这个结果同样是在做出陈述的句子。这个句子是真的当且仅当它是假的,这样我们又得到了一个严格意义上的悖论。

四、理查德悖论

这是由法国人理查德(J. Richard)于 1905 年发现的一个悖论。

任一语句都是用可能重复的法语或其他语言的字母加上若干其他符号或空位构成的有穷长的符号序列。现在设想:由能用有穷长语句加以定义的一切十进位小数组成一个集合 E,并且令 E 中的元素按字典顺序排列为 $E_1, E_2, E_3, \cdots, E_n, \cdots$,且令 $E_n = 0. x_{n_1} x_{n_2} x_{n_3} \cdots x_{n_n} \cdots$,这里 x_{n_n} 表示 E 中第 n 个小数的小数点之后的第 n 位数。另外构造一个无限十进位小数 $N = 0. y_1 y_2 y_3 \cdots y_n \cdots$,并将 y_n 定义为:如果 $x_{n_n} = 1$,则令 $y_n \neq 1$;若 $x_{n_n} \neq 1$,则令 $y_n = 1$,也就是说使每一个 y_n 都不同于 x_{n_n}。N 是能用有穷长的语句定义的无限十进位小数,而 E 是由所有能用有穷长语句加以定义的无限十进位小数的集合,故 $N \in E$。但是,由 N 的定义知,N 与 E 中的任意十进位小数都有一个有穷差值,故 N 与 E 中的任意个十进位小数都不同,所以 $N \notin E$。由此导致悖论。

理查德悖论有很多的变形,其中一个变形据说为哥德尔证明其著名的不完全性定理时提供了思路。

1. 柯尼希悖论

柯尼希(J. Konig)在 1905 年发表《论量和连续统问题的基础》一文,提出了一个有关不可定义的序数的悖论,下面的表述改编自罗素[1]:

超穷序数之中有一些是可以定义的,而另一些不能定义;因为可能定义的总数是 $\aleph_0$,而超穷序数的数目超过 $\aleph_0$,因而必定存在不可定义的序数,而在这些序数之中必定存在最小的一个,并且"最小的不可定义的序数"这一短语已经把它定义出来。这是一个矛盾。

---

[1]　参见罗素:《逻辑与知识》,73 页。

2. 贝里悖论

罗素在《以类型论为基础的数理逻辑》(1908)一文中提到这个悖论,据罗素称,它是由剑桥大学的图书馆员贝里(G. Berry)于1906年发现的。这个悖论原来的表述依赖于英语表达式,现改用汉语表述:

用少于十八个汉字不能命名的最小整数

这个摹状词本身只有17个汉字,它却命名了这个最小整数,矛盾! 据认为,贝里悖论是"理查德悖论的一种深刻和天才的简化",它以极其简单明了的形式揭示了日常语言概念所潜藏的矛盾。

3. 格雷林悖论

这个悖论是由德国人格雷林(K. Grelling)于1908年提出并发表的,亦称"非自谓悖论"或"他谓悖论"。

> 可把所有形容词分为两类:一类是对自身适用的,如"pentasyllabic"(5个音节的),"中文的","短的";一类是对自身不适用的,如"monosyllabic"(单音节的),"英文的""红色的"。前一类词称为"自谓的",后一类词称为"非自谓的"或"他谓的"。人们形容认为这个词不是自谓的就是他谓的。那么,"他谓的"是不是他谓的?假如它是自谓的,即适用于自身,则它是他谓的;假如它是他谓的,则它也适用于自身,即它是自谓的。结果是:"他谓的"是自谓的,当且仅当,"他谓的"是他谓的。这是一个明显的悖论。

4. 伪司各脱悖论

这是在14世纪萨克森的阿尔伯特(Albert of Saxony)和伪司各脱(Pseudo-Scott)的逻辑著述中发现的一个悖论的变体:

(A) 本论证是有效的,所以,1 + 1 = 3。

学过逻辑学的人都知道,一个推理和论证是有效的,如果它们能够确保若前提真则结论真。现在考虑(A)这个论证:假设它的前提真,即(A)这个论证是有效的;既然这个论证是有效的,且其前提为真,则它的结论必定真,但"1+1=3"是假的;既然这个论证是有效的,从其结论为假就可以反推出其前提为假,即这个论证不有效。矛盾! 但假设(A)的前提为假,却推不出任何矛盾。所以,(A)是一个"半"悖论。

欧洲中世纪逻辑学家对这个悖论的处理方案类似于他们对说谎者悖论的处理,认为:对于任何一个论证而言,若它包含断言该论证本身的有效性或无效性的前提或结论,则它是有缺陷的。作为一个论证的构成成分出现的子句,当断言它出现其中的那个论证是有效或无效的时候,它并没有表达一个或真或假的陈述。

5. 可靠性悖论

这是一位逻辑学家比照上面谈到的"有效性悖论"所造出来的一个变体。

(B) 本论证是不可靠的,所以,本论证是不可靠的。

学过逻辑学的人也都知道,一个推理和论证是可靠的,必须满足两个条件:其前提都是真实的,并且其推理形式是有效的。而一个论证是不可靠的,则至少满足下面的条件之一:或者其前提不都真实,或者其推理形式不有效。现在回过头来看(B)。如果(B)是不可靠的,则(B)的前提为真,于是,其不可靠性必定来源于其推理形式无效,但(B)的推理形式是 p→p,这是经典逻辑的一个重言式,肯定是有效的,所以本论证又是可靠的。由此推知:(B)这个论证既是可靠的又是不可靠的。矛盾!

五、寇里悖论

寇里(H. B. Curry)于1942年提出一个悖论,后称"寇里悖论",其最大特点是不含否定性因素。[1] 该悖论可以在不同的理论背景中产生,因而有不同的版本,例如集合论版本和属性论版本,下面阐述最常见的真理论版本。[2]

考虑下面一组句子:

S_1:雪是白的。

S_2:$2+2=5$。

S_3:如果 S_3 是真的,则每个句子都是真的。

S_4:这里恰好有四个句子。

从 S_3 出发,加上

T 模式:S_3 是真的当且仅当 S_3

可以推出"每个句子都是真的"这个悖谬性结论。我们先假设 S_3 的前件:

(1) S_3 是真的。

根据 T 模式,我们得到:

(2) S_3

根据 S_3 的定义,经过替换,我们得到:

(3) 如果 S_3 是真的,则每个句子都是真的。

由(1)和(3),根据分离规则,我们得到:

(4) 每个句子都是真的。

由假设(1)推出(4),根据演绎定理,我们得到:

(5) 如果 S_3 是真的,则每个句子都是真的。

这里,(5)是从 S_3 和 T 推出的命题。再根据 S_3 的定义,得到:

(6) S_3

再根据 T 模式,得到:

---

[1] Curry, H. ,"The Inconsistency of Certain Formal Logics," *Journal of Symbolic Logic* 7, 1942, pp. 115—117.

[2] 参看 Beall, J. C. "Curry's Paradox," in Sanford Encyclopedia of Philosophy, http://plato. stanford. edu/entries/curry-paradox/. 读取日期:2013 年 5 月 7 日。

（7）S_3 是真的

由（5）和（7），根据分离规则，得到：

（8）每个句子都是真的。

这里，（8）是从 S_3 和 T 模式推出的命题，但它是悖谬性的！

在推出悖谬的过程中，除 S_3 外，只利用了分离规则、T 模式、同一替换规则，后面这些东西在逻辑中都是非常基本的，也被认为是毫无问题的，但最后却导致了矛盾！S_3 虽不含否定性成分，却含有自指性因素（self-reference），是一个自指性条件句，悖谬是由"自指"造成的吗？

六、雅布罗悖论

雅布罗于 1993 年发表仅仅两页的短文[1]，旨在证明：即使完全没有自指，仍然可以产生像说谎者悖论那样的悖论。

设想一个无穷长的句子序列 $S_1, S_2, S_3, \cdots\cdots$，其中每个句子都说后面跟着的句子是不真的（untrue）：

（S_1）对于所有的 $k > 1$，S_k 是不真的。

（S_2）对于所有的 $k > 2$，S_k 是不真的。

（S_3）对于所有的 $k > 3$，S_k 是不真的。

$\vdots$

$\vdots$

假设任意选定的某个 S_n 是真的，由上可知，S_n 所说的是：对于所有的 $k > n$，S_k 是不真的。于是，（a）S_{n+1} 是不真的，并且（b）对于所有的 $k > n+1$，S_k 是不真的。根据（b），S_{n+1} 所说的确实是事实，所以，与（a）相反，S_{n+1} 是真的。由此得到矛盾：S_{n+1} 是真的又是不真的。所以，该序列中每个句子都是不真的。但这样一来，既然紧跟在任意选定的某个 S_n 后面的那些句子全都是不真的，S_n 就变成真的了。悖论！

---

[1] Yablo, S. "Paradox without Self-reference," *Analysis* 53（4），1993，pp. 251—252.

雅布罗由此断言:"对于类似说谎者悖论的悖论来说,自指既不是必要条件,也不是充分条件。"

七、沈有鼎的语义悖论

沈有鼎在《两个语义悖论》(1955)一文[1]中,提出如下两个悖论,可以看成是说谎者悖论的变形:

考虑这样一个命题:

(1) 我正在讲的不可证明。

假定这个命题可以证明,那么它一定是真的,用它自己的话说,也就是它不可证明;这将跟我们的假定矛盾。

假定它可以证明将引出矛盾,因此这个命题不可证明。换句话说,这个命题是真的。这样,我们也就证明了这个命题。

所以,这个命题既可证明又不可证明。

(1) 的对偶命题如下:

(2) 我正在讲的可以反驳。

假定这命题是真的,或者用它本身的话来讲,它可以反驳。那么它一定是假的,这就跟我们的假定相矛盾。

假定它可以反驳将引出矛盾,因此这命题是假的。这样,我们也就反驳了这命题。弄清这命题可以反驳,也就是说它是真的。

所以,这个命题既真又假。……

沈有鼎指出,在对所给语言能形式化的东西未作精确刻画时,(1)和(2)只不过是两个悖论序列的首项。例如,(1)可以扩展成下述命题:

(11) 可以证明我正在讲的不可证明;

(12) 可以证明"可以证明我正在讲的不可证明";

等等。可以证明,这每一个句子都既是真的又是假的。

---

[1] 沈有鼎:《沈有鼎文集》,北京:人民出版社,1992 年,215—220 页。

不过,沈有鼎解释说,根据哥德尔的不完全性定理,如果是在一个给定的形式系统 S 中来谈(1)或(2)的证明,那么我们就不能说已经在 S 中证明了这两个命题,因为很有可能相关论证在 S 中无法形式化。所以,只要限于考虑给定系统中的可证性,我们也就不会因此产生矛盾。

八、无聊和有趣的悖论

这个世界上,有许多人很有趣,也有不少人很无聊。你用一张表列举出你所接触的所有无聊的人,用另一张表列举出你所接触的所有有趣的人。在无聊表中,在某个位置上自然列有你所接触过的最无聊的人的名字。但这一点却使他变得很有趣起来。因此,你得把他的名字移到有趣表中。于是,在无聊表中有另一个人成了最无聊的人,这又使得他成为有趣之人,你又得把他的名字移到有趣表中。如此循环往复,无聊表中变得空无所有,有趣表中却非常拥挤。结果是:这个无差异的世界是多么无聊啊,简直无聊透顶!

上面的论证改编自关于"所有数都是有意思的"这一命题的证明。据说,大数学家哈代(G. H. Hardy, 1887—1947)在造访躺在疗养院的印度数学天才拉玛努贾(S. Ramanujan, 1887—1920)时,不知道说些什么好,于是谈到:他来这里时所乘坐的那辆出租车有一个相当无趣的车牌:1729。拉玛努贾紧接着回答说:啊,不,这是一个很有趣的数字,因为它是可以用两种不同方式得出的两个数立方的最小和:$1729 = 1^3 + 12^3 = 10^3 + 9^3$。后来,有许多数学家证明,没有一个数是无趣的。谁是这个证明的首创者已不可考。有数学家说,很多看上去无趣的数字其实是有趣的。例如,39 似乎是一个没有非凡特性的数,因而是无趣的,而 81 这个数字却是有趣的,因为它可以表示为 3 的平方数的平方数。但仔细思考一下,正是因为 39 是最小的无趣整数这一点,使它变得很有趣。可以把上述思考概括成一个一般性的证明:假如存在无趣的数,就必定存在第一个无趣的数,但作为第一个无趣的数,这本身就是一个有趣的特性。所以,所有的数都是有趣的。[1]

九、王尔德和摩尔的"悖"论

奥斯卡·王尔德(Oscar Wilde,1854—1900),是英国唯美主义作家。他极其自信,"除了我的天才,我没有什么好申报的";其行为特立独行,"除了诱惑之外,我可以抵抗任何诱惑";其作品机智、风趣、尖刻,充满了格言隽语,到处可以找到近乎悖论的言论,它们所反映的也许是生活本身的悖谬之处。兹举数例:

我的缺点就是我没有缺点。

第一,我永远是对的;第二,如果我错了,请参见第一条。

如果你以为已经理解我的意思了,你就已经误解了我的意思。

生活里有两个悲剧:一个是没有得到我们想要的,另一个是得到了我们想要的。

人是理性的动物,但要求他按照理性的要求去行动时,他却要发脾气。

邪恶是善良人所编造的谎言,用以解释其他人的奇特魅力。

公众是惊人的宽容,可以原谅一切,除了天才。

我们这个时代的人,读书太多所以不再聪慧,思考太多所以不再美丽。

逢场作戏和终身不渝之间的惟一区别在于逢场作戏更为长久一点。

爱,始于自我欺骗,终于欺骗他人。这就是所谓的浪漫。

什么是离婚的主要原因?结婚。

艺术是世界上惟一严肃的事物,而艺术家则是惟一永远不严肃的人。

我敬佩简单的快乐,那是复杂性的最后避难所。

---

[1] 参见罗伊·索伦森:《悖论简史:哲学和心灵的迷宫》,305—306页。

只有浅薄的人才不根据表象做出判断。

一个不危险的想法就不配称作想法。

罗素曾经谈到,他相信哲学家乔治·摩尔(J. Moore)平生只有一次撒谎,就是当某人问他是否总是说真话时,他想了一会儿后,回答道:"不是。"

第三节 塔斯基的语义学

一、对语义悖论产生原因的分析

1933 年,塔斯基(A. Tarski)发表了一篇重要论文《形式化语言中的真概念》,"它的任务是,相对于一个给定的语言,建立一种实质上充分和形式上正确的关于'真句子'这个词项的定义"。[1]塔斯基认为,这个定义应该把握亚里士多德关于真的直觉:

说是者为非,或说非者为是,是假的;

说是者为是,或说非者为非,是真的。

他将其用精确的符号公式表示出来,得到著名的 T 模式:

T X 是真语句当且仅当 p

这里"p"可用"真的"这个词适用于它的任何句子代替,而"X"则可由这句子的名称代替,其名称可以是引号名称,也可以是结构摹状名称。下面是 T 模式的一个著名的例子:

"雪是白的"是真的当且仅当雪是白的

塔斯基发现,当把 T 模式应用于日常语言时,却会导致悖论。他转述了乌卡谢维茨给出的一个导致悖论的描述。令符号 C 是"C 不是一个真语

---

〔1〕 Tarski, A. *Logic*, *Semantics*, *Metamathematics*, Oxford:Clarendon Press, 1956, p. 152.

句"这一语句的缩写,于是我们有:

(α) "C 不是一个真语句"等同于 C。

然后对语句 C 的那个带引号的名称,提出 T 模式的具体说明,即

(β) "C 不是一个真语句"是一个真语句,当且仅当,C 不是一个
真语句。

从前提(α)和(β),立刻就得到一个悖论:

(γ) C 是一个真语句,当且仅当,C 不是一个真语句。

塔斯基认为,悖论的产生有两个原因:一是日常语言的普遍性,又称
"语义封闭性",即这种语言不仅包含句子及其他表达式,而且包含了这些
句子和表达式的名称,以及包含这些名称的句子,并且还包含了像"真的"
"假的""指称""外延"这样的语义表达式。二是通行的逻辑推理规则在其
中成立。为了避免悖论,我们显然不能抛弃通行的逻辑推理规则。他于是
把矛头指向日常语言的普遍性,并做出结论说:这种普遍性是造成一切语
义悖论的根源;要在一个如此丰富、普遍的语言系统内,无矛盾地定义真概
念是不可能的。于是,塔斯基指出,一个可接受的真定义应该满足两个限
制条件:一是实质的充分性或内容的适当性,一是形式的正确性。

一个真定义是实质上充分的,是指它能够把 T 模式的所有特例作为句
法后承推演出来,凡不能衍推 T 模式的所有特例的不能作为真定义,例如
"X 是真的当且仅当(在圣经中断定)p"就不能作为真定义,因为它不能推
出"'布什于 1988 年当选为美国总统'是真的,当且仅当(在圣经中断定)
布什于 1988 年当选为美国总统"。由此可知,T 模式并不是真定义,它本
身只是无穷多的语句的一个模式,至多算作"真的"部分定义,只有 T 模式
的所有特例的逻辑合取才能作为"真的"完全定义。实质充分性条件惟一
确定了词项"真的"外延即适用范围,因此,每个实质上充分的真定义都必
定与实际构造的定义相等值。

真定义的形式正确性包括下述要求:(1) 必须区分语言的层级,即区

分被谈论的语言和用来进行这种谈论的语言,前者是对象语言,后者是元语言。真定义必须相对于一定的语言层次,例如"在对象语言 O 中真"只能在元语言 M 中才能得到定义,而"在元语言 M 中真"则只能在元元语言 M′中才能得到定义。(2)这两种语言都必须有"明确规定的结构",即都必须用公理化、形式化的方法来表述:首先给出不加定义的初始词项,给出造词、造句的规则(形成规则),通过定义引入其他词项;其次给出与初始词项相关的公理和推理规则,并经过证明程序得到定理或可证语句。由此保证两种语言中的每一个表达式在形式上都可惟一地确定,避免歧义和混淆。(3)元语言必须比对象语言"实质上更丰富",这就是说,元语言必须把对象语言作为一个真部分包括在自身之内,此外它还包括:对象语言的表达式的名称,如其引号名称或结构摹状名称;通常的逻辑工具,如"并非""或者""并且""如果,则""当且仅当"之类的逻辑词项;适用于对象语言句子的语义表达式,如"真的""假的""满足""有效"等。不过,由于这些语义词项并不足够清晰以至可以安全使用,所以它们不能作为初始词项,而只能通过严格的定义引入。借用逻辑类型论的术语,元语言必须具有比对象语言更高类型的变元。

塔斯基区分了两种形式的语言:一类是"较贫乏的",即其元语言真正丰富于对象语言,元语言具有比对象语言更高的逻辑类型;一类是"较丰富的",即其对象语言和元语言中的变元具有相同的逻辑类型,以致元语言中所有的词项和语法形式都能在对象语言中得到翻译。对于这两类不同的形式语言,塔斯基得到了两个不同结果:(1)对于前者,无矛盾地给出实质上充分、形式上正确的真定义是可能。他相对于类演算(作为对象语言),使用一个形式化的元语言,给出了他的真定义。用这种办法,摆脱或避免了语义悖论。(2)对于后者,要给出这样的定义而不导致矛盾(悖论)是不可能的。他相对于形式算术系统证明了这一点,这就是著名的真的不可定义性定理。

蒯因在他的《逻辑哲学》(1970)一书的第一章中,相对于一阶谓词演算,使用英语加对象语言作元语言,定义了真概念,其真定义与塔斯基的真定义本质上是相通的。苏珊·哈克在《逻辑哲学》(1978)一书第七章中基本上按蒯因方法表述了塔斯基的真定义。由于一阶谓词演算是更为人熟知的，其技术性符号也比类演算更少，相对于这种对象语言做出的真定义也就更好理解。因此，我们下面以蒯因和哈克的表述为蓝本，说明塔斯基关于真概念的定义。

二、对真定义的非形式表述

塔斯基定义真概念的程序包括以下步骤：(1) 规定对象语言 O 的语法结构，真谓词是相对于 O 而被定义的；(2) 规定元语言 M 的语法结构，其中"在 O 中真"将得到定义；(3) 在 M 中定义"在 O 中满足"；(4) 在 M 中根据"在 O 中满足"定义"在 O 中真"。

塔斯基之所以通过"满足"来定义"真"，是因为他考虑到，复合的闭语句并非直接由原子闭语句构造而成，而是由语句函项(亦称开语句)构造而成。例如，$(\exists x)(Fx \lor Gx)$ 就是由开语句 Fx 和 Gx 通过析取和存在量化构造出来的。而开语句 Fx 和 Gx 并不是真的或假的，而只是被对象满足或不满足。例如，雪满足开语句"x 是白的"，而煤则不满足它。塔斯基的主要思路是：通过递归方法来定义"满足"，即先给出那些最简单的开语句被满足的条件，再给出复合开语句被满足的条件。然后，把闭语句当作开语句的一种特例(自由变元数为 0 的开语句)，同时把"真"当作"被满足"的一种特例，这样就给出了他的真定义。

在塔斯基那里，满足是开语句与对象的 n 元有序组之间的关系。对象的 n 元有序组是由 n 个对象组成并带有次序关系的集合，以二元有序组 $\langle x,y \rangle$ 为例，$\langle x,y \rangle$ 并不等于 $\langle y,x \rangle$，就像"x > y"不同于"y > x"一样。因此，次序关系对于有序组是至关重要的，$\langle x,y \rangle = \langle z,w \rangle$ 当且仅当 x = z 并且 y = w。如上所述，开语句本身并不是真的或假的，而只为对象的 n 元有序组所满足或不满足。例如，"x 走"为每一个行走的动物所满足，但不为任何非生物所满足；"x > y"为有序二元组 $\langle 5,3 \rangle$ 所满足；"x 在 y 和 z 之间"为有序三元组 $\langle$廊坊，北京，天津$\rangle$ 所满足；如此等等。从理论上讲，开语句中可以含有 1, 2, 3……直至任意多个自由变元, 于是塔斯基把有序 n 元组扩充成为对象的无穷序列, "满足"成为开语句与某种约定下的无穷序列之间的关系。例如, 开语句 $F(x_1, \cdots, x_n)$ 便为 $\langle a_1, a_2, \cdots, a_n, a_{n+1}, \cdots \rangle$ 这个序列所满足, 因为该开语句被该无穷序列中的前 n 个元所满足, 至于序列中的其他后继元 $a_{n+1}, \cdots\cdots$, 则可忽略不计。例如, "x 征服 y"被头两个元素是凯撒和高卢的任意无穷序列〈凯撒, 高卢, ……〉所满足, 不论其后继元是什么。

以上说明了原子开语句的满足, 复合开语句的满足则由原子开语句的满足来定义。开语句 S 的否定为所有不满足 S 的序列所满足; S_1 和 S_2 的合取为那些既满足 S_1 又满足 S_2 的序列所满足; 而带存在量词的开语句为一对象序列所满足, 当且仅当, 存在另一序列, 该序列至多在第 i 位上与前一序列不同, 其中第 i 个元是由存在量词所约束的变元, 该序列满足由带存在量词的语句删掉量词后得到的开语句。换一种方式说, 一存在量化开语句为一对象序列所满足, 当且仅当, 其构成语句为某个至多除第 i 位以外与该序列相同的序列所满足。例如, (∃x)(x 是位于 y 和 z 之间的城市), 为序列〈保定, 北京, 郑州, ……〉所满足, 因为该语句去掉量词后得到的语句"x 是位于 y 和 z 之间的城市", 为序列〈石家庄, 北京, 郑州, …〉所满足, 当然也为序列〈保定, 北京, 郑州, …〉所满足, 这三个序列的差别至多只在约束变元 x 所在的位置上出现。

下面根据"满足"来定义"真"。闭语句是其中变元都被量词所约束, 因而不含自由变元的语句, 它是开语句的一个特例, 即零元开语句。一序列的第一个元及其所有后继元都与该序列是否满足一零元开语句无关。因此, 塔斯基便把一闭语句为真定义为被所有序列所满足, 一闭语句为假定义为不被任何序列所满足。举例来说, 二元开语句"x 是 y 的妻子"便为所有形如〈(邓颖超, 周恩来), ……〉的序列所满足, 一元开语句"x 是作家"则为所有形如〈鲁迅, ……〉的序列所满足, 不管其后继元是什么。同理, 零位开语句(∃x)(x 是一名老师)为所有形如〈…, …, …〉的序列所满足, 无论其第一元和其他后继元是什么, 因为存在一个序列如〈孔子, …〉,

它至多与其他任意序列在第一元上不同,它满足开语句"x 是一位老师",后者是由(∃x)(x 是一名老师)删掉量词后得到的。

一闭语句要么真要么假,因而它要么为所有序列所满足,要么不被任何序列所满足,它不能只被某些序列所满足,而不被某些另外的序列所满足。为什么要这样定义"真"和"假"?考虑一个例子:(∃x)(x 是一座城市)。令 X 是一个任选的对象序列,根据关于存在量化的满足定义,X 满足这个闭语句,当且仅当,存在某个另外的序列 Y,它至多与 X 在第一个元上不同,并且它满足由该闭语句删掉量词后的开语句"x 是一座城市"。既然对象 a 满足"x 是一座城市"意味着 a 是一座城市,所以若存在某个对象是城市,则一定存在一个如上所述的对象序列 Y。于是,若有某个对象是城市,则(∃x)(x 是一座城市)为所有序列所满足。

三、对真定义的形式表述

蒯因选择了一个极为俭省的一阶语言作为对象语言 O,除它的初始符号中包括存在量词"∃"而不包括全称量词"∀",而本书第一章中所述的一阶语言 L 包括全称量词"∀"而不包括存在量词"∃"外,两者在其他方面相同,故将对象语言 O 的细节略去,直接给出有关"满足"和"真"的定义。

1. "满足"的定义

令 X,Y 是任意的对象序列,A,B 是对象语言 O 中的任意语句,X_i 表示任意对象序列 X 中的第 i 个元,var(i) 表示字母表中的第 i 个变元。

(1)对于任意一元谓词 F,任意 i 和 X,X 满足为 var(i) 所跟随的"F",当且仅当 X_i 是 F。

(2)对任意二元谓词 G,任意 i 和 X,X 满足为 var(i) 和 var(j) 所跟随的 G,当且仅当 X_i 和 X_j 有 G 关系。

(3)对其他 n 元(n≥3)谓词,任意 i 和 X,可类似地定义相应语句的满足。

(4)对任意序列 X 和任意语句 A,X 满足¬A 当且仅当 X 不满足 A。

（5）对任意序列 X 和任意语句 A 和 B,X 满足 A∧B 当且仅当 X 满足
A 并且 X 满足 B。

（6）对任意序列 X,Y,任意 i 以及任意语句 A,X 满足 A 关于 var(i)的
存在量化,当且仅当,存在某个另外的序列 Y,使得对任意 j≠i 都有 X_j =
Y_j,并且 Y 满足 A。

2."真"的定义:对象语言 O 中的一闭语句为真,当且仅当它被所有的
序列所满足。

关于他的真定义,塔斯基着重强调了以下几点:（1）这个定义不仅是
形式上正确的,而且是实质上充分的,即能推出 T 模式的所有特例。
（2）从这一定义可以推演出各种普遍性定律,尤其是矛盾律和排中律——
后两者完全足以表达亚里士多德真概念的特征。（3）将此定义应用于数
学中相当大一类领域的形式语言中,可以获得更进一步的重要结果。例
如,对于足够丰富的形式系统来说,其真谓词是不能无矛盾加以定义的。
塔斯基具体证明了:算术中的"真句子"概念不能在一阶算术中定义。这
就是著名的真不可定义性定理,它与更为著名的哥德尔不完全性定理可以
互推。（4）从有关真概念的讨论中所得到的大多数结论,经过适当改变后
都可以扩展到其他语义学概念上去,如满足、指示、定义、推论或后承、同
义、意义等,对其中每个概念都可按我们分析真概念所使用的方法进行
分析。

四、对塔斯基语义学的评价

塔斯基的语义学通过语言本身的分层并使语义概念"真""假"相对
化,以避免自我指称或自我相关。这一方案影响很大,但同样面临很多非
议,主要是这样几点:

（1）强烈的特设性。塔斯基给语言分层并使"真""假"概念相对化的
做法,与我们的日常语言习惯和直觉相冲突,因为我们日常所使用的只是
同一个语言,并不像塔斯基所说的那样使用"语言$_1$""语言$_2$"……"语言$_n$"
等;我们也只分别使用一个有确定意思的"真""假"概念,并不像塔斯基那

样使用"真$_1$""真$_2$"……"真$_n$"等。

（2）语言层次的终结问题。在塔斯基的语言分层体系中,前一层次语言的语义概念只能在后一层次的语言中才能得到严格说明,但问题在于:这个分层体系是否终结于某个统一的元语言? 如果没有这样一个元语言,则所有分层次语言的语义概念都没有一个最后的支撑点,其可靠性没有最终的保证;如果有这样一个元语言,则它就是一个语义封闭的语言,其中是否会像其他语义封闭的语言一样产生悖论?

（3）在这种分层的语言中,也可以构造出一个悖论性句子:

（δ）这个语句在分层语言的任何层次上都不是真的。

假设(δ)是真的,即它在分层语言的某个层次例如说 m 上是真的,于是(δ)所说的就是实际的情形,即(δ)不在任何层次上真,因而特别地,也就不在 m 层次上真;若假设(δ)不在任何层次上真,而这正是(δ)所说的事情,因此(δ)就是(在某个层次上)真的。这是一个地地道道的悖论。所以,很难说塔斯基理论已经成功地解决了悖论问题。

第四节　冯·赖特的语义悖论研究

冯·赖特指出:"一个命题是悖论,当且仅当,从假定该命题为真或者为假出发,可以合乎逻辑地推出:如果它为真则它为假,如果它为假则它为真。"[1]冯·赖特在《非自谓悖论》(1960)和《说谎者悖论》(1963)两篇论文[2]中,对语义悖论作了一些探讨,阐述了下述主要观点:悖论是从暗中假定的虚假前提出发进行合乎逻辑推导的结果,它使我们终于认识到某些看似天经地义的假设、信念、前提的虚假性,从而对人类认识的进步做出了贡献。

---

[1] von Wright, G. H. *Truth*, *Knowledge and Modality*, Oxford: Basil Blackwell, 1984, p.40.
[2] 均载于 von Wright, G. H. *Philosophical Logic*, pp.1—24, pp.25—33。前篇中译文见冯·赖特:《知识之树》,胡泽洪等译,北京:三联书店,2003 年,455—490 页。

一、对格雷林悖论的分析

冯·赖特认为,本章前面表述他谓悖论的方式是表面的,并且是严重误导性的,它假定了关于此悖论的真实表述会促使我们去怀疑的很多东西。他通过定义相关概念,以更精确的形式表述了这个悖论,具体提出了两种表述:非形式表述和形式表述。

1. 非形式表述

冯·赖特指出,非自谓悖论是一种语义悖论,它涉及语言表达式与其意义的关系,只不过这里的语言表达式是词(word),词的意义则是它所表示、指称、命名的性质(property)。词是性质的名称,例如"红色的""新的""动物"等等;并且词本身也可以有性质,例如它包含多个字母和多个音节,它是长的或短的,它在某个语境中出现一次或多次,等等。于是,就有可能出现这种情况:词是某种性质的名称,并且其自身恰好也具有该性质,例如"polysyllabic"(多音节的)本身是多音节的,"名词"本身也是一个名词。当然也有大量的词是某种性质的名称,但自身并不具有该性质,例如"圆的"本身不是圆的,"美元"本身不是美元。前一类词叫做"自谓的",后一类词叫做"他谓的"。"自谓的"可以精确定义如下:

> D1　x 是自谓的,当且仅当,x 是某种性质的名称并且 x 具有该性质。

利用 D1,可以定义"他谓的"如下:

> D2　x 是他谓的,当且仅当,并非 x 是自谓的。

在 D2 中,用 D1 中"自谓的"的定义项替换"自谓的"一词,于是得到:

> D3　x 是他谓的,当且仅当,并非 x 是某种性质的名称并且 x 具有该种性质。

这等于说,或者 x 不是任何性质的名称,或者 x 本身不具有该性质。

冯·赖特指出,从 D1—D3 可以看出,"自谓的"和"他谓的"这两个词可交互定义,因此原则上可以只要一个而省略掉另一个。并且,上述定义中变元 x 的值域叫做相应定义的论域,它有三种选择:一是 x 代表事物,即能够具有某种性质的东西,x 的值域由所有事物组成;二是 x 代表词,x 的值域由所有词组成;三是 x 代表性质的名称,x 的值域由所有表示性质的词组成。冯·赖特本人倾向于第三种选择。

冯·赖特指出,悖论产生的根源在于把"自谓的"或"他谓的"概念应用于"他谓的"一词。我们问:"他谓的"一词是自谓的还是他谓的? 现在考虑"'他谓的'这个词是他谓的"这个论题。我们有必要先指出,当把包含一个自由变元的定义应用于处在该变元值域内的个别事物时,用来替换定义中变元的是处于变元值域内事物的名称,而不是该事物本身;同理,如果定义所应用的事物是名称时,用来替换定义中变元的就必须是名称的名称,必须给它加引号。于是,用"他谓的"一词替代 D3 中的 x 时,我们得到如下等价式:

> "他谓的"是他谓的,当且仅当,并非"他谓的"是某种性质的名称并且具有该种性质。

现在来判定"'他谓的'是他谓的"这一论题究竟是真还是假。我们先尝试性地假定:"他谓的"一词命名了那种他谓性质(heterologicality),即一事物如果不是自谓的就会具有的性质。"'他谓的'是他谓的"这一论题的真实性于是就取决于:"他谓的"一词究竟是否具有它被认为命名了的性质? 说"他谓的"是他谓的,等于说并非"他谓的"有它所命名的性质;而说"他谓的"有它所命名的性质,等于说"他谓的"是他谓的。上述论题的成真条件因此变成:

> "他谓的"是他谓的,当且仅当,并非"他谓的"是他谓的。

用命题演算的符号表示,即 $p \leftrightarrow \neg p$。如果 p 或者真或者不真,那么说 p 真当且仅当 p 不真,就等于说 p 既真又不真。因此,上述的 $p \leftrightarrow \neg p$ 是一个明显的矛盾。冯·赖特把所谓的他谓悖论就理解为："'他谓的'是他谓的"这一论题的成真条件是一个逻辑矛盾。

常常有这样一种说法：我们在悖论中证明（prove）了一个矛盾。冯·赖特强调指出，在任何情况下，我们都不能说已经证明了一个矛盾，因为矛盾就其本性而言是不能证明的东西。"证明"一词的意义自动排除了证明矛盾的说法。正确的说法是：我们已经推导出（derived）一个矛盾，即从某些前提出发合乎逻辑地得出了矛盾。于是，在产生悖论的过程中，某些东西已被证明了。但所证明的不是矛盾，而是某个真命题，这个真命题具有条件命题的形式，例如在他谓悖论那里所证明的是：

> 如果"他谓的"一词命名一事物所具有的某种性质，当且仅当它不是自谓的，那么，"他谓的"是他谓的当且仅当它不是他谓的。

我们可以用命题演算符号将这个真条件命题表示为 $p \rightarrow (q \leftrightarrow \neg q)$。由于 $(q \leftrightarrow \neg q)$ 是矛盾，它对于"q"的一切取值都假，显然当"q"取"'他谓的'是他谓的"为值时也为假。因此，"'他谓的'是他谓的，当且仅当并非'他谓的'是他谓的"这一命题也是逻辑假的。根据否定后件律，我们就否证（disprove）了该条件命题的前件："'他谓的'命名一事物所具有的某种性质，当且仅当它不是自谓的。"而这又等于证明了下述命题：

> 并非"他谓的"命名一事物所具有的某种性质当且仅当它不是自谓的。

而这个命题等于说："他谓的"一词并没有命名某种性质，更明确地说，一个事物是他谓的，并不构成该事物的任何一种"性质"。这就是导致"他谓悖论"的那个逻辑推理过程最终所确立或证明的结论。

2. 形式表述

有人可能会提出，我们在讨论格雷林悖论时所达到的结论，依赖于我们选定的表述这个悖论的特殊方式，即依赖于这种表述的"非形式"特征，它利用了"性质""事物"这些未经严格定义的概念。为了对付这种可能的指责,冯·赖特又对格雷林悖论作了形式化表述和讨论,即在一个形式演算内处理这一悖论。

该形式演算包括下列要素:

A. 初始符号

(1) 命题联结词:¬, ∧ , ∨ , →, ↔

(2) T-符号:a,b,c,…

(3) P-符号:A,B,C,…

(4) 引号:" ,"

(5) N 符号:"A","B","C",…

B. 形成规则

(1) 把一个 T-符号直接置于 P-符号的右边,由此得到的复合式是原子公式,如 Aa,Ba。

(2) 一个 P-符号后跟一个 N 符号,由此得到的是原子公式,如 A"B"。

(3) 若 a、β 是原子公式,则¬α, α ∧ β, α ∨ β, α→β, α↔β 是复合公式。

原子公式和复合公式通称公式。

C. 定义

若用 X 表示任意 P-符号,则可通过下述定义引入希腊字母 ψ:

$$D1 \quad ψ"X" =_{df} ¬X"X"$$

这里需要作一些解释。上面所说的 T-符号是事物(thing)符号,表示任意个体;P-符号则是性质(property)符号,表示个体所具有的任意性质;N 符号则是相应 P-符号的名称,它类似于 T-符号,可以与 P-符号一起形成原子公式。而希腊字母 ψ 则相当于 P-符号,因为它后面跟一 N 符号时为原子公式,如 ψ"A"。

D. 公理

命题演算的一组公理,只不过要求用如上所述的原子公式去替代此组公理中的命题变元。

E. 变形规则

（1）代入规则：公理或定理中的一个 T-符号可以处处用另一个 T-符号代入；一个 P-符号可以处处用另一 P-符号代入。

（2）分离规则：从 α 和 α→β 推出 β。

从本演算的公理出发，经使用代入规则和分离规则（以及定义置换）所得到的公式，是本演算的定理。

显然，公式¬A"A"↔¬A"A"是本演算的定理，因为它只不过是重言式 p↔p 的代入特例。在此定理中，根据 D1 用 Ψ"A"置换¬A"A"，得到¬A"A"↔Ψ"A"，再用 Ψ 处处代换 A，由此得到¬Ψ"Ψ"↔Ψ"Ψ"。而这是一个矛盾，即格雷林悖论。

我们当然希望我们的演算不包含任何矛盾，因此应该想办法去掉它。首先要做的是弄清楚它是如何产生的。显然，导致矛盾的最后步骤是代入。根据前面表述的代入规则，此次代入是不允许的。因为代入规则只是说 P-符号可以用 P-符号代入，而我们前面并没有把 Ψ 在可代入性方面看作是与 P-符号同类型的符号，尽管它在与 N 符号结合可构成公式这一点上与 P-符号类似。相反，用 Ψ 代换 P 之后产生矛盾，就足以表明不能把 Ψ 看作是某种 P-符号。

这种避免矛盾（悖论）的方式与非形式表述中不把"他谓的"看作表示性质的词的做法是一致的。就"他谓的"一词可以用来形成主谓式命题而言，它是与表示性质的词类似的，但不能因此把它当作一个性质词，因为有些事物对于任意性质词的意义为真，对于"他谓的"一词的意义却不真。我们当然也可以根据 P 与其他 P-符号的类似，把 Ψ 看作是一个 P-符号，但这样一来 P-符号就有两种不同含义：在一种含义上，P-符号就是可以出现在合式公式中 T-符号或 N 符号左边的任何东西；在另一种含义上，P-符号是可以用来代换处于定理中 T-符号或 N 符号左边的符号的任何东西。Ψ至多在第一种含义上是 P 符号，而在第二种含义上仍不是 P 符号。这正是我们前面所说的意思。

二、对说谎者悖论的分析

冯·赖特在《说谎者悖论》一文中，提出了一个关于该悖论的"精致的"表述。所考虑的悖论式命题是：

这个语句不是真的。

他指出，有三种提到这个悖论式命题的方法：一是用它的引号名称"这个语句不是真的"，二是用它本身的前四个字"这个语句"，三是用"开头语句"（the top sentence）。这三种方法实际上用到了该命题的三种不同名称。

由上述悖论式命题再加下述三个前提：

（1）"p"是真的当且仅当 p。

（2）"这个语句不是真的"是真的，当且仅当，这个语句不是真的。

（3）"这个语句不是真的" = 这个语句。

可以得到一个矛盾：

（4）这个语句是真的，当且仅当，这个语句不是真的。

对于如上表述的悖论，人们还可以提出许多异议和反对意见。批评首先是针对其中所使用的"语句"概念。有人会问：为什么不用"这个命题不是真的"，或者"这个陈述不是真的"呢？语句是真值载体即能够为真为假吗？冯·赖特的答复是："我认为，必须承认在首要的意义上真值是陈述（statements）和命题（propositions）的属性，仅仅在派生的意义上才能说语句是真的或假的。"[1] 这样一来，上述表述中的"语句"一词最好换成"陈述"或"命题"。但冯·赖特建议，我们可把悖论式命题简单表述为：

这不是真的。

从而避开争论，减少麻烦。从这个悖论式命题出发，如果再用"p"表示任

---

[1] von Wright, G. H. *Philosophical Logic*, p. 27.

意语句,用"that p"表示由该语句所表述的命题,则说谎者悖论的精致表述
可以进一步简化成这样四个命题:

（1）That p 是真的,当且仅当 p。

（2）That 这不是真的是真的,当且仅当,这不是真的。

（3）That 这不是真的 = 这。

（4）这是真的当且仅当这不是真的。

我们还可以用 t 指称命题 p,由此推广（1）所述的关于真的一般条件:

（1′）如果"t"指称命题 p,那么 t 是真的当且仅当 p。

在（1′）中用"这"代"t",用"这不是真的"代"p",我们得到:

（2′）如果"这"指称命题"这不是真的",那么,这是真的当且仅当这
不是真的。

我们再加入前提:

（3′）"这"指称命题"这不是真的"。

从（2′）和（3′）根据肯定前件式,得到:

（4′）这是真的当且仅当这不是真的。

而这是一个矛盾,由此完成了说谎者悖论的构造和表述。它与此前的表述
相比有两个优点:它更明显,并且它不依赖于可能受到怀疑的同一可替换
性原则。

既然由（2′）和（3′）推出一个矛盾（4′）,而在我们的逻辑中矛盾是恒假
的,即:

（5）并非这是真的当且仅当这不是真的。

根据否定后件律,可以得到:

（6）并非"这"指称命题"这不是真的"。

冯·赖特指出,如果我们认为说谎者悖论证明了什么东西的话,所证

明的东西肯定不是矛盾命题，因为矛盾就其本性而言是不可证明的，矛盾只能偶尔从前提经逻辑推理推演出来。所证明的东西是(6)，即"'这'指称命题'这不是真的'"为假，悖论的产生就源自于这个虚假前提。

三、辩护和澄清

冯·赖特处理格雷林悖论和说谎者悖论的共同特点是：通过对这两个悖论的精确表述，证明若假定某些前提，则会逻辑地导致矛盾即悖论，矛盾在逻辑中是不允许的，因此根据否定后件律，相应的前提必不成立。在他谓悖论那里，所否定的前提是："他谓的"一词表示、命名、指称某种性质，如他谓性质，从而证明"他谓的"一词并不指称任何性质。在说谎者悖论那里，所否定的前提是："这"指称命题"这不是真的"。冯·赖特的上述论证的结论是不可避免的吗？针对可能会提出的异议和批评，冯·赖特作了辩护和澄清。

在他谓悖论那里，人们怀疑"'他谓的'一词不指称任何性质"这一结论的不可避免性，无非是怀疑达到这一结论的手段的可靠性，这些手段分为两组：一是少数几个逻辑原则，如矛盾律和否定后件律；一是关于"自谓的"和"他谓的"定义。冯·赖特认为，怀疑逻辑原则从而认为某些命题可以既真又不真，或者既不真也不不真，是不可想象的，因而人们至多可以去怀疑定义 D1—D3 的适当性。而冯·赖特认为，关于"自谓的"定义 D1，像人们对于任何定义所能希望的那样好和那样可靠；关于"他谓的"定义 D2 和 D3，只不过是引入一个新词"heterological"（他谓的）去代替两个词"not autological"（非自谓的），这也是绝对无可置疑的。因此，要怀疑上述结论的可靠性，除非发现推理过程中还使用了另外的暗含前提。冯·赖特认为，这种可能性几乎可以忽略不计。

有人可能不去反对导出结论的必然性，而是反对结论本身的真实性。关于他谓悖论，他们可能这样提出问题："'pentasyllabic'（5 个音节的）是自谓的"，"'monosyllabic'（单音节的）是他谓的"都是真实的主谓式命题。一般认为，在真实的主谓式命题中，一种性质被断定于或归属于一个事物，为什么我们不能承认在"'monosyllabic'是他谓的"中,人们也是把一种性质即他谓性(heterologicality)归属于"monosyllabic"这个词呢?冯·赖特的答复简单说来是这样:承认"他谓的"一词命名一种性质则会导致悖论,这就是不能承认它命名一种性质的理由。因为谓词演算就是关于性质和关系的一般理论,它为性质概念提供了隐定义和识别标准,其中之一就是矛盾律:没有任何性质能够既属于又不属于同一事物。

在说谎者悖论那里,人们也许会问:为什么"这"不指称命题"这不是真的"呢?人在语义上是万能的(semantic omnipotence),他可以通过任意的约定用任何词或短语去指称任何事物,当然也可以用"这"去指称命题"这不是真的"了。因此,我们不能拒绝(3′)而接受它的矛盾命题(6)为真。冯·赖特对此的答复是:人的"语义万能"实际上是有条件、受限制的;在不违反矛盾律的前提下,他可以用任意的词或短语去表示、指称任何东西。但是,假若用某个词或短语去表示、指称某个事物导致矛盾,这就是不能如此使用词或短语的理由。在冯·赖特看来,矛盾律和排中律是思维的基本规律和最高准则。

冯·赖特指出,稍加观察就会发现,他谓悖论源自于回答"'他谓的'是不是他谓的?"这一问题,而"'自谓的'是自谓的还是他谓的?"并不导致悖论。罗素悖论源自于"所有不自属的集之集是否自属?"这一问题,而"所有自属的集之集是否自属?"并不导致悖论。类似地,说谎者悖论是从"这个命题不是真的"这一命题中产生的,而从"这个命题是真的"却不会产生任何悖论。于是,冯·赖特总结说:"否定性概念在这三个悖论的构成中起了关键性作用。"这里,"他谓的"这一概念的否定性在于:说一个事物是他谓的,不是根据它有什么特征,而是根据它不具有什么特征。罗素悖论和说谎者悖论中所包含的否定性也可作类似分析。

冯·赖特指出,摆脱格雷林悖论和罗素悖论的途径,就是断言这些悖论所涉及的否定性质不是谓词演算意义上的性质;摆脱说谎者悖论的途径是,断言其中所涉及的否定命题不是命题演算意义上的命题。这些否定性概念与通常意义上的概念属于不同的逻辑类型。这也就是说,当"P"命名一种性质时,"非 P"并不总是也命名一种同类的性质;当"p"表达某个命题时,"非 p"并不总是表达同一意义上的命题。当此类情况发生时,冯·赖特把含有否定词的短语所命名的实体叫做"本质否定的"(essentially negative)。如果某个概念或命题导致悖论,它们所命名的实体就是"本质否定的"。

冯·赖特关于悖论的观点,与"不允许自我指称""禁止恶性循环"等看法是有差别的。有人认为,说谎者悖论源自于自我指称,因此他们主张"语句不能谈论它自身"。对此,冯·赖特指出,这一建议对解决悖论不可能有什么帮助,并且它还是假的。因为语句完全能够很好地谈论自身,并且语句关于自身的谈论有时是真的,有时是假的或不真的。例如,"这个语句是用汉语书写的","这是一个语法上正确的句子","这是一个英语句子"等等。在这些句子中,指示代词"这"既是句子中的一部分,又指称整个句子,由这些语句所表达的相应命题具有确定的真假值。

下面一段话,表明了冯·赖特对悖论和悖论研究的一般看法:"……逻辑悖论并不要求解决悖论的任何'一般理论'——无论它是逻辑类型区分的学说,禁止恶性循环原则,还是关于概念定义的某些另外的一般限制。悖论并不表明我们目前所知的'思维规律'具有某种疾患或者不充分性。悖论并不是虚假推理的结果。它们是从虚假前提进行正确推理的结果,并且它们的共同特征似乎是:正是这一结果即悖论,才使我们意识到(前提的)假。倘若不发现悖论,前提的假可能永远不会为我们所知——正像人们可能永远不会认识到分数不能被 0 除,除非他们实际地尝试着去做并达到自相矛盾的结果。"[1](着重号系引者所加)

---

[1] von Wright, G. H. *Philosophical Logic*, p. 24.

第五节　对语义悖论的新近研究

一、克里普克的解悖方案

由于对塔斯基的理论不满意,克里普克(S. Kripke)于 1975 年发表一篇重要论文《真理论纲要》[1],其中发展了一种新的真理论以及以此为基础的悖论解决方案。他运用克林(S. C. Kleene)的强三值逻辑模型,以严格的形式手段发展了此前马丁(R. L. Martin)和伍德努夫(P. W. Woodruff)等人已提出过的一种观点:只存在一个真谓词,它可以用于含有这个谓词的语言本身,但这种语言不会导致悖论,其办法是允许真值间隙并使悖论性语句处于这种间隙之中。这套理论的核心概念是"有根性""固定点"和"真值间隙"。

1. 有根性

如果一个句子断定了一类(可以只包含一个句子)句子的真值,它的真值可以根据这类句子中其他句子的真值来断定;如果这些其他句子自身又包含"真"概念,则它们的真值必须再通过考察另外一些句子的真值来确定。如果这个过程终止于不涉及"真"概念的句子,就能断定最初那个句子的真值,我们就称这个最初的句子是"有根的"(grounded),否则就是"无根的"(ungrounded)。例如,要确定"'''树叶是绿的'是真的'是真的'是假的"这个句子的真值,我们就要依次确定"'''树叶是绿的'是真的'是真的'"、"''树叶是绿的'是真的'"这些句子的真值,最终要依据经验确定"树叶是绿的"这个句子的真值。那些在此过程中不能获得真值的语句是"无根的"。

有时候,一个句子是不是有根的并不是句子的内部的(句法或语义

---

[1]　中译文见于陈波、韩林合主编:《逻辑与语言——分析哲学经典文选》,北京:人民出版社,2005 年,524—556 页。

的)性质,相反它通常依赖于经验事实。有些句子比如"本句话是真的"这个句子,尽管它不是悖论但却是无根的。可见无根的句子不一定是悖论。如果一个句子 x 断定 C 类中所有句子真,并且如果 C 类中有一个句子假,我们就允许 x 是假的且是有根的,无论 C 类中其他句子是否有根。

至于"有根的""无根的"与"悖论"的关系,克里普克的结论是:悖论性语句都是无根的,它们处于真值间隙之中,但并非所有无根的语句都是悖论。

2. 固定点

对于"有根的"和"无根的"精确定义,依赖于"固定点"这个概念。

有必要先介绍一下克林的强三值语义学,它是关于命题逻辑的,其赋值模式如下两表:

P	$\neg P$
T	F
F	T
U	U

P	Q	$P \wedge Q$	$P \vee Q$
T	T	T	T
T	F	F	T
T	U	U	T
F	T	F	T
F	F	F	F
F	U	F	U
U	T	U	T
U	F	F	U
U	U	U	U

其中,析取式为真(T),如果至少一个析取支为真;析取式为假(F),如果两个析取支均为假;否则,析取式为不确定(U)。合取式为真,如果两个

合取支都为真;合取式为假,如果至少一个合取支为假;否则,合取式为不确定。

克里普克在强克林语义学上增加了量词的解释:给定非空定义域 D。一元谓词 $P(x)$ 被解释为 D 的不交子集对 (S_1, S_2),S_1 是 $P(x)$ 的外延(extension),S_2 是反外延(anti-extension)。当 x 被指派为 S_1 中的元素时得到 $P(x)$ 为 T,当 x 被指派为 S_2 中的元素时得到 $P(x)$ 为 F,否则 $P(x)$ 为 U。

$\exists x A(x)$ 是 T,如果存在某些 x 的指派使得 $A(x)$ 是 T;$\exists x A(x)$ 是 F,如果任给 x 的指派都有 $A(x)$ 是 F;否则,$\exists x A(x)$ 是 U。

$\forall x A(x)$ 是 T,如果任给 x 指派都有 $A(x)$ 是 T;$\forall x A(x)$ 是 F,如果存在 x 指派使得 $A(x)$ 是 F;否则,$\forall x A(x)$ 是 U。

克里普克证明,存在一个极小的固定点模型使得在其中 $T(x)$ 和 A 可以等值替换,并且通常所谓的"说谎者悖论"不是悖论。其基本思路是这样的:

首先有一个不包含谓词 $T(\cdots)$ 的初始语言 L,它足够丰富使得它的句法可以通过算术化而在 L 中得到表达。通过加上一元谓词 $T(\cdots)$,L 扩充成 L^+。$T(\cdots)$ 的解释由有序对 (S_1, S_2) 给出,这里 S_1 是 $T(\cdots)$ 的外延,S_2 是 $T(\cdots)$ 的反外延,对于 $S_1 \cup S_2$ 以外的元素 $T(\cdots)$ 无定义(undefined)。$L(S_1, S_2)$ 是 L^+ 的解释,它把 $T(\cdots)$ 解释为 (S_1, S_2),其他 L 谓词的解释不变。

现在考虑一个语言分层(hierarchy of language):令 L_0 就是上述的 L^+,L_0 的解释是 $L_0(\Lambda, \Lambda)$,这里 Λ 是空集,即 L_0 是 $T(x)$ 完全未被定义的语言;对任意 α,假设我们定义了 $L_\alpha = L(S_1, S_2)$,那么 $L_{\alpha+1} = L(S_1', S_2')$,这里 S_1' 是 L_α 中真句子的集合,S_2' 是 L_α 中假句子和 L_α 中不是句子的东西的编码的集合。我们说 (S_1^+, S_2^+) 扩充 (S_1, S_2)(用符号表示为 $(S_1^+, S_2^+) \geqslant (S_1, S_2)$ 或 $(S_1, S_2) \leqslant (S_1^+, S_2^+)$),当且仅当 $S_1 \subset S_1^+$,$S_2 \subset S_2^+$。直观上,这意味着如果 $T(x)$ 被解释成 (S_1^+, S_2^+),在所有 (S_1, S_2) 被定义的地方,前一个解释和后一个解释几乎一样,惟一区别是一些在 (S_1, S_2) 的解释下 $T(\cdots)$ 没有被

定义的情况在(S_1^+, S_2^+)的解释中被定义(为真或假)了。这里赋值规则的一个基本属性是:"≤"是保序运算,即如果$(S_1, S_2) ≤ (S_1^+, S_2^+)$,则在$L(S_1, S_2)$中真的句子在$(S_1^+, S_2^+)$中保真,同样在前者中为假的句子在后者中也为假。设$(S_{1,\alpha}, S_{2,\alpha})$[1]是$T(x)$在$L_\alpha$中的解释,$S_{1,\alpha}$和$S_{2,\alpha}$都随$\alpha$的增加而增加,这样就可以定义第一个超穷层,称其为$L_\omega$,$L_\omega = (S_{1,\omega}, S_{2,\omega})$,这里$S_{1,\omega}$是所有有限$S_{1,\alpha}$的并,$S_{2,\omega}$是所有有限$S_{2,\alpha}$的并。给定$L_\omega$,我们可定义$L_{\omega+1}, L_{\omega+2}, \cdots, L_{\omega+n}$,就像有限层次上一样。即使在超穷层次上,$T(x)$外延和反外延依旧随$\alpha$的增加而增加,这里的增加并非严格增加,它允许相等。

那么,是否有一个序数层σ使得$S_{1,\sigma} = S_{1,\sigma+1}$,$S_{2,\sigma} = S_{2,\sigma+1}$,从而没有新的陈述在下一层被断定为真或假? 克里普克认为,答案是肯定的,因为语言L_0的基数是固定的,而L_0序数如果不断增加就会超过L_0的基数,可是集合论的一个定理告诉我们,一个语言的基数等于这个语言中句子的基数,所以一定会在某个序数σ上$S_{1,\sigma} = S_{1,\sigma+1}$且$S_{2,\sigma} = S_{2,\sigma+1}$。这个序数$\sigma$上的模型就是固定点模型。

"固定点"本来是一个数学概念,它是指:对于一个函数$f(\cdots)$,如果存在x使得$f(x) = x$,则称x是函数$f(\cdots)$的固定点。克里普克的固定点模型实际上是借用了这个数学概念,他先设定一个函数$g(\cdots)$,使得任给$L(S_1, S_2)$的模型ρ,$g(\rho) = \mu$,μ是$L(S_1^+, S_2^+)$的模型。上述的固定点模型就是说在σ层次上,可以得到$g(\gamma) = \delta$,其中γ是$L(S_{1,\sigma}, S_{2,\sigma})$的模型,$\delta$是$L(S_{1,\sigma+1}, S_{2,\sigma+1})$的模型,并且$\gamma = \delta$,从而$\gamma$就是一个固定点模型。

这个固定点模型虽然不能使(T)模式成立,但可以使$T(x)$和A的等值置换是可满足的,其中A是句子,x是A的名字。这至少证明了一个包含$T(x)$和A的等值置换的真理论的一致性。

克里普克只证明了极小固定点模型的存在,因为它把$T(\cdots)$最初解释为空集的有序对。还有其他的固定点模型,只要把$T(\cdots)$的最初解释变为

---

[1] 其中下标"1"表示"外延","2"表示"反外延","α"表示语言的层次。

其他的非空有序对即可。每一个固定点都可以扩充为一个极大固定点,但没有最大的固定点。

有了固定点模型之后,就可以给出"有根性"的严格定义:给定 L 的一个句子 A,A 是有根的,如果它在极小的固定点中有真值,否则无根。如果 A 是有根的,A 的层次就是那个最小的序数 α 使得 A 在 L_α 中有真值。

借助固定点模型,还可以定义"悖论":一个句子是悖论的,如果它在任何固定点上都没有真值。有了悖论的定义之后,还可以得出下面一些关于有根句或无根句的性质:

有根的句子:在所有固定点上有相同的真值。

无根的句子:(1)无根且悖论的句子:在任何固定点上都没有真值;(2)无根且不是悖论的句子有三种可能:(a)在全部极大固定点上有真值,但其真值却不一定都一样,比如:"本句话是真的"这样的句子,因为它的真值是任意赋予的,因而可以赋予不同的值。(b)在某些而非全部极大固定点上有真值。(c)在所有它们有值的固定点上有相同的真值,比如"或者本句话是真的或者其否定是真的"这样的句子,有固定点使其为真,但没有固定点使其为假。但是它是无根的,因为它在极小固定点上无真值。

根据哈克的解释,克里普克实际上也采用一种分层的语言,"在这种语言中,任一层次上的真值谓词都是下一层次上的真值谓词。在最低层次上,谓词'T'完全是不加定义的。在下一层次上,先前层次上指派了'T'和'F'的合式公式保留这些值,而先前未曾定义'T'的新的合式公式都被赋值,随着这个过程的继续,'T'得到更多的定义。但新的语句在每一个层次上得到真值的这个过程不能无限地进行下去,最后在某一个固定点上,这个过程停止了。现在,有根性的直观概念可以形式地定义为:如果一个合式公式在最小的固定点上有一个真值,则这个公式就是有根的,否则就是无根的。最小的或'最小限度的'固定点是第一个点,在这个点上,真(假)语句的集合与前一层次的真(假)语句的集合相同。悖论语句都是无根的,但并非所有无根的语句都是悖论;悖论语句是一个不能在任何一个固定点上一致地指派真值的语句。"[1]

3. 简要的评论

正如有的评论者所指出的,克里普克的这个方案与塔斯基的相比,的确在某些方面更符合直观。他所主张的有根性观念以及只须有一个真谓词的要求都是有道理的。不过,他所提出的内里分层的语言虽然含有它自己的真谓词,却并不是一种无所不包的语言,它还需要一种没有真值间隙的元语言。更具体地说,(1) 他对极小固定点的归纳定义是在一个集合论语言中而不是在该对象语言本身中给出的。(2) 还有着一些关于对象语言的断定,它们不能在该对象语言中给出。例如,"本语句是假的"在该对象语言中不是真的,但我们无法在该对象语言中说"'本语句是假的'不是真的"。(3) 由于"有根性"(以及"悖论性")都不属于该对象语言,因此像"本语句是假的或无根的"这样的强化的说谎者悖论就无法用他的理论来解决。克里普克自己也承认:"必须上升到一个元语言也许是本理论的一个弱点。塔斯基层次的幽灵依然与我们同在。"因此,他的理论将面临与塔斯基理论一样的窘境。[2]

二、菲尔德的解悖方案

克里普克的上述方案有一个很好的性质,T(x) 和 A 在外延语境中可以等值置换。但是,这个方案又有一个很大的问题:一些我们通常接受的定理不再是普遍有效的了,比如 A→A,A∨￢A 等以及由它们可以推出来的一些定理;同时 T 模式并不成立,否则,根据 T(x) 和 A 在外延语境中可以等值置换就能推出上述定理了。那么,是否有一种方案可以使得 T 模式成立,同时又能尽可能多地保留刚提到的那些我们想要保留的定理呢? 这就是菲尔德(Harry Field)提出自己的解悖方案的最初动机。

〔1〕 苏珊·哈克:《逻辑哲学》,罗毅译,北京:商务印书馆,2003 年,181—182 页。
〔2〕 宋文淦:《说谎者悖论及其解决》,《北京师范大学学报》,1987 年第 6 期,68 页。

菲尔德在多篇论著中给出并完善了一种方案[1]，这种方案的基本思想就是引入一个新的连接词"→"，以及相应的由之定义的另一个连接词"↔"。这个新的连接词"→"不同于一阶逻辑中表达实质蕴含的连接词。一阶逻辑中表达实质蕴含的连接词由另一个符号"⊃"表示，即"A⊃B"定义为"¬A∨B"。而"→"是一个初始符号，有其特殊的语义，且不由别的符号定义。另外，T 模式也由这个新的连接词表述为 T(x)↔A，其中 A 是句子，x 是 A 的名字。虽然形式上与以前差不多，但是这里的"↔"不是一阶逻辑中由实质蕴含定义的等值关系。从这个意义上也可以说，菲尔德方案是通过修改 T 模式中的等值关系的定义来解决说谎者悖论的。

菲尔德的方案主要是针对寇里悖论提出来的，为了更好地说明菲尔德的解悖方案，有必要先看一下寇里悖论的严格表述。

设 K 是下面这个句子的缩写：True(⟨K⟩)→⊥，其中⟨K⟩是 K 的名称，K 句子的意思是："K 这个句子是真的"蕴涵永假句。让"A↔B"是"(A→B)∧(B→A)"的缩写，并且"⊥"表示永假句，下面证明 K 可以得出悖论：

1. K↔(True(⟨K⟩)→⊥)　　　　　　　　K 的构造
2. True(⟨K⟩)↔(True(⟨K⟩)→⊥)　　　1. T 模式,同一置换
3. True(⟨K⟩)→(True(⟨K⟩)→⊥)　　　2. ∧_
4. (True(⟨K⟩)∧True(⟨K⟩))→⊥　　　3. 一阶逻辑定理
5. True(⟨K⟩)→⊥　　　　　　　　　　4. 一阶逻辑定理
6. (True(⟨K⟩)→⊥)→True(⟨K⟩)　　　2. ∧_
7. True(⟨K⟩)　　　　　　　　　　　　5,6. MP
8. ⊥　　　　　　　　　　　　　　　　5,7. MP

菲尔德的方案主要处理寇里悖论及其变种，不处理雅布罗悖论等。

〔1〕 参见 Field, H. "Saving the Truth Schema from Paradox," *The Journal of Philosophical Logic*, Vol. 31（2002），No. 1，pp. 1—27；"A Revenge-Immune Solution to the Semantic Paradoxes," *The Journal of Philosophical Logic*，Vol. 32（2003），No. 2，pp. 139—177；*Saving Truth from Paradox*，New York：Oxford University Press，2008。

因为菲尔德的方案比较技术化,这里只介绍其主要思想。菲尔德认为,上述寇里悖论的主要问题出在第 4 步,即从 True($\langle$K$\rangle$)→(True($\langle$K$\rangle$)→⊥)得到(True($\langle$K$\rangle$)∧True($\langle$K$\rangle$))→⊥。如果能建构一个语义学使得这一步不成立,就可以避免寇里悖论。在菲尔德之前也有人这么做过,比如说乌卡谢维茨在其三值语义学之上建立了一个逻辑使得这一步不再成立,但是他的方法有一个问题,就是他只能证明其一致性却不能证明其 ω 一致性[1],也就是说,他只能给出一个算术非标准模型,而不能给出标准模型。菲尔德的方案则不仅能证明其一致性而且可以证明其 ω 一致性,即可以给出算术标准模型。此外,菲尔德的方案还能使得 T 模式在这个新的关于↔的解释下成为可满足的,同时也保证了 T(x)和 A 是可以等值置换的。更重要的是,像 A→A、A↔A 这样的句子在新的解释下是普遍有效的。

菲尔德的方案不仅可以避免寇里悖论和一般的说谎者悖论,更重要的是,他可以避免说谎者悖论的复仇(revenge of the liar paradox)。菲尔德认为,虽然他的方案可以(在某种意义上)解决悖论,即在保留一些好的性质的前提下给悖论句一个特殊的赋值,但是似乎在他的语言中没有一个谓词能够断定悖论句属于哪一类句子,比如是真的,或不真的,或既是真的又是不真的,或既不是真的又不是不真的,否则就又会产生新的悖论。菲尔德认为其实不然,他的语言是可以断定悖论句的。其方法是引入一个新的"确定算子"(determinate operator)D,这个算子可以由新的逻辑常项"→"定义为(T→A)∧A。有了这个算子之后,虽然我们不能断定说谎者语句 A 不是真的,但我们可以断定 A 不是确定真的,即可以断定¬DA。当然,有了确定算子 D 之后,很容易构造出一个新的说谎者,它说"本句话不是确定真的"(把这个句子缩写为 B),对于这个句子我们虽然不能断定它本身,但是我们可以断定¬DB。一般地,我们可以断定一个包含 n 个 D 算子的

---

[1]　一个包含算数的理论 T 是 ω 不一致的,如果存在某种性质 P,任给自然数 n 都有 P(n)成立,但是∃x ¬P(x)也成立。一个理论 T 是 ω 一致的,如果 T 并非 ω 不一致的。一个理论 T 是一致的,如果不存在公式 A 和¬A 使得它们都可以从 T 中推出来。

说谎者语句 A 是 $\neg D^{n+1} A$。这样就可以避免在断定说谎者语句这个意义上的"说谎者的复仇"。同样的方法还可以推广到超穷层次上。

三、说谎者悖论的"复仇"

上面提到了"说谎者的复仇"。简单地说,"复仇"是指下面的现象:有些解悖方案在解决了已有的说谎者悖论之后,又会产生与这种新的方法有关的新悖论。比如,有人认为说谎者的句子是没有意义的,因而也就没有真假,因为只有有意义的句子才有真假。但是,这种处理说谎者悖论的方法马上又会出现新的悖论,即"本句话是不真的或者是没有意义的。"如果这句话是无意义的,那么它是真的,因而是有意义的;如果它是有意义的,那么,它是真的当且仅当它不是真的。悖论!

精确地说,说谎者的复仇有两种意义,第一种意义的复仇是:"简言之,如果你想一致地把说谎者语句划归为这样一类句子,那么,另一个说谎者句子就会产生,比如:一个句子说它是不真的或并非属于这一类句子。概括地说,说谎者语句企图在其语言中制造一种不一致性,如果它不能实现其企图,那么它就会征召一个'更强的'亲戚来破坏你的企图,尤其是你关于表达力的企图。就像有时说的那样:说谎者迫使(或者试图迫使)你或者不一致的表达你想表达的东西,或者不能表达你想表达的东西。"[1] 实际上,这种意义上的复仇就是模仿说谎者构造一个新的说谎者,它仍然可以看作是广义的说谎者悖论。

对于这种意义上的说谎者悖论的复仇,有不同的处理方式。比如,有人认为不能给说谎者归类,我们的语言中有说谎者这样的悖论句,但是不能找到一个语义概念使得说谎者属于这类概念,因此我们对说谎者这样的句子只能保持沉默,这样就可以避免说谎者的复仇。还有一些双面真理论者,他们接受说谎者所导致的不一致性,但是限制其影响。不过,到目前为止,后一种方法是否真的避免了说谎者的复仇,依旧是一个待考虑的问题。

---

[1] Beall, J. C. (ed.) *Revenge of the Liar*, Oxford: Oxford University Press, 2007, p. 4.

说谎者的复仇还有另一种意义，就是用来反驳各种真理论的不充分性，即一个真理论不能包含像"不真"或"排除性的真"这样的概念，否则就可能导致说谎者悖论，从这个意义上说，这个真理论是不充分的。这种意义上的说谎者复仇往往都成为促进各种真理论发展的动力。

正如毕尔（J. C. Beall）所指出的："……对于复仇的理解依旧是紧迫且开放的问题。什么是精确意义上的复仇？如果它是一个问题，它如何成为一个重要的问题？这个问题是逻辑问题吗？这个问题是哲学问题吗？这些问题相对于什么样的确切目的才是问题？我希望对于其中某个问题的回答已经在前面评论中清楚地说明了，但是对于更多问题的（清晰）回答依旧有待发现。"[1]

由于本节主要讨论说谎者悖论，所以不打算过多讨论第二层意义上的复仇。对于第一层语言上的说谎者悖论的复仇来说，一个解悖方案是否可行要看其是否有一致性，而一个可行的解悖方案是否更好要看能满足多少以下要求，满足得越多越好：（1）其表达力是否能表达一些我们希望能表达的东西，比如皮亚诺算术（PA）或者比之更弱的罗宾逊算术（Q）；（2）其语义是否能保证一些通常接受的推理形式成为普遍有效的，比如同一律、排中律、矛盾律等；（3）是否能使 T 模式为真；（4）另外也要看是否会出现"说谎者悖论的复仇"。一般来说，一个方案出现"复仇"并不说明这个方案不可行，只是说明它是一个不够好的方案。它虽然解决了这个方案要解决的悖论，因而是可行的，但是又出现了新的悖论，尽管新的悖论并不是这个方案所关注的对象，但是毕竟它没有解决所有的说谎者悖论，因而是不够好的。

---

[1] Beall, J. C. (ed.) *Revenge of the Liar*, p. 14.

第七章 休谟问题和归纳悖论

第一节 传统归纳逻辑概述

"归纳"常被定义为从个别性例证到一般性原理的推理,这可以称之为"狭义的归纳";"广义的归纳"则指一切扩展性推理,其结论超出了前提所断定的范围,因而前提的真无法保证结论的真,于是整个推理缺乏必然性。广义的归纳包括:简单枚举法,排除归纳法(即求因果五法),统计概括,类比论证,以及假说演绎法等。通常所谓的"完全归纳法"和"数学归纳法"由于具有必然性,不属于广义归纳之列。

下面概述传统归纳逻辑的历史与主要内容,特别是与后面的讨论相关的内容。

1. 亚里士多德(Aristotle,前384—322)

他是古希腊百科全书式的学者,名副其实的逻辑学之父。他提出了如下的科学研究的一般程序:

观察 (1) ——————归纳——————→ (2) 一般性原理
     (3) ←—————演绎——————

亚里士多德具体讨论了两种归纳法：

（1）简单枚举法。他谈到，"归纳是从个别到一般的过程。例如，假如技术娴熟的舵工是最有能力的舵工，技术娴熟的战车驭手是最有能力的驭手，那么一般地说，技术娴熟的人就是在某一特定方面最有能力的人"。[1]

（2）直觉归纳法，指一个科学家具有某种洞察力，能够从感觉材料中看到本质。例如，一位科学家注意到月球发亮的一面总是朝着太阳，由此推出月球的发亮是由于太阳光的反射所致。

不过，亚氏认为，科学的目的在于解释。因此，更重要的是从一般原理推论出需要解释的现象，具体的推理程序就是他的三段论逻辑。

2. 弗兰西斯·培根（Francis Bacon, 1561—1626）

曾被马克思誉为"英国唯物主义和整个现代实验科学的真正始祖"。培根原打算撰写一部百科全书式的著作——《伟大的复兴》，该书拟包括六部分：（1）科学的分类；（2）关于解释自然的指南，即新的归纳逻辑；（3）宇宙的现象，或自然的历史；（4）理智的阶梯，即在从现象沿着公理的阶梯上升到"自然总律"的过程中应用该方法所获得的例证；（5）新哲学的展望，即试探性的普遍化；（6）新的哲学或积极的科学，它将在一个有序的公理系统中展示出归纳的全部结果。这项宏伟的计划未被完全实现。但是，却可以把《学术的进展》（1605）和《新工具》（1620）看作是他的伟大著作的头两个部分。《新工具》也许是培根最重要的著作，其中提出了"知识就是力量"这一著名口号，最先系统地探讨了以观察、实验为基础的归纳方法和归纳逻辑。

培根认为，经院哲学阻碍了当代科学的发展，因此他极力批判经院哲学以及当时被偶像化、权威化和教条化的亚里士多德哲学。他还进一步揭露了人类认识产生谬误的根源，由此提出著名的"四假相说"，即"种族的假相""洞穴的假相""市场的假相"和"剧场的假相"。他本人倡导的方法是基于观察和实验的归纳法。他认为，归纳的一个基本原则是不能跳跃而

---

[1] 苗力田主编：《亚里士多德全集》第一卷，北京：中国人民大学出版社，1990年，366页。

要一步一步地从经验材料得出越来越普遍的规律,由此得到一个开始于经验材料、普遍和抽象程度逐步上升的知识金字塔。

在这个过程中,要应用他所谓的"三表法"和"排斥法"等方法。三表法包括:(1) 本质和具有表,用以罗列具有被研究性质的事例;(2) 缺乏表,用以罗列不出现被研究性质的事例;(3) 程度表,用以罗列被研究现象出现变化的事例。排斥法则用来排斥表中所罗列事例中的不相干因素,使得剩下的惟一因素能够成为被研究性质的形式或原因。

后来,英国逻辑学家约翰·密尔(John Stuart Mill, 1806—1873,严复译为"穆勒")在《逻辑体系——演绎和归纳》(1843)一书中,把逻辑推理从广义上分为归纳和演绎,前者是由一些命题推出一个一般性程度较高的命题,后者是由一些命题推出一般性程度较低的或相等的命题。密尔在继承和改进培根的三表法和排斥法的基础上,系统性地阐述了寻求现象之间因果联系的 5 种方法,即求同法、求异法、求同求异并用法、共变法和剩余法,通称"密尔五法",从而使得归纳逻辑具有了较为成熟的形态。

可以对传统归纳逻辑做如下的概括:

目标:从感觉经验材料中抽象、概括出普遍必然的科学规律。

收集感觉经验材料的方法:观察、实验、社会调查、数据统计等。

归纳概括的程序:完全归纳法,简单枚举法,科学归纳法,求因果五法,类比法,假说演绎法等。

应用:知识就是力量! 倾听自然是为了改造自然,为人类谋福社。

最能体现传统归纳逻辑特点的是"简单枚举法",有如下两种形式：

（1）归纳概括：

S_1 是 P，

S_2 是 P，

⋮

S_n 是 P，

S_1，S_2，…，S_n 是 S 类的部分对象，并且其中没有 S 不是 P，

所以，所有的 S 都是 P。

也可以这样来表述：

迄今为止观察到的所有 S 都是 P，

所以，所有 S，不论其是否已经被观察到，都是 P。

（2）归纳预测

S_1 是 P，

S_2 是 P，

⋮

S_n 是 P，

S_1，S_2，…，S_n 是 S 类的部分对象，并且其中没有 S 不是 P，

所以，S_{n+1} 也是 P。

第二节　休谟问题及其解决方案

一、休谟对归纳法的质疑

休谟（David Hume，1711—1776），英国哲学家。出生于苏格兰爱丁堡的一个不太富裕的贵族家庭。三岁丧父，由母亲抚育成人。12 岁进入爱丁堡中学，但中途辍学，在家里自学文学和哲学。1729 年开始专攻哲学。

1732 年,刚满 21 岁的他开始撰写《人性论》。1734—1737 年旅居法国乡间,完成了代表作《人性论》(第 1—2 卷,1739;第 3 卷,1740)。正是在《人性论》第一卷(1739)及其改写本《人类理智研究》(1748)中,休谟从经验论立场出发,对因果关系的客观性提出了根本性质疑,其中隐含着对归纳合理性的根本性质疑。他的这个怀疑主义论证,在哲学史上产生了巨大而又深远的影响,史称"休谟问题",亦称"归纳问题"。

首先指出,休谟并没有使用"归纳推理"或其类似的表述,他最常用的说法是"或然论证",在《人类理智研究》中常用"因果推理",所探讨的主要推理形式是下面的"预测归纳推理":

> 迄今所观察到的太阳每天都从东方升起,
>
> 所以,太阳明天仍将从东方升起。

或者,

> 迄今所观察到的火都是热的,并且这是火,
>
> 所以,这是热的。

它们从关于迄今已观察到的情况的断言推移到迄今尚未观察到的情况的断言,这是各种形式的归纳推理的共同特点。所以,休谟关于预测归纳推理的说法也一般性地适用于归纳推理的各种形式。

按我的理解,休谟关于因果关系和归纳推理的怀疑论证可重构如下:

(1)思维的全部材料来自于知觉(perception),知觉包括印象和观念,印象是最强烈和最生动的,观念则是印象的摹本。

(2)人类理智的对象分为"观念的联系"和"实际的事情";人类知识也分为"关于观念间联系的知识"和"关于实际事情的知识"。

(3)前一类知识仅仅凭借直观或演证就能发现其确实性如何。

(4)后一类知识的确实性不能凭借直观或演证来确证,而是建立在因果关系上的。

(5)一切因果推理都是建立在经验上的,因为原因与结果是不同的事件,结果并不内在地包含在原因中;无论对原因做多么精细的观察与分析,

都不可能找出其结果。

(6)因果关系包括三个要素:空间上的相互邻近,时间上的先后相继,以及必然性,其中"必然性"是经验观察中所没有的。

(7)因果推理必须依赖于如下的"类似原则"或"自然齐一律":"……我们所没有经验过的例子必然类似于我们所经验过的例子,而自然的进程是永远一致地继续同一不变的。"[1]

(8)对自然齐一律无法提供演证式证明,"因为自然的进程可以改变,虽然一个对象与我们以前经验过的对象相似,但它也可能被不同或相反的结果所伴随,这里并不蕴涵矛盾"。[2]

(9)对自然齐一律也不能提供或然性论证,因为或然性是"建立在我们所经验过的那些对象与我们所没有经验过的那些对象互相类似那样一个假设。所以,这种假设决不能来自于或然性。"[3]否则,就是循环论证和无穷倒退,是逻辑上的无效论证。

(10)对自然齐一律的证明也不能通过诉诸一个对象"产生出"另一个对象的"能力"来进行,因为"能力"概念来自于对一些对象的可感性质的观察,而由观察做出推断时必须依赖自然齐一律。

(11)因此,自然齐一律没有得到有效的证明。

(12)所以,以自然齐一律为基础的因果推理也不是逻辑上有效的推理,因为有可能做如下设想:作为原因的事件发生,而作为结果的事件不发生;或者说,当其前提为真时,其结论可能为假。

休谟由此得出了他的最后结论:"由此看来,不但我们的理性不能帮助我们发现原因和结果的最终联系,而且即使在经验给我们指出它们的恒常结合以后,我们也不能凭自己的理性使自己相信,我们为什么把那种经验扩大到我们所观察的那些特殊事例之外。我们只能假设,却永远不能证明,我们

〔1〕 休谟:《人性论》,关文运译,北京:商务印书馆,1997 年,106 页。
〔2〕 休谟:《人类理智研究 道德原理研究》,周晓亮译,沈阳:沈阳出版社,2001 年,33 页。
〔3〕 休谟:《人性论》,107—108 页。

所经验过的那些对象必然类似于我们所未曾发现的那些对象。"[1]

休谟的论证主要是针对因果关系的,但其中包含一个对归纳推理的怀疑主义论证。也可以按现代方式,把后一论证重构如下:

(1)归纳推理不能得到演绎主义的证成。因为在归纳推理中,存在着两个逻辑的跳跃:一是从实际观察到的有限事例跳到了涉及潜无穷对象的全称结论;二是从过去、现在的经验跳到了对未来的预测。而这两者都没有演绎逻辑的保证,因为适用于有限的不一定适用于无限,并且将来可能与过去和现在不同。

(2)归纳推理的有效性也不能归纳地证明,例如根据归纳法在实践中的成功去证明归纳,这就要用到归纳推理,因此导致无穷倒退或循环论证。

(3)归纳推理要以普遍因果律和自然齐一律为基础,而这两者的客观真理性并未得到证明。因为感官最多告诉我们过去一直如此,并没有告诉我们将来仍然如此;并且,感官告诉我们的只是现象间的先后关系和恒常汇合,而不是具有必然性的因果关系;因果律和自然齐一律没有经验的证据,只不过出自人们的习惯性的心理联想。

应该指出,休谟对归纳合理性的质疑是针对一切归纳推理和归纳方法的,并且它实际上涉及"普遍必然的经验知识是否可能?如何可能?"的问题,涉及人类的认识能力及其限度等根本性问题。因此,休谟的诘难是深刻的,极富挑战性,以至有这样的说法:"休谟的困境就是人类的困境"(Hume's predicament is human predicament)。

休谟问题得到了哲学家和逻辑学家的高度重视,他们提出了各种各样的归纳证成方案,主要有:

(1)演绎主义证成,指通过给归纳推理增加一个被认为是普遍必然的大前提,把它与归纳例证相结合,以此确保归纳结论的必然真实性。这种证成方案实际上暗中承认了归纳推理本身不能得必然结论,其主张者首推密尔,此后著名的有罗素以及中国的金岳霖。

---

[1] 休谟:《人性论》,109 页。

（2）先验论和约定论证成，其代表人物是康德、庞加莱等人。例如，约定论通过把归纳推理的大前提归诸于某类主观约定或社会约定来为归纳证成。

（3）归纳主义证成，指通过列举使用归纳法在实践中所获得的成功来为归纳法证成。

（4）概率主义证成，主要是由逻辑实证主义者所提出的一种归纳证成方案。

由于上述各种证成方案在总体上都不太成功，波普尔（K. R. Popper）坚持一种反归纳主义的立场。

迄今为止，没有一种归纳证成方案得到普遍接受，故下述说法仍然成立："归纳法是自然科学的胜利，却是哲学的耻辱。"[1]

二、关于休谟问题的评论

关于休谟问题，我所持的观点包括否定的方面和肯定的方面。[2]

其否定方面是：归纳问题在逻辑上无解，即对于"归纳推理是否既能够扩展知识又具有保真性？"这个问题，逻辑既不能提供绝对肯定的答案，也不能提供绝对否定的答案，因为该问题是建立在三个虚假预设之上的：

（1）存在（绝对）普遍必然的知识，这是休谟提出归纳问题时的一个预设。但这个预设是成问题的：（a）从休谟哲学内部不能得出这个预设。因为休谟主张彻底的经验论立场，他把感觉印象当作一切知识的源泉："我们的一切观念或微弱的知觉是从我们的印象或强烈的知觉中得来的，而且我们无法思考在我们身外的我们未曾看到的任何东西，或在我们内心未曾感到的任何东西。"[3] 而从感觉经验中无法建立普遍必然性，除非引入先验

---

〔1〕 洪谦主编：《逻辑经验主义》，北京：商务印书馆，1989 年，257 页。

〔2〕 下面的论述是极其纲要性的，详细论述参见我的《逻辑哲学》一书的第十三章《归纳的证成》（北京：北京大学出版社，2005 年，345—363 页）。

〔3〕 休谟：《〈人性论〉概要》，见于周晓亮：《休谟哲学研究》附录一，北京：人民出版社，1999 年，369 页。

性因素,但后一做法是与其彻底的经验论立场相矛盾的。(b)可以证明,即使关于观念之间关系的知识也只具有相对的必然性。(c)在彻底的经验论立场上可发展出整体主义知识观,后者承认一切命题的可修正性。因此,休谟关于"存在着普遍必然性知识"的预设是不成立的。

(2)在休谟问题的背后,隐藏着对演绎必然性的崇拜,即把合法的推理局限于有保真性的演绎推理,除演绎推理之外的其他思维活动,如归纳推理,都是非理性、非逻辑的。因为休谟明确指出,归纳推理是基于自然齐一律和因果律之上的,而从原因到结果的转移不是借助于理性完成的,而是依靠习惯和经验——"习惯是人生的伟大指导"。[1]休谟对归纳问题给予了心理主义的解决,实际上也就是给予了非理性主义的解决。但"合法的推理只局限于有保真性的演绎推理"这个预设与前一个预设相比更成问题,并且造成的危害也更大:它已经演变成为一个根深蒂固的演绎主义传统。

(3)休谟要求,只能在感觉经验的范围内去证明因果关系的客观性和经验知识的普遍真理性。例如他指出:"任何实际的事情只能从其原因或结果来证明;除非根据经验我们无法知道任何事情为另一件事情的原因。"[2](着重号系引者所加)而这个要求本身是不合理的。如休谟所言,感觉经验所告诉我们的只是先后关系,而不是因果关系,因果关系的断言超出了感觉经验的范围。如果我们像休谟那样,只停留在感觉经验的范围内,那就只能与休谟一样得出怀疑主义的结论。但是,正如马克思所指出的,"人的思维是否具有客观的真理性,这不是一个**理论**的问题,而是一个**实践**的问题。人应该在实践中证明自己思维的真理性,即自己思维的现实性和力量"。[3]

历史上有人提出,归纳是我们用来预测事件进程的一种策略,尽管这种策略不能保证人们一定获得真理,但它的合理性在于:它是人们为获得真理所能采取的诸多策略中的最佳策略;并且,归纳是一个自我修正的过

---

[1] 休谟:《人类理智研究 道德原理研究》,43 页。
[2] 休谟:《〈人性论〉概要》,见于周晓亮:《休谟哲学研究》附录一,374 页。
[3] 《马克思恩格斯选集》第一卷,55 页,北京:人民出版社,1995 年。

程,它让过去的经验决定对未来的预测,并且让新的经验修正、否定虚假的信念。如果我们始终一贯地坚持归纳策略,我们最终总会达到真实的归纳结论。

我对上述归纳证成方案持同情态度,由此引出我本人关于归纳问题的肯定性观点:

(1)归纳是在茫茫宇宙中生存的人类必须采取、也只能采取的认知策略。人是宇宙的婴孩。与这个浩大无边、深不可测、妙不可言的宇宙相比,人只是一粒微尘。人要想在这个宇宙中生存下去,他就必须认识这个宇宙,探究她的奥秘,从中获取自己的生存资源,使自己从肉体到精神都获得发展。除了采取观察、实验、归纳、假说演绎法、试错法等等之外,我想象不出人类还有什么其他可能的认知策略。在这个意义上,归纳对于人类来说具有实践的必然性。

(2)人类有理由从经验的重复中建立某种确实性和规律性。宇宙是摆在渺小的人类面前的一个巨大谜团,归纳逻辑要建立一套猜宇宙之谜的模式、方法和准则。虽然它不能确保人类猜对,但运用它却使人类有可能猜对,从而获得关于这个宇宙的具有一定普遍性和规律性的认识。这样说的根据在于确信宇宙中存在某种类似于自然齐一律和客观因果律之类的东西,该确信本身也来自宇宙和经验,来自自然的教导,因为在经验中显现给我们的这个世界并不是完全无序的,而是呈现出一定的合规律性:四季更迭,昼夜交替,各生物物种之间的相互依存,以及像"水往低处流,人向高处走"这样的自然或社会现象。既然世界不断地向我们显现这种重复性,我们就有理由期待这个世界还会这样重复下去。这样的期待是合理的期待,而不这样期待是不合理的。例如,设想明天的太阳会与以往不同,不再从东方升起而从西方升起,尽管这在逻辑上合理,但在事实上不合理,它除了逻辑的理由外没有任何事实的理由,而关于这个世界的事实性断言是不能仅凭借逻辑的理由来加以肯定或否定的。

(3)人类有可能建立起局部合理的归纳逻辑和归纳方法论,并且已部分成为现实。例如,简单枚举法,排除归纳法,回溯推理法,类比法,假说演

绎法,波普尔所谓的"试错法",概率计算和数理统计方法,以及各种归纳
概率逻辑,都提供了具有一定合理性的"猜"宇宙之谜的方法,当然还可能
发展出别的此类方法。重要的不是去指责这些方法不能必然推出真实的
结论,而是要弄清楚它们的前提条件、适用范围及其局限性等等,对这些方
法做局部证成。人们常常通过指责现有归纳逻辑不成熟,得出"归纳逻辑
不可能"的结论,该结论所断定的大大超出了该前提的范围,它本质上与归
纳推理相似,根据演绎逻辑也是不成立的。或许,我们对归纳逻辑应该保
持必要且足够的耐心。

(4) 归纳结论永远只是可能真,而不是必然真。由于宇宙无论是从宏
观或微观的角度看都是无限的,人类在任何确定的时刻都不能说他已经获
得了关于这个宇宙的完全充分的认识,甚至也不能有把握地说,他已经获
得了关于宇宙的某个局部或片段的完全充分的认识。人类在任何时候运
用归纳方法所获得的任何具体认识中都含有可错性成分,在原则上都是可
修正的。因此,对于任何已有的理论,对于使我们获得这些理论的归纳逻
辑和归纳方法论本身,我们都应该保持一种健康的怀疑、诘难、批评的态
度;对于任何未知的事物,我们都应该保持一种理智的好奇,以免陷入独断
论、教条主义、绝对主义。这是事情的一方面。但事情还有另一方面。既
然我们根据已有理论所进行的实践一再取得成功,那就说明我们根据归纳
法所获得的理论中肯定有真理性成分,我们不能因为已有理论中含有可能
被未来的经验证伪的可错性成分,就完全否认现有理论的真理性,否认归
纳逻辑及其方法论在一定程度上的合理性和可靠性。也就是说,我们应该
对被实践一再证明为真的理论,对于归纳法本身保持必要的信心,以免陷
入相对主义、虚无主义、不可知论。

我认为,归纳逻辑应研究这样一个完整过程:如何从经验的学习中建
立可错的归纳判断并用于指导以后的行动,并且根据环境的反馈修正已有
的归纳判断,获得正确性程度越来越高的认识。因此,我所理解的归纳逻
辑就包括如下四部分内容:发现的逻辑,(客观)证成的逻辑,(主观)接受
的逻辑,以及修改或进化的逻辑。

三、布里丹的驴子和因果决定论

布里丹的驴子是对人无法做出决定的状态的一个比喻性描述,它指下述悖谬性情景:

> 有一头驴子,它行事非常理性,每当要做选择或决定时,务必要让自己仔细想清楚,以便该决定或选择得到足够强和足够充分的真实理由的支持。某一天,它饿得发昏,到处找草料吃,误打误撞发现了两堆草料,它们的大小差不多,鲜美程度也差不多。站在两堆草料之间,这头驴子犯了难:我该先吃哪一堆草料呢?我先吃它有哪些理由呢?这些理由真实且充分吗?每当快要做出一个决定时,它马上想到另一些理由把它否决了。于是,它在两堆草料之间左思量右徘徊,最后竟然活活饿死了。

可以参看下面的插图[1]:

这个悖论虽以 14 世纪法国哲学家布里丹的名字传世,但遍查布里丹

---

〔1〕 图片来源:http://orwell. ru/library/poems/factory/Buridan's% 20ass。读取日期:2013 年 8 月 8 日。

的著述,也找不到他对这个悖论的原始表述,倒是在亚里士多德的《论天》中找到了类似的描述:有一个人,他既渴又饿,且程度相同,当他身处食物和水之间时,无法决定究竟是应该先进食还是先饮水。但这个悖论也不是与布里丹一点关系也没有:他提倡一种道德决定论,为了避免无知和所存障碍的干扰,在面对不同的行为选择时,人们总是应该选择更大的善;人们还可以暂时搁置选择,以便充分评估该选择的可能后果。斯宾诺莎最早把这个悖论与布里丹连接起来,认为它牵涉到自由意志与因果决定论的关系:

> 如果人们的行为不是出于自由的意志,当他到了一种均衡状态,像布里丹的驴子那样时,他将怎么办呢?他不会饥饿而死吗?假如这样,我们岂不将他认作泥塑的人或驴子吗?倘若否认这一点,那么我们不能承认他能够自决,具有去所要去的地方、做所要做的事情的能力。[1]

假设在该驴子的因果历史中没有任何东西促使它走向这堆草料而不是那堆草料,并且假设它的所有行为都是因果决定的,是先前原因的不可避免的后果,而这些原因又是由别的先前原因所决定的,由此不断追溯下去,该驴子只好站在两堆草料之间,等着最终饿死。如果因果决定论对动物成立,则我们可以期待它对人也成立。如亚里士多德谈到的,像驴子那样行事的人也会在进食和饮水之间摇摆不定,以至最后死掉。但这就能证明因果决定论的荒谬吗?不一定吧。我们可以探寻该动物或该人如此行事的原因:它或他之所以如此行事,是因为他们秉持了某种错误观念;或者,他们之所以如此行事,是他们经过理性思考和判断的结果,也是他们自觉做出的一种选择,因为有时候无所作为也是一种"选择";或许,他们是通过此种方式来实施自杀行为;或者,他们由于过去的行为过于理性和严谨,对自己苛责太严,竟然疯掉了,再也不能理性地行事;如此等等。所有这些解释仍然是一种"因果"解释。所以,斯宾诺莎对布里丹的驴子情形究竟能够说明什么也是含糊其辞的:

———
[1] 斯宾诺莎:《伦理学》,贺麟译,北京:商务印书馆,1983年,91—92页。

我宣称我完全承认，如果一个人处在那种均衡的状态，并假定他除饥渴外别无知觉，且假定事物和饮料也和他有同样远的距离，则他必会死于饥渴。假如你问我像这样的人究竟是驴子呢还是认作人？那我只能说，我不知道；同时我也不知道，究竟那悬梁自尽的是否应认为是人，或究竟小孩、愚人、疯人是否应该认为是人。[1]

这里，我想就布里丹的驴子发几句感想。如果一位理性主义者，对理性的执着到了那头驴子的地步，则他已经蜕变成为一位非理性主义者，一位理性拜物教主，一位理性独断论者。实际上，作为真正的理性主义者，我们应该承认我们的理性能力在很多方面是受到限制的，如自然禀赋的限制，现实条件的限制，个人化特点的限制，等等。因此，我们应该对我们的理性能力保持必要的怀疑，对其做适度的节制。所以，做一位温和的有节制的怀疑论者，常常是受过良好教养的知识分子的一个特征：他们尊重常识，尊重习俗、成规和传统，保持中庸、温婉、谦和的行事方式；他们在思想上可能狂飙突进，但在行为上却可能中规中矩，如哲学家休谟，如文学家歌德。有时候，如果理智想不清楚，听从本能的呼唤，遵照常识的指令，可能是最为理性的选择。又回到那头驴子：既然饿了，吃进草料，填饱肚子，让自己活下去，这才是最重要的，也是最理性的选择；至于在哪里吃，吃什么样的草料，则是次要的。我曾说过一句话：聪明人不能生活在贫穷之中，在思考了布里丹的驴子案例之后，或许还应该补上一句：聪明人更不能把自己活活饿死，除非他有意选择以此种方式自杀。

第三节　归纳悖论和反归纳主义

归纳悖论可以视为休谟问题在现代归纳概率逻辑中的变形，它们也涉及归纳合理性及其辩护问题，一般与对某个全称假说的确证、否证、相信、接受等等相关，指运用看似合理的归纳原则或归纳推理，得出了严重违反

---

[1]　斯宾诺莎：《伦理学》，94 页。

常识和直觉的结论,或做出了互相矛盾的预测。主要的归纳悖论有以下三个:亨普尔悖论,古德曼悖论,凯伯格悖论。

一、亨普尔悖论及其解决方法

1. 亨普尔悖论

亦称"渡鸦悖论"(The Paradox of Ravens)、"确证悖论"等,最早由亨普尔(Carl G. Hempel, 1905—1997)在 1937 年提出,后在《确证逻辑研究》(1945)一文[1]中详细阐述。该文第三节从逻辑方面表述该悖论,称其为"逻辑悖论";第五节从直觉方面表述该悖论,称其为"直觉悖论"。该悖论主要揭示了关于确证的"尼柯德标准"和"等值条件"之间的冲突。

尼柯德标准:对于一个形如"所有 A 是 B"的全称假说(可用逻辑符号表示为"$\forall x(Ax \rightarrow Bx)$")来说,

(1)一个既是 A 又是 B 的个体 a 确证该全称假说;

(2)一个是 A 但不是 B 的个体 a 否证该全称假说;

(3)一个不是 A 的个体 a,无论它是不是 B,与确证该全称假说不相干。

这里,所谓"确证"(confirmation),亦称"证实",是指为一个全称假说"所有 A 是 B"提供正面的支持性例证;所谓"否证"(falsification),亦称"证伪",是指为该假说提供反面例证:若那个或那些例证成立,该假说必定是假的。

等值条件:如果假说 H_1 与假说 H_2 逻辑等值,证据 E_1 与证据 E_2 逻辑等值,那么,若证据 E_1 确证假说 H_1,则它也同时确证假说 H_2;并且,若证据 E_1 同时确证假说 H_1 和 H_2,则证据 E_2 也同时确证假说 H_1 和 H_2。

单独来看,尼柯德标准和等值条件都是相当合理的。但是,把它们两者结合在一起,却会在确证中导致反直观或悖谬的结果。

考虑待确证假说 H1:$\forall x(Ax \rightarrow Bx)$。

---

[1] Hempel, C. G. "Studies in the Logic of Confirmation," *Mind*, vol. 54, 1945, pp. 1—26, pp. 97—121. 中译文见于江天骥主编:《科学哲学名著选读》,武汉:湖北人民出版社,1988 年,453—516 页。

逻辑悖论 1：根据尼柯德标准，确证 H_1 的证据是 E_1：$Aa \wedge Ba$；否证 H_1 的证据是 E_2：$Ab \wedge \neg Bb$。由 H_1，可以推出其逻辑等值命题 H_2：$\forall x(\neg Bx \rightarrow \neg Ax)$。设有证据 E_3：$\neg Bc \wedge \neg Ac$，根据尼柯德标准（1），它确证假说 H_2；因为 H_2 逻辑等值于 H_1，所以，根据等值条件，E_3 也确证假说 H_1。但根据尼柯德标准（3），E_3 与 H_1 的确证不相干。于是，我们得到了矛盾的结果：E_3 既确证假说 H_1，又与确证 H_1 不相干！

直觉悖论 1：考虑待确证命题"所有渡鸦都是黑色的"，它分别等值于"不存在非黑色的渡鸦"和"所有非黑色的东西都是非渡鸦"。根据尼柯德标准和等值条件，除了非黑色的渡鸦否证该命题之外，任何一个既不是黑色的又不是渡鸦的东西，例如白雪、红花、绿叶、黄雀，都是该命题的确证事例。这严重违反了人们的常识和经验，甚至是荒谬的。因为这样一来，我们根本不必走出书房，只要看着屋内非黑色的东西，并确认它们不是渡鸦，就足以确证"所有渡鸦都是黑色的"这个命题。于是，所有的野外观察和实验研究都变得没有必要了。这会毁掉自然科学的根基。

逻辑悖论 2：考虑待确证假说 H_3：$\forall x((Cx \vee \neg Cx) \rightarrow (Bx \vee \neg Ax))$。设有证据 E_4：$(Cd \vee \neg Cd) \wedge (Bd \vee \neg Ad)$，根据尼柯德标准（1），$E_4$ 确证假说 H_3；而 E_4 逻辑等值于 $Bd \vee \neg Ad$，根据等值条件，后者也确证假说 H_3；而 H_3 逻辑等值于 H_1，又根据等值条件，故 E_4 也确证假说 H_1。但根据尼柯德标准（3），E_4 与假说 H_1 的确证不相干。于是，我们得到一个矛盾的结果：E_4 既确证假说 H_1，又与确证 H_1 不相干！

直觉悖论 2：考虑待确证命题"所有渡鸦都是黑色的"，根据尼柯德标准和等值条件，任何一个是黑色的东西或者不是渡鸦的东西，例如黑板、蓝天、白粉笔、黄衣服，都是该命题的确证事例。这也严重违反了人们的常识和经验，甚至是荒谬的。

逻辑悖论 3：考虑待确证假设 H_4：$\forall x((\neg Bx \wedge Ax) \rightarrow (Cx \wedge \neg Cx))$，根据尼柯德标准（1），$H_4$ 的证据应该是 E_5：$(\neg Be \wedge Ae) \wedge (Ce \wedge \neg Ce)$，即 E_5 确证 H_4。而 H_4 逻辑等值于 H_1，根据等值条件，故 E_5 也确证 H_1。但是，E_5 是一个矛盾式，这样的确证事例不存在。所以，H_4 无确证事例，故

H_1 也无确证事例。我们又得到一个矛盾的结果：H_1 应该有确证事例，但又不可能有确证事例！

直觉悖论 3：人们能够通过找到黑色的渡鸦来确证"所有的渡鸦都是黑色的"，怎么能够说该全称假说没有确证事例呢？！

2. 亨普尔的消解方案

一般来说，解决确证悖论有以下途径：(1) 修改等值条件或排斥它；(2) 修改尼柯德标准或排除其中的某些部分；(3) 找出其他隐含的错误和误解。

亨普尔认为，等值条件是关于确证的任何合适定义所必须满足的一个条件。若违反这个条件，对某些事例能否确证某个假说，将不仅取决于该假说所表述的内容，而且取决于该假说被表述的方式：若以某种方式表述，那些事例确证该假说；若换一种逻辑上等价的表述方式，那些事例就不再确证该假说了。这是难以理喻的。所以，他选择保留等值条件而修改尼柯德标准。具体的消解悖论的方案如下：

对于逻辑悖论 1 和 2，通过前面的叙述发现，在确证假说 H_1 "$\forall x (Ax \rightarrow Bx)$" 时，如果保留等值条件，从尼柯德标准(1) 可以推出：一个不是 A 的事例（无论它是不是 B）确证 H_1，这与尼柯德标准(3) 相冲突。亨普尔选择保留标准(1) 而排除(3)，悖论因此消除。

对于逻辑悖论 3，实际上仅仅是等值条件与尼柯德标准(1) 相冲突：若承认等值条件，根据尼柯德标准(1)，H_4 的确证事例只能是 $(\neg Bd \wedge Ad) \wedge (Cd \wedge \neg Cd)$，但这一事例是矛盾的，它不可能存在！这就是说，$H_4$ 又不可能有确证事例。由于 H_1 等值于 H_4，这就是说，H_1 既有确证事例又没有确证事例。这样一来，仅仅排除尼柯德标准(3) 就解决不了问题。究竟怎么消解该悖论？亨普尔没有给出办法。

对于直觉悖论 3，亨普尔在《新近的归纳问题》(1966) 一文[1] 中给出

---

[1] Hempel, C. "Recent Problems of Induction," in R. G. Colodny (ed.), *Mind and Cosmos*, *Essays in Contemporary Science and Philosophy*, Pittsburgh: University of Pittsburgh Press, 1966, pp. 112—134.

了解决方案:既然已经排除尼柯德标准(3),那么,尼柯德标准(1)就只是确证该假说的充分条件而不是必要条件,即如果一个事例不满足尼柯德标准(1),这个事例未必确证这个假说,就像在逻辑悖论 3 中,H_4 没有确证事例从而 H_1 也没有确证事例,但这并不排除 H_1（根据其他标准)有确证事例的可能性。

对于直觉悖论 1 和 2,亨普尔通过途径(1)消除悖论,指出人们有两点误解:

第一,人们认为"所有 A 都是 B"这种形式的假说,局限于 A 类的事物上,把非 A 类的事物排除在外。实际上,这个假说所说的是"所有事物是 B 或者不是 A",即把所有事物分为两大类,每个个体只要是 B 就确证了这个假说,只要是非 A 也确证了这个假说。

第二,人们不自觉地引入了证据外的背景知识。从逻辑上看,一个仅包含黑色物体的证据确证"所有事物都是黑色的"这个命题,因此也就确证了"所有渡鸦都是黑色的"这个假说。但由于人们参照一些常识,认为并不是所有事物都是黑色的,就认为这个确证关系有问题。但是,若不引入背景知识,这个关系在逻辑上是没有任何问题的。

归结起来,亨普尔对逻辑悖论 3 没有提出解决方案;对于其他悖论,主要是通过排除尼柯德标准(3)来解决问题。但为什么要排除(3)而保留另外两个标准?他没有给出理由,至少所给出的理由并不充分。

3. 另外的考虑

有人怀疑,亨普尔悖论果真是悖论吗?考虑这样的情形:在我们面前放着一个袋子,有人对袋子里的东西做了这样一个断言:"这个袋子里的圆球都是白色的。"我们摸出白色的圆球无疑确证了这个假说,提高了它为真的可能性;摸出的黑色圆球否证了该假说,也就是推翻了该假说。至于摸出的红色的鞋子,绿色的木块,黑色的钢笔等等东西,我们会怎么看待呢?起码它们没有否证该假说,最多将其视之无关的;即使将其视为该假说的确证事例,也没有什么不可以,它们对该假说提供空的支持,或者最小程度的支持。这里有反直观的东西吗?!

《推理的迷宫》的作者庞德斯通(W. Poundstone)认为,我们不能把对"所有渡鸦都是黑色的"的确证转换成对"所有非黑色的东西都是非渡鸦"的确证,后者相当于确证"宇宙中没有非黑色的渡鸦",这是一个需要无穷多步骤的因而是不可能完成的超级任务。至少有以下理由:

(1)"渡鸦"是一个合理的概念,而"非渡鸦"不是。因为诸渡鸦有许多一致的特征,而"非渡鸦"则是一个包罗甚广的词,一切不符合渡鸦的特征的东西都可以放进来。"渡鸦"这个概念代表一种身份,而"非渡鸦"这个概念只是一个背景。根据某鸟类学家的说法,世界上普通渡鸦的数量在50万只左右,而非黑色的东西的数量很难计算,这是一个天文数字。因此,为了效率起见,科学家很少用负概念思考。

(2)一条红鲱鱼确实有可能证实"所有的渡鸦是黑色的",但这仅仅在无穷小的程度上提供了证实,因为非黑色的东西太多了,甚至是无穷多。相比之下,检查渡鸦的颜色显然是更有效率的证实该假说的方法。雷歇尔(Nicholas Rescher)延续这条思路,并做了这样的计算:若以渡鸦和非黑色的东西为检验对象,要得到在统计学上有效的样本,分别所需花费的成本是:以渡鸦为样本需要1万美元,以非黑色的对象为样本则需要20亿美元![1]

因此,庞德斯通断言:"考虑到证据的总体性,我们发现,检验非黑色的非渡鸦是浪费时间,为了确定'所有渡鸦都是黑色的'真假,最好的办法是观察渡鸦及其亲属,研究生物差异。"[2]可以看出,该作者至少是在怀疑等值条件在验证假说过程中的作用,这与亨普尔的选择不同。

二、古德曼悖论

亦称"绿蓝悖论""新归纳之谜",由古德曼(Nelson Goodman,

---

〔1〕　庞德斯通:《推理的迷宫》,39—51页。
〔2〕　同上书,50页,译文有改动。

1906—1998)在《关于确证的疑问》(1946)一文[1]中初步提出,并在《事实、虚构与预测》(1955)一书[2]加以系统讨论。该悖论的基本意思是:运用简单枚举法,从同样的观察事例可以得到不同的甚至是相互矛盾的预测结论。

古德曼区分了旧的归纳问题(休谟问题)和新的归纳之谜。休谟认为,当我们基于经验做出关于未知或未来的情况的断言时,我们是没有充分根据的,因为这类断言既不是经验的报道,也不是经验证据的逻辑推论。仅仅当我们证成了因果律和自然齐一律之后,我们所使用的归纳法才能得到证成,但证成前两者的惟一途径却是诉诸归纳,而这是循环论证。尽管归纳没有得到证成,甚至在原则上不可能得到证成,但我们还是禁不住做出归纳断言,这是为什么呢?休谟的回答是:重复的经验在人们那里形成条件反射,从而养成了习惯,获得了本能,正是这种习惯和本能促使人们根据经验的重复做出归纳断言。在这个意义上,可以说"习惯是人生的伟大指南"。古德曼认为,"休谟抓住了关键性问题,并且相当有效地考虑了他的回答。并且我认为,他的回答是合理的和中肯的,即使它不能完全令人满意"[3]。既然一切分析都表明,关于如何证明归纳推理有效性的问题是无解的,我们就应该抛掉它,转而研究这样的问题:一是用某种一般的方式,给直观上可接受的归纳与直观上不可接受的归纳划界,而不必总是诉诸直觉;二是为我们偏爱第一组归纳而不是第二组归纳做辩护。这就是他所提出的"新归纳之谜",所谓"绿蓝悖论"就是与新归纳之谜相关的。

设现在的时间为 t,并且下述推理是直觉上可接受的归纳论证:

A₁ 翡翠 1 是绿色的,

翡翠 2 是绿色的,

---

[1] Goodman, N. "A Query on Confirmation", *Journal of Philosophy*, XLIII, 1946, pp. 383—385.

[2] Goodman, N. *Fact, Fiction and Forecast*, Cambridge, MA: Harvard University Press, 1955. [纳尔逊·古德曼:《事实、虚构和预测》,刘华杰译,北京:商务印书馆,2007]

[3] 同上书,61 页。

翡翠 3 是绿色的，

翡翠 4 是绿色的，

　　　　　⋮

即是说，迄今为止观察到的所有翡翠都是绿色的，

所以，所有翡翠(无论是否已经观察到)都是绿色的。

现在通过下面的定义引入一个新颜色谓词"绿蓝的"(grue)[1]：

D_1：x 是绿蓝的，当且仅当，x 在时间 t 之前被观察到并且是绿色的，或者 x 在时间 t 之后被观察到并且是蓝色的。

然后考虑下述归纳论证：

A_2　翡翠 1 是绿蓝的，

翡翠 2 是绿蓝的，

翡翠 3 是绿蓝的，

翡翠 4 是绿蓝的，

　　　　　⋮

即是说，迄今为止观察到的所有翡翠都是绿蓝的，

所以，所有翡翠(无论是否已经观察到)都是绿蓝的。

请注意，这里 A_1 和 A_2 都是使用简单枚举归纳法，并且若 A_1 的前提为真，根据"绿蓝"的定义 D_1，则 A_2 的前提也是真的。但 A_1 和 A_2 的推论在直觉上是相互矛盾的，因为根据 A_1，在时间 t 之后的看到的翡翠将是绿色的，而根据 A_2，在时间 t 之后看到的翡翠将是蓝色的。这就是说，A_1 和 A_2 使用同样的归纳推理形式，并且从同样的归纳证据出发，却得到了互不相容的结论。这就是悖论所在！该悖论也可以表述成这样的形式：

P_1：现有证据同等地支持 A_1 和 A_2 的结论；

P_2：受现有证据同等支持的结论是同等可信的；

---

[1]　"grue"是古德曼生造的一个英文词，由分别截取"green"(绿色的)和"blue"(蓝色的)的首尾组合而成，故译为"绿蓝"。他还用同样的办法生造了另一个英文词"bleen"(蓝绿)。

P_3：A_1 的结论是高度可信的；

P_4：A_2 的结论不是可信的（下面说明）；

C：以上四个命题不相容。

古德曼还用类似方法定义了另一个颜色谓词"蓝绿的"（bleen）：

D_2：x 是蓝绿的，当且仅当，x 在时间 t 之前被观察到并且是蓝色的，或者 x 在时间 t 之后被观察到并且是绿色的。

并由此可以引出类似的"蓝绿悖论"。

关于"绿蓝悖论"（或"蓝绿悖论"），有必要做以下几点澄清：

（1）有人反驳说，悖论的产生源自于我们采用了与时间相关的谓词。根据古德曼的定义，"绿蓝的"与"蓝绿的"是一对依赖于时间参数 t 的谓词，然而"绿色的"与"蓝色的"则不依赖于时间，这就是产生悖论的根源。因此，我们应当选择"绿色的"与"蓝色的"，而不是选择"绿蓝的"和"蓝绿的"这样的谓词。不过，古德曼回答说，在说绿蓝—蓝绿语的人群中，"绿蓝的"和"蓝绿的"是初始谓词，而"绿色的"和"蓝色的"则是被定义谓词，其定义如下：

D_3：x 是绿色的，当且仅当，x 在时间 t 之前被观察到并且是绿蓝的，或者 x 在时间 t 之后被观察到并且是蓝绿的。

D_4：x 是蓝色的，当且仅当，x 在时间 t 之前被观察到并且是蓝绿的，或者 x 在时间 t 之后被观察到并且是绿蓝的。

这样一来，"绿蓝的"和"蓝绿的"就不是依赖于时间 t 的谓词，而"绿色的"和"蓝色的"倒是依赖于时间 t 的谓词。古德曼由此断言："确实，如果我们从'蓝色的'和'绿色的'开始，那么'绿蓝的'和'蓝绿的'将用'蓝色的'和'绿色的'以及一个时间词来解释。但同样可以说，如果我们从'绿蓝的'和'蓝绿的'开始，那么'绿色的'和'蓝色的'将用'绿蓝的'和'蓝绿的'以及一个时间词来解释。"[1] 这两对谓词并不能通过

---

[1] Goodman, N. *Fact, Fiction and Forecast*, pp.79—80.

诉诸时间参数 t 区别开来,它们是完全对称的,相互之间没有实质性区别。

(2) 古德曼提出的"绿蓝悖论"是要把直观上可接受的归纳推理与直观上不可接受的归纳推理区别开来,前者导致"类律假设"(law-like hypothesis),后者导致"偶适假设"(accidental hypothesis)。例如,当我们发现,我们周围的人,例如我们的祖父母、外祖父母、父母,以及我们所知道的其他人,都会先后死去,我们做出结论:所有的人都是会死的。该结论是一个类律假设,该归纳推理是直观上可接受的。但是,假如我们发现,我们小区花园内的花草虫鱼鸟都有生命,由此得出结论:我们小区花园内的所有东西都有生命。该归纳结论就是一个偶适假设,该归纳推理在直观上是不可接受的。

(3) 古德曼试图用出现在一归纳概括中的一个谓词在"语言上的牢靠性"(linguistic entrenchment)来区分这两类假设,并由此区分这两类归纳。一个出现在归纳概括中的谓词是牢靠的,如果它是在过去的归纳实践中被经常使用的,更为人所熟知的,更被人所习惯使用。古德曼指出,归纳推理的原则"被它们与我们的归纳实践的一致所证成"。[1] 例如,"绿色的"相对于"绿蓝的","蓝色的"相对于"蓝绿的"就是更牢靠的,基于前两个谓词所做出的归纳概括是更可接受的,也是更可信赖的。

有人质疑,按这样的理论,科学创造将成为不太可能的事情,因为科学创造常常要引入新谓词,一般而言,新谓词总是最不牢靠的。为了回答这样的质疑,古德曼引入了"母谓词""自获的牢靠性"和"继承的牢靠性"等概念。谓词 P 是谓词 Q 的"母谓词",当且仅当,P 的外延包含了 Q 的外延,例如"生物"是"植物"和"动物"的母谓词,"大学生"是"这个教室里的大学生"的母谓词,"汽车"是"丰田汽车"的母谓词。科学中新引入的谓词虽然没有自获的牢靠性,却可能从母谓词那里继承牢靠性,比如说"黑洞"相对于"天体",因此,并非所有新谓词都不是牢靠的。

---

[1] Goodman, N. *Fact*, *Fiction and Forecast*, p. 63.

（4）古德曼进而把"预测""概括"和"归纳推理"纳入一个更宽泛的概念即"投射"（projection）之中，因此他把自己的归纳理论叫做"投射理论"。该理论的主要任务就是要区分"可投射的谓词"和"不可投射的谓词"，以及"可投射的假设"和"不可投射的假设"，而"可投射性"又是与前面所谈到的"牢靠性"概念相关联的。例如，他用以拒斥不可投射假设的第一个规则是：

> 对于两个均被支持并且均未被违反并且均未穷尽的相互冲突的假设，如果其中第一个比第二个更为牢靠，那么第二个就是不可投射的，因而应当被拒斥。

这里，"被支持"意指"有正面事例"，"被违反"意指"有反面事例"，"未穷尽"意指"有未被检验的事例"。而且，"一个假设 H_1 比另一假设 H_2 更可靠"意指：就其牢靠性而言，H_1 前件并不比 H_2 的前件更差，且 H_1 的后件比 H_2 的后件更好。

于是，"什么样的归纳推理是可以接受的"这个问题，就归结为"什么样的谓词是牢靠的，可以投射的"这个问题。古德曼认为，归纳逻辑应该制定一些规则，说明哪些谓词是牢靠的和可投射的，哪些谓词不是，由牢靠和可投射谓词组成的归纳概括是"类律陈述"，含不牢靠和不可投射谓词的归纳概括是"偶适陈述"。

所以，绿蓝悖论反映了我们在如何区分类律假设和偶适概括、可投射谓词和不可投射谓词上存在的困难。自从 1955 年古德曼的《事实、虚构与预测》一书出版以来，关于绿蓝问题的热烈争论一直持续到现在。[1] 在争论中，已经提出了不少各具特色的解决方案，其中著名的有古德曼本人的牢靠性方案，范・弗拉森（B. C. von Fraassen）和波普尔等人的简单性方案、证伪主义方案，蒯因的自然种类方案，伽登佛斯的概念空间方案，以及各种贝叶斯型方案。至今仍没有哪一个方案成为主流意见被大多数哲学

---

[1] 有关重要文章，汇集在 Stalker, D. (ed.) *Grue! The New Riddle of Induction* (Chicago, IL: Open Court Publishing Company, 1994) 一书中。

家所接受。"绿蓝悖论"仍然在困扰着我们。[1]

三、凯伯格悖论

亦称"彩票悖论",由凯伯格(Jr. H. E. Kyburg, 1928—2007)最早在《概率与随机》一文中提出。该文先提交给符号逻辑学会1959年年会,后提交给科学哲学和科学史1960年度国际会议,1963年在《心灵》杂志发表。对该悖论的正式表述则出现在《概率和合理信念的逻辑》(1961)一书[2]中。亨普尔提出并考虑了接受假说的三个合理性条件:

(1)接受一个很可能为真的假说是合理的;

(2)接受从一组可合理接受的假说推出的逻辑后承是合理的;

(3)接受一组彼此不一致的假说是不合理的。

考虑下述情形:假定有一组彩票卖一百万张,有并且只有一张彩票得头奖。在这种情况下,接受"彩票 i 不能得头奖"这一假说是合理的,并且该假说对任一 i 都成立,只要 $1 \leqslant i \leqslant 1000000$。但是,由此却可以逻辑推出一个包括一百万个合取支的合取命题:"彩票 1 不能得头奖,并且彩票 2 不能得头奖,并且……,并且彩票 1000000 不能得头奖",该合取命题等值于"一百万张彩票中没有一张能够得头奖"。由于后者是先前可合理接受的那些假说的逻辑后承,因此它也是可合理接受的。但是,此假说却与另一个肯定为真的命题(当然也是一个可合理接受的假说)"恰好有一张彩票得头奖"互相矛盾。

这个悖论引起了广泛而持久的关注,因为它提出了有关知识表征和不确定推理的一些严肃问题,涉及如上所述的接受假说的三个合理性条件是否同时成立,一致性、统计证据和概率计算在确定信念中的作用,以及逻辑

---

[1] 关于归纳悖论的阐述,曾参考陈晓平:《归纳逻辑和归纳悖论》,武汉:武汉大学出版社,1994年;《贝叶斯方法与科学合理性——对休谟问题的思考》,北京:人民出版社,2010年。有兴趣的读者可以去阅读这两本书,其中有更细致和更技术性的讨论。

[2] Kyburg, H. E. *Probability and the Logic of Rational Belief*, CT: Wesleyan University Press, Middletown, 1961.

的或概率的一致性对于合理信念所具有的精确的规范力量,等等。

下面谈谈斯穆里安(R. Smullyan)所提出的该悖论的一个变体。

证明你或者不一致或者不谦虚:

> 人脑不过是一部有限的机器,所以你相信的命题只有有穷多个。我们不妨把这些命题叫做 $p_1, p_2, \cdots, p_n$,这里 n 是你相信的命题的总数。所以,命题 $p_1, p_2, \cdots, p_n$,你是个个都相信的。可是,除非你自命不凡,你总知道自己有时会出错,因此你相信的命题并非样样都真。所以,只要你不自命不凡,你就知道命题 $p_1, p_2, \cdots, p_n$ 至少有一个为假。可是,命题 $p_1, p_2, \cdots, p_n$ 当中你又个个都信。这明摆着是个矛盾。[1]

我把对凯伯格悖论及斯穆里安变体的进一步思考留给读者。

四、波普尔的反归纳主义

波普尔(K. Popper)是著名的反归纳主义者。他把归纳理解为从单称陈述(观察或实验结果的报告)推导出全称结论(假说或理论)的过程,并认为由于归纳过程中存在着从有限到无限,从过去、现在到未来的跨越,因此归纳不仅不能得到必然的真理,而且不能得到或然的真理。单称命题和全称命题在证实和证伪问题上存在不对称:前者既能被经验证实,又能被经验证伪;全称命题则不能被经验证实,只能被经验证伪。因此,作为归纳结论的全称命题总有可能受到反驳,是可错的。例如,当发现一只黑天鹅时,"所有的天鹅都是白色的"被证伪;在北极发现半夜的太阳时,"太阳每24 小时升落一次"被推翻;"每一个生物必死"被细菌分裂繁殖而不死的新发现所否定;"面包给人营养"被法国农村发生的麦角中毒事件所否定。因此,命题的意义不在于它的可证实性,而在于它的可证伪性。"可证伪性原则"应该成为科学和非科学的划界标准。科学知识的发展不是已被经验

---

[1]　斯穆里安:《这本书叫什么?》,康宏逵译,上海:上海译文出版社,1987 年,212 页。

证实的真命题或真知识的不断积累,而是一个通过不断地证伪排除错误的过程,它是按下述四段式进行的:

$$P_1 \to TT \to EE \to P_2 \cdots$$

这里 P_1 表示问题,TT 表示解决问题的各种假说或尝试性理论,EE 表示通过批判、检验、反驳而清除错误,P_2 表示新的问题。关于这个图式,根据波普尔的观点可做如下解释:(1) 由问题到理论的过程并不是一个归纳过程,而是一个猜测和反驳的过程,该过程本质上是科学发现的心理学和科学史的研究对象。"科学:猜测和反驳"是他的一句名言。(2) TT→EE 主要是一个演绎过程,即由猜测性假说推出各种结论,这有两个作用:一是把这些结论置于与其他理论的逻辑关系中,对该理论作前验评价;二是把这些结论或预言交付观察、实验或实践去做证伪性检验,对它做后验评价。(3) 科学方法就是试错法,即针对问题提出尝试性猜测,并通过检验清除猜测中的错误。(4) 科学的发展"始于问题,终于问题"的过程是没有终结的。与此相关,波普尔还持有另一个重要观点:观察渗透理论。这一套理论被叫做"批判的理性主义"。

我认为,波普尔对否证法的过分强调和对归纳法的彻底否定,都是不成立的,理由如下:(1) 正如全称命题在证实和证伪问题上不对称一样,存在命题或特称命题在证实和证伪问题上同样不对称。例如,只要发现一个 S 是 P,就能证实"有些 S 是 P"为真;当涉及无穷对象时,我们却永远无法证伪它,即证明它为假,因为证伪存在命题就等价于证实作为它的矛盾命题的全称否定命题"所有 S 都不是 P"。在这个意义上,证实和证伪都有缺陷,都不是万能的、绝对的。(2) 由于波普尔坚持"观察渗透理论",这将逻辑地导致接受整体主义知识观,也就是要接受下述观点:受到经验证实或证伪的是科学理论整体,不存在纯粹的观察陈述,因此当一个观察陈述与经验相符或相反时,我们就不能在绝对的意义上肯定或否定该陈述,科学家们实际上有许多不同的选择,并不是非要否定或抛弃该假说或理论不可。这也就是说,证伪与证实一样,都带有某种相对性,肯定的或绝对的证伪不存在。由此推出的结论是：归纳问题不能被否定地解决，即不能肯定归纳推理必然不能得真实的结论。

第四节 一些概率统计悖论

一、蒙提·霍尔问题

亦称"三门问题"，源自于一个在美国长期很受欢迎的电视游戏节目"让我们赌一把"（*Let's Make a Deal*），该问题的名字来自该节目从1960—1990年代的主持人蒙提·霍尔（Monty Hall）。游戏到了最后环节，获胜者当然有机会获得奖品。为了增加悬念和趣味性，主持人让他或她从三扇关闭的门中挑选一扇门，以便获得藏在门后面的奖品，其中一扇门后面有一辆汽车，另两扇门后面各有一只山羊。当获胜者挑选了一扇门后，知道奖品的真实分布情况的蒙提·霍尔会打开其中一扇藏有山羊的门，然后问获胜者是否改变他的最初选择：他可以改变也可以不改变。无论是否改变，获胜者都面临这样的问题：他应该选剩下的两扇门中的哪一扇呢？

1990年，一位观众给《展示杂志》（*Parade Magazine*）的"请问玛丽莲"专栏投寄了一封信，主持该专栏的玛丽莲·沃斯·莎凡特（M. vos Savant）曾以228的IQ创造了吉尼斯智商世界纪录。她在信中谈到：

> 假设你正在参加一个游戏节目，你被要求在三扇门中选择一扇，其中一扇后面藏有一辆汽车，其余两扇后面藏有山羊。你选择了一扇

门,假设是一号门;然后,一位知道每扇门后面有什么的主持人,开启了后面有山羊的另一扇门,假设是三号门。然后他问你:"你想选择二号门吗?"改变你最初的选择对你来说是一种优势吗?

类似的问题早在 1975 年 2 月就由一位观众在给《美国统计学家》杂志的信中提出过,蒙提·霍尔当时还做出回应:"如果你上过我的节目的话,你就会觉得游戏将很快结束——一旦选定以后,你就没有机会更改了。"该观众在随后寄给该杂志的信件(1975 年 8 月)中首次使用了"蒙提·霍尔问题"这个名称。

问题的戏剧性在于:玛丽莲在给前面提到的那位观众的回信中说:如果重新选择,中奖的概率会从 1/3 提高到 2/3,故重新选择对获胜者有利。此信件以及玛丽莲的回复在美国几乎引发一场全民论战,许多人投入激烈的争论之中。指责玛丽莲的信件像雪片般飞向杂志社,其中有很多是数学家,包括杰出的数论专家保罗·埃道思(P. Erdös)。

后来有学者更明确地陈述了"蒙提·霍尔"问题,加上了各种隐含的限制条件:

- 获胜者在三扇门中挑选一扇,他并不知道门后面藏有什么。
- 主持人知道每扇门后面藏有什么。
- 主持人必须开启其中一扇门,并给获胜者提供改变主意的机会。
- 主持人永远都会挑一扇后面藏有山羊的门。
- 如果获胜者挑了一扇藏有山羊的门,主持人必须挑另一扇藏有山羊的门。
- 如果获胜者挑了一扇藏有汽车的门,主持人随机在另外两扇门中挑一扇藏有山羊的门。
- 获胜者会被问是保持他原来的选择,还是转而选择剩下的另一道门。

问题:改变最初的选择会增加获胜者赢得汽车的机会吗?

很多人都认为,改变选择不会提高获胜者赢得汽车的概率:剩下两扇门,他或她或者猜对或者猜错,因此他或她赢得汽车的概率都是 1/2,无论他是否改变他原来的选择。但该问题的真实答案却是肯定的：当获胜者转向另一扇门而不是继续维持原先的选择时，他赢得汽车的机会将会加倍。

设三扇门背后奖品的真实分布是这样的：

	1 号门	2 号门	3 号门
情况 1	汽车	山羊	山羊
情况 2	山羊	汽车	山羊
情况 3	山羊	山羊	汽车

先考虑第一种可能情形：获胜者最初选 1 号门，在主持人选择某扇门之后，他仍坚持他原来的选择，不改变主意，于是有以下三种相等的可能性：

情况 1：获胜者选 1 号门，主持人选 2 号门。获胜者将赢得汽车。

情况 2：获胜者选 1 号门，主持人挑 3 号门。获胜者将得到山羊。

情况 3：获胜者选 1 号门，主持人挑 2 号门。获胜者将得到山羊。

即是说，获胜者赢得汽车的概率是 1/3。

再考虑第二种可能情形。获胜者最初选 1 号门，在主持人选择某扇山羊门之后，他改变他原来的选择，于是有以下三种相等的可能性：

情况 1：假设主持人选 2 号门，获胜者改选 3 号门，他将得到山羊。

情况 2：假设主持人选 3 号门，获胜者改选 2 号门，他将得到汽车。

情况 3：假设主持人选 2 号门，获胜者改选 3 号门，他将得到汽车。

这就是说，在主持人做出他的选择之后，获胜者面对新的情况改变他原来的选择，会使他赢得汽车的概率从原来的 1/3 提高到 2/3，这有点反直观，但根据概率论却是真的！

还可以用逆向思维的方式来理解这个选择。无论获胜者开始做什么样的选择，在主持人问是否改变选择时做出改变，如果他先选中山羊，改变选择后百分之百赢；如果他先选中汽车，改变之后百分之百输。而选中山羊的概率是 2/3，选中汽车的概率是 1/3。所以不管怎样改变选择，相对最

初的赢得汽车的概率仅为 1/3 而言,改变选择可以将赢得汽车的机会提高
到 2/3。

三门问题是多门问题里最难的情况。如果把三门变成千门,获胜者第
一次就选中的概率是 1‰,获胜者也清楚他自己纯粹在瞎猜,而不会像在
三门情况下自信自己有 1/3 的把握猜对。这样,当主持人打开剩下 999 扇
门中的 998 扇门并且这些门背后都是山羊时,该如何选择?若获胜者改变
选择,他赢得汽车的概率将是 999‰![1]

与"蒙提·霍尔问题"近似者,有马丁·加德纳(Martin Gardner)1957
年谈到的"三囚犯问题"(three prisoners problem),以及更早由法国数学家
约瑟夫·贝特朗(Joseph Bertrand, 1822—1900)于 1889 年谈到的两个问
题,后来被称为"贝特朗箱子悖论"(Bertrand's Box Paradox)和"贝特朗弦悖
论"(Bertrand's Chord Paradox)。[2]

二、睡美人疑难

睡美人问题(sleeping beauty problem)是概率论、博弈论和形式认识论
中的一个疑难,受阿罗德·楚波夫(Arnold Zuboff)在《自我:经验的逻辑》
(1990)一文中讨论的一个案例启发,由斯托内克(Robert Stalnaker)正式命
名。[3] 该疑难可表述如下:

> 睡美人足够理性,在周日下午,她同意配合科学家做一道实验,该
> 次实验的安排和规则如下:在周日晚上让她入睡,在周一和周二这两
> 天期间把她叫醒一次或者两次。在她未知情的条件下,科学家通过抛
> 掷一枚均匀硬币来决定何时叫醒她。如果抛掷硬币正面朝上,则仅在
> 周一叫醒她,让她回答一个问题,然后让她再次入睡,一直睡到周三。

---

〔1〕 参见"Monty Hall problem", in http://en. wikipedia. org/wiki/Monty_Hall_problem。读取日
期:2013 年 8 月 7 日。
〔2〕 参见 Clark, M. *Paradoxes from A to Z*, pp. 20—24。
〔3〕 参见 http://en. wikipedia. org/wiki/Sleeping_Beauty_problem;亦见 Clark, M. *Paradoxes from A
to Z*, pp. 215—217。

如果抛掷硬币反面朝上,则在周一叫醒她,让她回答问题后,给她吃失忆药进入梦乡,彻底忘掉她曾被叫醒这一事实;到周二再次叫醒她,让她回答同一个问题。醒过来的睡美人所要回答的问题是:你对今天抛掷硬币正面朝上持有多高的信念度? 在周三,睡美人将被叫醒,不必再回答问题,实验结束。

有学者指出:"睡美人问题是关于自我定位信念问题的一个案例。亦即,一个主体或处于某一时段的主体可以具有关于他自己的定位。确切知道哪一个可能世界是现实世界的那个主体仍然可能不知道自己在那个世界的定位。如果该世界包含两个或多个主观上无法识别其证据状态的主体,这种情况就会发生。这些主体因而就不能百分之百地判定他们自己的时空定位。"[1]

关于这个问题的看法分为两大派:以亚当·埃尔加(Adam Elga)为代表的1/3观点,以大卫·刘易斯为代表的1/2观点。

1/3观点认为,当睡美人醒过来时,她应该对硬币正面朝上持1/3的信念度。埃尔加在2000年发表的论文中如此论证:当她醒来时,她知道自己面临如下三种情况之一:

H_{Monday}:硬币正面朝上且当天是周一;

T_{Monday}:硬币反面朝上且当天是周一;

$T_{Tuesday}$:硬币反面朝上且当天是周二。

假定睡美人没有证据去分辨当天是周一还是周二,根据高度无差别原则,在每一天抛掷均匀硬币正面朝上或反面朝上的概率相等,故她知道$P(T_{Monday}) = P(T_{Tuesday})$。如果她知道当天是周一,由于硬币是均匀的,周一抛掷硬币出现正面朝上与出现反面朝上的概率相等,即$P(H_{Monday}) = P(T_{Monday})$,由此可得$P(H_{Monday}) = P(T_{Monday}) = P(T_{Tuesday})$,这些信念的总和

〔1〕 任晓明等:《新编归纳逻辑导论——机遇、决策和博弈的逻辑》,郑州:河南人民出版社,2009年,273页。

是 1,故 $P(H_{Monday}) = 1/3$。

按照刘易斯等人的观点,睡美人醒过来时应该对硬币正面朝上持 1/2 的信念度。刘易斯的论证很简单:由于硬币的均匀性质,抛掷结果为正面朝上或反面朝上的概率相等,各为 1/2,因此在实验之前,睡美人应该对周一硬币正面朝上指派 1/2 的信念度,即 $P(H_{Monday}) = 1/2$。当她醒过来时,她没有得到任何新信息,所以她仍然持有如下信念:$P(H_{Monday}) = 1/2$。若睡美人被告知当天是周一,按奥尔加的观点,她对当天硬币正面朝上或反面朝上的信念度应该是 2/3,因为 $P(H_{Monday}) = P(T_{Monday}) = 1/3$,而 $P([H \vee T]_{Monday}) = P(H_{Monday}) + P(T_{Monday}) = 1/3 + 1/3 = 2/3$,而这是荒谬的,因为睡美人足够理性,她不可能不知道 $P([H \vee T]_{Monday}) = 1$。实际上,由于正面朝上或反面朝上的概率各为 1/2,而反面朝上可出现在周一和周二,因此 $P(T_{Monday}) = P(T_{Tuesday}) = 1/4$。当睡美人被告知当天是周一时,令 P^+ 是她得知这一信息后的新信念函数。刘易斯断言,P^+ 应该通过对关于周一的 P 加以条件化而获得,因此,$P^+(H) = P(H/Monday) = P(H_{Monday}/(H_{Monday} \vee T_{Monday})) = ([1/2]/([1/2] + [1/4])) = 2/3$。

睡美人的信念度 $P(H_{Monday})$ 究竟是 1/2 还是 1/3?这就是争论所在,它构成所谓的"睡美人疑难"。依赖于索引词"今天""这里""我"等,离开说话语境就不确定的信息叫做"索引信息";不依赖说话语境、意义非常确定的信息叫做"非索引信息"。有论者指出:"睡美人问题仅仅是关于我们的推理中如何把索引信息与非索引信息联系起来的较大谜题中的片断。如果我们脱离这一宽广的背景来研究这一问题,我们就不能真正解决这一谜题。更重要的是,不管我们如何回答这一问题,我们都必须认识到,应用归纳逻辑中贝叶斯推理时,不仅要关注其逻辑形式方面,而且要关注其认知和心理因素。睡美人问题至少让我们考虑这样一个新问题:一个理性的主体如何随着时间的推移来更新她的信念呢?"[1]

---

[1] 任晓明等:《新编归纳逻辑导论——机遇、决策和博弈的逻辑》,276 页。

三、小世界悖论

M:近来很多人相信巧合是由星星或别的神秘力量引起的。

M:譬如说,有两个互不相识的人坐同一架飞机。俩人之间发生如下对话:

甲:你是从深圳来的?! 我的好朋友李珊在那里做律师。

乙:做律师的李珊? 这个世界是多么小啊! 她是我妻子最好的朋友!

M:这是不大可能的巧合吗? 统计学家已经证明并非如此。[1]

很多人在碰到一位陌生人,尤其是在远离家乡的地方碰到一个生人,发现他与自己有一位共同的朋友时,他们都会感到非常惊讶。在美国麻省理工学院,有一组社会科学家对这个"小世界悖论"作了研究。他们发现,如果在美国随便任选两个人,平均每个人认识大约 1000 个人。这时,这两个人彼此认识的概率大约是 1/100000,而他们有一位共同朋友的概率却急剧上升到 1%。而他们可由一连串熟人居间联系(如上面列举的二人)的概率高于 99%。换言之,如果张娜和李珊是任意选出的两个中国人,上面的结论就表示:一个认识张娜的人,几乎肯定认识李珊的一个熟人。

有一位心理学家用一种方法逼近小世界悖论。他任意选择一组"发信人",给每一个人一份文件,让他通过其人际网络发给一个"收信者",这个收信者是他所不认识的,而且住在这个国家另一个很远的地方。其做法是:让他把信寄给他的一位没有深交的朋友,也许这个朋友很可能认识那个收信者,这个朋友再接着发信给另一位朋友,如此下去,直到将文件寄到认识收信者的某人为止。该心理学家发现,在文件达到收信者手中之前,中间联系人的数目从 2 到 10 不等,其中位数是 5。当你此前问别人这件事到底需要多少中间联系人时,大多数人猜需要大约 100 人!

该心理学家的研究说明了人与人之间通过一个彼此为朋友的网络联

---

〔1〕 参见《科学美国人》编辑部:《从惊讶到思考——数学悖论奇景》,154—156 页。

结得多么紧密。由于这一结果的启示,两个陌生人在离家很远的地方相遇而有着共同的熟人就不足为奇了。这种关系网络还可解释很多其他不寻常的统计学现象,例如流言蜚语和耸人听闻的消息不胫而走,新的低级趣味的笑话很快四处蔓延,同样的,一条可靠的情报也在料想不到的短时间里就被很多人知道了。

四、奇怪的遗嘱

M:一个富有的律师拥有 11 辆古董汽车,每辆值 18000 美元。

M:律师死时留下了一个奇怪的遗嘱。他说,他的 11 辆古董汽车分给他的三个儿子;把其中的一半分给长子,1/4 给次子,1/6 给小儿子。

M:大家都感到迷惑不解:11 辆汽车怎么能分成相等的两份? 或 4 份? 或 6 份?

M:他的儿子们正在为怎么分发愁时,一位年轻的女数学家驾着她的新式赛车来了。

M:律师的儿子们向她诉说原委,女数学家便把她的赛车停在 11 辆古董汽车旁边下了车。

女数学家:朋友们,说说看,这里有多少辆车?

M:律师的儿子们数了一下,算上女数学家的共有 12 辆。

M:这时,女数学家开始执行遗嘱。她把这些汽车的一半,即其中 6 辆分给了老大。老二得到 12 辆的 1/4,即 3 辆。小儿子得到 12 辆的 1/6,即 2 辆。

女数学家:6 加 3 加 2 正好是 11。所以,还余下 1 辆,这正是我的车。很乐意效劳,朋友们! 我会把账单寄给你们的![1]

M:女数学家跳上她的赛车离开了。

这是一个古老的阿拉伯悖论,只不过这里把那个悖论中的马换成汽车

---

[1]　参见《科学美国人》编辑部:《从惊讶到思考——数学悖论奇景》,91—93 页。

而变成现代化的版本罢了。读者或许愿意试着改变一下遗嘱的内容,如改变汽车的数目和分配它们的份额,条件是借一辆车就可执行遗嘱,最后还要余下一辆车退还给借车人。例如,可能是 17 辆车,遗嘱说把它们分为 1/2,1/3 和 1/9。如果有 n 辆车,三个分数是 1/a,1/b 和 1/c,则只有在有一个正整数解时,上述悖论才起作用。

自然,这个悖论的解答在于下面事实:原来的遗嘱提出的分配比数相加不为 1。如果用拆散汽车的方法来执行遗嘱的话,就会余下 11/12 辆汽车(即一辆汽车的 11/12)。女数学家的办法是把这 11/12 辆汽车分给了儿子们。这样一来每个儿子所得的汽车就是整数,所以不用拆散汽车来分了。一个聪明的女士,想出了一个聪明的办法! **聪明真好!**

第八章　认知悖论(上)

所谓"认知悖论"(epistemic paradox),是指与知识、信念、证据以及与知道、相信、怀疑、证成(justification)等认知行为和态度相关的各种难题和谜题,其中包含着矛盾和不一致。最古老的认知悖论是柏拉图归之于苏格拉底的美诺悖论,最典型的认知悖论包括彩票悖论(与知识的接受有关),序言悖论,意外考试悖论,可知性悖论,知道者悖论,盖梯尔问题,等等。认知悖论向我们表明,存在某个深层的错误,如果这个错误不直接与知识有关的话,则它肯定与跟知识相关联的其他概念如证成、合理信念和证据等有关。对某个认知悖论的解决,常常意味着认识论研究方面的某种新进展。

第一节　早期的认知悖论

一、古希腊时期的认知悖论

1. 美诺悖论

《美诺篇》属于柏拉图的后期作品,以苏格拉底与美诺(Meno)之间对话的形式写成,后者是一名富家子弟,著名智者高尔吉亚(Gorgias)的学生。

据称,该篇所阐述的是柏拉图本人的思想。

在与苏格拉底的对话中,美诺提出一种观点:探究工作不可能进行,还提出了下述论证:"一个人既不能探究他所知道的东西,也不能探究他不知道的东西。他不能探究他所知道的东西,因为他已知道它,无需再探究;他也不能探究他不知道的事情,因为他不知道他要探究的是什么。"[1]为明确起见,将该论证整理如下:

(1)如果你知道你所寻求的东西,探究是不必要的;

(2)如果你不知道你所寻求的东西,探究是不可能的。

(3)所以,探究或者是不必要的,或者是不可能的。

现在的问题是:这个论证有效吗? 我的回答是否定的。

美诺的论证有一个隐含的前提:"或者你知道你所寻求的东西,或者你不知道你所寻求的东西"。如果仅从形式上看,这是一个逻辑真理,假如"你知道你所知道的东西"在两个选言支中没有歧义的话。但问题恰恰是:它是有歧义的。

(A)你知道你所探究的那个问题;

(B)你知道你所探究的那个问题的答案。

在(A)的意义上,(2)是真的,因为如果你不知道你要探究什么问题,探究工作是没有办法进行的;但(1)却是假的,因为尽管你知道你要探究什么问题,但不知道该问题的答案,探究工作仍有必要进行:它的目标就是探寻该问题的答案。在(B)的意义上,(1)是真的,因为如果你知道你所要探究的问题的答案,那还有什么必要去再做探究? 但(2)却是假的,因为尽管你不知道某个问题的答案,但你知道你要探究什么问题,探究工作仍有可能进行。故两个前提不是在同一种意义上为真。于是,从一对真的前提,即(1B)和(2A),推不出任何结论,因为其中有歧义性,说的不是一回事。

---

[1] 苗力田主编:《古希腊哲学》,250页。

为了看清楚歧义性,我们还可以再考虑这样一个问题:"你有可能知道你不知道的东西吗?"在一种意义上,答案是否定的,因为你不可能同时知道又不知道同一个东西;但在另一种意义上,答案是肯定的,你可以知道你对之尚没有清楚答案的那个问题,你遵循正确的程序去回答该问题,最后你知道了你先前不知道的东西,也就是该问题的答案。

于是,美诺的论证是有缺陷的,它犯了歧义性谬误。但柏拉图并没有简单拒斥美诺悖论,而是由此发展出一套"学习就是回忆"的理论。

2. 麦加拉派的认知悖论

(1)幕后人悖论

你认识那个幕后的人吗?不认识。那个人是你的父亲。所以,你不认识你的父亲。

(2)厄勒克特拉悖论

厄勒克特拉不知道站在她面前的这个人是她的哥哥,但她知道奥列斯特是她的哥哥。站在她面前的这个人与奥列斯特是同一个人。所以,厄勒克特拉既知道又不知道这同一个人是她的哥哥。

这两个悖论最早表明,在由"认识""知道""相信""怀疑"等语词组成的上下文(语境)中,经典逻辑的外延性原则失效。

根据经典逻辑,名称有含义和所指,其所指是该名称所指称的外部世界中的对象,其含义是该名称所刻画的对象的性质或特征。语句是一种广义的名称,也有含义和所指。语句所表达的思想构成语句的含义,语句的真值(真或假)是语句的所指。经典逻辑遵循外延性原则:在一个语句或复合语句中,只要其构成成分或子语句的所指没有发生改变,整个语句或复合语句的所指(即真值)不会发生改变。具体包括下述内容:如果专名 a 和 b 指称同一个对象,那么,在任一公式 A 中,把其中的 a 换成 b(或者相反)之后,不会改变原公式的真值;若对个体变项 x 和 y 总是指称同样的对象,那么,在任一公式 A 中,把其中的 x 换成 y(或者相反)之后,公式的真值保持不变;如果两个谓词 F 和 G 有同样的外延,则它们总是适用于同样的对象,或者总是对同样的对象为真;如果命题 p 和 q 在真值上相等,那么,在任一复合公式 A 中,把其中的 p 换成 q(或者相反)之后,不会改变原公式的真值。这些思想由下面四个公式来表达:

(1) $\forall A((a=b)\rightarrow(A(a)\leftrightarrow A(b)))$

(2) $\forall x\forall y\forall A((x=y)\rightarrow(A(x)\leftrightarrow A(y)))$

(3) $\forall F\forall G\forall x((F\Leftrightarrow G)\rightarrow(F(x)\leftrightarrow G(x)))$

(4) $\forall p\forall q((p\leftrightarrow q)\rightarrow(A(p)\leftrightarrow A(q)))$

上面那两个悖论就是这些基本原则的反例:从真实的前提出发,经使用这些规则,得出了假的结论。这是因为,它们从有关某个人的知识的命题出发,加上一些没有进入该人的知识世界的真命题,推出了有关该人的知识世界的假命题。在幕后人悖论中,尽管"那个人是你的父亲"是一个事实上为真的命题,但"你"不知道这一点,你不"认识"那个事实上是你父亲的人,所以"你不认识你自己的父亲"这个说法也仍然成立,尽管有点不合常理。在厄勒克特拉悖论中,尽管"奥列斯特"和"站在她面前的这个人"这两个词指称同一个人,但厄勒克特拉并不知道这一点,它没有进入她的知识世界,在这种情况下就不能使用外延性规则(1)。否则,就会造成"既知道又不知道"的悖论性结果。

广义地说,认知语境是一种内涵语境,它是与外延语境相对而言的。举例来说,

例 1:厄勒克特拉杀死了奥列斯特;

奥列斯特是她惟一的哥哥;

所以,厄勒克特拉杀死了她惟一的哥哥。

例 2:任何人都知道晨星是晨星;

晨星就是暮星;

所以,任何人都知道晨星就是暮星。

这两个推理都是用外延性规则(1)得出结论的。在例 1 中,由于"奥列斯特"和"她惟一的哥哥"有同样的所指,因此,在大前提中用后者替换前者得出了结论。只要例 1 的前提是真实的,它的结论必真。但例 2 却不然。尽管"晨星"和"暮星"事实上指称同一颗星——金星,但有的人可能不知道这一点,因此,从例 2 的两个前提得不出它的结论,例 2 不是有效推理。因此,例 1 和例 2 的区别是:在例 1 中,有共同指称的表达式可以相互替换;在例 2 中,有共同指称的表达式不能相互替换。我们说,例 1 提供了一种外延语境,例 2 提供了一种内涵语境。

外延语境又叫透明的(transparent)语境,是外延性规则(1)—(4)在其中适用的语境;内涵语境又叫晦暗的(opaque)语境,是上述规则在其中不适用的语境。相应于外延语境和内涵语境的区别,一切语言表达式(包括自然语言的名词、动词、形容词和语句)都可以区分为外延性的和内涵性的,前者是提供外延语境的表达式,后者是提供内涵性语境的表达式。例如,杀死、见到、拥抱、吻、砍、踢、打、与……下棋都是外延性表达式,而知道、相信、认识、必然、可能、允许、禁止、过去、现在、未来都是内涵性表达式。

既然像"知道""相信"这样的表达式造成内涵语境,使得经典逻辑的外延性原则不再成立,我们就有必要为此类表达式发展一类新的逻辑,这就是"认知逻辑"(epistemic logics),它是当代逻辑学的主要研究领域之一。

顺便分析一下麦加拉派所提出的另外两个怪论:"有角者"和"狗父"。

(3) 有角者

> 你没有失去的东西你仍然具有;你没有失去角,所以你有角。

这个推理看似合乎逻辑:如果接受它的前提,就必须接受其结论。但结论显然是假的,问题出在哪里? 只有两种可能性:至少有一个前提是假的,或者推理过程不成立。先看前提:第二个前提"你没有丢失角"显然是对的。根据反三段论 $(p \wedge q \rightarrow r) \rightarrow (q \wedge \neg r \rightarrow \neg p)$ [如果两个前提推出一结论,那么,若结论不成立且其中一个前提成立,则另一个前提不成立],可推知第一个前提不成立。仔细思考一下,"你没有失去的东西你仍然具有"这句话并不一般地成立,比如说,你没有丢掉一亿元人民币,并不能推出你真的有一亿元人民币,仅当你原来有一亿元人民币且没有丢失它们,你才能仍然有一亿元人民币。所以,该句话要成立,必须补充一个预先假设(简称"预设"[presupposition]):你原来有某件东西。把这个预设加上之后,"有角者"推理就不成立了:

> 如果你原来有角且没有丢失角,你仍然有角;
>
> 你没有丢失角;
>
> 所以,你有角。

由此,我们就揭穿了"有角者"怪论的奥秘:大前提中隐含一个虚假预设"你原来有角";加上这个预设之后,从前提推不出结论,推理无效。我们由此可获得一个教训:在接受一个概念或命题或推理之前,必须先做一番严格的分析,排除其中暗含的虚假的或无效的成分,以避免可能的谬误。

(4)狗父

> 这是一只狗,它是一个父亲,它是你的,所以,它是你的父亲。你打它,就是打自己的父亲。[1]

我把对这个怪论的分析留给读者。

我先前曾经写过,愿意在这里重申:

> 在古希腊和中国先秦时期,几乎有一个共同的现象:诸子蜂起,百家争鸣,论辩之风盛行,并且出现了一批职业性的文化人,当时叫做"智者"(如普罗泰戈拉)、"讼师"(如邓析)、"辩者""察士"(如惠施、公孙龙)等。这些人聚众争讼,帮人打官司;或设坛讲学,传授辩论技巧,以此谋生。他们"非"常人之"所是","是"常人之"所非","操两可之说,设无穷之辞",提出了许多的巧辩、诡辩和悖论性命题,并发展了一些论辩技巧。他们在历史上的形象常常是负面的。但我更愿意从正面去理解他们工作的意义:他们实际上是一些智慧之士,最先意

---

[1] 参见柏拉图:《柏拉图全集》第二卷,42页。

识到在人们的日常语言或思维中存在某些机巧、环节、过程，如果不适当地对付和处理它们，语言和思维本身就会陷入混乱和困境。他们所提出的那些巧辩、诡辩和悖论，实际上是对语言和思维本身的把玩和好奇，是对其中某些过程、环节、机巧的诧异和思辨，是智慧对智慧本身开的玩笑，是智慧对智慧本身所进行的挑激。实际上，它们表现着或引发了人类理智的自我反省，正是从这种自我反省中，才产生了人类智慧的结晶之———逻辑学。[1]

二、欧洲中世纪的认识论悖论

欧洲中世纪对悖论做了大量的研究，当时的逻辑学家把悖论叫做"不可解问题"（insolubles），这是一个令人误解的叫法，因为他们也不认为悖论是不可解的，而只是解决起来很困难。大阿尔伯特（Albert the Great，1193—1280）断言："不可解问题是这样一个命题，它由一个逻辑矛盾构成，无论承认矛盾的哪一方，都可以推导出对立的一方。"欧洲中世纪的悖论研究开始于 12 世纪巴尔夏姆的亚当（Adam of Balsham，1100？—1157？），他研究了说谎者类型的悖论；大阿尔伯特、罗马的吉勒士（Giles of Rome，1243—1316）、西班牙的彼得（Peter of Spain，13 世纪，生卒不详）曾简要讨论过悖论；到伪司各脱（Pseudo-Scotus）时期，悖论成为热门话题；奥卡姆的威廉（William of Ockham，1288—1347）把关于悖论的讨论列为他的逻辑教科书的专门章节，自此以后，悖论研究成为中世纪逻辑学的实质性部分之一。当时的研究集中在两方面：一是提出了各种类型的悖论，二是提出了各种不同的悖论解决方案。

欧洲中世纪逻辑学家在研究悖论的过程中，也涉及一大类与知道、相信、怀疑、犹豫等认识论概念相关的悖论，其中也涉及真、假等语义概念，它们就是我们目前讨论的"认知悖论"。兹举数例[2]：

---

〔1〕 陈波：《逻辑学是什么》第二版，北京：北京大学出版社，2007 年，3—4 页。
〔2〕 参见约翰·布里丹：《诡辩命题 11—20》，载陈波主编：《逻辑学读本》，125—143 页。

1. 苏格拉底怀疑悖论

苏格拉底知道写在墙上的这个命题对他来说是可疑的。

假定这是写在墙上的惟一命题。苏格拉底看着这个命题并思考它，实际上也处于怀疑它为真或为假的状态，且完全知道他处于这种怀疑状态中。那么，这个命题究竟是真的还是假的？

2. 柏拉图怀疑悖论

苏格拉底坐着，或者写在墙上的这个选言命题在柏拉图看来是可疑的。

假定这是写在墙上的惟一命题，柏拉图看着它，并尽力考虑它的真假，他完全掌握了所有相关的智力技巧和规则，但不能看见苏格拉底，事实上也不知道苏格拉底是站着还是坐着，其结果是对"苏格拉底坐着"这一命题持怀疑态度。那么，柏拉图是否知道这个选言命题为真，为假，或可疑？

3. 某人怀疑悖论

某人正怀疑一个命题。

这是显现给你的惟一命题，你不知道是否有任何命题已经显现给任何其他人；你还是一位逻辑学家，你尽力去判定该命题的真假。你是否知道该命题为真，为假，或可疑？

以下两个悖论是由威尼斯的保罗（Paul of Venice）提出的，他假定以下两点：非骗子相信的命题都是真的，且骗子相信的命题都是假的。

4. 苏格拉底骗人悖论

苏格拉底相信"苏格拉底骗人"，此外再不相信其他命题。苏格拉底是否骗人？

如果苏格拉底骗人,则他所相信的"苏格拉底骗人"这个命题是假的,他其实并不骗人;如果苏格拉底不骗人,则他所相信的"苏格拉底骗人"这个命题是真的,他真的骗人。于是,苏格拉底骗人当且仅当他不骗人。悖论!

5. 苏格拉底—柏拉图相信悖论

苏格拉底相信"柏拉图骗人",此外不相信其他命题,但柏拉图相信以下命题:"苏格拉底不骗人。"

这里的悖论式命题是"柏拉图骗人"。如果柏拉图骗人,则他所相信的"苏格拉底不骗人"这个命题是假的,即苏格拉底真的骗人;既然苏格拉底骗人,他所相信的"柏拉图骗人"这个命题就是假的,即柏拉图其实不骗人。如果柏拉图不骗人,则他所相信的"苏格拉底不骗人"这个命题就是真的,即苏格拉底其实不骗人;既然苏格拉底不骗人,他所相信的"柏拉图骗人"这个命题就是真的,即柏拉图真的骗人。于是,柏拉图骗人当且仅当他不骗人。悖论!

6. 布里丹悖论语句 1

没有人相信此语句。

这是后人根据布里丹在《诡辩》中给出的诡辩命题 13"苏格拉底知道写在墙上的这个命题对他来说是可疑的"[1]改编的,称为"布里丹语句"。通常认为,"知道一个语句"要满足三个条件:(1) 你相信那个语句;(2) 你相信它有合理的理由;(3) 那个语句是真的。若假设这些条件,布里丹语句就是一个悖论:如果这个语句是真的,则没有人相信它,也就没有人知道它。如果这个句子是假的,则至少有一个人相信它,但没有人知道

〔1〕 Hughes, G. E. *John Buridan on Self-Reference*, *Chapter Eight of Buridan's Sophismata*, *with a Translation*, *an Introduction*, *and a Philosophical Commentary*, Cambridge:Cambridge University Press, 1982, p.93.

它,因为它是假的。因此,任何人都不可能知道这个语句是真的!

从布里丹语句还可以衍生下面两个语句:

布里丹悖论语句 2

你不相信此语句。

你相信这个语句是愚蠢的,因为这意味着你相信你不相信的东西,并且该语句是假的。但是,如果你不相信它,则它是真的,你就有足够的理由去相信它。你由此陷入困境或悖论之中。

布里丹悖论语句 3

没有人知道这个语句。

如果它是真的,则没有人知道它;如果它是假的,则立刻导致矛盾:有人知道它,但很明显,没有人能够知道一个假语句。因此,这个语句不是假的,它是毫无疑问的事实,但是却从来没有人知道它!

第二节 意外考试悖论及其变体

一、认知逻辑和逻辑万能问题[1]

在当代逻辑学和哲学中,开展了对认知动词和所谓的"命题态度词"的系统研究。

认知动词有"知道"(know)、"看见"(see)、"闻起来"(smell)、"觉得"(feel)等,而命题态度词有"认为"(think)、"希望"(hope)、"担忧"(fear)、"要求"(want)、"但愿"(wish)、"相信"(believe)、"猜测"(guess)、"考虑"(consider)等。在英语中,这两类动词都需要语法宾格,但有一个重要区别:前一类要求跟在后面的东西是真实的或现实存在的,跟在后一类后面

---

[1] 由于对认知悖论的讨论要牵涉到某些认知逻辑的推理原则,且有些推理原则由于牵涉到逻辑万能问题,本身也成为争议对象,成为某种形式的"悖论",故把这一小节置于对各种具体认知悖论的讨论之前。

的却可能是假的或虚幻的。例如,由"知道 p"可推出"p 是真的",但由"相信 p"不能确定 p 的真假;由"看见 x"可推知"x 是存在的",但由"要求 x"却不能推知"x 是存在的"。人们常常将这两类词之间的区别模糊化,把它们统称为"命题态度词"。

关于含命题态度词的命题的逻辑特性和推理关系的系统研究,叫做"认知逻辑",它们是模态逻辑的分支。早期的认知逻辑只考虑单个认知主体。但是,真正的认知过程必然牵涉到多个认知主体的互动,牵涉到"群体知识""公共知识""默认知识"和"明显知识"等在认知过程中的作用,非常复杂。由于与计算机科学和人工智能密切相关,认知逻辑特别是多主体认知逻辑是目前逻辑学研究的热点之一。

1. 认知逻辑系统

从语形方面说,认知命题逻辑是在经典命题逻辑的基础上加一元认知算子 K_i 和 B_i 构成的,其中:

$K_i A$ 表示:认知主体 i 知道 A;

$B_i A$ 表示:认知主体 i 相信 A。

这两个公式各自的语义解释是:

$K_i A$:在与认知主体 i 所知道的东西相容的所有可能世界中,A 是真的;

$B_i A$:在与认知主体 i 所相信的东西相容的所有可能世界中,A 是真的。

我们先列表给出知道逻辑的特征公理:

K $K_i(A \rightarrow B) \rightarrow (K_i A \rightarrow K_i B)$

D $K_i A \rightarrow \neg K_i \neg A$

T $K_i A \rightarrow A$

4    $K_i A \rightarrow K_i K_i A$

$5 \quad \neg K_i A \to K_i \neg K_i A$

$.2 \quad \neg K_i \neg K_i A \to K_i \neg K_i \neg A$

$.3 \quad K_i(K_i A \to K_i B) \lor K_i(K_i B \to K_i A)$

$.4 \quad A \to (\neg K_i \neg K_i A \to K_i A)$

再列出知道逻辑系统的推理规则:

MP 从 A 和 A→B 推出 B

RN 从 A 推出 $K_i A$

由此我们可以定义如下的知道逻辑系统,其中每个系统都含有 MP 和 RN,以及全部经典命题逻辑的重言式,故不再单独列出:

KT4	= S4
KT4 + .2	= S4.2 ↑
KT4 + .3	= S4.3 ↑
KT4 + .4	= S4.4 ↑
KT5	= S5 ↑

其中"↑"表示该系统强于它上面的系统。

如果把这些系统中的"K_i"都换成"B_i",我们就得到相应的相信逻辑系统。

2. 逻辑万能问题

在上面所列的知道逻辑系统中,下列公式都是定理或导出规则:

(1) $K_i A \land K_i(A \to B) \to K_i B$

(2) $A \vdash K_i A$

(3) $A \to B \vdash K_i A \to K_i B$

(4) $A \leftrightarrow B \vdash K_i A \leftrightarrow K_i B$

(5) $(K_i A \land K_i B) \to K_i(A \land B)$

(6) $K_i A \to K_i(A \lor B)$

（7） $\neg(K_i A \wedge K_i \neg A)$

（8） $K_i(Taut)$, Taut 代表重言式

若把这些公式中的"K_i"换成"B_i"，这些公式也是相应的相信逻辑系统中的定理或导出规则。它们都涉及"逻辑万能问题"，即假定认知主体在逻辑上万能：他们具有无限的资源和推理能力，能够推出他们所知道或所相信的命题的一切逻辑后承。具体来说：

第一，演绎封闭。如果一个认知主体 i 知道或相信一个公式集 Γ，而从 Γ 可以逻辑地推出公式 A，则这个主体 i 知道或相信 A。例如，(1)说，如果 i 知道 A，并且 i 知道 A 蕴涵 B，则 i 知道 B；(3)说，如果 A 蕴涵 B，就可以推出：如果 i 知道 A 则 i 知道 B。

第二，不相干的知识或信念。一个认知主体 i 知道一个逻辑系统的所有定理，特别是他知道所有的经典逻辑重言式。这正是(2)和(3)所说的。但实际情况是：许多逻辑定理或重言式与一个人所具有的有限知识不相干。在很多情况下，他不一定知道它们，甚至不必知道它们。

第三，不相容的信念。(7)说，在一个人的知识中不能包含矛盾：他不能既知道 A 又知道 ¬A。如果这还勉强说得过去的话，那么，当把(7)中的"K_i"换成"B_i"，得到：

$$（7'） \neg(B_i A \wedge B_i \neg A)$$

(7′)说，一个人的信念体系中不应包含矛盾：他不能既相信 A 又相信 ¬A。这种说法肯定不对，至少对某些认识主体来说是如此：他们的信念世界中往往隐含着逻辑矛盾，但他们没有意识到这一点，故依然泰然自若地拥有其信念系统。由于拥有什么样的信念，与欲求、需要、情感、情绪等等因素有关，后者并不完全受理性控制，由此产生自相矛盾的信念是完全可能的。

第四，爆炸的计算量。由于认知主体要求计算他的信念的所有逻辑后承，从计算的角度看，这会导致计算量的膨胀。现实的认知主体(不管是人还是电脑)都是资源有限的，它们没有足够的时间、空间、记忆能力、金钱去

无穷计算下去,它们只计算与它们所关注的当前目标相关联的信息。

正因如此,甚至连认知逻辑的创始人辛迪卡(J. Hintikka)也断言,基于可能世界语义学的认知逻辑不适于处理人类的推理,因为它们假定了认知主体在逻辑上万能,而人类个体在逻辑上并不是万能的。[1]

于是,如何在一个认知逻辑系统中避免"逻辑万能问题",向人的实际的认知过程逼近,就是认知逻辑学家必须考虑的问题。目前有以下几种选择:句法路径,语义路径,设置不可能世界的路径(以容纳不一致的信念),非标准逻辑的路径。其中有些路径区分了显信念(explicit belief)和隐信念(implicit belief),如演绎封闭对显信念不成立,却对隐信念成立。

二、意外考试悖论及其分析

1. 意外考试悖论

"意外考试悖论"是从"突然演习问题"[2]变化而来。在第二次世界大战期间,瑞典广播公司播出一则通告:

> 下周内将举行一次防空演习,为验证备战是否充分,事先并没有任何人知道这次演习的具体日子,因此,这将是一次突然的演习。

瑞典数学家埃克博姆(L. Ekbom)意识到这个通告具有一种奇异的性质:按通告所给条件,演习不能在下周日举行,因为那样演习就会被事先知道在周日发生,从而不是突然的;因此,周日被排除。同理,周六也可以被排除,既然演习已确定不能在周日举行,那么在余下的六天中,若在周六举行依然不具有突然性。循此继进,同样的推理程序可以排除周五、周四直至周一。埃克博姆由此推出,符合通告条件的突然演习不可能发生。然而,在下周三凌晨,空袭警报响起,演习"突然"举行……

这在某种意义上构成一个"悖论"。它有许多不同的变体,其中之

---

[1] Hintikka, J. "Impossible Possible Worlds Vindicated," *Journal of Philosophical Logic* 4, 1975, pp. 475—484.

[2] 参见张建军:《逻辑悖论研究引论》,193—194 页。

一是"意外考试悖论",最早由英国学者奥康诺(D. O'Connor)于1948年提出[1]:

> 某教授对学生们说,下周我将对你们进行一次出其不意的考试,它将安排在下周一至周六的某一天,但你们不可能预先推知究竟在哪一天。显然,这样的考试是可以实施的。但有学生通过逻辑论证说,该考试不可能安排在周六。因为,如果它被安排在周六,则周一至周五都未考试,就可推算出在周六,该考试因此不再出其不意。同样,该考试不可能安排在周五。因为,如果它被安排在周五,则周一至周四都未考试,学生们就可预先推算出在周五或周六;已知考试不可能在周六,因此只能在周五,该考试也不再出其不意。类似地,可证明其余四天都不可能安排考试。学生由此得出结论:这样的考试不可能存在。但该教授确实在该周的随便某一天宣布:现在开始考试。这确实大大出乎学生的意料。由此得到一个悖论:这样的考试既可以实施,又不可能实施。

2. 对意外考试悖论的分析

对意外考试悖论的解析差异极大。下面先阐述我本人的或我比较能理解和接受的分析。

(1) 什么是"意外"?

有必要事先澄清什么是"意外",或者是哪种意义上的"意外"。按我的理解,"意外"有以下两种意义:

(a) 理性的"意外",即逻辑的"意外",因为理性的基础和核心是逻辑。可以做进一步区分:

(a1) 弱意义,即逻辑没有推出的"意外":从已知信息出发,在逻辑上没有推出 p,但事实上 p;在逻辑上没有推出非 p,但事实上非 p。

(a2) 强意义,与逻辑推理相反的"意外":从已知信息出发,在逻辑上

---

[1] O'Connor, D. J. "Pragmatic Paradoxes," *Mind*, vol. 57, 1948, pp. 358—359.

推出 p,但事实上非 p;在逻辑上推出非 p,但事实上 p。

(b)心理的"意外",即心理预期的"意外"。可以做进一步区分:

(b1)弱意义,没有预期到的"意外":从已知信息出发,在心理上没有预期 p,但事实上 p;在心理上没有预期非 p,但事实上非 p。

(b2)强意义,即与已有预期相反的"意外":从已知信息出发,在心理上预期 p,但事实上非 p;在心理上预期非 p,但事实上 p。

老师在做预先宣布时,他所说的"意外"是:考试在第 i 天,但学生事先甚至在当天也不知道考试会在当天进行,可用符号表示:$E_i \wedge \neg K_i(E_i)$。这种"意外"既可以是理性意义上的,也可以是心理意义上的,包括各自的弱意义和强意义。从直观上说,即使老师事先宣布,这种"意外"考试仍然是可以发生的,甚至在一天之内也可以:你若假定老师的话为真,考试只能在当天进行,而这个考试已经事先知道,不再意外,你推出结论说:老师不可能按他的条件实施考试。但老师马上宣布:现在考试!这次考试仍然是一个"意外",无论是在理性的意义上还是在心理的意义上!

那么,意外考试悖论的根源究竟在哪里呢?只有两种可能性:一是老师的宣布出错,二是学生的推理出错。下面分别考察之。

(2)老师的宣布出错?

确实有人这么认为,并且这是该悖论发表之后所获得的最初反应。例如,发表该悖论的奥康诺就认为,老师的宣布是自我反驳的:如果老师不事先宣布,他可以安排出人意料的考试;但一旦宣布,他就无法安排出人意料的考试了,该老师必定会自食其言。奥康诺开玩笑式地从该悖论引出一个有关教学的劝告:如果你想给学生一个意想不到的考试,你千万别事先向学生宣布你的意图。奥康诺把老师的宣布比作这样的句子:"我根本不记得任何东西","我现在没在说话"。尽管这些句子是一致的,却在任何情景下都不能被设想为真。科恩(L. J. Cohen)把老师的宣布视为语用悖论,并将后者定义为:说出一个句子这件事本身就使得该句子为假。他认为,那位老师没有意识到他的宣告会使该宣告本身为假。

　　但人们大都认为,上述说法及其分析并不成立。老师的宣布告诉了学生下周有一次考试,一旦宣布,这一点就不再"出人意外"。但老师并没有告诉学生该考试具体安排在哪一天,假如一周有 5 个工作日,考试正好发生在从周一至周五中的某一天,这一点仍然是未知的;一旦考试在那天实际发生,仍然是一个"意外",至少是含有出人意料的要素。前面的分析表明,老师的确可以兑现他的承诺,在任何一天他都可以进行一次"意外"考试!

　　(3)学生的推理出错?

　　如果老师的宣布没有什么错,那么,悖论似乎只能归结为学生的推理出错了。

　　学生的推理是一个归谬推理:假设老师的宣告为真,最后得出不可能有意外考试的结论,由此证明老师的宣告为假。这个论证分为两部分:第一部分,论证考试不能在周五;第二部分,把周五的结论逻辑转移到其他每一天上。关键是第一部分:关于周五的论证真的成立吗?假设老师的宣告为真,周五真的不会有考试吗?不一定吧。到周四为止还没有考试时,学生周五上课时会显得有些迷惑不解,或忐忑不安:怎么还没有考试?老师忘记他的宣告了吗?或者他说话不算数,只是故意吓唬我们?今天该不会有考试吧?实际情形是:老师完全可以把考试安排在周五,且仍然是一次"意外"!因为老师知道,学生会进行这样的逻辑推理:既然前四天没有考试,本周又必有一次考试,则考试只能发生在周五,我们预先就能知道这一点,该考试不再是"意外"考试。所以,周五不会有考试。但老师正好针对学生的逻辑,给他们安排一个逻辑的"意外":在周五上课时宣布"立即考试"!看起来,学生的推理在第一步就出错了……

　　但是,且慢下结论!实际上,一周 5 天的条件是无关紧要的,一门课通常也不会连上 5 天。为简单起见,我们考虑一周上两次课的情形吧,比如周一和周四。老师的宣告现在变成:"我将在周一和周四对你们做一次考试,但在考试那天的早晨,你们都没有足够的理由相信当天会有考试,所以,那次考试对你们来说仍然是一次意外。"下面,我们采用一些符号

表达式:

M:周一;

T:周四;

E_M:考试在周一;

E_T:考试在周四;

$K_M(\cdots)$:学生在周一知道$(\cdots)$

$K_T(\cdots)$:学生在周四知道$(\cdots)$

老师的宣告 A:$((E_M \wedge \neg K_M(E_M)) \vee (E_T \wedge \neg K_T(E_T))) \wedge \neg (E_M \wedge E_T)$,也可以写成:$((E_M \vee E_T) \wedge \neg (E_M \wedge E_T)) \wedge (\neg K_M(E_M) \wedge \neg K_T(E_T))$

$K(A)$:学生知道老师的宣告为真。

我们可有如下证明:

(1) $K(A)$		假设学生知道老师的宣告为真
(2) $\neg E_M$		假设考试不在周一
(3) $K_T(\neg E_M)$		(2) + 学生的记忆
(4) $\neg E_M \to E_T$		根据老师的宣告
(5) $K_T(\neg E_M \to E_T)$		根据学生足够理性
(6) $K_T(E_T)$		(3)(4) + 知识的演绎封闭原则
(7) $K_T(E_T) \to \neg A$		根据老师的宣告
(8) $\neg A \to \neg K(A)$		知识蕴涵真理原则的逆:只有真理才能被知道
(9) $K_T(E_T) \to \neg K(A)$		(7)(8) + 推理传递律
(10) $\neg K(A)$		(6)(9) + MP
(11) E_M		(2)(10)(1) + 反证法
(12) $K_M E_M$		根据学生足够理性
(13) $E_M \wedge K_M E_M$		(11)(12) + 合取引入
(14) $E_M \wedge K_M E_M \to \neg A$		根据老师的宣布
(15) $\neg A$		(13)(14) + MP

（16）¬A→¬K(A)　　　知识蕴涵真理原则的逆:只有真理才能被知道

（17）¬K(A)　　　　（15）（16）+ MP

（18）¬K(A)　　　　（2）（17）+ 归谬法

（18）所说的,即使老师做了意外考试的宣告,学生也不知道老师的宣告是真的! 否则,由假设学生知道老师的宣告是真的,就可以逻辑地推出学生不知道老师的宣告是真的。蒯因最早发现了这一点,他说:学生的推理并没有证明老师的宣告不可能为真,而只是证明了:学生不可能知道老师的宣告为真[1]。在我看来,这太吊诡了:老师做了宣告,学生怎么会不可能知道老师的宣告为真呢? 原因是什么? 说真的,对这一点我也说不清楚,还是留给读者一起思考吧![2]

1972 年,克里普克在剑桥大学做了题为"论两个知识悖论"的讲演,讲稿拖到 2011 年才正式发表[3]。在该讲演中,他对意外考试悖论做了比较详细的分析。他提炼出该悖论的 5 个前提,用符号表示它们;然后,他列出了学生推理所需的如下 5 个知识论前提,其中"E_i"表示考试在第 i 天进行,"$K_i p$"表示认知主体在第 i 天时知道 p:

（1）E_i,对于某些 i, $1 \leqslant i \leqslant n$(或等价的,$E_1 \vee E_2 \vee \cdots \vee E_n$)

（2）¬$(E_i \wedge E_j)$,对任意 $i \neq j$, $1 \leqslant i, j \leqslant n$

（3）¬$K_{i-1}(E_i)$,对每一个 i, $1 \leqslant i \leqslant n$

（4）$(\neg E_1 \wedge \neg E_2 \wedge \cdots \wedge \neg E_{i-1}) \rightarrow K n_{i-1}(\neg E_1 \wedge \neg E_2 \wedge \cdots \wedge \neg E_{i-1})$,对每一个 i, $1 \leqslant i \leqslant n$

（5）$E_i \rightarrow K_{i-1}(\neg E_1 \wedge \neg E_2 \wedge \cdots \wedge \neg E_{i-1})$,对每一个 i, $1 \leqslant i \leqslant n$

（6）$K_i(p) \rightarrow p$,对每一个 i, $1 \leqslant i \leqslant n$

（7）$K_i(p) \wedge K_i(p \rightarrow q) \rightarrow K_i(q)$,对每一个 i, $1 \leqslant i \leqslant n$

（8）Taut→K_i(Taut),对每一个 i, $1 \leqslant i \leqslant n$

---

[1]　蒯因:《论一个假定的二律背反》,载《蒯因著作集》第五卷,25—26 页。

[2]　关于意外考试悖论的解读,可参阅 Sainsbury, R. M. *Paradoxes*, third edition, pp. 107—115。

[3]　Kripke, S. "On Two Paradoxes of Knowledge," in his *Philosophical Troubles*, *Collected Papers*, vol. 1, Oxford, New York: Oxford University Press, 2011, pp. 27—51.

(9) $K_i(p) \rightarrow K_j(p)$,对每一个 $i, j, 0 \leqslant i \leqslant j \leqslant n$

(10) $K_i(p) \rightarrow K_i(K_i(p))$,对每一个 $i, 0 \leqslant i \leqslant n$

这里,(6)是知识蕴涵真理的原则,(7)是知识的演绎封闭原则,克里普克把(9)叫做"知识持续原则",(8)表明认知主体 i 的推演能力足够强,他知道所有的重言式。他认为,意外考试悖论的根源不在前提,而在于(9)所表示的知识持续原则:如果认知主体在第 i 天知道 p,他在以后的任何一天都知道 p,即是说,知识是可持续的。但他论证说,(9)不一定成立,因为知识和信念会随着新证据的发现而改变,故可以有 $K_i(p)$ 但没有 $K_j(p)$。在我看来,克里普克持这样的观点很不好理解,因为他接受(6):知识蕴涵真理,这种客观意义上的真理一旦为真就永远为真,不会随时间流逝、证据增减而改变。于是,一旦承认某命题是知识,它就应该永远为知识,不会因时间流逝、证据增减而改变。克里普克接受(6)而否定(9),这难道是前后一致的吗?为什么他没有意识到这种不一致性?

威廉姆森从意外考试悖论中引出了一个更难以理解的结论:存在着不可知的真理!某些命题是真的,但一旦假设知道它们为真,就会得出矛盾,故它们是不可知的真理。与克里普克不同,他论述说,即使人们今天知道某件事情,也推不出他今天知道他明天仍然知道该件事情。这等于直接拒绝了前面提到的认知逻辑的"正内省原则"的历时版本。[1]

3. 意外考试悖论的其他变体

(1) 意想不到的老虎

这个悖论是"意外考试悖论"的变体:

公主:父亲,你是国王。我可以和迈克结婚吗?

国王:我亲爱的,如果迈克能够打死藏在这五个房间里的一只老虎,你就可以与他结婚。迈克必须依次序开门,从 1 号门开始。他事

---

[1] 参见蒂莫西·威廉姆森:《知识及其限度》,陈丽、刘占峰译,北京:人民出版社,2013 年,第 6 章。

先不知道哪个房间有老虎,只有开了那扇门后才知道。这只老虎将是料想不到的。

M:迈克看着这些门,对自己说道——

迈克:如果我打开了4个空房的门,我就会知道老虎在5号房。可是,国王说我不能事先知道它在哪里。所以老虎不可能藏在5号房。

迈克:5号房被排除了,故老虎必定藏在其余4个房间之一里面。那么,在我开了3个空房之后,老虎必然在4号房里。可是,这样它就不是料想不到的。所以,4号房也被排除了。

M:按同样理由,迈克论证了老虎不能在3号房、2号房和1号房里。他十分快乐。

迈克:哪个门背后也不会有老虎。如果有,它就不是料想不到的。这不符合国王的允诺。而国王总是遵守诺言的。

M:迈克在论证了没有一个房间里有老虎之后,高高兴兴去开门了。完全出乎他意料之外的是,老虎从2号房中跳了出来。而这一切表明:国王确实遵守了他的诺言。[1]

(2) 不可执行的绞刑

它也是"意外考试悖论"的变体,由蒯因改写而成[2]。

一个囚犯在本周六被判绞刑。法官宣布:将在下周七天的某一天中午执行绞刑(按西方传统,星期天是礼拜日,不工作,当然更不行刑),但该囚犯直到行刑的那天早晨才能知道他将在该天中午被处决。该囚犯随后分析道:我将不可能在下周六赴刑,因为如果周五下午我还活着,我就预先知道周六中午我会被处死。但是,这与法官的说法有矛盾。根据同样的推理,他认为,也不可能在下周五、周四、周三、周二、周一处决他。因此,该囚犯断言:该法官的判决将无法执行。该囚

---

[1] 参见《科学美国人》编辑部:《从惊讶到思考——数学悖论奇景》,26—28页。
[2] 蒯因:《论一个假定的二律背反》,载《蒯因著作集》第五卷,25—26页。

犯的推理似乎有些道理,他也因此感到宽慰,但直到下周四上午 11 点 55 分行刑者到达他的囚室,他才发现自己错了,先前的盘算全都落了空:他将很快被处死。

蒯因、肖(G. B. Shaw)、蒙塔古(R. Montague)、卡普兰(D. Kaplan)等逻辑学家已对意外考试悖论做了深入的讨论和研究,蒙塔古和卡普兰指出,这个悖论以及相关的知道者悖论"也许在说谎者悖论和理查德悖论旁占有一席之地,而且可以想象,会和它们一样,从而导致技术上重大进展。"[1]

(3) 选定的学生

这是索伦森(R. A. Sorensen)在《盲点》(1988)一书中给出的意外考试悖论的另一个变体,旨在表明对先前知识的记忆在该悖论中不起作用。

一位老师告诉他的五位学生,他要选择其中一位学生当他的实验助手。他们每个人背后都贴有一颗星,其中有一颗星是金星,其他的星是银色的。背后有金星的学生是"被选定的学生",他并不知道自己被选定。学生们排成一行,因而第五位能够看到前四位背后星的颜色;第四位能够看到前三位背后星的颜色,但不能看到第五位背后星的颜色;第三位能够看到前两位背后星的颜色,但不能看到他后面人背后星的颜色,余此类推。学生们论辩说,老师关于被选定学生不知道自己被选定的说法不可能是真的,理由如下:

如果第五位学生被选定,他就能看见他前面学生背后的星都不是金色的,由此可推知他们都不是被选定的学生,再据此推知他自己必定是被选定的学生;因此,第五位学生不可能不知道自己是被选定的学生。第四位学生能够推知,(a) 第五位学生不可能不知道自己是被选定的学生;(b) 假如第五位不是被选定学生的话,第四位学生从他前面学生背后的星不是金色的,就能够推知他自己是被选定的学生。因此,假如第四位学生被选定的话,他不可能不知道自己是被选定的

〔1〕 蒙塔古:《形式哲学》,朱水林等译,上海:上海译文出版社,2012 年,310 页。

学生。余此类推,第三位学生也不可能不知道自己是被选定的学生,第二位和第一位也是如此,假如他们被分别选定的话。于是,假如被选定的话,这五位学生中每一位都能够知道自己是被选定的学生,老师的说法不可能是正确的。[1]

(4) 因迪悖论

这个悖论,在结构上类似于意外考试悖论,但它是关于意向(intention)的,而不是关于被证成的信念(justified belief)的。

> 假设你的名字碰巧叫"因迪"(Indy),如果你打算参加一次考试,你就可以得到 500 欧元。为了得到那笔钱,你并不真的要参加那次考试,只需打算参加那次考试即可。你憎恨考试,希望尽可能躲开它们,但你需要钱。你知道,如果你有参加某次考试的意向(intention),你就会得到那笔钱,因而没有理由去继续参加该次考试。不过,如果你知道你不会参加考试,你就几乎肯定不会有参加考试的意向。再假设有 5 次可能的考试,一周 5 个工作日下午各一次,对于周五之前你参加的任何一次考试,如果你打算参加下一次考试,你都有机会得到更多的钱。所以,你有潜在的机会去挣很多钱。你不可能打算参加周五的考试,因为你知道,一旦你得到了那笔钱,再去参加那可恨的考试,你不会因此另外得到任何东西。但是,假如你知道你无意参加周五的考试,你也会明白你参加周四的考试毫无意义,故你也不会打算参加周四的考试。余此类推,你也不会参加其余各天下午的考试,甚至是参加周一下午的考试。但是,面对挣钱的机会,你肯定会去落实至少参加某些考试的意向。[2]

你或许可以采纳一种相当合理的途径。你认识到你可以挣到一些钱,并且你能够继续这样做。于是,你打算并且真的参加了周一下午的考试,暂时悬置关于何时停止参加考试的决定。你知道你会在周五上午停止参

[1] 参见 Sorensen, R. A. *Blindspots*, Oxford: Clarendon Press, 1988, pp. 317—320。
[2] Ibid. , chapter 7.

加考试,因为你不能合理地形成参加这最后一次考试的意向;并且,你知道,你会禁不住往后想,因而有可能放弃前面的考试。但是,在先前的日子里,你有理由去参加考试,也就是说,你会继续周一所做的事情,去继续挣钱。随着周五临近,你将已经挣得一些钱,并且,如果在你已经获得那笔钱的上午你决定不再参加考试,这时候你不再能够做回溯性归纳,你就会避免参加一次不必要的考试。你还可以采纳一种策略,即形成参加所有那些考试的意向,从而使你的现金收益最大化。

(5) 毒药悖论

这个悖论实际上是因迪悖论的一个变体。[1]

有人愿意付一百万美元,为了让你生出"喝下一剂毒药"的念头。当然,药是非致命的,但会让你大病一场。只要你有了这个念头,钱就会交到你手里,然后你可以改变主意,不再去喝。这里的麻烦就在于,既然你知道拿到钱后可以改变主意,这就会阻止你形成这个念头,因为你不可能想要做你知道你不会做的事。

我们假设,你不认为产生这个念头是必须的或者强制的;而且一旦你拿到钱之后,也没有其他理由要你真去喝毒药。所以,尽管你有很好的理由去产生这个念头,拿到钱之后却没有理由真把毒药给喝下去。这样一来,你又怎么会真的产生这个念头呢?"我意图喝下这剂毒药,但不会真喝",这明显是一个自我否定的信念或表述,就好比另一种形式的表述:

p,但是我不相信 p。

在通常情况下,你产生一个念头去做一件事 A 的理由就是你实际上实施该行动的理由;但在"喝毒药"的情况下,它们却是相分离的。

对于上述问题,似乎没有很好的解决途径。但有的学者认为,如果你采取一种策略来产生一种念头以满足条件,比你不能产生这种念头会有更

---

[1] 参见 Kavka, G. "The Toxin Puzzle," *Analysis* 43(1), 1983, pp.33—34。

好的结果,那么,这种策略就是合理的。这里,真正重要的并不在于这种观点的正确和错误,而是在于你能否说服自己去采纳这一策略。如果你相信,你就会产生喝下毒药的念头并真的喝下去。你会大病一场,但钱还是拿到手了,这总好过不得病但却拿不到钱。即使该学者在这一点上是对的,如果你觉得这一策略没有足够的说服力,那也就不能真的形成这种念头。

（6）知道者悖论

蒙塔古和卡普兰于 1960 年共同发表文章[1],从对意外考试悖论的分析中提炼出一个新悖论,后来叫做"知道者悖论"（paradox of the knower）。

假如一周有 5 个工作日,老师宣布下周将有一次出其不意的考试,这等于如下断言:

T_1:考试将发生在周一但在周一之前你们将不知道这一点;或者,考试将发生在周二但在周二之前你们将不知道这一点;或者,考试将发生在周三但在周三之前你们将不知道这一点;或者,考试将发生在周四但在周四之前你们将不知道这一点;或者,考试将发生在周五但在周五之前你们将不知道这一点;或者,这个宣布被知道是假的。

蒙塔古和卡普兰认为,T_1 中选言支的数目多少是无关紧要的,可以很多很多,例如多至一个月甚至一年,也可以很少很少,甚至少到一天,甚至少到 0 天。当少到 0 天时,T_1 就变成了 T_2:

T_2:知道这个语句是假的。

如果 T_2 是真的,既然知道 T_2 是假的,由于知识蕴涵真理,所以 T_2 是假的。由于没有任何语句既是真的又是假的,由此我们就证明了 T_2 是假的。由于证明产生知识,故知道 T_2 是假的,而这正是 T_2 所说的意思,所以,T_2 必定是真的。悖论!

这个悖论有说谎者悖论的味道。后来的评论者在对知道者悖论做形式表述时有点漫不经心,没有注意到 $K\neg p$（知道$\neg p$）和$\neg Kp$（不知道 p）

［1］ 蒙塔古、卡普兰:《对一个悖论的再思考》,载蒙塔古:《形式哲学》,309—326 页。

之间的区别,由此导致了知道者悖论的一个变体:

T_3:没有人知道这个语句。

明显可以看出,T_3就是前面谈到的布里丹悖论语句3。

怀疑论者希望通过否认人们知道任何东西来消解悖论性语句T_2,但这个补救办法对于T_3并不奏效。如果人们不知道任何东西,则T_3就是真的。怀疑论者能够转而攻击证明一个命题是知道该命题的充分条件吗?这个办法甚至对他们本身也是难以接受的,因而他们也是通过证明来传播其怀疑论结论的。如果抛弃证明,他们就会变得像他们所嘲讽的独断论者一样。但也应该指出,他们想到的这一办法也不是没有一点合理性。

很明显,没有假命题能够被证明为真。但是,有真命题不能被证明为真吗?回答是:有,而且有无穷多。根据哥德尔不完全性定理,任何一个包括算术在内的形式系统都包含一个类似于意外考试悖论中的自指句:"本语句在本系统内不可证明",该类语句叫做"哥德尔语句"。该系统不能证明它的哥德尔句,该语句却是真的;如果该系统能证明它的哥德尔句,该系统就是不一致的,即导致矛盾。所以,或者该系统是不完全的,或者该系统是不一致的。当然,这个结果把可证明性与某个特定的系统关联起来。一个系统能够证明另一个系统内的哥德尔句。哥德尔认为,数学直觉给他这样的知识:算术是一致的,尽管他不能证明这一点;人类的知识不能局限于人类能够证明的东西。有的计算机科学家断言,人不是机器。因为一台计算机就是一个形式系统的具体体现,它的知识就是它能够证明的东西。人却与计算机不同,充分掌握算术的人能够是一致的,即没有矛盾。另有哲学家捍卫人与计算机之间的对等性,他们认为我们有自己的哥德尔句,举例来说,如果我们把意外考试悖论中学生关于考试日的信念作为一个逻辑系统,那么,老师的宣布就是关于学生的一个哥德尔句:下周将有一次考试,但是,你不能根据那位老师的宣布和对该周前几天所发生情况的记忆来证明考试会出现在哪一天。有的评论者指出,把意外(surprise)解释成形式系统中的不可证明性是改变了论题,意外考试悖论更类似于说谎者悖论。如果他们的说法属实,意外考试悖论就不属于认知悖论,而属于与真假概念相关的语义悖论了。

（7）格子悖论

在一个格子游戏中,你置身于标记有数字的格子内,且视线被阻隔,看不到格子外面的情形。格子编号及排列如下：

1	2	3
4	5	6
7	8	9

外层的双线代表一堵墙。只允许你水平移动或垂直移动,你可能从原初位置试着只移动两步。你必须确定你最后在哪个格子里。你或许会很幸运,例如,如果你试图右移一步碰到一堵墙,试图下移一步也碰到一堵墙,你就可以推知你置身方格9中。不过,你也有可能运气不佳。例如,如果你左移一步没有碰到墙,再左移一步碰到墙,你无法分辨你究竟是置身于方格3、6还是9中。假设有人宣称,他能够在两步之内把你置于原初位置,且你不可能发现那个原初位置在哪里。然后,你开始推理：我不可能置身在某个角落的方格中,因为假如两步移动使你碰到两堵墙,我就会知道自己置身何处,就像刚才提到的方格9的情形；于是,我可以把1、3、7、9排除掉。然后继续推理：如果我试着上移一格就碰到墙,我就可以推知我置身方格2中；如果我下移一格就碰到墙,我可以推知自己置身方格8中；如果我左移一格碰到墙,我可以推知我置身方格4中；如果我试图右移一格就碰到墙,我可以推知我置身方格6中。既然那个人宣称能够移两格把我放到原初的位置,那么,我可以推知：我只能置身于方格5中,并且不需要做任何移动就能够知道这一点！[1]

---

〔1〕 Sorensen, R. A. "Recalcitrant Variations of The Prediction Paradox," *Australasian Journal of Philosophy* 60, 1982, pp. 355—362.

这个"悖论"也是索伦森提出来的，认为它在结构上类似于意外考试悖论，但它真的是一个悖论吗？

第三节　其他常见的认知悖论

一、摩尔悖论

摩尔发现，在下面的语句中隐含着荒谬或不一致之处[1]：

(M) 上周二我去看了画展，但我不相信我去了。

可以把(M)语句表示为：

(M′) $p \wedge \neg Bp$

M′说，p 但我不相信 p。尽管 M′语句表面上不含逻辑矛盾，但隐含一个矛盾：因为如果一个人自己说出 p，通常意味着他相信 p 为真；如果他又说他不相信 p，则导致矛盾——一个人不可能同时拥有一个信念又不拥有它。这在逻辑上是不可能的。

不过，如果 M′语句中所涉及的不是第一人称，而是第二或第三人称，或者有混合人称，则不会导致矛盾：

(1) 周五有考试但你不相信这一点。

(2) 张三自杀了但李四不相信这一点。

对(M)还可以有另一种符号化：

(M″) $p \wedge B \neg p$

意思是：p 但我相信非 p。例如，上周二我去看了画展，但我相信我没有去。这里也隐含矛盾，但性质与 M′中的矛盾不同。如果一个人说 p，通

---

[1] Moore, G. E. "A Reply to My Critics," in *The Philosophy of G. E. Moore*, ed. P. A. Schlipp, Evanston, IL: Open Court, 1942, p.543; "Russell's Theory of Description," in *The Philosophy of Bertrand Russell*, ed. P. A. Schlipp, Evanston, IL: Open Court, 1944, p.204.

常意味着他相信 p 为真;如果他又说他相信非 p,这只是表明这个人拥有不一致的信念,不是一个理性的说话者。但在逻辑上是可能发生的,确实有不完全按逻辑说话和行事的人。

因此,(M′)和(M″)是两个不同的悖论。并且,(M″)还有另一种性质上类似的形式:上周二我没有看画展,但我相信我看了,即:

$$(M''') \neg p \wedge Bp$$

令 S 是一个形如"p 但我不相信 p"的陈述。雷谢尔把摩尔悖论表示如下:

(1) S 做出了一个有意义的陈述,传达了融贯的信息(一个合情理的假定);

(2) 在做出"p 但是 q"这样的断言时,说话者隐含地表明他接受 p(一个逻辑—语言事实);

(3) 在做出"p 但我不相信 p"这样的断言时,说话者明显地表明他拒绝 p(一个逻辑—语言事实);

(4) 由(2)和(3)可以推出,在做出 S 这样的断言时,该说话者同时表明他接受 p 并且拒绝 p;

(5) (4)和(1)不相容。

雷谢尔给出的办法是:既然从(1)能够推出矛盾句(5),这就说明,在理性交流的语境中,(1)是不能成立的,故应该直接抛弃(1)。[1]

维特根斯坦把摩尔语句(M)命名为"摩尔问题",但他对此却有不同的看法。他认为,M 语句近似于自相矛盾,但并非真的如此。如果我说我(过去)相信 p,我在报道我过去的信念;如果你说我(现在)相信 p,你在报道我当下的信念。但是,如果我说我相信 p,我并不是在报道我的信念,而只是表达了它。如果我简单地说 p,我就是在表达我的信念。如果我说"我相信 p"而不是直接说出 p,我通常是在表达对 p 的某种保留。因此,当

---

[1] Rescher, N. *Paradoxes: Their Roots, Range and Resolution*, pp. 44—45.

我说"p 但我不相信 p"时,我的意思是"p 但或许非 p"。这近似于自相矛盾,但并不真的是自相矛盾。维氏认为,摩尔问题中隐含着关于相信(行为)的深刻洞见,这就是"我相信 p"和"你相信 p"之间不对称。通过听你所说的话以及观察你的行为,我知道你相信什么。但在我能够表达我的信念之前,我不必对我自己做观察。如果有人问:为什么我相信玛丽琳没有自杀,我通常会谈论玛丽琳而不是谈论我自己。如果关于我的信念我有任何理由,不只是把该信念当作一种预感,那么,我相信玛丽琳没有自杀的理由就是玛丽琳没有自杀的理由,我不必把有关自杀的理由与我关于自杀的信念的理由分开。[1]

二、序言悖论

麦金森(D. C. Makinson)于 1965 年构造了"序言悖论"[2]:

> 一位严肃认真的学者,通常会相信:"我在书中所写的每一句话都是真的",因为假如他不认为它们为真的话,就不会把它们写进他的书中。但是,他通常又会在序言中,在对有关人士如妻子、师友、秘书、编辑表示感谢之后,对书中"在所难免"的错误预先向读者表示歉意。即是说,他相信"我的书中至少有一句话是假的"。麦金森指出,上面两个信念是不一致的。

序言悖论的关键在于:

(1) 下面的信念合取原则是否成立?

$B_i p \wedge B_i q \rightarrow B_i(p \wedge q)$

也就是问,若一个认知主体 i 相信 p 且相信 q,他是否相信 p 和 q 的合取?

(2) 信念 $B_i p$ 或 $B_i q$ 是否得到了证成(justified)?

〔1〕 维特根斯坦:《哲学研究》,李步楼译,北京:商务印书馆,1996 年,288—293 页。
〔2〕 Makinson, D. C. "The Paradox of the Preface," *Analysis* 25(6), 1965, pp. 205—207.

凯伯格拒绝信念合取原则[1]。在这一点上,许多哲学家接受他的看法,并得出结论说:拥有搁在一起不一致的信念并不是不合理的。由此引发一个有关该悖论本性的有意思问题:如果允许不一致的信念的话,悖论将如何改变我们的心智?

一个悖论经常被定义为这样一组命题:单个地看,它们都是合乎情理的;但搁在一起,它们却是不一致的。悖论迫使我们以高度结构化的方式改变我们的心智。例如,关于信念的证成(justification)有下面 4 个命题:

（1）一个信念只能由另一个信念来证成;

（2）不存在(或不允许)循环的证成链条;

（3）所有的证成链条都是有穷长的;

（4）有些信念得到了证成。

许多认识论家认为,这 4 个命题不能同时成立。基础论者拒斥(1),他们认为某些命题或者因为理性的原因或者因为经验的原因是自明的。融贯论者拒斥(2),他们容忍某些形式的循环推理。例如,古德曼把反思的平衡方法(the method of reflective equilibrium)刻画为"良性循环"。皮尔士拒斥(3),他相信,既然允许无穷长的因果链条,就应该允许无穷长的证成链条,后者并不比前者更不可能。最后,有些认识论的无政府主义者或者取消论者拒斥(4),例如取消论者认为,像在格雷林悖论中"他谓的"是一个病态谓词一样,"得到证成的"也不是一个真正的谓词,因此"有些句子是得到证成的"也是一个病态句,没有真假可言。

如果像凯伯格所主张的那样,相互不一致的信念在理性上是可容忍的,这些哲学家为什么还要如此费心地去提供关于序言悖论的解决方案呢?可能的回答也许是:规模效应。如果一对矛盾稀释在一个大的理论体系中,它就不那么触目惊心,因而是可容忍的。但是,如果一对矛盾集中显

---

〔1〕 参见 Kyburg, H. *Probability and the Logic of Rational Belief*, 1961。

现在少数几个命题中,那就过于碍眼,因而必须以某种方式消解掉。但这种解释很难行得通。如果容忍相互不一致的信念,就必须在一个理论中容忍明显的或隐含的矛盾。

三、可知性悖论(菲奇悖论)

菲奇(B. F. Fitch)于 1963 年谈到[1],从他的一份手稿(后来从未发表)的审稿意见中,他得知了关于"存在着不可知的真理"的下述证明。据档案记载,这位审稿人就是著名的逻辑学家丘奇(Alonzo Church),其证明可简述如下:

假设存在一个真命题,其形式是"p 但 p 不是已知的"。虽然这个句子是不含逻辑矛盾,但认知逻辑的最温和的原则也蕴涵:这种形式的句子是不可知的。特别是,利用两个最无争议的认知逻辑原理KE("知识蕴涵真理")和 KD("知识对合取式分配")就足以给出一个简单的证明:某些真理是不可知的。证明如下:

(1) $K_i(p \land \neg K_i p)$	假设
(2) $K_i p \land K_i \neg K_i p$	1,KD
(3) $K_i p$	2,$\land$ 消去
(4) $K_i \neg K_i p$	2,$\land$ 消去
(5) $\neg K_i p$	4,KE
(6) $K_i p \land \neg K_i p$	3,5,$\land$ 引入
(7) $\neg K_i(p \land \neg K_i p)$	1,6,归谬法

(7)不依赖于任何假设,是一个必然真理。它所说的是:"p 但 p 不是已知的"是一个不知道的真理。或许用符号把上述证明的结论表述为条件句形式更好:

---

[1] Fitch, F. "A Logical Analysis of Some Value Concepts," *Journal of Symbolic Logic*, 28(2), 1963, pp. 135—142.

(8) $\exists p(p \wedge \neg K_i p) \to \exists p(p \wedge \neg \Diamond K_i p)$

其意思是:如果有现实的未知的真理,则有不可知的真理。菲奇没有觉得(8)有什么特别之处,以至该定理在很长时期内未受到人们的关注。一个相信"万能的(包括全知)上帝(偶然或必然)存在"的有神论者会接受(8)空洞地为真,因为其前件或实际上为假或必然为假。但是,大多数认识论家都承认,存在某些实际上未知的真理,但他们同时坚持认为,所有真理都是可知的。这与(8)矛盾。因为通过逻辑上等值的变换,从(8)可以推出:

(9) $\forall p(p \to \Diamond K_i p) \to \forall p(p \to K_i p)$

其意思是:如果所有真理都是可知的,则所有真理都是已知的。由于这些学者认为存在着未知的真理,这就否定了(9)的后件,因此他们必须否定(9)的前件:并非所有真理都是可知的。但他们坚持认为所有真理都是可知的,由此导致矛盾。他们不愿意修改自己原来的立场,认为矛盾的根源是认知逻辑定理(8)或(9),遂将其称作"可知性悖论"(the knowability paradox)。

威廉姆森坚决不同意把"存在着不可知的真理"称为"悖论",认为它是一个经过简洁证明的真命题,只不过与人们的无根据主张"所有的真理都是可知的"相冲突罢了。在《知识及其限度》等论著中,他证明,认知逻辑的如下两个公理不成立:

正内省	$K_i p \to K_i K_i p$	(若 i 知道 p,则 i 知道自己知道 p)
负内省	$\neg K_i p \to K_i \neg K_i p$	(若 i 不知道 p,则 i 知道自己不知道 p)

他构造了所谓的反透明性论证,证明人的知识和证据状态并不是完全透明的,一个人并不总是能够知道他的所知和无知,一个人也并不总是能够知道他的证据是什么。从对意外考试悖论的分析中,他所引出的结论也是"存在着不可知的真理"。[1]

---

[1] 参见蒂莫西·威廉姆森:《知识及其限度》,第4—6章,第12章。

在我对他的访谈中,威廉姆森还给出了关于存在不可知真理的另一类型的论证。该论证是这样进行的:他举例说,在 2008 年元月一日,我办公室里书的数目或者是奇数或者是偶数。既然我当时没有数它们,自那时以来已经发生了太多的改变,没有人将会知道该数目是什么。于是,或者"该批书的数目是奇数"总是一个未知的真理,或者"该批书的数目是偶数"总是一个未知的真理。我们能够允许,虽然那些真理总是未知的,却不是不可知的,因为在 2008 年元月一日,某个人能够通过计数我房间里的书,从而知道这两个真理中的某一个。不过,如果"该批书的数目是奇数"总是一个未知的真理,那么,"'该批书的数目是奇数'总是一个未知的真理"就是一个不可知的真理,因为如果任何人知道"'该批书的数目是奇数'总是一个未知的真理",他们因此就知道"该批书的数目是奇数",在这种情形下,"该批书的数目是奇数"就不会总是一个未知的真理。所以,在这种情形下,他们根本上就不知道"'该批书的数目是奇数'总是一个未知的真理"(既然知识依赖于真理;整个论证使用了归谬法)。类似地,如果"'该批书的数目是偶数'总是一个未知的真理",那么"'该批书的数目是偶数'总是一个未知的真理"就是一个不可知的真理。于是,无论按哪一种方式,都存在不可知的真理。反实在论者常常把此论证叫做"不可知悖论",因为他们不喜欢该结论;而在威廉姆森看来,它不是悖论,而是一个出乎意料的从真前提得出真结论的简洁论证。

威廉姆森在回答我所提出的"此类结论是否含有不可知论的意谓","如何划出可知的与不可知的界限"等问题时,他解释说:"我的观点确实蕴涵一种有限度的不可知论,在它看来,我们必须承认,存在着某些我们不能知道的真理。不过,也存在着许多我们能够知道的真理——甚至是关于是否存在一个上帝的真理。同一个认识论原则既解释了在某些情形下的无知,也解释了在另外情形下知识的可能性,我看不出对这样的不可知论有什么可反对之处,只要它不会变成怀疑论。在某些非常清楚的情形下,我们知道我们知道一些东西。正内省的失败只是意味着,当我们知道时,我们不能总是知道我们知道;它并不意味着,当我们知道时,我们不能在某时知道我们知道。类似地,负内省的失败只是意味着当我们不知道时,我们并不总是知道我们不知道;它并不意味着:当我们不知道时,我们不能在某时知道我们不知道。我正在解释的论证类型给予我们很多关于可知性与不可知性之间界限何在的知识,但是它们也表明,我们不可能具有关于这种界限何在的完全知识。生活本身就是这样。"[1]

有很多哲学家不同意威廉姆森的看法。他们举例说,由于一阶逻辑的量词有存在含义,逻辑学家可以从"每一个事物都自身等同"这个逻辑原则证明(这个世界上)确实有某些东西存在。大多数哲学家回避这个简单的证明,因为他们觉得,某些事物在这个世界上的存在不能够仅凭逻辑来证明。同样的道理,他们也不愿接受关于存在不可知的真理的证明,因为他们觉得一个如此深刻的结果不可能从如此有限的手段得到。

四、独断论悖论

这个悖论是由克里普克 1972 年在剑桥大学所做的一次讲演中提出的[2],吉尔伯特·哈曼(Gilbert Harman)将其命名为"独断论悖论"。

克里普克谈到,马尔康姆(N. Malcolm)在讨论"知道"一词的强意义时,曾提出一个原则:如果我选择知道某个陈述,作为理性的主体,我应该采取这样一种态度,不让任何进一步的证据去推翻它。克里普克指出,"但是,这似乎不是我们对我们所知道的陈述的态度——也似乎不是一种理性的态度。"[3] 他构造了下面的论证,以证明马尔康姆所建议的原则是不合理的。[4]

> (1) 如果认知主体 A 知道 p,并且 A 知道 p 推出 q,基于这些知识,A 将得出结论 q,那么,A 知道 q。

---

[1] 陈波:《深入地思考,做出原创性贡献——威廉姆森访谈录》,《晋阳学刊》2009 年第 1 期,10 页。

[2] Kripke, S. "On Two Paradoxes of Knowledge," in his *Philosophical Troubles*, *Collected Papers*, vol. 1, pp. 27—51.

[3] Kripke, S. *Philosophical Troubles*, *Collected Papers*, vol. 1, p. 43.

[4] Ibid. , pp. 43—45.

这就是前面谈到过的知识对演绎封闭的原则。

令 p 是任一陈述，其内容如下所述

（2）p 衍推如下的假设：任何反对 p 的证据都是致人迷误的，即导致假的结论。

如果 p 是真的，任何反对它的证据都是致人迷误的，即会导致假结论¬p。

（3）A 知道 p，并且 A 知道（2）。

于是，假设 A 进行了适当的推演，由前提（2）可以得到结论：

（4）A 知道任何反对 p 的证据都是致人迷误的。

（5）适用于现在和未来的一切证据，特别是未来的证据。这一点看起来已经很奇怪了：仅凭知道一个平常的陈述 p，A 就知道一个概括性陈述：任何反对 p 的未来证据都是致人迷误的。

我们还可以有如下的一般性原则：

（6）如果 A 知道采取一个 T 型行动导致后果 C，并且 A 特别想避免后果 C，那么，A 会下决心不采取任何 T 型行动。

举例来说，假如 A 知道：如果他打开门，站在门外的某个人就会朝他射击，那么，对他来说，不开门就是一个明智的决定。

现在，令（6）中提到的 T 型行动是"接受反对 p 的证据"，也就是基于未来的证据去怀疑或否定 p，令 C 代表某个假的信念，或者代表失去一个真信念，这两者都是 A 所不想要的。于是，我们可以得出结论：

（7）A 决心不受任何反对 p 的证据的影响。

（8）所表达的是一种典型的独断论态度：为了执着于某个信念，避开或拒绝接受一切不利的证据。某些政治或宗教领导人常利用（7）去论证，假如他们的追随者或臣民本身并不足够坚强以至能够固守他们所持有的信念，他们作为领袖就要求甚至强迫其追随者或臣民避免接触某些误导性证据。例如，要求甚至强迫后者不去读某些报纸和书，不要去看电视、上网、听广播等等。有些人甚至不需要强迫，就会自动这样做:例如,某个人是他们心目中的英雄,他们就会自动过滤掉一切有损其英雄形象的不利信息。

克里普克回到马尔康姆的讨论和提议。"我认为,正是从这样一个论证中,关于强意义的'知道'的想法有可能出现;在某些特殊的情形下,这些结论是真的。但是,如果你打量这些前提和推理,看起来没有假定任何'超级'意义的'知道',仅仅是普通意义的'知道'。所以,必定有某些东西出了错,问题在于——错在哪里呢?"[1]

哈曼把克里普克的独断论悖论改述如下:

> 如果我知道 h 是真的,我知道任何反对 h 的证据就是反对真理的证据;我知道这样的证据是致人迷误的。所以,一旦我知道 h 是真的,我就能够不考虑任何未来的不利于 h 的证据。[2]

独断论者接受这个推理。对他们来说,知识使探究止步。任何与已知的东西相冲突的"证据"都被作为致人迷误的证据排除掉。这种保守态度跨越了从自信到顽固的界限。为了更形象地说明这种顽固态度,有人构想了下面一种情形,"我"认为:我的车目前在停车场,但老实忠厚的朋友派克告诉我,我的车目前不在停车场,但我不相信,并为其信念"我的车目前在停车场"构造了下面一个连锁论证[3]:

(C₁) 我的车目前在停车场。

(C₂) 如果我的车目前在停车场,而派克提供了我的车目前不在停车场的证据,则派克的证据是致人迷误的。

(C₃) 如果派克报告说他看见一辆看起来是我的车被拖出了停车场,那么,他的报告是一个致人迷误的证据。

(C₄) 派克报告说他看见一辆看起来是我的车被拖出了停车场。

〔1〕 Kripke, S. *Philosophical Troubles*, *Collected Papers*, vol. 1, p. 44.

〔2〕 参见 Harman, G. *Thought*, Princeton:Princeton University Press, 1973, p. 148。

〔3〕 Sorensen, R. A. "Dogmatism, Junk Knowledge, and Conditionals," *Philosophical Quarterly* 38, 1988, pp. 433—454.

（C_5）派克的报告是一个致人迷误的证据。

根据假设，"我"只是相信 C_1，即我的车目前在停车场；前提 C_2 是分析真的，并且从 C_1 和 C_2 到 C_3 的推论是有效的，所以，"我"对 C_3 的相信度等同于我对 C_1 的相信度。既然我们假定"我"相信 C_4 有充分的证成，由此可推知，"我"对 C_5 的信念也有充分的证成。类似的论证可以使"我"无视其他进一步的证据，如来自拖车公司的电话，或者当"我"走到停车场却找不到我的车。

对于独断论悖论，哈曼给出了如下诊断：上述悖论性论证完全忽视了实际得到的证据可能会造成的影响。既然我现在知道我的车目前在停车场，我现在就知道任何似乎表明相反的状态的证据都是误导性的。但这并不能确保我可以忽略任何进一步的证据，特别是当那些新证据能够改变我目前的知识状态时。因为得到这些新证据会使我不再知道新证据是致人迷误的。结果是，哈曼否认知识的坚硬性。坚硬性原则说，一个人知道某个结论的必要条件是：不存在任何证据会使得一旦他知悉这些证据，就不再有充足的理由去相信那个结论。新知识不能削弱旧知识。哈曼不同意这个原则，他主张，新知识可以削弱旧知识。[1]

五、问题悖论

很显然，在这个世界上，有很多问题及其回答很有价值。就大的来说，如何避免核战争？如何应对全球气候变暖所带来的各种问题？如何避免各国之间和各国内部的战争以及对平民造成的巨大伤害？如何解决在世界很多国家中所出现的贫穷现象？在中国，如何解决官员腐败、分配不公、房价高涨、道德溃败等社会普遍憎恶的现象？如何彻底实现数代中国人的梦想：建立一个民主、富强、美丽的新中国？就小的来说，提出和回答一个具体的科学问题，或者提出和解决一个小的企业、单位的治理问题，等等，都是很有用的。于是，提出和回答如下问题也是很有用的：

---

[1] 参见 Harman, G. *Thought*, p.149。

Q：哪一对问题和回答是最有用的"问题—回答"对偶中间的一对？

假如我们回答说：

A：这个问题 Q 和这个回答 A。

我们就会面临复杂的情况。如果 A 是一个正确的回答，由于 A 没有给出任何信息，因而是无用的，因而它就是一个不正确的回答。但是，如果 A 是一个不正确的回答，那么，所有那些正确的回答都是给出信息的，因而是有用的，再问哪些"问题—回答"对偶属于最有用的问题—回答对偶之列就是有意思的，因而也是有用的，对有用问题的回答也是有用的，A 因此就是正确的回答。由此导致悖论：对 Q 的回答 A 是正确的当且仅当 A 是不正确的！

作为一个玩笑，我们可以给出一个求爱必胜策略。求爱者可以先问对方：

Q1：你将用回答这个问题同样的方式去回答下一个问题吗？

被求爱者一般会肯定地回答这个问题。然后，你问第二个问题：

Q2：你愿意做我的女朋友和妻子吗？

既然她肯定地回答了第一个问题，她就应该肯定地回答第二个问题。于是，你就求爱成功了！首先，我要祝贺你！其次，你要感谢我！再次，我要提醒你注意：这只是一个玩笑，求爱的事情没有如此简单，它涉及很多复杂因素，所以你要加油，祝你好运！

六、自我欺骗的悖论

自欺悖论可以归结为如下问题：

自我欺骗如何可能？

两种最常见的欺骗形式是：骗财和骗色。欺骗之所以可能，是因为欺骗者掩盖其真实意图，利用被骗者的某些缺点，允诺给被骗者带来更大的回报，或承诺帮助他们解决其急需解决的难题，来达到欺骗的目的。例如，某公司雇人到处打电话，装作为对方设想的样子：现代社会要学会理财，钱在银行里放着，不升值，反而贬值，因而要注重投资，而我们这里有一些投资品种，在不长的时间内就有很大升值空间，买了以后肯定赚大钱……有人患上某种绝症，正规医院治不了，病人也治不起，于是转而求助气功大师或民间神医，他们自称有独门特技，祖传秘方，专治疑难杂症，对付癌症尤其有效，并且治好了很多重症病人。这恰好迎合了病人及其家属的心理……某些女士想找高富帅，或有某些特点的男士，而某男人多少符合一些条件，于是他展开柔情骗术，既骗女士们的情色，也骗她们的钱财。当欺骗者存心欺骗时，他就会有意误导被骗者。其手法一旦被欺骗对象识破，欺骗就不能得手。只有被骗者不知道或者不相信对方在欺骗时，欺骗才有可能成功。

但问题的诡异之处在于：自我欺骗如何可能？当一个人打算自己欺骗自己时，难道他不知道自己的这个意图？难道他没有自我意识或自我反思的能力？然而，自我欺骗的情形却十分常见，几乎到熟视无睹的地步。一个患了绝症的病人，觉得自己没有患绝症，即使患了，也很容易治好，因而仍然乐观向上，但没过几个月就死掉了。某个人才智庸常，在单位没有得到重视和许多好处，但他认为自己在能力、水平、工作绩效等方面都比许多同事强，是单位领导和同事们对自己不公，因而愤愤不平。某个人没有得到某个待遇优厚且有发展前途的工作，他就只想该项工作的种种弊端，最后在他人面前把该项工作贬得一塌糊涂（吃不到葡萄就说葡萄酸）。这样的自我欺骗是如何发生的？其答案只能从如下事实中去寻找：人虽然是理性的动物，但又不全是理性的，他或她还有本能、欲望、需要、情感、情绪……，这些东西可以归诸于人的"非理性"的一方面。欲望和情感会产生信念，凯撒（Caesar）说过，"一般而言，人们愿意相信他们希望得到的东西"。一个人把自己的欲求和情绪投射到周围环境之中，也投射到自己眼中的自己，他有选择地看，有选择地听，有选择地读，他"看到"他想看到的，他"相信"他所渴求的，把愿望当作真实，然后对周围环境和对自己本身持有虚假的信念,这就是自我欺骗。所以,按我的理解,自我欺骗的根源在于人类本身潜在的非理性方面。我们先前的文化过于强调了人的理性方面,是弗洛伊德(S. Freud)、叔本华(A. Schopenhauer)、尼采(F. W. Nietzsche)这样的思想家提醒我们注意到人的非理性的方面,注意到人的动物性遗传和本能的黑洞。我曾经写道:"人性确实非常之复杂,复杂到连当事人自己都无法控制和把握,有时候都会感到担心和害怕。"[1]

七、自我实现的信念悖论

有些信念是自我实现的,例如,某个人一段时间失眠,怎么也睡不着,他去看医生,医生对他做了各种检查,发现他各方面都很正常,只是给他开了"安眠药",患者后来经常吃,果然就睡着了,失眠问题也解决了。但实际上,医生检查所得的判断是,患者只是暂时性情绪不稳引起失眠,补充一点维生素也很好,故给他只开了维生素,他每晚服用的实际上是维生素。维生素在这里担当了"安慰剂"的角色,也起到了安慰剂效果。这是"信者成真"的正面案例。一位小伙子,对于他与其女朋友的关系不自信,总是怀疑她有别的想法,甚至另有所爱,于是经常在行为上有所表现,弄得那位女朋友不胜其烦,在比较之下最后真的爱上别人,跟他分手了。这是"信者成真"的反面案例。

考虑这样一个信念:

(B) 我相信语句 B。

如果我相信语句 B,则我的相信行为就使得 B 为真。如果我不相信语句 B,我的这个行为也会使得语句 B 为假。于是,B 就是一个自我实现的信念:相信则使其成真,不相信则使其成假。

我们要思考的问题是:B 真的是一个信念吗?

通常的相信行为都有其信念对象,例如"张丹相信李帅所说的每一句

---

[1] 陈波:《与大师一起思考》,北京:北京大学出版社,2012 年,322 页。

话"，"哥白尼相信地球围绕太阳转"，在后一句子中，哥白尼所相信的是一个本身有真假的命题。这样的信念是有对象或有内容的。什么是 B 这个信念的内容呢？它的内容就是它自己，而这是空的。这是可以允许的吗？B 是否可容许，等同于下面两个语句是否可容许：

> S：S 是一个语句。

> Q：Q 是一个问题吗？

它们都涉及自我指称，如同下面的说谎者悖论一样：

> P：P 是一个假句子。

也如同下面要说到的自我修正悖论一样。

八、自我修正的悖论

在美国宪法中，第五条的内容如下：

> 举凡两院议员各以三分之二的多数认为必要时，国会应提出对本宪法的修正案；或者，当现有诸州三分之二的州议会提出请求时，国会应召集修宪大会。以上两种修正案，如经诸州四分之三的州议会或四分之三的州修宪大会批准时，即成为本宪法之一部分而发生全部效力，至于采用哪一种批准方式，则由国会议决；但一八○八年以前可能制订之修正案，在任何情形下，不得影响本宪法第一条第九款之第一、第四两项；任何一州，没有它的同意，不得被剥夺它在参议院中的平等投票权。

这个条文是美国宪法的一部分，它规定了如何修正它作为其中一部分的美国宪法的程序和规则。问题是：根据该条文，能够修正该条文本身吗？由此可提炼出如下的"自我修正的悖论"：

> 即使一条制度性规则提供了在某些特定条件下修正该制度的措施，合法地修正该规则本身似乎是不可能的。但这与公认的法律实践相冲突。如何解释这一点？

斯堪的纳维亚法学家罗斯（Alf Ross）认为，在美国宪法第五条中出现了部分的自我指称，而无论是部分的自我指称还是完整的自我指称，都会使它们身处其中的命题失去意义。因此，因为第五条中出现部分的自我指称，故它是一条被剥夺意义的规定。并且，不能根据第五条所规定的法律程序去修正第五条。不过，他对第五条提出了一个补救措施，给它增加一条规范，使它最后读起来像这样："……服从由第五条所设定的权威，直至整个权威本身任命了它的继任者；然后，服从这个新权威，直至它任命了它的继任者；如此这般地继续下去。"

不过，关于罗斯对美国宪法第五条的看法，存在着很多的争议。自我指称分为两种：恶性的和良性的，例如，"本命题是假的"中的自我指称是恶性的，该命题为真当且仅当该命题为假，这是矛盾！"本命题是真的"却是良性的，假设它为真，它就为真；假设它为假，它就为假；并没有矛盾。美国当代法学家哈特（H. L. A. Hart）给出了如下表列：

（1）草是绿色的。

（2）本表列中的每一个陈述都是真的，包括本陈述在内。

他认为，（2）是无可非议的，故美国宪法第五条也无可非议；罗斯对该条文提出的补救措施既无必要，也不可行。[1]

九、弗雷格之谜

由萨蒙（Nathan Salmon）在其同名专著[2]中提出和探讨，力图解答下面的问题：当 a、b 分别代表两个专名时，"a = a"和"a = b"为何会具有不同的认知价值？因为前者是同义反复，后者却提供新的信息。

弗雷格在其著名论文《论涵义和指称》[3]（1892）中探讨了这一问题。他的例子是：

〔1〕　参见 Clarke, M. *Paradoxes from A to Z*, Second edition, pp. 200—202。

〔2〕　Salmon, N. *Frege's Puzzle*. Cambridge, MA: MIT Press, 1986.

〔3〕　弗雷格：《论涵义和所指》，载马蒂尼奇编：《语言哲学》，牟博等译，北京：商务印书馆，1998年，375—399 页。

（1a）长庚星是长庚星。

（1b）长庚星是启明星。

这里，（1a）是一个逻辑真理，没有传达任何新信息，无需参照经验就能确认为真。而（1b）却是天文学的一个发现，传达新的经验信息，具有认知价值。问题是，这种认知价值来自何处？弗雷格的解答是：像"长庚星"和"启明星"这样的专名，都有含义和所指。专名的所指就是它们所指称的外部对象，其含义则是确定其所指的依据、途径和方式，也就是关于其所指对象的特征描述。（1a）和（1b）都是真句子，因为它们都表示一个对象的自我同一；只是（1a）直接地表示一个对象的自我同一；在（1b）中，由于"长庚星"和"启明星"指称同一颗星——金星，故它也间接地表示一个对象的自我同一。（1b）之所以传达了新的认知信息，是因为"长庚星"和"启明星"具有不同的含义，对同一个对象即金星做了不同的描述，只是最后结果表明：这些不同描述适用于同一个对象。

上述解释似乎很有道理，但却遭到进一步追问：

当说（1a）和（1b）都是真句子时，根据是它们是关于同一个对象的，因而是同一性陈述；当说（1a）和（1b）具有不同认知价值时，根据是它们对同一个对象做了不同描述。这样一来，（1a）和（1b）还都是同一性陈述吗？在关于"a = b"的同一性解释和认知解释之间，我们如何维持它们的协调和平衡？并且，这两种解释能够协调和平衡吗？

这就是"弗雷格之谜"，在当代语言哲学中激起了很多讨论，迄今并无公认的解决方案。

十、分析悖论

分析悖论与弗雷格之谜有些类似。它与摩尔所提倡的概念分析（conceptual analysis)有关,最早由布莱克(Max Black,1909—1988)提出[1],涉及如下问题:概念分析如何能够既是正确的又传达信息? 换言之,我们如何同时说明概念分析的正确性(correctness)和传达信息性(informativeness)?

根据摩尔,概念分析应满足三个条件:(1) 被分析项和分析项都是概念,在正确的分析中,两个概念必须同义;(2) 用来表示两个概念的语言表达式不同;(3) 表示分析项的表达式明确提到表示被分析项的表达式未明确提及的某些概念。他给出了如下三个例子:

例1:"是兄弟"这一概念等同于"是男性同胞"这一概念。

例2:"x 是兄弟"这一命题函项等同于"x 是男性同胞"这一命题函项。

例3:断言某人是兄弟等同于断言某人是男性同胞。

这里只考虑例1,并把它简化为下面的句子:

(1) 兄弟是男性同胞。

也可以把(1)写成一阶逻辑公式:

$$\forall x(x \text{ 是兄弟} \rightarrow x \text{ 是男性同胞})\tag{1'}$$

如果"兄弟"和"男性同胞"是同义的,它们就可以相互替换。由(1)可以得到:

(2) 兄弟是兄弟。

也可以把(2)写成一阶逻辑公式:

$$\forall x(x \text{ 是兄弟} \rightarrow x \text{ 是兄弟})\tag{2'}$$

如果要求在正确的分析中被分析项和分析项必须是同义的,并同时接受替换规则的话,就会得到两个结果:(1)是正确的,依据替换规则,可得到(2),但(2)不传达任何信息,而不传达信息的分析是不足

---

[1] 参见 Black, M. "The 'Paradox of Analysis'," *Mind* 53, 1944, pp. 263—267; "The 'Paradox of Analysis' Again: A Reply," *Mind* 54, 1945, pp. 272—273。

道的;如果认为(1)中的被分析项和分析项不是同义的,则(1)不正确,但它传达信息。由此可知,像(1)这样的分析是不正确的却是足道的。由此我们面临一个严重的问题:能够有正确且足道的概念分析吗？这就是"分析悖论"。

如何解决分析悖论？一种选择是承认(1)是正确且传达信息的,但不允许从(1)得到(2),这意味着抛弃逻辑学中的替换规则,这将导致对经典逻辑做重大修改。几乎没有人选择这条路径。另一种选择是:承认(1)传递信息,但不承认其中的被分析项"兄弟"和"男性同胞"同义。

可以再考虑弗雷格的例子:

(3) 多个线段有同一方向,当且仅当它们相互平行。

有人承认(3)传递信息,但其中的被分析项"线段"和分析项"相互平行"并不同义,故不能由(3)得到(4):

(4) 多个线段有同一方向,当且仅当它们有同一方向。

> 是什么使得(1)和(3)比它们的不足道的对应物,如"兄弟是兄弟"等,有更多的信息内容呢？回答确实是:在分析所提到的概念时使用了不同的概念:兄弟概念是根据两个不同的概念,即男性和同胞来解释的;(更有意思的是),同一方向概念是根据相互平行概念来解释的。如果你有兄弟概念但没有更一般的同胞概念,你就可以设想帕特是一位兄弟却不相信他是一位男性同胞;如果你没有平行线概念,你就能够相信两条线有同一方向却不相信它们相互平行。[1]

布拉克早前提出了类似解释。他认为,(1)涉及"兄弟"(b)、"男性"(m)和"同胞"(s)三者的关系,可用符号表示:R(b,m,s);而(2)只涉及"兄弟"与其自身的关系,最多是二项关系。若用"I"表示"等于",可表示为:I(b,b)。由此看出,(1)是非同一性陈述,而(2)却是同一性陈述。

分析悖论引发了对"分析"概念的怀疑论思考。摩尔令人惊奇地预言

---

〔1〕 Clark, M. *Paradoxes from A to Z*, p.10.

了对分析悖论的讨论必定会将战火引至分析和综合的区分这一根本性的问题上。并且他指出，"我并不认为这两个术语有任何清楚的意义"。[1]1950 年，蒯因发表著名论文《经验论的两个教条》，对于分析—综合的区分以及证实主义和还原论发动了摧毁性批评，从而引起了迄今仍未结束的一场哲学论战。

十一、信念之谜

由克里普克在其同题论文[2]（最初发表于 1979 年）中提出，与指称相同的名称（简称"共指名称"）和信念归属有关。

> 设想有一位法国人皮埃尔，不懂英语，通过某种途径（如看画册）形成了一个法语信念"Londres est jolie"（伦敦很漂亮）。后来，由于某种机缘，他搬到了伦敦的一个落后社区，通过与当地人一起生活学会了英语。基于在当地的生活经验，形成了一个英语信念"London is not pretty"（伦敦不漂亮）。不过，他并没有放弃他原有的法语信念。由此产生一个问题：皮埃尔究竟是相信"伦敦很漂亮"还是相信"伦敦不漂亮"？

克里普克论述说，这里至少涉及如下两个原则（为简单起见，略去细节）：

> 去引号原则：若某个语言的正常说话者，经过反思后，真诚地赞同"p"，则他相信 p。
> 翻译原则：如果一个语言的句子在该语言中表达一个真理，它在另一个语言中的译文也表达同一个真理。

在学会英语之前，皮埃尔相信"Londres est jolie"。根据去引号原则，他相信 Londres est jolie。再根据翻译原则，他相信伦敦很漂亮。再对皮埃

---

[1] 关于分析悖论，亦可参看：李大强，《分析悖论的分析》，《哲学研究》2006 年第 6 期；陈四海，《马克斯·布莱克论分析悖论》，《东方论坛》2012 年第 2 期。

[2] Kripke, S. "A Puzzle about Belief," in his *Philosophical Troubles*, *Collected Papers*, vol. 1, pp. 125—161.

尔的英语信念"London is not pretty"应用去引号原则和翻译原则,可以得知:他相信伦敦不漂亮。问题是,在学会英语之后,皮埃尔仍然持有他原来的法语信念,故根据去引号原则和翻译原则,他就同时拥有一对相互矛盾的信念:他既相信伦敦很漂亮又不相信伦敦很漂亮。

克里普克想要回答如下问题:在皮埃尔的信念世界中如何出现了矛盾?是哪些因素造成了矛盾?他论证说,替换原则不是造成信念之谜的关键所在,故不能通过攻击替换原则来攻击直接指称论。后者指这样的观点:名称没有含义,直接指称外部对象;任一名称在所有可能世界都分别指称同一个对象,是严格指示词;名称对它们所在语句的语义贡献也仅在于它们的所指。这是他和他的一大批追随者的观点。

克里普克用另外的例子表明,只应用去引号原则就能够造成同样的信念之谜。设想下面的情形:帕德瑞夫斯基(简称"帕德")是波兰著名的政治家兼音乐家。彼得出席了帕德的专场音乐会,由此知道帕德有杰出的音乐才能,当然也就相信"帕德有杰出的音乐才能";在另外某个场合,彼得知道帕德是一位政治家,由于他从来不认为政治家会有杰出的音乐才能,故他把作为政治家的帕德当作另外一个人,故不相信"帕德有杰出的音乐才能"。对彼得的两个信念应用去引号原则,将导致矛盾:彼得既相信又不相信帕德有杰出的音乐才能。

这就是克里普克所谓的"信念之谜":在信念归属句中,共指名称不能相互替换,否则会由真命题得到假命题,甚至会得出逻辑矛盾。弗雷格早就指出了这一点:替换规则(即外延论题)在引语(包括直接引语和间接引语)语境中不成立,也在许多命题态度词(如"知道""相信")语境中不成立。例如,你不能从"哥白尼相信地球围绕太阳运转"推出"哥白尼相信人是由猿猴进化而来的"。克里普克与弗雷格的差别在于:他在隐含地为他的严格指示词理论辩护。根据该理论,严格指示词对所在语句的惟一语义贡献就是其所指,共指名称应该在任何语句(包括信念语句)中能够相互替换,但多个例证表明:共指名称在信念语句中不能相互替换。克里普克承认,这对于严格指示词理论来说确实是一个问题,他也不知道该如何解决。不过,他转守为攻,力图证明:这个问题对关于名称的弗雷格式理论(即描述论)也存在。克里普克所采取的论证策略是:避开替换原则,引入另外两个原则,即去引号原则和翻译原则。据我看来,克里普克新引入的两个原则后面都隐含替换原则。例如,由于皮埃尔本人并不知道法语词"Londres"和英语词"London"指称同一座城市,即不知道这两个名词共指,因此,在对他做信念归属时,就不能允许它们相互替换,但克里普克通过去引号原则和翻译原则,让这两个名词成为事实上的共指名称,且在对皮埃尔做信念归属时允许它们相互替换,这才造成了他所谓的"信念之谜"。

应该指出,在知识、信念领域对名称"a"和"b"做替换时,其必要条件是:不仅"a"和"b"事实上共指,即 a = b,而且相关认知主体还必须认知到"a"和"b"共指,即知道"a = b"。否则,仅仅使用替换原则就足以造成类似的"信念之谜"。改用弗雷格本人的例子:

(1a) 保罗相信长庚星是长庚星。

(1b) 保罗不相信长庚星是启明星。

这里,(1b)是用"启明星"替换(1a)中"长庚星"的一次出现的结果,而且"长庚星"和"启明星"这两个名称共指,但如果保罗不知道或不相信这两个名称共指,它们就不能在(1b)中相互替换。很显然,尽管有些名称事实上共指,有人却不知道它们共指;共指不能仅从两个名称的字面上知道,还必须诉诸其他认知要素和认知手段。究竟诉诸哪些认知要素或手段? 不同的哲学家会有不同的选择。

十二、一些认知逻辑的趣题

1. 白帽子问题

老师让三个同学坐在一条直线上,甲可以看到乙和丙,乙可以看到丙但看不到甲,丙既看不见甲也看不见乙。让三个同学闭上眼睛,给他们各自戴上一顶帽子,并告诉他们:他们中至少有一人戴白帽子。当他们睁开眼睛,老师问甲是否知道他是否戴白帽子,甲说不知道;又问乙同样的问题,乙也说不知道。老师问丙,丙说知道了,我戴白帽子。丙是怎么知道的?

解析:根据题意,已知:

(1) 甲、乙、丙中至少一人戴白帽子。

(2) 甲知道乙、丙是否戴白帽子。

(3) 乙知道丙是否戴白帽子。

(4) 甲、乙、丙都知道以上三点,而且都知道别人也知道。

(5) 甲不知道自己是否戴白帽子。

(6) 乙知道(5)。

(7) 乙不知道自己是否戴白帽子。

(8) 丙知道(5)、(6)和(7)。

求证:丙知道丙戴白帽子。

(9) 设乙、丙都不戴白帽子。由(2),甲知道这一事实。由(4)和(1),甲又知道三个人中至少一个戴白帽子。于是,甲应知道自己戴白帽子,与(5)矛盾。可见乙、丙中至少一人戴白帽子。

(10) 由(4)及(6),在(9)中我们所做的推理乙也可以做,所以,乙应知道乙、丙中至少一人戴白帽子。

(11) 设丙不戴白帽子。由(3),乙知道这一点,再由(10),乙应知道自己戴白帽子,与(7)矛盾。可见丙戴白帽子。

(12) 由(4)、(8),以上(9)、(10)、(11)三点中的推理,丙也可以做出。可见丙知道自己戴白帽子。证毕。

2. 三个聪明人

国王想知道他的三个聪明人中谁最聪明,就在每个人前额上画了一个点,并且说:他们中至少一人额上有白点,并重复地问他们"谁知道自己额上点的颜色?"他们两次都同时回答说"不知道"。求证下一次他们全都说知道,而且所有的点都是白色的。

解析:假如只有一人额上有白点,那么第一次问时,该有白点的人在看到另外两人没有白点时,就应该回答"知道"。所以,不止一人额上有白点。

假如只有两人额上有白点,有白点的人看到另一个人额上无白点,就能够推知自己额上有白点,所以他应该回答"知道"。所以,三个人额上都有白点,当第三次问时,他们都会回答说:我知道自己额上有白点。

3. 七个玩泥巴的孩子

同一个教室中有 10 个孩子。其中,有 7 个孩子额上沾有泥巴。每个孩子都能看到别的孩子额上是否有泥巴,但无法看到自己的。这时老师走进教室对孩子们说:"你们之中至少有一人额上有泥巴。"然后,他问:"谁知道自己额上有泥巴? 知道的请举手。"他如是连续问了六遍,无人举手,当问到第七遍的时候,所有额上有泥巴的孩子都举起了手。假设所有的孩子都有最佳的逻辑分析能力,请问他们是如何思考并得出结论的?

解析:假设只有一个孩子额上有泥巴,那么,在老师第一遍提问时,他就会举手,因为他看到除他之外所有的孩子额上都没有泥巴,既然至少有一个孩子额上有泥巴,那么这个有泥巴的孩子自然是自己。

假设有两个孩子额上有泥巴,他们都看到并且只看到一个孩子额上有泥巴,当老师第一遍提问时,他们无法确定自己是否有泥巴因而都不举手,但是当老师的第一遍提问结束后,他们立即都明白自己额上有泥巴,因为如果自己额上无泥巴,则说明只有一个孩子有泥巴,在老师第一遍提问后这个惟一有泥巴的孩子就会举手。这样,当老师第二遍提问时,两个有泥巴的孩子都举起了双手。

同理,如果有三个孩子额上有泥巴,他们就会根据第二遍提问时无人举手而立即判断出自己额上有泥巴,因而在第三遍提问时举手。

因此,一般地,额上沾泥巴的孩子的人数,正好等于他们都举手时老师提问的次数。

4. S 先生和 P 先生问题

S 先生、P 先生都具有足够的推理能力。一天,他们正在接受推理面试。他们知道桌子的抽屉里有如下 16 张扑克牌:

红桃 A、Q、4;

黑桃 J、8、4、2、7、3;

草花 K、Q、5、4、6;

方块 A、5。

面试者从中挑出一张牌,并将其点数告诉 S 先生,将其花色告诉 P 先生。然后,他问 S 先生和 P 先生:你们能推知这是一张什么牌吗?

S 先生:"我不知道这张牌。"

P 先生:"我知道你不知道这张牌。"

S 先生:"现在我知道这张牌了。"

P 先生:"我也知道了。"

请问:这张牌是什么牌?

解析:由 S 先生的第一句话,可以推知这张牌的点数并非只有一张的,因此黑桃 J、8、2、7、3,草花 K、6 被排除,余下可能的是:红桃 A、Q、4,黑桃 4,草花 Q、5、4,方块 A、5;P 先生仅凭花色就知道,S 先生仅凭点数无法猜出这张牌,那说明这个花色的牌的点数不能只出现一次,所以,该花色的牌不是黑桃和草花;一定是红桃或者方块的某张牌,因此可能为红桃 A、Q、4,方块 A、5;必然不是 A,否则即便是 S 先生知道点数,也无法猜出到底是红桃还是方块,因此只可能是红桃 Q、4,方块 5;如果是红桃,P 先生最后也是无法猜出这张牌的,因为红桃到最后还是有 2 张,他无法确定到底是哪一张;所以只可能是方块,P 先生才会自信地说他也知道了。答案是:方块 5。

第四节　布洛斯逻辑谜题

"布洛斯谜题"是由美国逻辑学家布洛斯(George Boolos，1940—1996)在"史上最难逻辑谜题"(1996)这篇论文[1]中提出的，故也被称为"史上最难逻辑谜题"(缩写为 HLPE)。他不仅对 HLPE 做了详细阐述，而且还给出了解决方法。后来，HLPE 得到越来越多逻辑学家的关注，罗伯特(Tim S. Robert)、里本(Brain Rabern)、乌兹奎亚洛(Gabriel Uzquiano)、惠勒(Gregory Wheeler)等先后对 HLPE 的内容和解决方法做了新的探究。

HLPE 内容如下：

> 有 A、B、C 三位神，只知道它们名为"真理""谎言"和"随机"[2]，但不知它们分别叫什么名字。"真理"只说真话，"谎言"只说假话，而"随机"随意说真话或假话。你的任务是利用三条是非题，确定 A、B、C 的身份，但每次只能向一位神发问。神懂得你的语言，但只会用它们的语言回答"da"或"ja"。这两种回答：一个解释为"是"，一个解释为"否"，但你不知道哪个回答是哪个意思。

在解决该谜题之前，布洛斯首先做了下述 4 点澄清：

(1) 你可以问一位神多于一个问题，也可以完全不问它问题。

(2) 你可以根据之前问题的答案，来决定下一个问题怎么问。

(3) "随机"如何作答，可以想象为它会在脑中掷硬币：若掷得正面，回答真话；若掷得反面，回答假话。

---

[1] Boolos, G. "The Hardest Logic Puzzle Ever," *The Harvard Review of Philosophy* 6, 1996, pp. 62—65.
[2] 由于在本小节中，真理、谎言和随机是三个神的名字，但这三个词显然也是出现频率很高的中文词，若不引入某种特别手段，很难弄清楚这些词是作为三个神的名字在使用，还是作为普通的中文名词在使用。故特别规定：加引号的三个词，即"真理""谎言"和"随机"，表示三个神的名字。

（4）对于只有"是"或"否"两种答案的问题，"随机"只会回答"da"或"ja"。

然后，布洛斯通过解决 3 个较为简单的逻辑谜题导出了他的谜题的核心解决手段——当且仅当句式。考虑对 A 提出以下问题，其中 X 为任意命题：

你是"真理"当且仅当 X 吗？

此时，假设 A 为"真理"且把"da"解释为"是"，那么，回答"da"当且仅当 X 为真；回答"ja"当且仅当 X 为假。假设 A 为"谎言"且把"da"解释为"是"，那么，因为 A 只说谎话，所以，回答"da"当且仅当该问题实际答案为"否"，又因为 A 不是"真理"，所以 X 为真；同理，A 回答"ja"当且仅当 X 为假。因此，在把"da"解释为"是"的情况下，无论 A 是"真理"还是"谎言"，回答"da"当且仅当 X 为真，回答"ja"当且仅当 X 为假。

接下来，我们考虑另一个包含"当且仅当"的问题，同样对 A 提问：

把"da"解释为"是"当且仅当 X 吗？

此时，假设 A 为"真理"且把"da"解释为"是"，那么，回答"da"当且仅当 X 为真；回答"ja"当且仅当 X 为假。假设 A 为"真理"且把"da"解释为"否"，那么，回答"da"当且仅当该句子为假，所以 X 为真；同理，回答"ja"当且仅当 X 为假。假设 A 为"谎言"且把"da"解释为"是"，那么，回答"da"当且仅当该复合句为假，因此 X 为假；回答"ja"当且仅当该复合句为真，因此 X 为真。同理，假设 A 为"谎言"且把"da"解释为"否"，回答"da"当且仅当 X 为假；回答"ja"当且仅当 X 为真。因此，无论把"da"解释为是或否，且无论 A 为"真理"还是"谎言"，A 对该复合问句回答"da"当且仅当其对问题"X?"回答"是"。换句话说，该问句把"da"的解释确定为"是"。

将以上两个问题综合，我们得到一个包含两个"当且仅当"联结词的问句，同样对 A 提问：

把"da"解释为"是"当且仅当你是"真理"当且仅当 X 吗？

此时,在只考虑 A 为"真理"或"谎言"的情况下,根据对第二个问句的分析,回答"da"当且仅当 A 会对"A 是'真理'当且仅当 X 吗?"做出肯定回答。再利用对第一个问句的分析结论,X 为真。同理,回答"ja"当且仅当 X 为假。

基于以上结论,布洛斯给出了一个三个提问之内的解决方法。首先对 A 提问:

把"da"解释为"是"当且仅当你是"真理"当且仅当 B 是"随机"吗?

若 A 回答"da",则或 A 为"随机"或 B 为"随机",因此 C 不为"随机";若 A 回答"ja",则或 A 为"随机"或 B 不为"随机",因此 B 不为"随机"。因此,这个问题的任一个答案都会确定某个神不是"随机",假设此神为 B。接下来对 B 提问:

把"da"解释为"是"当且仅当北京在中国吗?

此时"真理"会回答"da","谎言"会回答"ja"。因此,根据答案,我们就可以确定 B 的身份。假设 B 为"真理",再对它提出第 3 个问题:

把"da"解释为"是"当且仅当 A 是"随机"吗?

根据之前分析,回答"da"表示 A 为"随机",回答"ja"表示 A 不为"随机",因此 C 为"随机"。由此三个神的身份均得到确定。

2008 年,布莱恩·瑞本和兰登·瑞本(L. Rabern)共同发表一篇论文[1],其主要贡献就是阐明了嵌入问题引理并修正了布洛斯的原始谜题。

嵌入问题引理 1:令 E 为一个函数,对每个问题 q,E(q) 为:"如果我问你 q,你会回答'ja'吗?"那么,当对任何一个神提问 E(q) 时,回答"ja"则表明对 q 的正确回答应该为肯定,反之亦然。

上文对"随机"的定义是:"'随机'会随意说真话或假话。"现在考虑对

〔1〕 Rabern, B. & Rabern, L. "A Simple Solution to the Hardest Logic Puzzle Ever," *Analysis* 68 (2008):105—112.

"随机"提问"如果我问你北京是不是在中国,你会回答'da'吗?"假设此刻"随机"说真话,根据之前分析,它会回答"da";假设此刻"随机"说假话,根据之前分析它也会回答"da"。因此,"随机"必须回答"da"! 这显然和我们对"随机"的直观不符,并且会将 HLPE 等同为一个非常简单的谜题。因此,瑞本对谜题做出了如下的修改:

> 有 A、B、C 三位神,只知它们名为"真理""谎言"和"随机",但不知它们分别叫什么名字。"真理"只说真话,"谎言"只说假话,而"随机"随意说"da"或"ja"。你的任务是利用三条是非题,找出 A、B、C 的身份,但每次只能向一位神发问。神懂得你的语言,但只会用它们的语言回答"da"或"ja"。这两种回答,一个解释为"是",一个解释为"否",但你不知道哪个回答是哪个意思。

同样,布洛斯论文中所做出的第三点澄清也应修改为:"随机"回答问题是根据在脑中掷硬币,若是正面则说真话,若是反面则说假话。此时,针对修改之后的 HLPE 变体,我们有:

嵌入问题引理 2:令 E ＊ 为一个函数,对每个问题 q,E ＊(q)为:"如果我问你 q,你会回答'ja'吗?"那么,当对"真理"或"谎言"提问 E ＊(q)时,回答"ja"则表明对 q 的正确回答应该为肯定,反之亦然。

现在我们考虑以下两个问题 q_1、q_2:

q_1:你会用表示"是"的词来回答这个问题吗?

q_2:你会用表示"否"的词来回答这个问题吗?

"这个问题"即指整个问题,q_1、q_2 为自我指涉问题。通过简单的分析,我们会发现:对于问题 $E^*(q_1)$,"谎言"将无法做出回应;对于 $E^*(q_2)$,"真理"将无法做出回应。而按作者的说法,由于神是无所不能的,所以当它们无法给出回答时,它们的头部就会爆炸。因此对任何神,我们只需轮流提出以上两个问题,就可以确保知道该神的身份。

利用类似的自我指涉问题,作者对原始 HLPE 提出了这两个问题的解决方法。考虑另一个自我指涉问题 q：

你会用你的语言中表示"否"的词回答这个问题并且 B 是真理或者 B 是谎言吗？

其中"或者"为该问句的主联结词。此时，对 A 提问 E(q)，根据嵌入问题引理 1：若回答"ja"，那么，析取前件（"或者"之前的那个句子）没有得到满足，因此 B 是"谎言"；若它回答"da"，即两个析取支（"或者"前后的两个句子）均为假，因此 B 为"随机"；若头部爆炸，则说明 B 为"真理"。

因此，仅仅通过一个问题我们就可以确定 B 的身份，然后再对 B 提出"如果我问你 C 是 XX 吗，你会回答'ja'吗？"，XX 为任一个 C 的可能身份，根据嵌入问题引理 1，C 的身份也得到确定。因此，仅仅通过两个问题我们就可以知道三位神的身份了。那么，类似的解决方法是否能应用于修正后的 HLPE 变体呢？逻辑学家乌兹奎亚洛对此做出了很好的解答。

2010 年，乌兹奎亚洛撰文[1]对修正后的 HLPE 变体给出了两个问题之内的解决方法。他写道：

既存在说真话的无法回答的自我指涉问题，也存在说假话的无法回答的自我指涉问题。[2]

在两个提问之内解决谜题的关键在于：学会从某个神不能作答的情况中提取信息。[3]

根据瑞本的嵌入问题引理 2，我们消除了对"ja"和"da"含义的无知，并且可以让"真理"和"谎言"在某种意义上都说真话。然而，嵌入问题引理同时也消除了"真理"和"谎言"的区别。为了弥补这个缺陷，乌兹奎亚洛引入了另一条重要的引理——解码引理。先考虑以下问题 Q_2 其中 Q 为任意问题：

---

[1] Uzquiano, G. "How to Solve the Hardest Logic Puzzle Ever in Two Questions," *Analysis* 70, 2010, pp. 39—44.

[2] Ibid., p. 40.

[3] Ibid., p. 43.

Q_1:你会用你的语言中表达"是"的词来回答 Q 吗?

Q_2:你会对 Q_1 回答"ja"吗?

若回答者为"真理"且回答"ja",那么,当"ja"表示"是"时,"真理"会对 Q_1 回答"ja",故"真理"会用表达"是"的词回答 Q;当"ja"表示否时,"真理"会对 Q_1 回答"da",因此"真理"会用表达"是"的词回答 Q。同理,当回答者为"真理"且回答"da"时,它会用表达"否"的词来回答 Q。若回答者为"谎言"且回答"ja",那么,当"ja"表示"是"时,"谎言"不会对 Q_1 回答"ja",故"谎言"对 Q_1 回答"da",他会用表达"是"的词来回答 Q;当"ja"表示否时,"谎言"会对 Q_1 回答"ja",因此"谎言"会用表达"是"的词来回答 Q。同理,当回答者为"谎言"且回答"da"时,他会用表达"否"的词来回答 Q。

根据以上分析我们就可以导出解码引理[1]:

解码引理:"真理"和"谎言"对 Q_2 回答"ja"当且仅当它们对 Q 做出肯定回答,反之亦然。

我们用 L(q) 来表示把 Q 替换为 q 时的 Q_2。由此,谜题可简化成每个神都根据自己的本性用"是"和"否"来回答问题。但是,乌兹奎亚洛并没有让神因为无法回答问题而头部爆炸,它们只是会保持沉默。以下是他所给出的解决方法:

对 A 提问,L:你和 B 对北京是否在中国的回答会是一样的吗? 对该问题的回答会确定 A 或 B 不为"随机",然后对这个非"随机"的神提问,L:你和 C 对北京是否在中国的回答会是一样的吗? 由此即可确定三个神的身份。

随后,乌兹奎亚洛考虑了"真理"和"谎言"能够预测"随机"的回答的情况,但利用自我指涉问题同样给出了解决方法。其采用的自我指涉问句

[1] Wheeler, G. & Barahona, P. "Why the Hardest Logic Puzzle Ever cannot be Solved in Less Than Three Questions," *Journal of Philosophical Logic* 41(2), 2012, p.496.

形式如下：

　　1. 你会用"ja"回答是否下面两个命题中至少有一个为真吗？a.
X 不是"随机"且你是"谎言"，b. X 是"随机"且你会对 1 回答"da"。

回答者为非 X。可以看出，这个问题利用了嵌入问题引理 2。当 X 不
是随机时 b 永假。此时若回答"ja"，那么，回答者为"随机"，或者 a 为真即
回答者为"谎言"；若回答"da"，那么，回答者为"随机"，或者 a、b 均为假即
回答者不是"谎言"。当 X 是"随机"时 a 永假，因此，若回答"ja"则 b 为
真，矛盾；若回答"da"则 b 为假，矛盾。因此，当 X 为"随机"时，回答者只
能保持沉默。

我们用 S(X) 来表示以上问句，X 为变元可取 A、B 或 C。那么，解决方
式即为先对 A 提问 S(B)，此时根据答案可以确定 A 或 B 为非"随机"，再
对非"随机"提问 S(C) 即可确定三个神的身份。

在他的论文最后，乌兹奎亚洛给出了一个更难的 HLPE 版本，其中"随
机"的回答方式被修改得更为随机——他可能回答"da""ja"或根本不回
答，而且，他如何回答完全取决于脑中一个质地匀称的三面骰子的投掷结
果，每一面各代表一个不同的反应。[1] 此时，"随机"可以完美地"模仿"
其他任何一位神。乌兹奎亚洛声称他不知道如何在两个提问之内解决这
个谜题。而格里高利·惠勒和佩德罗·巴拉宏那(Pedro Barahona)随后证
明，这个新的 HLPE 不可能在两个提问之内得到解决。[2]

〔1〕 参见 Uzquiano, G. "How to Solve the Hardest Logic Puzzle Ever in Two Questions," *Analysis* 70,
2010, p. 44。
〔2〕 Wheeler, G. & Barahona, P. "Why the Hardest Logic Puzzle Ever cannot be Solved in less than
Three Questions," *Journal of Philosophical Logic* 41(2), 2012, p. 496.

第九章　认知悖论(下)

第一节　盖梯尔问题及其解答

什么是知识？西方哲学家的传统看法是，知识就是有证成的真信念（justified true belief，简记 JTB）。它最早出现在柏拉图的《美诺篇》和《泰阿泰德篇》中。按这种看法，一个认知主体 S 知道 p，当且仅当：

（1）p 为真；

（2）S 相信 p；

（3）S 相信 p 是有证成的。

这是关于知识的"三元定义"，其中三个条件都是认知主体 S 拥有知识 p 的必要条件。

（1）是成真条件：如果某个命题事实上是假的，你不可能知道它是真的。这反映了柏拉图的观念，知识即真理，它在西方哲学传统中根深蒂固。但是，如果某个命题实际上是假的，你却有可能相信它是真的。错误的信念表明你的主观认知状态和客观的事实状况之间的断裂。

（2）是信念条件："信念"这个术语表示一个人按照认知证据来断言某个东西的强烈倾向，此条件要求在认知主体和认知对象之间必须有某些恰当的正面联系。"知识"是一个表示敬意的术语——把知识赋予某个人是要给予他的意见以一种有力的正面的认知地位。知识与信念是相联系的，一个人不可能对他所不相信的事情拥有知识。例如,当我们说某人知道地球围绕太阳转时,我们必已认定他相信地球围绕太阳转。说某人知道地球围绕太阳转而又不相信地球围绕太阳转是令人难以置信的。因此,知识是对一个命题为真所持有的一种信念。

(3)是证成条件:有资格成为知识的信念必须是一个具有充分根据的信念。信念不同于真理或知识本身,信念可以具有主观上的确定性,但知识具有客观上的确定性,你可以持有假的信念,但假的知识就像是一个奇谈怪论。并且,知识并不简单就是对某个真命题持有信念。有些信念的真只是由于幸运猜测的结果。要使关于一个真命题的信念上升为知识,必须要求人们对于该真命题所持有的信念是有充足理由的。

上述三个条件都是知识的必要条件,这看起来是确定无疑的。问题是,它们合起来是否就是知识的充分条件呢?换句话说,有证成的真信念(JTB)就是知识吗?对于这个问题,哲学家们过去的回答是肯定的。不过,这一传统的知识定义却受到盖梯尔的挑战,在一篇仅3页的短文中,他提出了两个反例,用以证明JTB只是知识的必要条件,而不是其充分条件。

盖梯尔(E. L. Gettier)是一位具有传奇色彩的哲学家。1961年,在康奈尔大学获哲学博士学位,其导师是布莱克(Max Black)和马尔康姆(Norman Malcolm)。1957—1967年,任教于美国韦恩州立大学,其同事有认识论家莱尔(Keith Lehrer)和逻辑学家兼哲学家普兰廷加(Alvin Plantinga)。据普兰廷加回忆,1962年某天下午,他与盖梯尔一起喝咖啡。后者谈到,自己连一篇文章也未发表过,故很担忧明年能否获得教授职位。普兰廷加鼓励他写一点东西发表,以对付管理部门的要求。盖梯尔于是谈到,他有一个想法,即提出一些与传统知识定义相反的小例证。后来他写成一篇短文,但自己并不看好它。有人先把它译成西班牙文,发表在一个不知名的南美刊物上;1963年,在国际哲学期刊《分析》上发表,只有短短的3页[1]。该文提出的问题后来以"盖梯尔问题"著称于世,极大地影响了20世纪后半期认识论的发展。此后,盖梯尔再未发表任何论著,这篇3页短文就成

---

[1] 中译文见于洪汉鼎、陈治国编:《知识论读本》,北京:中国人民大学出版社,2010年,668—670页。

为他惟一的出版物。据说,在其教学活动中,他擅长于向研究生传授如何在模态逻辑中找反模型以及为各种模态逻辑构造简化语义学的新方法。1967 年后,他在美国马萨诸塞大学阿默斯特分校任教授,现为该校荣誉退休教授。

1. 史密斯反例

史密斯和琼斯都在申请某一份工作。假设史密斯有证成地相信下列命题:

(a) 琼斯将得到这份工作并且琼斯的衣服口袋里有 10 个硬币。

他相信命题(a)的证据或许是:公司经理已经告诉他,公司将雇用琼斯。而他在十分钟前由于某种原因亲手数过琼斯衣服口袋里的硬币。再假定,史密斯由命题(a)正确推出了命题(b):

(b) 将得到这份工作的人的衣服口袋里有 10 个硬币。

再进一步设想,后来真正得到这份工作的人其实是史密斯本人而不是琼斯,而且史密斯自己的口袋里恰好也有 10 个硬币,只是他自己不知道。那么,尽管命题(a)是假的,但史密斯由之推出的命题(b)却是真的。于是,对史密斯来说,

(1) (b)为真;

(2) 史密斯相信(b);

(3) 史密斯相信(b)是有证成的。

但是,根据常识,史密斯并不知道(b),(b)不构成他的知识。

2. 福特车反例

假设史密斯有证成地相信下列命题:

(c) 琼斯有一辆福特牌轿车。

史密斯相信命题(c)的理由可能是:在他的记忆中,琼斯一直开一辆福特车,并且他还借用过琼斯的这辆福特车。假定史密斯还有另一个朋友叫布

朗,史密斯已多年不知道他的下落。再假定史密斯任意选择了三个地方作为对布朗下落的猜测,并由命题(c)推出了下列命题:

(d) 琼斯有一辆福特车,或者布朗在波士顿。

(e) 琼斯有一辆福特车,或者布朗在巴塞罗那。

(f) 琼斯有一辆福特车,或者布朗在布加勒斯特。

由于命题(d)、(e)、(f)都是从命题(c)推出来的,所以史密斯相信其中任何一个命题都是有证成的。

再进一步设想,有另外两个偶然成立的事实:

(1) 琼斯并没有一辆福特车,他开的那辆福特车实际上是租来的;

(2) 命题(e)所提到的地方(巴塞罗那)碰巧是布朗所在的地方。

在这种情况下,尽管命题(e)是史密斯的JTB,即:

(1) (e)为真;

(2) 史密斯相信(e);

(3) 史密斯相信(e)是有证成的。

但是,根据常识,史密斯并不知道(e),(e)不构成他的知识。

下面再列举由其他哲学家给出的三个类似反例。

3. 田里的羊反例

齐硕姆(R. M. Chisholm)谈到[1]:假设对 S 来说,命题 p "我看见田里有一只羊"是假的,但他相信 p 却是有证成的,因为他把田里的一条狗误看作一只羊了。于是,他相信命题 q "田里有一只羊"也是有证成的,因为 q 可以从 p 推出来。再进一步假定,碰巧有一只羊在田里,只是 S 没有看见它。在这种情况下,显然没有理由说 S 知道 q。但是,q 却符合传统的知识定义:q 是真的;S 相信 q;S 相信 q 是有证成的。

---

[1] 参见齐硕姆:《知识论》,邹惟远等译,北京:三联书店,1988 年,45 页。

4. 纵火犯反例

斯基姆(B. Skyrms) 谈到[1]，有一名纵火犯打算烧掉一幢大楼。他的衣兜里装着一盒火柴。由过去的多次经历，他有可靠的证据表明，这种火柴是管用的，从不误事。他看到今天天气不错，干湿度刚好，要烧掉那幢大楼，他相信只需用掉一根火柴。事实也证明确实如此：该纵火犯划亮了一根火柴，点燃了一堆易燃物，烧掉了那幢大楼。但他没有认识到，这一切事情纯属碰巧：他的那盒火柴里混进了助燃剂，否则，在那种情况下他是无法划亮那根火柴的。于是，纵火犯的信念"只需用掉一根火柴"就是 JTB：他确实只用掉一根火柴，他相信这一点，他的这个信念是有证成的。但是，纵火犯的这个信念真的是知识吗？

5. 假谷仓反例

哥德曼(A. I. Goldman) 设想了这样一种情景[2]：亨利一边在乡野中开车，一边打量其中的对象。他看见一个看起来与谷仓一模一样的对象。他没有理由怀疑他所看到的东西，故他认为他看见了一座谷仓。但是，他没有意识到，邻近地区在拍摄电影，野地里有很多假谷仓，它们实际上是谷仓画板；当人们开车经过这里时，会真的把它们看作是谷仓。但凑巧的是，野地里恰好有一座真谷仓。所以，命题 p"野地里有一座谷仓"是真的，亨利相信 p，他相信 p 是有证成的。又遇到那个老问题：亨利关于谷仓的信念真的构成知识吗？

可以把以上 5 个反例都叫做"盖梯尔反例"，因为它们有以下共同的论证结构：

---

〔1〕 Skyrms, B. "The Explication of '*X* Knows that *p*'," *Journal of Philosophy* 64, 1967, pp. 373—389.

〔2〕 Goldman, A. I. "Discrimination and Perceptual Knowledge," *Journal of Philosophy* 73, 1976, pp. 771—791.

（1）p 是真的　　　　　　　　知识的条件 1

（2）S 相信 p　　　　　　　　知识的条件 2

（3）S 相信 p 是有证成的　　　知识的条件 3

（4）p 是从 q 演绎得到的　　　逻辑

（5）S 相信 q 是有证成的　　　经验事实

（6）q 是假的　　　　　　　　经验事实

所以，

（7）S 不知道 p

在所有的盖梯尔反例中，还可以发现以下两个共同因素：

（1）可错性。在每一个反例中，所展示的证成都是可错的。虽然对所论及的信念都提供了证成，但严格说来，证成并不完美。这意味着，证成留下了这样的可能性：所论及的信念是假的。虽然证成很强地表明，该信念是真的，但没有完全证明这一点。

（2）碰巧或幸运。所有的盖梯尔反例有一个显著特点：它们都含有运气（luck）成分，一个得到很好证成但依然可错的信念碰巧是真的；某种运气把该信念为真与其有证成结合在一起。而正常的认知语境中没有那么多的运气。

有些哲学家们通过对盖梯尔反例的分析，认为它们需要假定如下三个原则：

第一，人们能够依据假理由而相信一个命题。

有论者指出："盖梯尔类型的反例全都依赖于这样一个原则：某人能够有理由依据 p 接受某个命题 h，即使 p 是假的。"就史密斯反例而言，史密斯相信命题（a）的依据是公司经理如是说。既然公司经理自己弄错了或后来改变了主意，他对史密斯先前所说的话就是假的，故史密斯相信命题（a）的理由也是假的。

第二，人们能够有证成地相信一个假命题。

仍就史密斯反例而言，史密斯以公司经理说的话为依据而相信命题（a），而（a）事实上是假的；就福特车反例而言，史密斯以琼斯常开一辆福特车以及琼斯还让他用过这辆车等为理由而相信命题(c),但是(c)事实上是假的。

第三,在有效推理中,证成能够从前提传递到结论。即是说,如果人们相信一个命题是有证成的,则他相信由该命题合乎逻辑推出的任何命题也是有证成的。

就史密斯反例而言,由于史密斯从命题(a)合逻辑地推出了命题(b),而史密斯有理由相信(a),故他有理由相信(b);就福特车反例来说,由于命题(e)是史密斯由命题(c)合逻辑地推出来的,而史密斯有理由相信(c),故他也有理由相信(e)。

显然,盖梯尔反例成立与否,与这三个原则有密切关系。但有不少学者论证说,这三个原则是不能接受的。

解决盖梯尔问题的策略大致可分为两种:一种是加强知识定义中的证成条件以排除盖梯尔反例。例如,齐硕姆在《知识论》第六章中就是如此做的。另一种策略是加入适当的第四个条件以补救对知识的 JTB 分析,新加入的条件会防止 JTB 被盖梯尔反例消解掉。经如此补救之后,关于知识的三元分析 JTB 就变成了四元分析:JTB + X,其中 X 代表所需的第四个条件。我们下面概述几种 JTB + X 的方案。

(1) 方案 1:不含假前提的证成

从对所有盖梯尔反例的结构性分析中,我们发现:它们都暗含至少一个假前提,S 对信念 p 的证成就来源于这个假前提。由此自然产生一个想法:我们可以在对知识的 JTB 分析中增加一个条件,即不含假前提。由此得到关于知识的 NFP(no false premise)理论:

(i) p 为真;

(ii) S 相信 p;

(iii) S 相信 p 是有证成的;

(iv) S 对 p 的证成不依赖于任何假前提。

不过,NFP 理论所增加的条件(iv)只是作为一个限制性条件起作用。

但研究表明：在有些情况下，该限制条件太弱，允许把非知识误当作知识；在有些情况下，该限制条件又太强，能把确定无疑的知识排除在知识之外。[1]

（2）方案2：不可挫败的证成

这种观点认为，也许知识所要求的不是一个人的信念得到恰当证成，而是他的信念不应被他目前没有意识到的任何真实证据所削弱或挫败。由此，我们得到ND（no defeater）理论，其给"知识"新增的第四个条件是：

（iv）S对p的证成不会被任何真命题所挫败。

但问题在于，在持有一个信念时，该信念可以恰当地得到证成，即使它有整体的反证据。按照ND理论，为了成为知识，对一个人的信念的证成必须是根本上不可挫败的。"根本上"意味着他的证成没有反证据，或者所有的反证据相互抵消。但是，如果我们对一个信念或假说能够持有的证据是无限开放的，在何时何地我们能够达到该信念的一个根本上不可挫败的证成？这一点是不清楚的，甚至也是不可能的。[2]

（3）方案3：对知识的因果分析

这种观点认为，把知识与真信念相区别的不是证成，而是信念的因果联系，这些因果联系把该信念与它所关涉的事件联系起来：如果一个真信念有正确的因果联系，就是知识；有错误的因果联系，就不是知识。关于知识的因果论分析给"知识"增加的第四个条件是：

（iv）S知道p，当且仅当，事实p以某种恰当的方式在因果上与S相信p相关联。[3]

但因果是一个时空范畴，我们持有的许多信念在根本上与特定的事件无关，也与能够与之有因果联系的东西无关。如果在这些情形中可以说我

---

[1] 参见丹西：《当代认识论导论》，周文彰等译，北京：中国人民大学出版社，1990年，30—32页。

[2] 同上书，32—33页。

[3] Goldman, A. I. "A Causal Theory of Knowing," *Journal of Philosophy* 64, 1967, pp. 357—372.

们具有知识,则对知识的因果分析必定失败。例如,我知道 22337 是素数,这个知识就没有与之相关的因果过程。因此,关于知识的因果概念至少太狭窄,不适合作为知识的一般定义;并且,它还面临不正常因果链(例如假谷仓)的挑战。[1]

(4) 方案 4:知识即追踪实在的真信念

诺齐克(R. Nozick)认为[2],一个信念要成为知识,它必须对所相信命题的真值特别敏感;更明白地说,它必须追踪真理。因此,知识就是追踪真理的信念。如果一个命题在稍微变化了的情景中仍然为真,我们就仍然相信它;如果该命题在稍微变化了的情景中不再为真,我们就不再相信它。于是,"S 相信 P"被刻画为以下 4 个条件的合取:

(1) p 是真的;

(2) S 相信 p;

(3) 倘若 p 真,S 相信 p;

(4) 倘若 p 不真,S 不相信 p。

(3)和(4)在英语中是以反事实条件句(或虚拟条件句)的形式出现的。文献中常把(4)称之为知识的"敏感性"(sensitivity)条件,而把(4)的逆否命题

(5) 假若 S 相信 p,p 就不是假的

叫做知识的"安全性"(safety)条件。由于$(p \rightarrow q) \rightarrow (\neg q \rightarrow \neg p)$这一推理形式对于反事实条件句不成立,因此(4)和(5)并不等价。对于知识来说,"安全性"条件是在"敏感性"条件之外另加的要求。不过,关于知识的这一看法也遭遇到一些困难和挑战。[3]

---

[1] 参见丹西:《当代认识论导论》,37—38 页,52—55 页。

[2] 参见 Nozick, R. *Philosophical Explanation*, Cambridge, MA: Harvard University Press, 1981, pp.172—178, pp.197—227。

[3] 参见"Analysis of Knowledge," in http://plato. stanford. edu/entries/knowledge-analysis/#ModC-on. 读取日期:2013 年 8 月 19 日。

（5）方案5：可靠主义的知识论

可靠主义者认为，为了把一个信念转变成知识，不需要用恰当的证据为它提供证成，只要求该信念是通过可靠的认知过程或方法产生的。"如果一个信念要算作知识，它必须是由一个一般来说是可靠的[认知]过程引起的。"[1] 于是，他们把"知识"刻画为如下三个条件的合取：

（1）p是真的；

（2）S相信p；

（3）S的信念p是通过可靠的认知过程或方法产生出来的。

但问题在于：何谓"获得知识的过程或方法"？如何把获得知识的过程或方法划分为可靠的和不可靠的？这样划分的根据是什么？真的存在完全可靠的方法吗？丹西(J. Dancy)指出，"……看起来不大可能有完全可靠的获得信念的方法。人是易犯错误的"[2]。另外，可靠的过程或方法也不必然产生知识，仅仅偶然地产生真信念。

6. 威廉姆森的反叛：知识第一位

在《知识及其限度》一书中，威廉姆森指出，自盖梯尔证明JTB对于知识不是充分条件以来，认识论学家付出了巨大努力，试图说出知识究竟是哪一种真信念，迄今为止进行了成百上千种这样的尝试，但全都失败了；而且，"通过找出知识的多个必要条件，例如信念、真、证成以及x，就能找出知识的非循环的充分必要条件"，这一假定是错误的。举例来说，"是有颜色的"是"是红色的"的必要条件，但是，如果有人问，给"是有颜色的"加入什么样的条件才能成为"是红色的"？只能回答说：除了加入"是红色的"之外别无他法。同样的道理，我们也没有理由认为，把知识的多个必要条件合取起来，就能找到知识的非循环的充分必要条件。等式"红色=有颜

---

[1] Goldman, A. I. *Epistemology and Cognition*, Cambridge, MA: Harvard University Press, 1986, p. 51.

[2] 丹西：《当代认识论导论》，35页。

色 + X"和等式"知识 = 真信念 + X"都不必然有一种非循环的解答。简而言之,根据信念等等去诠释、说明、分析、定义知识的方案是行不通的。

威廉姆森所提出的替代方案是:"知识第一位"(knowledge the first),即把"知识"概念作为不加诠释的基本概念,用它去说明、分析、定义"信念"等其他认知现象。认知系统的功能就是生产知识;当它发生故障时,它生产纯粹的信念,这样的信念是有缺陷的,并不构成知识,典型的是假信念,也包括碰巧为真的信念。如果某人知道事情是如何,他就相信事情是如何;但是,如果他仅仅相信事情是如何,他并不知道事情是如何。单纯的相信要相对于知道加以理解,误感知要相对于感知加以理解,误记忆要相对于记忆加以理解,就像发生故障要相对于正常起作用来加以理解一样。特别地,"相信"要被理解为这样的心智状态,它对于作为其特殊状态的"知道"具有类似的直接效果。于是,根据其直接的先行状态对行动做因果解释,经常要合适地诉诸信念而不是知识,即使当认知主体事实上知道的时候也是如此。

概而言之,在威廉姆森看来,知识是核心的而非从属于信念。知识为信念设定规范:一个直率的信念得到充分的证成,当且仅当它构成知识。既然对信念的语言表达是断定,知识也为断定设定规范:一个人应该断定某事如何,仅当他知道某事如何;或者说,一个人应该断定 p,仅当他知道 p。威廉姆森的新反叛在当代认识论研究中激起了非常大的反响。[1]

第二节 图灵测试和塞尔的"中文屋论证"

1980 年,约翰·塞尔(John Searle)在《行为和脑科学》杂志上发表了《心灵、大脑和程序》一文,其中提出了中文屋论证,并答复了 6 个主要的反对意见,它们是他先前在很多大学做报告时遇到的。与该文同时发表的,还有 27 位认知科学家的评论和批评。1984 年,塞尔在其专著《心、脑和科学》中再次阐述了中文屋论证。1990 年 1 月,通俗期刊《科学美国人》将这

---

[1] 参见陈波:《知识优先的认识论》,载陈波:《与大师一起思考》,177—188 页。

一争论带给了大众读者。该期发表了塞尔的文章《大脑的心灵是计算机程序吗?》和丘奇兰德夫妇(Paul and Patricia Churchland)的论辩文章《机器能思维吗?》。在20世纪最后20多年间,中文屋论证是众多论战的主题,围绕它发表了难以计数的学术论文。中文屋论证的主旨是反驳强人工智能断言:运行程序的数字计算机至少已能够像人一样有意识和能思考。

一、智能和人工智能

1. 智能、意识和心灵

什么是人的"智能"(intelligence)? 这是一个很有争议的问题,学界尚未达成共识。粗略地说,"可以认为智能是知识和智力的总和。其中,知识是一切智能行为的基础,而智力是获取知识并运用知识求解问题的能力,即在任意给定的环境和目标的条件下,正确制订决策和实现目标的能力,它来自人脑的思维活动"[1]。智能包括:(1)感知能力,指人们通过视觉、听觉、触觉、味觉、嗅觉等感觉器官感知外部世界的能力。(2)记忆与思维的能力,这是人脑最重要的功能。记忆用于存储由感觉器官感知到的外部信息以及由思维所产生的知识;思维处理对记忆的信息,即利用已有的知识对信息进行分析、计算、比较、判断、推理、联想、决策等。思维是一个动态过程,是获取知识以及运用知识求解问题的根本途径。(3)从经验中学习并有效适应环境的能力。(4)行为或表达能力,指人们用语言或某个表情、眼神和肢体动作来对外界刺激做出反应,传达某个信息的能力。如果说人们的感知能力用于信息的输入,行为或表达能力则用于信息的输出,它们都受到神经系统的控制。

另一个相关的问题是:什么是人的"意识"(consciousness)? 学界对此也尚无共识,正在深入探究中。大致说来,意识是动物的神经反应,当动物或人出生时意识就与生命同在,是一种自我感受、自我存在感与对外界感受的综合体现,塞尔将"意识"泛指为"从无梦的睡眠醒来之后,除非再

---

[1] 王永庆:《人工智能原理和方法》,西安:西安交通大学出版社,1998年,2页。

次入睡或进入无意识状态,否则在白天持续进行的知觉、感觉或觉察的状态"[1]。根据心理学研究,意识具有四个特性:意向性,统一性,选择性和流动性。意向指人们对待或处理外在事物的活动,表现为欲望、愿望、希望、意图等。意向是个体对外部对象的反应倾向,即行为的准备状态,因而是一种行为倾向,故亦称"意图""意动"。意向性(intentionality)是指人的意识通常指向或关涉某个事物或某件事情。统一性是指各种知觉形式都被整合成一个同一的、整体的、独特的、连贯的意识经验。选择性指人能注意到某些事情,却没有注意到另外的事情。例如,在一次鸡尾酒会上,某人提到你的名字,当时你和那个人都在分别同时与不同的人群聊天,但你却注意到了他(她)提到你的名字。短暂性是指意识的内容是不断变化的,从来都不会静止不动。美国心理学家詹姆士(William James,1842—1910)提出了"意识流"这一概念。还有人概括出意识的另一特征——能动性,表现在三个方面:与环境的互动;把过去的经验与现在相连接,形成自我同一性的基础;制定目标,引导行为。

还有一个更困难的问题:什么是"心灵"(mind)?大致说来,"心灵"是指一系列认知能力组成的总体,这些能力可以让个体具有意识、感知外界、进行思考、做出判断以及记忆事物。心灵是人类的特征,但其他生物也可能具有心灵。围绕心灵的本性所产生的最长久且最激烈的哲学争论就是心—身问题,即心灵与作为人的身体一部分的大脑或神经系统之间的关系:心灵能否独立于人的身体而存在?若回答"能"或者"不能",其理由和根据是什么?它们合理和充足吗?围绕这些问题,主要有两种哲学立场:二元论和一元论。二元论有不同的形式:实体二元论主张,心灵和身体各自独立存在;属性二元论认为,心灵是大脑所显现的一种独立属性,不能还原到大脑,但也不是实体性存在。一元论主张,心灵或身体中只有一个是基础性的,另一个则是依附性或派生性的。观念论者主张,心灵是全部的

---

[1] Searle, J. "Minding the Brain," review of Nicholas Humphrey, Seeing Red, *The New York Review of Books*, November 2, 2006, p.51.

真实存在;物理主义者坚持认为,只有物质性的大脑才是真实的存在;中立一元论断言,另有一种中立的实体,物质和心灵都是这种实体的属性。在20 世纪和21 世纪,最常见的是各种牌号的物理主义,包括行为主义、同一理论和功能主义。有一门新兴的哲学分支——心灵哲学(philosophy of mind),研究心灵的本性、心智事件、心智功能、心智属性、意识,以及它们与物质性身体特别是大脑的关系。

2. 人工智能

所谓"人工智能"(Artificial Intelligence,缩写为 AI),指用人工方法在机器(计算机)上实现的智能,或者说是人类智能在机器上的模拟,亦称"机器智能"。就其研究对象而言,人工智能是一门研究如何构造智能机器(智能计算机)或智能系统,使它能够模拟、延伸、扩展人类智能的学科。也有更简洁的说法:"人工智能是关于知识的学科——怎样表示知识以及怎样获得知识并使用知识的科学","人工智能就是研究如何使计算机去做过去只有人才能做的智能工作"。

1956 年夏,在美国达特茅斯大学,由 10 位科学家组成的一个研究小组举行了为期两个月的学术会议。在此次会议上,麦卡锡(J. McCarthy)提议正式采用"人工智能"这一术语,用它来代表机器智能这一研究方向。有的论者提出,人工智能的"中心目标是使计算机有智能,一方面是使它们更有用,另一方面是理解使智能成为可能的原理"。[1]围绕这个目标,产生了关于 AI 的两种不同理解。

强 AI 认为,有可能制造出真正能够推理和解决问题的智能机器,且这种机器将被认为是有知觉的、有自我意识的。强 AI 可以有两类:

(1) 类人的人工智能,即机器的思考和推理就像人的思维一样;

(2) 非类人的人工智能,即机器产生了和人完全不一样的知觉和意识,使用和人完全不一样的推理方式。

[1] 转引自王永庆:《人工智能原理和方法》,8 页。

弱 AI 认为,不可能制造出能真正地推理和解决问题的智能机器,这些机器只不过看起来像是有智能的,但并不真正拥有智能,也没有自主意识。塞尔的中文屋论证所要反驳的就是强 AI 观点。

二、图灵机和图灵测试

阿兰·图灵(Alan M. Turing, 1912—1954),英国数学家、逻辑学家、密码学家,被称为计算机科学之父、人工智能之父。在二战期间,曾协助英国军方破解德国的著名密码系统 Enigma。其主要科学成就有:提出"图灵机"和"图灵测试"的构想,开创了非线性力学。1952 年,因同性恋被警察发现,先被公审后被定罪,接受强迫的药物治疗。1954 年自杀身亡。1966 年,人们为纪念其在计算机领域的卓越贡献而专门设立了"图灵奖"。

1937 年,图灵在一篇论文中提出"图灵机"构想,他用机器来模拟人们用纸笔进行数学运算的过程,并把该过程看作如下两种简单动作的叠加:在纸上写上或擦除某个符号;把注意力从纸的一个位置移动到另一个位置。在每一个阶段,为了决定下一步动作,要考虑当事人当前所关注的纸上某个位置的符号,以及他当前的思维状态。为了模拟人的这种运算过程,图灵构造出一台假想的机器,它由以下几个部分组成:(1) 一条无限长的纸带。它被划分为个别的方格,每个方格内有一个来自有限字母表的符号,字母表中有一个特殊符号表示空格。纸带上的方格从左到右依次被编号为 0,1,2……,纸带的右端可以无限延伸。(2) 一个读写头。它可以在纸带上左右移动,能读出当前方格里的符号,并能改变该符号。(3) 一个状态存储器。它用来保存图灵机当前所处的状态。图灵机的所有可能状态的数目是有限的,且有一个特殊的状态,称为"停机状态"。(4) 一套控制规则。它根据当前机器所处的状态以及当前读写头所指方格内的符号来确定读写头下一步动作,并改变状态存储器的值,令机器进入一个新状态。请注意,图灵机只是提供了一种计算描述,却未提及计算机的物理构造。为了完整地描述一台图灵机在某个时刻的行为,我们只需说明如下三项:(1) 那时的输入;(2) 那时的机器状态;(3) 状态表。正因为如此,图灵机又被称为"纸上计算机"，或"理想的计算机"。

在论文《计算机和智能》(1950 年发表，1956 年收入文集时改名为《机器能够思维吗?》)中，图灵认为，图灵机能实现人脑所能实现的一切。因为他已经证明，图灵机能实现一切可计算的功能(假设纸带和时间都是无限的)，再根据另外一个主张，即人类的认知是生物计算的结果，图灵得出结论：我们所有的认知行为都可以用图灵机语言进行描述。因此，任何心理过程都必定有一种图灵机描述，这种描述具有相同的输入/输出关系。

在上面那篇文章中，图灵还提出了著名的"图灵测试"，由一台计算机、被测试人和测试主持人所组成。计算机和被测试人分别待在两个不同房间里。测试过程由主持人提问，由计算机和被测试人分别做出回答。观测者能通过电传打字机与机器和人联系，以避免要求机器模拟人的外貌和声音。被测人在回答问题时尽可能表明他是一个"真正的"人，计算机将尽可能逼真模仿人的思维方式和思维过程。如果测试主持人听取他们各自的答案后，在多数时间内分辨不清哪个回答来自人，哪个回答来自机器，他就可以认为该台计算机具有了智能。

图灵机和图灵测试体现了关于人类认知和心灵的一种功能主义观点：某种东西是否有意识和有心灵，重要的不在于其内在结构，而在于它所发挥的作用或功能，或者它所表现出来的外在行为。基于图灵机和图灵测试，认知功能主义者提出了心灵的可多样实现性(multiple realizability)论证[1]：

> P1：有心灵的系统都是认知系统；
>
> P2：认知系统都是计算系统；
>
> P3：图灵机完全能够描述任何计算系统；
>
> C1：图灵机完全能够描述任何认知系统(由 P2 和 P3)；
>
> P4：图灵机是独立于其物理实现(implementation)来定义的，即从

〔1〕 Eliasmith, C. "The Myth of the Turing Machine, The Failings of Functionalism and Related Theses," *Journal of Experimental & Theoretical Artificial Intelligence*, 14, 2002, pp. 1—8.

功能上定义的;

    C2:认知系统能够独立于其物理实现来定义(由 C1 和 P4);

    C3:有心灵的系统能够独立于其物理实现来定义(由 P1 和 C2)。

三、塞尔的"中文屋论证"

1. 莱布尼茨的磨坊

这是塞尔论证的先驱之一。在《单子论》中,莱布尼兹设想了一个物理系统、一台机器,它被认为能思维、有知觉。

> 可是,我们不得不承认,知觉和与之相联的一切是不能根据机械的理由即形状和运动得到解释的。假定说有一架机器,把它构造得能思想,产生感觉,有了知觉,还可以设想把它按原样的比例放大,人们可以像走进一座磨坊一样在里面一边观看,一边发现相互推动着的部件,但是都无法解释知觉来自何处。所以,一定是在单纯实体的内部而不是在复合物中或者说在机器中,去寻找知觉。也就是说,只有在单纯实体中才能发现知觉及其变化。单纯实体的全部活动只寓于自身之中。[1]

请注意,莱布尼兹的策略是将机器的公开行为——它可能展示了思想的证据——与机器内部操作的方式进行比较。他指出,这些内部的机械操作只是一些部件从一点运动到另一点,没有什么是有意识的或能解释感觉、知觉和思维的。在他看来,对于心智状态而言,物理状态既不是充分的,也不是其构成要素。

2. 戴维斯悖论

在 1974 年的一次学术会议上,戴维斯(L. Davis)做了下面的论证。假定我们已经了解关于疼痛的全部细节。如果功能主义是正确的,则我们可

---

[1] 陈乐民编著:《莱布尼茨读本》,南京:江苏教育出版社,2006 年,37 页。译文有改动。

以建造一个可以感受疼痛的机器人，这个机器人非常巨大，我们可以走进去观看，就像观看莱布尼茨的磨坊一样。机器人的脑袋内就像一座巨大的办公室，里面不是集成电路，而是穿着正装坐在办公桌后面的一群职员。每张桌子上有一部电话，电话连着几条线，电话网模拟人脑的神经连接，可以感受疼痛。这些职员受过训练，每个职员的任务是模拟一个神经元的功能。假定就在此刻，这个办公系统的一组电话非常剧烈地响起来，这种状态代表非常剧烈的疼痛。根据功能主义的观点，机器人处在剧痛之中。但你在办公楼里面转一圈，你看不到疼痛，所看到的只是一群中层职员在平静冷漠地工作；下一次，机器人感受到无法忍受的疼痛，你进入大楼参观，发现这些职员正举办圣诞联欢，每一个人都非常高兴。[1] 所以，功能主义的疼痛理论是错误的。

3. 塞尔的中文屋思想实验

1980 年，塞尔提出了该论证的最初版本，此后不断回到这个论证，对它做新的表述、解释和阐发。该论证实际上是一个思想实验：

> 设想一个完全不懂中文、母语为英语的人被锁在房间里，房间里装满了中文符号箱（数据库）和一本操作这些符号的指令手册（程序）。设想房间外的人递进来其他的中文符号，它们是用中文书写的问题（输入），但房间里的人并不知道。再设想房间里的人遵照程序中的指令能递出一些中文符号，它们是这些问题的正确答案（输出）。这个程序使房间里的人能通过有关理解中文的图灵测试，但他对中文一窍不通。[2]

引文中实际上有如下类比或连接：坐在房间里的那个人，假设就是塞尔本人吧，相当于一台计算机；房间里供他使用的中文符号箱，相当于计算

---

〔1〕 参见庞德斯通：《推理的迷宫》，263 页。

〔2〕 Searle, J. "Chinese Room Argument," in Wilson, R. A. and F. Keil (eds.), *The MIT Encyclopedia of the Cognitive Sciences*, Cambridge, MA: MIT Press, 1999, p.115.

机的数据库;他所使用的那部指令手册,相当于一套计算机程序;递进房间的中文字条,相当于计算机的输入;递出房间的中文字条,相当于计算机的输出。由此得到下图:

塞尔解释说:"这个论证的意思是:如果房间里的人依据适当执行的理解中文程序仍不懂中文,那么,任何别的数字计算机只基于此也不会懂中文,因为任何计算机作为计算机都不会有这个人所没有的东西。"[1] 更明确地说,中文屋论证反驳的是强人工智能观点:人脑不过是一台数字计算机,人心只不过是一种计算机程序,心与脑的关系就是程序与计算机硬件的关系。

塞尔后来以更明确的方式刻画了中文屋论证的逻辑结构[2]。在下面的转述中,"P"表示前提,"C"表示结论:

P1:脑产生心。(其意思是说,那个我们认为构成心的心理过程,完全是脑内部进行的过程所产生的。)

P2:句法不足以确定语义。(这是一个概念真理,它明确了我们关于纯形式的和有内容的概念的区分。)

P3:计算机程序是完全以它们的形式的或语法的结构来定义的。(这可以看作依定义而真的命题;它是我们所说的计算机程序概念中的一部分。)

[1] Searle, J. "Chinese Room Argument," in Wilson, R. A. and F. Keil (eds.), *The MIT Encyclopedia of the Cognitive Sciences*, Cambridge, MA: MIT Press, 1999, p. 115.

[2] 参见约翰·塞尔:《心、脑与科学》,杨音莱译,上海:上海译文出版社,2006年,29—32页。

P4:心具有心理内容,具体说有语义内容。(这只是关于我们心智活动的一个明显事实。)

C1:任何计算机程序自身不足以使一个系统具有一个心灵。简言之,程序不是心灵,它们自身不足以构成心灵。(这是一个强有力的结论,它意味着仅通过程序设计来创造心灵的工程从一开始就注定要失败。)

C2:脑功能产生心的方式不能是一种单纯操作计算机程序的方式。(这个结论表明,脑不是或至少不只是一台数字计算机。)

C3:任何其他事物,如要产生心灵,应至少具有相当于脑产生心的那些能力。

C4:对于任何我们可能制作的、具有相当于人的心智状态的人造物来说,单凭一个计算机程序的运算是不够的。这种人造物必须具备相当于人脑的能力。

也可以认为,中文屋实验包含了如下两个论证,它们都能在塞尔论著中找到依据:

论证1:

P_1:如果强AI是正确的,就会有这样一个中文程序:如果某个计算系统运行了该程序,该系统由此就会懂中文。

P_2:中文屋内的那个人能运行一个中文程序却并不因此懂中文。

C:强AI是错误的。

其中,第二个前提得到了中文屋实验的支持。此论证的结论是:运行一个程序不能产生理解力。此论证以更强的形式展开:

P_1:模拟不等同于复制。

P_2:大脑具有产生心灵的能力。

P_3:计算机程序仅仅作为工具对心灵进行模拟。

C:凡是具有心灵的人造物至少要复制等同于大脑或心灵的能力(因果力)。

论证 2:

P_1:程序是纯形式的(句法的)。

P_2:人的心灵有心理内容(语义的)。

P_3:句法本身既不构成语义内容,对语义内容也是不充分的。

C:程序本身既不构成心灵,对心灵也是不充分的。

中文屋实验本身支持论证 2 中的 P_3。这种主张,即句法操作对意义或思想是不充分的,是非常重要的,它具有比 AI 或理解力归属更广泛的意义。主要的心灵理论都认为人的认知一般来说是计算的;思维包含对符号的操作,这要借助于它们的物理属性。根据一种可选择的联结主义解释,这些计算是对"亚符号"状态的计算。如果塞尔是正确的,那么,强 AI 和这些理解人类认知的主要方法都是致人迷误的。

塞尔指出,应该纠正对"中文屋"论证的一些误解[1]:

(1)它并未证明"机器不能思维"。相反,大脑是机器,大脑能够思维。

(2)它并未证明"计算机不能思维",而只是表明:如果把计算理解为图灵等人所定义的形式符号操作,则计算本身并不构成思维。

(3)它并未证明"只有大脑能够思维"。我们知道,思维是由大脑内的神经过程引起的,没有任何逻辑障碍阻止我们去建造这样一台计算机,它能够复制大脑内的因果过程去产生思维过程。

中文屋论证的要旨是:任何这样的机器都必须复制大脑的那种特殊的因果能力,以便产生思维的生理过程。仅凭操作形式符号不足以确保有这样的因果能力。

四、对"中文屋论证"的回应

塞尔的"中文屋论证"产生了很大反响,激起了许多不同的回应,有系统回应、虚拟心灵回应、机器人回应、大脑模拟器回应、他心回应和直觉回

---

[1] Searle, J. "Chinese Room Argument," in *The MIT Encyclopedia of the Cognitive Sciences*, p.116.

应等。[1]限于篇幅，这里只考虑系统回应、机器人回应和他心回应。

系统回应认为，尽管那个房间里的人不懂中文，但他只是一个更大系统的一部分，是一个中央处理器，是一套包括那个房间、规则书等等的复杂机制中的一个齿轮。理解中文的是那整个系统，而不是那个人。许多人认为，高度繁杂的人工智能程序并不是像塞尔所认为的那样只是机械翻译，而是考虑许多并列的不同规则，处理它们之间的冲突，认识它们之间的联系，并进行推测，还要建立新规则。就像一位锁在"中文屋"里的特别聪明的人最终有可能开始理解中文一样。也就是说，一个繁杂的、建立在规则上的系统有可能得到基础性意识。

塞尔对系统应答的答复很简单：整个系统也不知道中文词是什么意思，因为它无法将任何心智内容附加于任何符号。在原则上，中文屋里的那个人可以将整个系统内化，记住所有的指令，在头脑中完成所有的运算。此后，他可以离开房间到外头走走，甚至可能用中文交谈。但他仍无法了解"任何形式符号的意义"。这个人现在就是整个系统，但他仍不懂中文。例如，他不知道表示汉堡包的中文词语的意义。他仍然不能从句法得到语义。

大脑模拟器回应提出，请考虑一台计算机，它的操作方式和普通的 AI 程序极不相同，AI 程序有字母以及对语言符号串的操作。假如这个程序模拟的是一个以中文为母语的人在理解中文时其大脑中所发生的神经激发的实际结果——每一个神经、每一次激发。这样一来，计算机的工作方式与母语为中文的人的大脑的工作方式完全相同，处理信息的方式也完全相同，因此它就会懂中文。

塞尔再回应说，这个回应无关紧要。他本人提出了一个大脑模拟器方案的变种：假如房间里的人有大量水管和阀门，它们的排列方式和母语为中文的人的大脑中的神经元相同。现在程序告诉这个人在对输入做出反应时要开哪些阀门。塞尔认为，显然不会有任何对中文的理解。模拟大脑

---

[1] 参见 Cole, D. "Chinese Room Argument," in Stanford Encyclopedia of Philosophy, http://plato. stanford. edu/entries/chinese-room/，读取日期：2013 年 8 月 22 日。

活动还不现实。塞尔的再回应类似于莱布尼兹的磨坊。

在"组合回应"的题目下，塞尔还考虑了一个具有系统、大脑模拟器和机器人三种回应的特征的系统：一个机器人，它有一个模拟其头颅中的计算机的数字大脑，这样整个系统的行为就难以与人的行为相区别。由于大脑的正常输入来自于感官，自然可以认为，多数大脑模拟器回应的支持者所想到的就是这种大脑模拟、机器人和系统回应的组合。有些人认为，将意向性归属给整个这样的系统是合乎情理的。塞尔也同意这种看法，但有一个保留：这只有在你不了解它的工作方式时才行。一旦你了解了真相——它是一台计算机，它是根据句法而非语义在毫无理解地操作符号——你就不会把意向性归属给它。

他心回应是这样的：你如何知道其他人懂中文或别的事情？这只能借助他们的行为。这样一来，计算机（原则上）和其他人一样能通过行为测试，因此，如果你打算把认知归属给其他人，原则上你也必须把它归属给计算机。塞尔的再回应很简洁：在我们和其他人的交往中，我们预设了他们有心灵，就像在物理学中我们预设物体的存在一样。

在《中文屋 21 年》一文中，塞尔对强 AI 背后的哲学假设做了更系统和更深入的批判。建议有兴趣的读者去阅读此文。[1]

第三节　普特南的"缸中之脑"和"孪生地球"论证

一、笛卡尔的怀疑论

笛卡尔（Rene Descartes，1596—1650）认为，只有通过普遍怀疑方法检验的东西，才是绝对确实的，才能够成为知识体系的阿基米德点（确实性支

---

[1] Searle, J. "Twenty-One Years in the Chinese Room," in *Views into the Chinese Room*, *New Essays on Searle and Artificial Intelligence*, J. Preston and M. Bishop (eds.) Oxford and New York: Oxford University Press, 2002, pp.51—69; also in J. Searle, *Philosophy in a New Century*, *Selected Essays*, Cambridge and New York: Cambridge University Press, 2008, pp.67—85.

点)。他所秉承的第一条方法论原则是：

> 凡是我没有明确地认识到的东西,我决不把它当成真的接受。也
> 就是说,要小心避免轻率的判断和先入之见,除了清楚分明地呈现在
> 我心里、使我根本无法怀疑的东西以外,不要多放一点别的东西到我
> 的判断里。[1]

于是,他用普遍怀疑方法构造了下面一连串的怀疑论证：

论证1：感觉经验靠不住。

因为我们有时候确实陷入幻觉和错觉之中。一座塔看起来是圆的,但
后来才知道是方的。我们对于同一件事物有相互冲突的感觉印象。为了
求证其中哪一个感觉印象是真实的或接近真实,我们必须求助于其他的感
觉印象,但后者也有可能出错,也有可能相互冲突,我们又不得不求助于另
外一些感觉印象,如此无穷倒退,永远也找不到一个可靠的支点。他做出
结论说：

> 直到现在,凡是我当作最真实、最可靠而接受过来的东西,我都是
> 从感官或通过感官得来的。不过,我有时觉得这些感官是骗人的；为
> 了小心谨慎起见,对于已经骗过我们的东西就决不完全加以信任。[2]

可以把上述论证简述如下：

P_1：凡是建立在不可信赖的证据之上的东西都永远不再可信,因
为我无法判别它是否仍在欺骗我。

P_2：感觉印象有时建立在不可信赖的证据之上。

C：感觉印象不应该再被信赖。

笛卡尔在这里犯了"推出过多"的错误：从"感觉印象有时欺骗人"不
能推出"它们总是欺骗人",就像不能从"某人有时说谎"推出"他永远说

〔1〕 笛卡尔：《谈谈方法》,王太庆译,北京：商务印书馆,2010年,18页。
〔2〕 笛卡尔：《第一哲学沉思录》,庞景仁译,北京：商务印书馆,2009年,15页。

谎"一样。

论证 2：做梦和醒着难以区分。

笛卡尔提到，他没有任何标准来判别他究竟是醒着的还是在做梦，这就使得他有理由怀疑醒着时所发生的一切也不过是梦境而已，至少我们不能完全排除这样一种可能性。

> 有多少次我夜里梦见我在这个地方，穿着衣服，在炉火旁边，虽然我是一丝不挂地躺在我的被窝里！我现在确实以为我并不是用睡着的眼睛看这张纸，我摇晃着的这个脑袋也并没有发昏，我故意地、自觉地伸出这只手，我感觉到了这只手，而出现在梦里的情况好像并不这么清楚，也不这么明白。但是，仔细想想，我就想起来我时常在睡梦中受过这样的一些假象的欺骗。想到这里，我就明显地看到没有什么确定不移的标记，也没有什么相当可靠的迹象使人能够从这上面清清楚楚地分辨出清醒和睡梦来，这不禁使我大吃一惊，吃惊到几乎能够让我相信我现在是在睡觉的程度。[1]

在论证 1 和论证 2 中，笛卡尔都在寻求一个绝对确实的标准，结果是他无法找到。我们用来判定一个感觉印象是否出错的标准是另一个感觉印象，后者也可能出错；我们用来判定我们是否醒着的标准是我们认为我们正在醒着，但我们也可能梦见我们认为是醒着的。

论证 3：一个恶魔可能在系统地欺骗我们。

笛卡尔做了这样一个思想实验：一个本领强大得像上帝的恶魔（Demon）在系统地欺骗我们，它在不知不觉中向我们灌输了一整套错误的观念，使我们的观念体系整个地出错，甚至连算术和逻辑也难以幸免。因为要证实一串论证，我们必须诉诸另外的论证。如果第一串论证原则上可错，其他论证在原则上也会是可错的，故我们在原则上也可以怀疑逻辑。

---

[1] 笛卡尔：《第一哲学沉思录》，庞景仁译，北京：商务印书馆，2009 年，16 页。

……我要假定有某一个妖怪,而不是一个真正的上帝(他是至上的真理源泉),这个妖怪的狡诈和欺骗手段不亚于他本领的强大,他用尽了他的机智来骗我。我要认为天、空气、地、颜色、形状、声音以及我们所看到的一切外界事物都不过是他用来骗取我轻信的一些假象和骗局。我要把我自己看成是本来就没有手,没有眼睛,没有肉,没有血,什么感官都没有,而却错误地相信我有这些东西。[1]

笛卡尔给我们提出的问题是:我们怎么才能知道情况并非如此?怎么知道我们并没有被一个恶魔系统地欺骗?对他本人来说,他无法排除有这样一个恶魔的可能性,至少是不能排除这样一种逻辑可能性。由此他得出结论:

对于这样的一些理由,我当然无可答辩;但是我不得不承认,凡是我早先信以为真的见解,没有一个是我现在不能怀疑的,这决不是由于考虑不周或轻率的缘故,而是由于强有力的、经过深思熟虑的理由。因此,假如我想要在科学上找到什么经久不变的、确然可信的东西的话,我今后就必须对这些思想不去下判断,跟我对一眼就看出是错误的东西一样,不对它们加以更多的信任。[2]

不过,笛卡尔的上述看似极端的怀疑论立场很快被他下面的一连串推论稀释掉甚至消解掉了。他论证说,尽管我在怀疑一切都不可靠,但有一点却是确定无疑:"我"在怀疑,即"我"在思考,而一个怀疑和思考着的"我"不可能不存在,由此得出他的哲学的第一个肯定性命题:"我思故我在"。他继续论证说,"我"本身是不完美的,但"我"心中却有一个完美的上帝观念,"我"不可能是这个完美观念的原因,只有完美的"上帝"本身才是它的真正原因,由此得出他的哲学的第二个肯定性命题:上帝存在。然后,借助于上帝的全知全善全能,他魔术般地推出了"物质存在""心灵存

---

[1] 笛卡尔:《第一哲学沉思录》,庞景仁译,北京:商务印书馆,2009 年,20 页。
[2] 同上书,19 页。

在""他人存在"等命题,几乎完全回到了在普遍怀疑之前我们所接受的那些知识或观念。

不过,笛卡尔的怀疑论还是激起了深远的历史回响。

二、普特南的"缸中之脑论证"

1981年,普特南(Hilary Putnam)在他的《理性、真理和历史》一书中,提出了"缸中之脑"这个思想实验,它明显类似于笛卡尔所提出的"恶魔"论证:

> 设想一个人(你可以设想这正是阁下本人)被一位邪恶的科学家作了一次手术。此人的大脑(阁下的大脑)被从身体上截下并放入一个营养缸中,以使之存活。神经末梢同一台超科学的计算机相连接,这台计算机使这个大脑的主人具有一切如常的幻觉。人群、物体、天空,等等,似乎都存在着,但实际上此人(即阁下)所经验到的一切都是从那台计算机传输到神经末梢的电子脉冲的结果。这台计算机十分聪明,此人若要抬起手来,计算机发出的反馈就会使他"看到"并"感到"手正被抬起。不仅如此,那位邪恶的科学家还可以通过变换程序使受害者"经验到"(即幻觉到)这个邪恶科学家所希望的任何情境或环境。他还可以消除手术的痕迹,从而该受害者将觉得自己一直是处于这种环境的。这位受害者甚至还会以为他正坐着读书,读的就是这样一个有趣但荒唐至极的假说:一个邪恶的科学家把人脑从人体上截下来并放入营养缸中使之存活。神经末梢据说接上了一台超科学的计算机,它使这个大脑的主人具有如此这般的幻觉……[1]

普特南还把上述反常设想推至它的极端:所有人类(或许所有有感知能力的生物)的大脑都处在这样的缸中,那台超级计算机负责向我们提供集体的幻觉。他追问到:你如何担保你自己不处在这种困境之中?你如何

---

[1] 希拉里·普特南:《理性、历史和真理》,童世骏、李光程译,上海:上海译文出版社,1997年,11页。

担保这样的情形根本不会发生?

普特南本人并不同意这种极端形式的怀疑论,他给出了反驳缸中之脑构想的论证,其结论是:我们不可能前后一致地认为自己是"缸中之脑",像"我是缸中之脑"这样的论断是自我反驳的。他主要从语义学角度论证了这一点,论证的重要依据是下面的"因果联系论题"(记为 CC):

> CC 论题:仅当一个词项与一个对象之间有适当的因果关联时,该词项才指称该对象。

比如说,假如一群蚂蚁在沙地上留下一些痕迹,这些痕迹非常近似于温斯顿·丘吉尔的画像,但我们不能说,这些蚂蚁在通过这些痕迹"表征"或"指称"丘吉尔,因为这些蚂蚁与丘吉尔没有因果接触,它们根本就不知道丘吉尔,也没有表征或指称他的意向。一艘宇宙飞船偶尔着陆于另一个星球,上面居住着与我们类似的外星人,但该星球上从来没有树,外星人也从来不知道树。但该艘飞船把树的影像留在该星球上,对于居住在该星球的外星人来说,该影像并不表征或指称树,尽管对于我们来说,该图像确实表征或指称树。词项不会神奇地或内在地指称一个对象,与指称对象有因果关联是必要条件之一,尽管或许还有别的条件。

基于 CC 论题,普特南构造了反驳"我们是缸中之脑"的论证,简述如下:

> P₁:假设我们是缸中之脑。
>
> P₂:根据 CC 论题,如果我们是缸中之脑,那么,"脑"并不指称脑,"缸"并不指称缸。
>
> P₃:如果"缸中之脑"并不指称缸中之脑,那么,"我们是缸中之脑"就是假的。
>
> C:如果我们是缸中之脑,那么,"我们是缸中之脑"就是假的。

普特南因此断言,"我们是缸中之脑"这个论断必定是假的,因为假设它为真就能够推出它为假。在这个意义上,他说,该论断是自我反驳或自我摧毁的。普特南的论证在逻辑上是有效的。若假定 CC 论题是正确的,该论证的结论是否为真就取决于 P_3 是否为真,这又取决于我们如何确定"我们是缸中之脑"的真值条件。围绕这些问题,产生了很多激烈的争论。[1]

顺便说一下,"缸中之脑"这个思想实验影响了许多当代的科幻小说和科幻电影,后者诸如《黑客帝国》《盗梦空间》《源代码》《飞出个未来》《异世奇人》等。在《黑客帝国》中,尼奥就是一个被养在营养液中的真实人,而他的意识则由电脑系统"矩阵"(The Matrix)的电流刺激所形成和控制。他的一切记忆,都是外部电极刺激大脑皮质所形成的,并不是真实的生活历程。建议有兴趣的读者重看一次该电影,并思考有关的问题。

三、普特南的"孪生地球"论证

语义内在论有如下两个核心观点:(1)知道一个词项的意义,就是处于某种心理状态之中。(2)一个词项的意义("内涵")决定它的外延,因而相同的内涵就意味着相同的外延。普特南倡导语义外在论,即一个词语的意义部分或全部地被外在于说话者的环境因素所决定。为了反驳语义内在论并证成语义外在论,他构造了"孪生地球"这个思想实验,旨在证明:在某个时间的两个说话者,即使处于完全相同的心理状态中,他们的话语也可能意指完全不同的对象。

设想在宇宙空间中,有一个与地球十分相似的孪生地球,它与地球的惟一不同在于,地球上称为"水"的物质指 H_2O,而在孪生地球上称为"水"的是一种分子结构为 XYZ 的物质。在常温常压下,根本无法将两个星球上的"水"区分开来:两者都是无色无味的透明液体,且对动植物的益处也是一样的。再设想在地球上有约翰1,在孪生地球上则有他的对应体约翰2,他们俩几乎有完全相同的生平和认知能力,且他们都生活在一千多年

---

[1] 除普特南的原著外,对"缸中之脑"论证有兴趣的读者,可参看:Brueckner, T. "Skepticism and Content Externalism," in Stanford Encyclopedia of Philosophy, http://plato.stanford.edu/entries/skepticism-content-externalism/; Hickey, L. P. "The Brain in a Vat Argument," in Internet Encyclopedia of Philosophy, http://www.iep.utm.edu/brainvat/。

前,都不知道"水"的化学构成,他们关于"水"的心理表征就是对"水"的外部特征的描述。现在要问:这两个人在用"水"这个词项指称相同的东西还是不同的东西?普特南的回答是:他们在指称不同的东西。假设一个研究水的分子构成的化学家跨越时空分别来到这两个星球上,经过化验,他发现约翰1用"水"所指称的是 H_2O,而约翰2用"水"所指称的是 XYZ,他们用同一个语词指称不同的东西。普特南由此做出一个著名论断:语词的"意义不在头脑中"!

普特南进一步论述说,语义内在论"从来都反映着两种特殊的而且极有核心意义的哲学倾向:将认识当作纯粹**个人**事务的倾向,以及忽视**世界**(世界中的东西要多于个人所'观察'到的东西)的倾向。忽视语言的劳动分工,就是忽视了认识的社会性;忽视我们所说的大多数语词的索引性,就是忽视了来自环境的贡献。传统的语言哲学,就像大多数传统哲学一样,把他人和世界抛在了一边;关于语言,一种更好的哲学和一种更好的科学,应该把这两者都包括进来"[1]。

对于"词项究竟如何指称对象"这个问题,普特南的回答是:"词项的外延并不是由个体说话者头脑中的概念决定的,这既是因为外延(总的来说)是由**社会**决定的(就像那些'真正的'劳动一样,语言劳动也存在着分工),也是因为外延(部分地来说)是被**索引性地**决定的。词项的外延有赖于充当范例的特定事物的实际上的本质,而这种实际的本质,一般来说,并不是完全被说话者所知晓的。传统的语义学理论忽略了对外延起决定作用的两种贡献——来自社会的贡献和来自真实世界的贡献。"[2]

普特南还以"水"为例,说明词项的意义包括哪些因素以及它们源自何处:

(1)"水"这个词所指称的对象,在地球上是 H_2O,在孪生地球上

〔1〕 普特南:《"意义"的意义》,载陈波、韩林合主编:《逻辑与语言——分析哲学经典文选》,北京:东方出版社,2005年,523页。
〔2〕 同上书,488页。

是 XYZ。这说明，词项的所指并不仅由说话者的心智状态决定，环境因素也对此有所贡献，它们也是词项意义的构成要素。

（2）"水"的范型（stereotype），即关于水的特征描述，如"透明的液体"，"无色无味"，"可以供人畜饮用"，"可以浇灌植物"等。

（3）"水"的语义标记，它们把水置于一个更广的范畴内，如"自然种类"，"液体"。

（4）"水"的句法标记，如"具体词项"，"物质名词"。

我认为，关于语词如何指称对象、语言如何与世界相关联这样的问题，普特南表达了很多正确且深刻的想法，值得认真思考，并进一步发展。不过，他的观点及其论证中也有不少东西值得商榷，这已经在当代语言哲学和心灵哲学中引起了广泛的讨论。

第十章　决策和合理行动的悖论

在现实生活中,我们常常需要做出某种决定,从而采取某种行动。我们的决定和行动常常基于某些明显的或隐含的看似合理的原则,但从这些原则出发,却会导致某种悖谬的结果:或者导致某种违反直观、经验、常识的结果,或者导致自相矛盾的结果。这就是在决策和行动方面出现的"悖论"。

第一节　囚徒困境及其分析

1950 年,由就职于美国兰德公司的梅里尔·弗勒德(Merrill Flood)和梅尔文·德雷希尔(Melvin Dresher)拟定出相关困境的理论,后来该公司顾问艾伯特·塔克(Albert Tucker)为了让斯坦福大学的心理学家更好地理解该困境,采用了囚徒和支付矩阵的形式,并命名为"囚徒困境"。这是博弈论中的一个著名悖论,引起了相当广泛的关注和讨论。设想下述情形:

> 警方在一宗盗窃杀人案的侦破过程中,抓到两个犯罪嫌疑人,分别叫张三和李四。但是,他们矢口否认曾经杀过人,辩称是先发现有人被杀,然后顺手牵羊偷了点东西。警察缺乏足够的证据指证他们的

杀人罪行,如果嫌疑犯中至少一人供认罪行,就能确认他们杀人罪名
成立。于是警方将两人隔离,以防止他们串供或者结成攻守联盟,并
分别跟他们讲清了他们的处境和面临的选择:如果他们两人中有一人
认罪,则坦白者立即被释放而另一人将被判 10 年;如果两个人都坦
白,承认杀人罪行,则他们将被各判 5 年监禁;当然,如果两人都抵赖,
拒不认罪,因为警察手上缺乏证据,则他们会被处以较轻的盗窃罪,各
判 1 年徒刑。这两个嫌疑犯会怎样选择呢?

这就是囚徒困境。这个困境可以更为清楚地表述如下:

张三 \ 李四	坦白	抵赖
坦白	$-5, -5$	$0, -10$
抵赖	$-10, 0$	$-1, -1$

对于张三而言,如果张三坦白,则最多监禁五年。如果李四也坦白,则
双方都监禁五年;如果李四抵赖,则张三马上获得自由。因此,总的来说,
如果张三坦白,则他得到的结果并不坏。这是博弈,李四也会进行同样的
考虑。但是,如果张三单方面改变主意,则张三将冒险被监禁十年,而李四
却会获得自由;类似地,如果李四单方面改变主意,也会冒同样的风险。在
这两种情况下,一方得到最大的"私利",而另一方得到最大的惩罚。如果
双方都改变主意,都抵赖,则各监禁一年。在这种情况下,可以达到"共
利"。然而,这一决策过程可能是无限的理性推理:假如我选择"共利"策
略,我必定相信对方也将选择"共利"策略;假如我选择"私利"策略,对方
也会选择"私利"策略予以防范。这个"推己及人,推人及己"的过程可以
无限推下去,这使得张三和李四两个囚犯在决策过程中陷入了困境。

博弈论为我们提供了囚徒困境的解决方案。博弈论是两个或多个人
在平等的对局中各自依据对方的策略变换自己的策略,从而达到取胜的目
的。博弈论最早研究象棋和桥牌中的胜负问题,后来成为应用数学的一个
分支,在经济学、政治学、军事战略和其他科学中都有广泛的应用。为了说

明如何利用博弈论的知识来解决囚徒困境,我们首先给出一些基本概念,包括局中人、策略、单纯策略、混合策略、策略组合、收益函数、期望函数、纳什均衡等。

局中人是在博弈问题中为自己的利益进行决策的各方,把局中人的集合简记为 N。例如,在囚徒困境中一共有两个局中人,分别是张三和李四,即 N = {张三,李四}。事实上,博弈既可以发生在两个人之间,也可以发生在多个人之间。

策略又分为单纯策略和混合策略。单纯策略是局中人可以采取的行动方案。以囚徒困境为例,张三有坦白和抵赖两种单纯策略,李四也有坦白和抵赖两种单纯策略。局中人的所有单纯策略构成一个集合,这个集合被称为单纯策略集。例如,张三的单纯策略集是{坦白,抵赖},李四的单纯策略集也是{坦白,抵赖}。在博弈的过程中,一方采取一个策略,必有另一方也采取一个应对策略。例如,张三可以在他的单纯策略集中选择坦白或抵赖,李四也可以在他的单纯策略集中选择坦白或抵赖。我们把局中人所选择的单纯策略构成的有序组称为单纯策略组合。例如,在囚徒困境中,一共有四个单纯策略组合,分别是:

(1) 张三选择坦白,李四也选择坦白;

(2) 张三选择坦白,李四选择抵赖;

(3) 张三选择抵赖,李四选择坦白;

(4) 张三选择抵赖,李四也选择抵赖。

为简便计,我们用有序对表示张三和李四的单纯策略组合,例如,我们把(2)表示为(坦白,抵赖),把(4)表示为(抵赖,抵赖)。一般地,我们把局中人 i 的单纯策略集简记为 (A_i),把所有单纯策略组合构成的集合简记为 (A_{ij})。以囚徒困境为例,$(A_{张三})$ = {坦白,抵赖},$(A_{李四})$ = {坦白,抵赖},(A_{ij}) = {(坦白,坦白),(坦白,抵赖),(抵赖,坦白),(抵赖,抵赖)}。

混合策略是在单纯策略的基础上增加概率分布而得到的。也就是说,局中人随机地采取各种策略。例如,张三在进行策略选择时,他以 60% 的概率选择坦白,以 40% 的概率选择抵赖;不过,他选择坦白和抵赖的概率之和应该等于 100%。因此,(60% 的坦白,40% 的抵赖)是张三的一个混合策略。我们把局中人 $i \in N$ 的混合策略集记为(B_i),把所有混合策略组合的集合记为(B_{ij})。例如,(50% 的坦白,50% 的抵赖)和(75% 的坦白,25% 的抵赖)都是张三的混合策略。((50% 的坦白,50% 的抵赖),(80% 的坦白,20% 的抵赖))是一个混合策略组合,其中(50% 的坦白,50% 的抵赖)是张三的混合策略,(80% 的坦白,20% 的抵赖)是李四的混合策略。

收益函数表示某个局中人对于某个单纯策略组合所得到的利益结果。把局中人 $i \in N$ 的收益函数简记为 P_i。例如,如果张三选择抵赖,而李四选择坦白,那么张三得到的利益结果是 10 年监禁,而李四得到的利益结果是被释放,也就是说,对于(抵赖,坦白)这个策略组合,张三和李四的利益结果分别是 10 年监禁和被释放,也就是说,

$$P_{张三}((抵赖,坦白)) = -10$$
$$P_{李四}((抵赖,坦白)) = 0$$

期望函数表示某个局中人对于某个混合策略组合所得到的利益结果。把局中人 $i \in N$ 的期望函数简记为 E_i。例如,如果张三选择坦白的概率是 75%,选择抵赖的概率是 25%,而李四选择坦白的概率是 50%,选择抵赖的概率是 50%,也就是说,对于((75% 坦白,25% 抵赖),(50% 坦白,50% 抵赖))这个混合策略组合,张三和李四的利益结果分别是:

$$E_{张三}(((75\% 坦白,25\% 抵赖),(50\% 坦白,50\% 抵赖)))$$
$$= 75\% \times (-5 \times 50\% + 0 \times 50\%) + 25\%$$
$$\times ((-10) \times 50\% + (-1) \times 50\%)$$
$$E_{李四}(((75\% 坦白,25\% 抵赖),(50\% 坦白,50\% 抵赖)))$$
$$= 50\% \times ((-5) \times 75\% + 0 \times 25\%) + 50\%$$
$$\times ((-10) \times 75\% + (-1) \times 25\%)$$

显然,单纯策略是混合策略的特例,收益函数是期望函数的特例。

在上述概念的基础上,我们可以给出博弈论的最重要概念——纳什均

衡。首先给出单纯策略下纳什均衡的定义。如果单纯策略组合 C ∈（A$_{ij}$）满足下面的条件：

任给 i ∈ N，任给 D ∈（B$_i$），都有 P$_i$（C|D）≤ P$_i$（C），其中 C|D 表示用单纯策略 D 替换单纯策略组合 C 中的相应单纯策略所得到的结果。

则把 C 称为单纯策略下纳什均衡。

为了具体说明纳什均衡，我们仍以因徒困境为例。

李四 张三	坦白	抵赖
坦白	−5，−5	0，−10
抵赖	−10，0	−1，−1

如果李四选择坦白，则张三有两种策略可供选择：如果张三选择坦白，则他的利益结果是 5 年监禁；如果张三选择抵赖，则他的利益结果是 10 年监禁。因此，在李四选择坦白的情况下，张三选择坦白的利益结果优于他选择抵赖的利益结果。同样地，如果李四选择抵赖，则张三也有两种策略可供选择：如果张三选择坦白，则他的利益结果是立即释放；如果张三选择抵赖，则他的利益结果是 1 年监禁。因此，在李四选择抵赖的情况下，张三选择坦白的利益结果也优于他选择抵赖的利益结果。总之，无论李四选择坦白还是抵赖，张三选择坦白对于他自己而言都是最优结果。同样的分析也适用于李四。如果张三选择坦白，则李四有两种策略可供选择：如果李四选择坦白，则他的利益结果是 5 年监禁；如果李四选择抵赖，则他的利益结果是 10 年监禁。因此，在张三选择坦白的情况下，李四选择坦白的利益结果优于他选择抵赖的利益结果。同样地，如果张三选择抵赖，则李四也有两种策略可供选择：如果李四选择坦白，则他的利益结果是立即释放；如果李四选择抵赖，则他的利益结果是 1 年监禁。因此，在张三选择抵赖的情况下，李四选择坦白的利益结果也优于他选择抵赖的利益结果。总之，

无论张三选择坦白还是抵赖,李四选择坦白对于他自己而言都是最优结果。因此(坦白,坦白)是囚徒困境这个博弈的惟一纳什均衡。

然而,有些博弈具有多个纳什均衡,而有些博弈没有纳什均衡。首先,为了说明多个纳什均衡的情况,我们以性别大战为例:

有一对热恋中的情侣,他们在周末既可以去体育场看足球比赛,也可以去歌剧院看歌剧表演。男生喜欢足球,女生喜欢歌剧。在这种情况下,每个人都有两种策略:看足球或看歌剧。假如他们事前没有相互商量,不知道对方去什么地方。如果两个人都去了体育场,因为男生喜欢看足球,他们一起看足球时,男生的收益高于女生,所以男生的收益为3,女生的收益为2;如果男生去了体育场,而女生去了歌剧院,由于他们两个人不在一起共度周末,所以他们的收益都为1;如果男生去了歌剧院,而女生去了足球场,他们两个人不仅不能共度周末,也不能享受自己喜欢的节目,所以他们的收益都为−1;如果两个人都去了歌剧院,因为女生喜欢看歌剧,他们一起看歌剧时,女生的收益高于男生,所以男生的收益为2,女生的收益为3。这个博弈可以更为清楚地表述在如下表格中:

男生＼女生	看足球	看歌剧
看足球	3,2	1,1
看歌剧	−1,−1	2,3

根据纳什均衡的定义,上述博弈中,(看足球,看足球)和(看歌剧,看歌剧)对于男生和女生而言分别是最优结果,因此,这两个单纯策略组合都是纳什均衡。

然而,在某些博弈中并不存在纳什均衡。以甲和乙两个人玩"石头、剪子、布"的游戏为例。如果不分胜负,则双方的利益结果分别记为0;如果分出胜负,则胜利一方的利益结果记为1,失败一方的利益结果记为−1。这个博弈可以更为清楚地表述在如下表格中:

甲＼乙	石头	剪子	布
石头	0，0	1，−1	−1，1
剪子	−1，1	0，0	1，−1
布	1，−1	−1，1	0，0

显然，在上述博弈中，根本不存在单纯策略下的纳什均衡。因此，在单纯策略的情况下，并非所有博弈都存在一个纳什均衡；然而，约翰·纳什（J. Nash）证明，任意博弈都存在混合策略下的纳什均衡。

在混合策略的情况下，纳什均衡的定义如下：

如果混合策略组 $C \in (B_{ij})$ 满足下面的条件：任给 $i \in N$，任给 $D \in (B_i)$，都有 $E_i(C|D) \leqslant E_i(C)$，其中 $C|D$ 表示用混合策略 D 替换混合策略组合 C 中的相应混合策略所得到的结果，则把 C 称为混合策略下纳什均衡。

纳什在博弈论研究中的最重要贡献就在于证明任何博弈都存在混合策略下的纳什均衡。这个证明依赖于布劳威尔固定点定理：如果 X 是 R_n 的凸紧子集，$F: X \rightarrow X$ 是连续函数，则存在 $x_0 \in X$，使得 $F(x_0) = x_0$。[1]对于前面的"石头、剪子、布"游戏，其纳什均衡是如下混合策略：

（（1/3 石头，1/3 剪子，1/3 布），（1/3 石头，1/3 剪子，1/3 布））

也就是说，甲和乙两个人在选择策略时，分别以 1/3 的概率选择石头、剪子或布。

博弈论的目的在于为囚徒困境这样的问题寻找解决方案，使得参加博弈的各方都获得最优结果。自从上世纪 50 年代纳什均衡提出之后，博弈论的发展方兴未艾，涉及对静态博弈和动态博弈，完美信息博

---

[1] 对于整个证明过程有兴趣的读者，可以参看侯定丕：《博弈论导论》，合肥：中国科学技术大学出版社，63—71 页。

弈和不完美信息博弈,以及非合作博弈和合作博弈等等的研究。[1]

第二节　纽康姆悖论及其分析

一、纽康姆悖论

由美国物理学家威廉·纽康姆(William Newcomb)于1960年设计,哈佛大学哲学家罗伯特·诺齐克(Robert Nozick)于1969年发表在《纽康姆问题和两个选择原则》一文中,后来又在《合理性的本质》(1993)一书中讨论过它。[2]

假设一个由外层空间来的超级生物欧米伽在地球着陆。她带着一个设备来研究人的大脑。她可以预言,每个人在二者择一时会选择哪一个,其预言准确率达90%以上。她用两个箱子检验了很多人。箱子A是透明的,里面总是装1000美元。箱子B不透明,它要么装100万美元,要么空着。欧米伽告诉每一个受试者:你有两种选择,一是你拿走两个箱子,可以获得其中的东西。但当我预计你这样做时,我会让箱子B空着,你只能得到1000美元。另一种选择是你只拿箱子B。当我预计你这样做时,我将把100万美元提前放进箱子B中;你将得到两个箱子内的全部美元,即100万加1000美元。当你做选择的时候,你必须遵守两条规则:(1)在实验结束时拿走尽可能多的钱;(2)不能借助于你的心理过程之外的其他手段,如抛掷硬币,来做出你的决定。

---

〔1〕 对"囚徒困境"有兴趣的读者,可以参看张维迎:《博弈与社会》,北京:北京大学出版社,2013年,二章"纳什均衡与囚徒困境博弈",32—59页;罗杰·麦凯恩:《博弈论:战略分析入门》,原毅军等译,北京:机械工业出版社,2006;Parfit, D. *Reason and Persons*, Oxford: Clarendon Press, 1984, Chapters 2—4;Kuhn, S. "Prisoner's Dilemma," in Stanford Encyclopedia of Philosophy: http://plato. stanford. edu/entries/prisoners-dilemma/。

〔2〕 罗伯特·诺奇克:《合理性的本质》,葛四友、陈昉译,上海:上海译文出版社,2012年,69—83页。

又假设：有一个男孩和一个女孩。男孩决定只拿箱子 B，其理由是：我看见欧米伽尝试了几百次，每次她都预测正确。凡是拿两个箱子的人，只能得到一千美元。所以，我决定只拿箱子 B，变成一位百万富翁也不错。女孩要拿两个箱子，其理由是：欧米伽已经做出预测，并且已经把钱放进箱子内。如果箱子是空的，它还是空的；如果里面有钱，它仍然有钱。这种状况再不会改变。我要拿两个箱子，以便得到里面所有的钱。

请读者们思考一下：你认为谁的决定是正确的？两种决定不可能都是正确的。那么，谁的决定是错误的？它为什么是错误的？[1]

男孩只拿 B 箱的决定似乎很有道理，但也有风险：由于欧米伽预测的正确率不是100%，仅为90%，故有这样的可能性：她预测错了，以为男孩会拿两个箱子，因而没有在 B 箱内放钱；由于该男孩没有拿 A 箱，他有可能什么也拿不到。这是一个小概率事件，但并非完全不可能。

该女孩的决定也有道理，因为欧米伽已经走了，她的预测和决定已经做出。如果箱子里有钱，它们仍然有钱；如果它们空着，它们还是空着。这是再也无法改变的事实。如果 B 箱中有钱，女孩只拿 B 箱，她得到 100 万美元。如果她拿两个箱子，就会得到 100 万加 1000 美元。如果 B 箱空着，她只拿 B 箱，她什么也得不到。但如果她拿两个箱子，她至少会得到 1000 美元。因此，在每一种情况下，女孩拿两个箱子都将多得 1000 美元。但该女孩面临的危险是：由于欧米伽预测的正确率达90%，她可能提前预测到女孩会这么做，故她会让 B 箱空着，女孩只能得到 1000 美元。假如她不是那么贪心的话，一开始就打定主意只拿 B 箱，她本来有 90% 的机会得到 100 万美元。

这个悖论涉及预测、自由意志、博弈论的最优选择原则等问题，是哲学家经常争论的预言悖论中最棘手的一个。据说，对它的反应公平地区分

---

[1] 参见《科学美国人》编辑部：《从惊讶到思考——数学悖论奇景》，29—32 页。

出:愿意拿两个箱子的人是自由意志论的信徒,愿意只拿箱子 B 的人是决定论(宿命论)的信徒。另一些人不同意这样的说法,争辩道:不管未来是完全被决定的或者不是完全被决定的,这个悖论所要求的条件都是自相矛盾的,无法同时满足。

二、对纽康姆悖论的简单分析[1]

先逐一列出纽康姆悖论中的多个条件,以便分析它们之间的推理关系:

(1) 欧米伽预测你做哪种选择的准确率是 90%。

(2) 你面前有两个箱子 A 与 B。

(3) A 箱内有 1000 美元。

(4) B 箱内可能有 100 万美元,或者没有钱。

(5) 你有两个选择。

(6) 选择 1:只拿 B 箱。

(7) 选择 2:拿 A 箱和 B 箱。

(8) 只能通过你的自由意志做出你的选择。

(9) 你的选择会提前被欧米伽预测到。

(10) 欧米伽根据她的预测决定她是否在 B 箱内放进 100 万美元。

(11) 如果她预测到你将选择只拿 B 箱,她将把 100 万美元放进 B 箱内。

(12) 如果她预测到你将拿 A 和 B,她只在 A 箱内放 1000 美元,而让 B 箱空着。

(13) 在你做出选择之前,欧米伽已经根据她的预测,把相应数目的钱放进有关箱子内,这一点不会在你做出选择期间或做出选择之后改变。

(14) 你的选择应该使你获得尽可能多的钱。

---

〔1〕 如本书序言所说,本书写作历时近十年。此小节写作时似乎参考或利用过什么资料,但当时没有注明,现在无从查考。若相关人士发现问题,请与本书作者联系。

根据条件 1,欧米伽预测错误的可能性是存在的,可按照概率论的期望原则计算你的平均收益:

选择 1:B 箱中有 100 万美元的概率是 90%,按期望计算可得,平均获利为 100 万美元 ×90% =90 万美元。

选择 2:A 箱内有 1000 美元是确定的,而预测错的概率是 10%,相当于你有 10% 的机会从 B 箱内得到 100 万美元。平均获利为 1000 美元 +100 万美元 ×10% =101000 美元。

条件(2)、(3)、(4)、(5)、(13)是确定无疑的。于是,在条件(8)成立并利用期望计算的前提下,如果条件(6)成立,则由条件(1)、(9)、(10)、(11)、(12)可以推出:平均获利为 90 万美元;如果条件(7)成立,则由条件(1)、(9)、(10)、(11)、(12)可以推出:平均获利为 101000 美元。考虑条件(14),你应该选择只拿 B 箱。

但是,因为条件(13),如果只拿 B 箱,你就放弃了本来可以拿到的 1000 美元,与条件(14)矛盾。由条件(5)、(6)、(7)、(8)可知,你应该同时拿走 A 箱和 B 箱。

根据已有分析,拿 A 箱和 B 箱的平均获利为 101000 美元,仍与条件(14)冲突。于是,不能选择拿 A 箱和 B 箱,只能选择拿 B 箱。若选择拿 B 箱,则不能使自己的收益实现本来可能的最大化,与条件(14)相冲突……

所以,无论做出选择 1 或选择 2,都与条件(14)相冲突。综合条件(5)和(8),得出悖论!

在进行上面的推理时,我们以条件(8)为前提,承认了人可以凭借自己的自由意志做出决策;由条件(1)和(9)可知,我们预设了人的自由意志可以提前被欧米伽预测到,且预测的准确率达 90%;在利用条件(14)进行检验时,我们采用概率论计算期望收益的方法,将预测准确率等同于概率;在衡量采用哪一种选择时,我们利用了博弈论的占优原则:如果某一特定策略在任何情况下总优于另一策略,则前一策略将被优先选择。

于是,纽康姆悖论反映了基于自由意志的选择的可预测性、概率论的期望效益计算原则和博弈论的占优原则的冲突!

如果要避免悖论,我们要放弃上面 14 个条件中的哪一个或哪些条件呢?

最容易受到质疑的是欧米伽及其预测能力。这牵涉到能不能做预测,预测的可能性能够有多高,是否有自由意志,是否一切都被因果地决定等重大的哲学问题。

假设将条件(1)改为:欧米伽预测的准确率为 50%。按照原先的推理,选择 1 的平均获利为 50 万美元;选择 2 平均获利 501000 美元。选择 2 完全符合条件(14),悖论消失。

因此,是否导致悖论的关键在于预测的准确率必须超过 50%。如果超过,导致悖论;如果不超过,悖论消失。于是,问题的关键是预测及其准确率!

预测是指在某事件发生之前,或在该事件出现确定的结果之前,根据所掌握的相关信息,对该事件的发生、过程及其结果提前告知。对预测的要求是:预测的结果要尽可能与实际的情形相一致。若如此,是成功的预测;否则,是不成功的预测。影响预测准确性的因素:预测者所掌握的信息的多少及其全面程度,预测者所做出的主观推断的质量,以及实际发生的事件进程及其结果,等等。

于是,纽康姆悖论的关键在于:能否对基于自由意志的决策做出预测,其预测的准确率能够达到多高的程度?

这实际上牵涉到自由意志与决定论的关系问题:如果一切都是因果决定的,那么,是否还有自由意志,基于自由意志之上的自由决策,以及由这种自由导致的连带的道德责任? 如果并非一切都是因果决定的,那么,预测的根据何在? 我们根据什么做出预测? 这是一个艰深的哲学问题。而哲学问题很难有惟一确定的答案,故纽康姆悖论也很难有惟一确定的解决方案。[1]

---

〔1〕 参看 M. Bar-Hillel and A. Margalit, "Newcomb's Paradox Revisited," *The British Journal for the Philosophy of Science*, Vol. 23, No. 4, 1972, pp. 295—304。

三、对纽康姆悖论的复杂分析

下面我们从博弈论、证据决策理论和因果决策理论三个角度分析纽康姆悖论。

勃拉姆斯(Steven Brams)从博弈论角度把纽康姆问题转化为人和超级生物之间的博弈问题。可用如下表格表示这个博弈：

超级生物 人	预测只拿箱子 B	预测拿两个箱子
只拿箱子 B	100 万美元	0 美元
拿两个箱子	100 万美元 + 1000 美元	1000 美元

也就是说,如果人选择只拿箱子 B,并且超级生物欧米伽准确地预测到人只拿箱子 B,则人的利益结果是 100 万美元;如果人选择只拿箱子 B,而欧米伽却预测人拿两个箱子,则人的利益结果是 0 美元;如果人选择拿两个箱子,而欧米伽却预测人只拿箱子 B,则人的利益结果是 100 万美元 + 1000 美元;如果人选择拿两个箱子,并且欧米伽准确地预测人拿两个箱子,则人的利益结果是 1000 美元。然而,欧米伽的预测行为并不是严格意义上的策略选择,她的预测行为并不是自由选择的结果,而是依赖于人的选择。如果人选择只拿箱子 B,她将被迫预测人选择只拿箱子 B;如果人选择拿两个箱子,她将被迫预测人选择拿两个箱子。

因此,我们最好还是把纽康姆问题纳入到决策论的框架下来解决。也就是说,纽康姆问题并不是发生在人和欧米伽之间的博弈,而是人自身基于欧米伽的预测能力而单独进行决策问题。可以用如下表格表示这个决策：

欧米伽 人	预测准确	预测不准确
只拿箱子 B	100 万美元	0 美元
拿两个箱子	1000 美元	100 万美元 + 1000 美元

假设欧米伽的预测准确率为 P。在这种情况下，我们用 EU(C_B) 表示选择只拿箱子 B 的预期效用；用 EU(C_2) 表示选择拿两个箱子的预期效用。由此，两种效用的计算公式为：

$$EU(C_B) = P \times 100\ 万 + (1 - P) \times 0$$

$$EU(C_2) = (1 - P) \times (100\ 万 + 1000) + P \times 1000$$

据此，如果欧米伽的预测准确率大于 0.5005，则选择只拿箱子 B 的效用大于选择拿两个箱子的效用；如果她的预测准确率小于 0.5005，则选择拿两个箱子的效用大于选择只拿箱子 B 的效用；如果她的预测准确率恰好是 0.5005，则选择两个箱子的效用等于选择只拿箱子 B 的效用。

在上述分析中，我们把欧米伽的预测准确率看作非条件概率。事实上，这个概率应该被更确切地看作条件概率，即在人做出某个选择的情况下，欧米伽预测人的选择的准确性。我们用 $P(D_B|C_B)$ 表示"在人选择只拿箱子 B 的情况下（C_B），欧米伽预测人选择只拿箱子 B 时（D_B）的概率"；用 $P(D_2|C_B)$ 表示"在人选择只拿箱子 B 的情况下（C_B），欧米伽预测人选择拿两个箱子（D_2）的概率"；用 $P(D_B|C_2)$ 表示"在人选择拿两个箱子的情况下（C_2），欧米伽预测人选择只拿箱子 B 时（D_B）的概率"；用 $P(D_2|C_2)$ 表示"在人选择拿两个箱子的情况下（C_2），欧米伽预测人选择拿两个箱子（D_2）的概率"。然后，用 EU′(C_B) 表示选择只拿箱子 B 的预期效用；用 EU′(C_2) 表示选择拿两个箱子的预期效用。由此，可以把两种选择效用的计算公式修正为：

$$EU'(C_B) = P(D_B|C_B) \times 100\ 万 + P(D_2|C_B) \times 0$$

$$EU'(C_2) = P(D_B|C_2) \times (100\ 万 + 1000) + P(D_2|C_2) \times 1000$$

根据纽康姆问题的表述，因为欧米伽的预测具有高度的准确性，条件概率 $P(D_B|C_B)$ 和 $P(D_2|C_2)$ 的值接近于 1，而条件概率 $P(D_B|C_2)$ 和 $P(D_2|C_B)$ 的值接近于 0。因此，EU′(C_2) < EU′(C_B)，也就是说，选择只拿箱子 B 的效用大于选择拿两个箱子的效用。这种分析遵循了"预期效用最大化"原则，与此相关的决策理论被称为"证据决策理论"。所谓证据决策理论是

指,人的决策要求最大化预期的满足程度,而最大化预期满足程度的方法是人的决策基于条件证据预期后果,也就是说,只要先前发生的事件与人的行为预期之间具有高度代表性,人就应当根据最大化预期而进行决策。

然而,证据决策理论也存在一些缺陷。在纽康姆问题中,人要想得到欧米伽预测准确程度的概率,就必须已经做出选择。但是,在人没有做出选择时,给出的条件概率都不能提供任何证据;而在条件概率可以提供证据时,人已经做出选择,这个证据已经没有任何意义。霍尔根(Terence Horgan)曾经把证据决策理论的推理过程更为清晰地表达如下:

(1)如果人选择拿两个箱子,则欧米伽会预测到这一点。

(2)如果人选择两个箱子,并且欧米伽预测到这一点,则人将得到1000美元。

(3)因此,如果人选择两个箱子,则人将得到1000美元。

(4)如果人选择只拿箱子B,则欧米伽会预测到这一点。

(5)如果人选择只拿箱子B,并且欧米伽预测到这一点,则人将得到100万美元。

(6)因此,如果人选择只拿箱子B,则人将得到100万美元。

(7)如果(3)和(6)是真的,则人应该选择只拿箱子B。

(8)因此,人应该选择只拿箱子B。

这里,(3)和(6)并不是基于事实,而是基于反事实,即"如果我选择……,则欧米伽会预测到……",这是不可靠的。

与证据决策理论不同,因果决策理论认为,应该选择拿两个箱子。与证据决策理论类似,因果决策理论也要求最大化条件预期效用,但是,在决定是否做出某一行为时,因果决策理论考虑的是行为的后果,也就是说,它要求这个后果是行为在因果上的结果,而不是证据上的结果。与此相关,因果决策理论遵循的是占优原则。

伯杰斯(Simon Burgess)根据因果决策理论为纽康姆问题给出了一个形式化证明。在伯杰斯看来,欧米伽是否把100万美元放入箱子B中,以

及人选择只拿箱子 B 还是选择拿两个箱子,这两件事取决于一个共同因——欧米伽做出预测时人的大脑状态。首先,我们假设一台大脑扫描仪,用于扫描人的大脑状态。又假设人选择只拿箱子 B 的概率是 α,也就是说,人想要选择只拿箱子 B 的概率 $P(C_B) = \alpha$,选择拿两个箱子的概率是 $P(C_2) = 1 - \alpha$。假设"扫描仪显示人选择只拿箱子 B"是 O_B,"扫描仪显示人选择拿两个箱子"是 O_2。因为扫描状态与人的大脑状态一致,所以 $P(O_B) = \alpha$,并且 $P(O_2) = 1 - \alpha$。再假设:"在扫描仪显示人选择只拿箱子 B 的情况下,欧米伽预测人选择只拿箱子 B"的概率 $P(D_B | O_B)$ 是 0.99;"在扫描仪显示人选择只拿箱子 B 的情况下,欧米伽预测人选择拿两个箱子"的概率 $P(D_2 | O_B)$ 是 0.01;"在扫描仪显示人选择拿两个箱子的情况下,欧米伽预测人选择拿两个箱子"的概率 $P(D_2 | O_2)$ 是 0.99;"在扫描仪显示人选择拿两个箱子的情况下,欧米伽预测人选择只拿箱子 B"的概率 $P(D_B | O_2)$ 是 0.01。由此,可以建立如下四种可能性:

	可能性	概率
1	扫描仪显示人选择只拿箱子 B,欧米伽预测人选择只拿箱子 B,因此,箱子 B 中有 100 万美元	$P_1 = 0.99 \times \alpha$
2	扫描仪显示人选择只拿箱子 B,欧米伽预测人选择拿两个箱子,因此,箱子 B 中有 0 美元	$P_2 = 0.01 \times \alpha$
3	扫描仪显示人选择拿两个箱子,欧米伽预测人选择两个拿箱子,因此,箱子 B 中有 0 美元	$P_3 = 0.99 \times (1 - \alpha)$
4	扫描仪显示人选择拿两个箱子,欧米伽预测人选择只拿箱子 B,因此,箱子 B 中有 100 万美元	$P_4 = 0.01 \times (1 - \alpha)$

我们用 E 表示"欧米伽把 100 万美元放入箱子 B 中",用 F 表示"欧米伽不把 100 万美元放入箱子 B 中"。根据上述表格,$P(E) = P_1 + P_4$,$P(F) = P_2 + P_3$。由此可以给出关于期望效用的新的计算公式:

$$EU(C_B) = EU(B) = P(E) \times 100 \text{ 万} + P(F) \times 0$$
$$= (0.99 \times \alpha + 0.01 \times (1 - \alpha)) \times 100 \text{ 万}$$
$$= (0.01 + 0.98 \times \alpha) \times 100 \text{ 万}$$
$$EU(C_2) = EU(A) + EU(B) = 1000 + (0.01 + 0.98 \times \alpha) \times 100 \text{ 万}$$

其中 EU(A)和 EU(B)分别表示选择箱子 A 的预期效用和选择箱子 B 的预期效用。因此,根据上述分析,EU(C_B) < EU(C_2),也就是说,选择拿两个箱子的效用大于选择只拿箱子 B 的预期效用。

由以上可看出,无论是证据决策理论还是因果决策理论,我们都很难用一种理论完全压制或否定另一种理论。就纽康姆问题而言,在什么样的理论框架下分析决定了我们最终做出什么样的选择。后来,诺齐克也将视野转向了选择本身的意义上。无论我们做出什么样的选择(选择拿两个箱子或者选择只拿箱子 B),它们都取决于我们偏好于在什么样的理论框架下分析问题(证据决策理论或因果决策理论),而对理论框架的偏好又决定了我们对效用的评价。这种对决策的选择问题似乎才是我们面临的超越于纽康姆问题之外的更深层次的问题。[1]

第三节　其他决策与合理行动悖论

决策悖论经常源自于相互冲突的价值评价。当考虑相互竞争的选择时,常常会有相互冲突的得与失。决策悖论常常与在这种情况下出现的得失冲突有关,以至从不同的观点来看不同的参与者会胜出,若从整合的或整体的观点来看,其前景则是非现实的。在这种情形下,那些相互冲突的评价中的一个必须服从于另一个,或者干脆为了另一个而被牺牲掉,或者两个同时被放弃。决策悖论由于与 20 世纪哲学的中心课题之一——合理性(rationality)有密切关联,因而在 20 世纪哲学中发挥着特别突出的作用。

一、投票悖论

投票悖论,亦称"选举悖论""孔多塞悖论"和"阿罗悖论",最早由法国社会学家孔多塞(Marquis de Condorcet,1743—1794)提出,后来美国斯坦

---

[1]　参见方钦:《可能世界中的选择:纽康姆难题》,载《社会科学战线》2006 年第 3 期,38—55 页。

福大学教授、1972 年诺贝尔经济学奖得主阿罗（Kenneth J. Arrow）在《社会选择与个人价值》（1951）一书中对该悖论做了进一步研究。该悖论表明：在有些情况下，少数服从多数原则会导致自相矛盾的结果。它有多种版本，下面是其中的一个版本。

张三、李四和王五三个人共同面对 A、B、C 三种选择方案。每个人对于这三种选择方案的偏好表示如下：

$$张三：A > B > C$$
$$李四：B > C > A$$
$$王五：C > A > B$$

其中，X > Y 表示，对于 X 的偏好大于对于 Y 的偏好；简而言之，X 比 Y 更好，或者 X 优于 Y。现在，按照少数服从多数原则，张三、李四、王五这三个人对于 A、B、C 三个方案进行两两投票表决，看看能否排出一个集体偏好的顺序。首先，就 A 和 B 进行表决，张三和王五都认为 A 比 B 更好，只有李四一个人认为 B 比 A 更好，因此，按照多数原则，A 比 B 更好。然后，就 A 与 C 进行表决，李四和王五都认为 C 比 A 更好，只有张三一个人认为 A 比 C 更好，因此，按照多数原则，C 比 A 更好。假设偏好具有传递性，也就是说，任给 X、Y 和 Z，如果 X 优于 Y，并且 Y 优于 Z，则 X 优于 Z；换言之，如果 X > Y 并且 Y > Z，则 X > Z。因此，根据前两次表决的结果，我们从 "A 比 B 更好" 和 "C 比 A 更好" 得到 "C 比 B 更好"，即 C > A > B。但是，如果再就 B 与 C 进行表决，张三和李四都认为 B 比 C 更好，只有王五一个人认为 C 比 B 更好，因此，按照多数原则，B 比 C 更好。综合三次投票结果，我们既得到 B 优于 C 又得到 C 优于 B，或者既得到 C 优于 A 又得到 B 优于 C，即 C > A > B > C。因此，出现了投票循环现象，我们没有得到一个稳定一致的结果。这就是法国社会学家孔多塞提出的悖论。

后来，经济学家阿罗进一步分析了孔多塞提出的悖论，在其基础上提出了著名的 "阿罗不可能定理"。阿罗首先定义了集体理性的两个公理。

第一条公理是关于偏好选项的完备性,也就是说,任给偏好选项 X、Y,对 X 偏好大于对 Y 的偏好,或者对 X 的偏好等于对 Y 的偏好,或者对 Y 的偏好大于对 X 的偏好,即 X > Y 或者 X = Y 或者 Y > X。第二条公理是关于偏好选项的传递性,也就是说,任给偏好选项 X、Y 和 Z,如果 X > Y 并且 Y > Z,则 X > Z。这两条公理保证所有的偏好选项构成一个从优到劣的等级序列。在这两条公理的前提下,阿罗证明,如果有三种以上的偏好选项,每个参与投票的人都对这些偏好选项有一个从优到劣的偏好排序,那么,不存在一种满足条件(1)、(2)、(3)的制度设计,使得按照多数原则把每个投票人的个人偏好转换为所有投票人的集体偏好或社会偏好。这些条件分别是:

(1) 一致性:如果所有参与投票人都认为 X 优于 Y,那么在投票结果中,X 也优于 Y。

(2) 非独裁性:不存在一个参与投票人,使得投票结果总是等同于这个人的偏好排序。

(3) 独立于无关选项:如果一些参与投票人改变了主意,但是在每个参与投票人的偏好排序中,X 和 Y 的相对位置不变,那么,在投票结果中 X 和 Y 的相对位置也不变。

由此,阿罗认为,如果在一个相当广阔的范围内对任何个人偏好排序的集合都有定义,那么,把个人偏好加总为社会偏好的最理想方法要么是强加的,要么是独裁的。[1]

为了解决阿罗悖论,我们既可以修改阿罗提出的公理,又可以放宽阿罗提出的限制条件。然而,无论如何,这些公理或条件都具有直观的合理性,对它们的任何改动都需要更为深刻的辩护。

---

[1] 参见肯尼斯·阿罗:《社会选择与个人价值》(第二版),丁建峰译,上海:上海人民出版社,2010;Clarke, M. *Paradoxes from A to Z*, Second edition, pp. 236—237;张峰:《博弈逻辑》,北京:中国社会出版社,2007,111—113 页。

二、诺斯悖论

该悖论是由美国加州大学伯克利分校经济学教授道格拉斯·诺斯（Douglass North，1920—2015）提出的。诺斯是新经济制度学的创始人，他开创性地运用新古典经济学和经济计量学来研究经济史问题。由于建立了包括产权理论、国家理论和意识形态理论在内的"制度变迁理论"，他于1993年获得诺贝尔经济学奖。

诺斯的国家理论认为，国家提供的基本服务是界定形成产权结构的竞争与合作的基本制度。没有国家权力及其代理人的介入，财产权利就无法得到有效的界定、保护和实施，因此，国家权力就构成有效产权制度安排和经济发展的一个必要条件。但是，另一方面，国家权力介入产权制度安排又往往不是中性的，在竞争约束和交易费用约束的双重约束下，往往会导致低效的产权制度结构。国家的存在是经济增长的关键，同时又是人为经济衰退的根源。因为国家有双重目的：一是为统治者的租金最大化提供产权结构；二是在实现上述目的的前提下尽可能降低交易费用，按照社会的意愿建立和维护有效制度，以使社会产出最大，从而增加国家税收。但是，这两个目的并不完全一致，第二个目的包含一套能使社会产出最大化而完全有效率的产权，而第一个目的是企图确立一套基本规则以保证统治者自己收入的最大化。使统治者收入最大化的所有权结构与降低交易费用和促进经济增长的有效率制度之间，存在着持久的冲突。一方面，没有国家就没有产权；另一方面，国家权力介入产权安排和产权交易，又是对个人财产权利的限制和侵害，会造成所有权的残缺，导致无效的产权安排和经济的衰落。总之，没有国家办不成事，有了国家又有很多麻烦。这就是著名的诺斯悖论。

诺斯悖论说明，由于垄断特权和阶级利益的限制，社会利益最大化与统治者利益最大化在很多时候的选择倾向是不一致的。诺斯悖论从理论层面上揭示出国家的存在所面临的二难困境。从现实角度考虑,我们可以通过以下措施充分发挥国家的积极作用,避免或限制其消极作用:(1)通过宪法和法律制约政府;(2)建设有利于经济增长的意识形态;(3)创新政府管理体制。[1]

三、理性要求悖论

该悖论源自于真实的优势与表面的优势之间的潜在冲突:

（1）理性要求我们去选择(真实的和现实的)最好的现成的供选方案。

（2）在确定实际上最好的方案和看起来最好的方案之间,我们所能做的并不更趋向于前者,也就是说,在实际的优选方案和看起来的优选方案之间,我们并不更接近于前者。

（3）在让看起来最好的方案充当实际上最好的方案时,我们可能做了非常不恰当的事情:看起来最好的方案可能根本不是实际上最好的方案。

（4）理性能够要求于我们的,只能是在那种情形下能够做的最好的事情。

（5）由(2)和(4)可以推出,理性所能要求于我们的只不过是:在各种可识别的现成的供选方案中,我们选择看起来最好的那个方案。而(3)表明:这个看起来最好的方案可能并不是实际上最好的方案。

（6）矛盾,即(5)和(1)冲突。

这里,{(1),(2),(3),(4)}构成一个不相容的组合。(2)和(3)是生活中无可质疑的事实,(3)和(4)是看起来合理的一般原则,并且(3)看起来要比(4)更合理一些。于是,为了解决所讨论的那个矛盾,我们得到这样一个次序排列:{(2),(3)}＞(4)＞(1)。恢复一致的最有希望的途径

---

[1]　参见廖运凤编著:《新制度经济学》,北京:知识产权出版社,2012年。

就是抛弃（1）而保留（4），尽管（1）看起来也是相当合理的，不过其合理性要低于它的竞争者。理性要求我们去做的不是实际上最好的事情，而是我们确实能够做到的最好的事情。不过，我们也可以把（1）温和化一些：理性不是要求我们去做最好的事情，而是要求我们尝试去做最好的事情。[1]

四、胆量比赛悖论

胆量比赛似乎起源于美国大萧条时代，流行于上世纪 50 年代，常在未成年人之间进行，有一部电影《没有原因的造反》描述了此类情形。两个未成年人高速开车，在狭窄的路面上迎头相遇，每个开车人有两个选择：向右转弯闪开，或者继续朝前开以至迎头相撞。由此导致的可能性列表如下：

开车人甲	开车人乙	结果
向右转	向右转	平局
向右转	照常开	乙胜
照常开	向右转	甲胜
照常开	照常开	相撞

由此导致的"胆量比赛悖论"（亦称"小鸡悖论"）如下所述：

（1）在进行博弈时，博弈参与者应该采用能够提供某种赢的机会的策略。

（2）在这种情形下，只有坚持照直开，博弈参与者才有赢的机会。

（3）根据（1）和（2），两名博弈参与者都会选择照直开。

（4）当在一场病态的博弈中，最好的可能结局就是像"赢"这样的无足轻重的事情时，没有任何理性的决策者会冒现实的危险。

（5）只有通过向右转，该博弈参与者才能确保不发生灾难。

（6）所以，两名博弈参与者都会选择向右转。

（7）可得（6）和（3）矛盾。

---

[1] 参见 Rescher, N. *Paradoxes, Their Roots, Range, and Resolution*, pp. 256—257。

消解该悖论的途径是要假设：博弈参与者都是理性的或明智的人，这样的人通常不会为了一个无足轻重的"赢"而以命相搏。[1]

五、不可实现的智慧悖论

该悖论源自下面一段叙述：

> 安排者给你提供一个选择：在两张 1 美元和 10 美元的纸币之间，你可以选一张。并且他说："我先给你一些保证。你不必担心。如果你未能做出聪明的选择，我将补偿给你 10 美元。"你会选择哪一张纸币？

我们来看下面的思考（推理）：如果我选 1 美元而不是 10 美元，很清楚，这样的选择是不明智的。于是，它将为我挣来额外的 10 美元，于是我将得到 11 美元，比开始选 10 美元还多 1 美元。

于是，选择 1 美元就是一个明智的步骤，做了一件聪明的事情。所以，如果要不明智地做事情的话，我应该选择 10 美元，加上补偿的 10 美元，我将得到 20 美元。

但是，步骤 2 意味着：选择 10 美元将是一个聪明的选择。于是，我就得不到额外的 10 美元。为了使我的收益最大化，我必须回到步骤 1，选择 1 美元，最终得到 11 美元。

这种思考可以无限制地进行下去，没有终点。在这些情形下，似乎没有一件事情人们能够明智地去做。由于没有做任何事情，人们也就放弃了确实可以得到 10 美元的好处。于是，该安排者也就没有提供一个好的前景。

我们来看一看该悖论是如何产生的？

（1）通过规定一个问题情景，有两种选择：以不明智的方式做事，或者以明智的方式做事，前者将给一个人带来比后者所带来的更大的好处。

---

[1] 参见 Rescher, N. *Paradoxes, Their Roots, Range, and Resolution*, p.258。

(2) 使一个人的所得最大化,这是在做一件明智的事情。

(3) 在所提到的情景中,有可能做一件明智的事情。

这个三元组搁在一起将是不协调的。因为(1)担保:不明智的行为将带来更大的报偿;而(2)表明:带来最大报偿的行为是明智的;而(3)表明,在所规定的情景中,有可能实施一件不明智的"明智行为",而这是一个矛盾。

如何破解这一悖论呢? 这里,(1) 相当于该问题情景的定义性条件;(2)像一条经济合理性的基本原则一样,是公理性的。(3) 或许是最有争议性的。于是,我们得到这样的优先序:(1) > (2) > (3)。(3) 必须被放弃。我们必须承认:在所规定的问题情景中,没有一件"明智的事情"可做,无论发生什么事情,该安排者将赢得这局游戏。[1]

不过,你作为被动参与者,所能做的最好的事情就是:选择 10 美元,然后离开。看下表:

我选择	若明智的选择是 1 美元,我得到	若明智的选择是 10 美元,我得到	若根本没有明智的选择,我将得到
1 美元	1 美元	11 美元	1 美元
10 美元	20 美元	10 美元	10 美元

六、阿莱司悖论

此悖论产生于下面这些考虑:

(1) 理性的人会按照预期值计算来做出他们的选择。

(2) 考虑在两个候选方案之间做选择的情形。如果你选 1 号方案,你将得到 100 万美元再减去某个数目的美元。如果你选 2 号方案,我们将抛掷硬币来决定你的输赢,你有 50% 的机会得到 200 万美

---

[1] 参见 Clarke, M. *Paradoxes from A to Z*, Second edition, pp. 5—8; Rescher, N. *Paradoxes, Their Roots, Range, and Resolution*, pp. 258—260。

元,或者什么也得不到。

(3) 根据(1),理性的人面对此情此景,应该选 2 号方案,因为它有最大的预期值。也就是说,理性的人应该把宝押在抛掷硬币上。

(4) 但是,在现实生活中,大多数人会选择 1 号方案,满足于得到近 1 百万美元。我们必须假定,这些人在这样做时是理性的。

(5) 于是,与(3)相反,理性的人看来应该选择那个具有确实性的方案,尽管它的预期值不是最大。

此类悖论由法国经济学家毛里斯·阿莱司(Maurice Allais, 1911—2010)所研究,故叫做"阿莱司悖论"。它们揭示了关于理性决策的标准理论的内在紧张,对把预期值计算用作合理性原则的做法表示怀疑,并且强烈的暗示:在大多数情形下,最好是接受确实性偏好胜过预期值计算。不过,采取这一思路就意味着:我们必须抛弃下面的观念:在概率选择的场合,预期值足以成为理性上不会错的指导原则。[1]

七、圣彼得堡悖论

设想玩一个游戏:抛掷一枚均匀的硬币直至其正面朝上。如果在第 n 次抛掷时首先出现正面朝上,游戏参与者将获得 2^{n-1} 美元的回报。问题是:一个理性的参与者愿意为这个游戏付出多大的成本?

所预期的效用将是下面这个积的无穷和:

$$P(在第 n 次首先出现正面朝上) \times 2^{n-1}$$

既然所讨论的概率是 $(1/2)^n$,这个积就是 $1/2$,所求的和就是 $1/2 + 1/2 + 1/2 + 1/2 + 1/2 + \cdots\cdots$,它将是无限的,比任何有穷量都大。相对于无穷大的回报来说,任何有穷量的付出都是值得的。但这个结果却是反直观的,很少有人愿意为这个赌局付出 100 美元;并且它还要求一个银行有无穷的耐心和无穷多的资源。

---

[1] 参见 Rescher, N. *Paradoxes*, *Their Roots*, *Range*, *and Resolution*, p.267。

法国数学家达朗贝尔（J. L. R. D'Alembert, 1717—1783）把这个谜命名为"圣彼得堡悖论"，因为第一篇讨论这个悖论的论文发表在位于圣彼得堡的俄国沙皇科学院院刊上，其作者是瑞士数学家丹尼尔·伯努利（Daniel Bernouli, 1700—1782）。

在圣彼得堡悖论中，有下面一些因素：

（1）圣彼得堡悖论描述了一个实际可行的游戏，它定义了一个真实的选择。

（2）这个游戏的预期效用值是一个有意义的、得到很好定义的量，尽管它是一个无穷量。

（3）考虑到无穷大的预期回报，一个理性的人应该不计成本地去玩这个游戏。

（4）根据一般原则，任何明智的人都不会玩这个游戏，即使其回报真的是无穷大。

从直觉上看，（4）似乎是无可回避的事实，（1）是该问题情景的定义性条件。于是，为了保持与直觉的一致，我们有以下两种选择：选择 1，放弃（2），即不承认无穷的回报是一个有意义的量；选择 2，放弃（3），即不承认预期值计算为理性决策提供了适当的指导。决策论学者倾向于第一个选择，而普通人偏向于第二个选择。[1]

八、两个信封悖论

让你在两个信封 A 和 B 之间做出选择。你被告知，其中一个信封内的钱是另一个信封内的两倍。你选择了信封 A。接着，竞赛组织者问你是否要换另一个信封。你换不换？为什么？

有论证支持你换信封。假设你朝信封 A 内瞥了一眼，发现装有 10 美

---

〔1〕 参见 Clarke, M. *Paradoxes from A to Z*, Second edition, pp. 196—199；Rescher, N. *Paradoxes, Their Roots, Range, and Resolution*, pp. 268—269。

元。于是,你推知信封 B 内或者装有 5 美元,或者装有 20 美元,于是你换信封 B 的预期值是 $\frac{1}{2} \times 5 + \frac{1}{2} \times 20 = 12.5$ 美元。于是,换信封可以预期多获利 2.5 美元。你当然应该换信封 B。

也有论证反对你换信封。信封 A 内的钱是信封 B 内钱的两倍的可能性,等于信封 B 内的钱是信封 A 内的钱的两倍的可能性。所以,在这个意义上,信封 A 和 B 是等值的。并且,假设另一个参赛者选择了信封 B,适用于选 A 者应该换信封的论证,也同样适用于选 B 者,于是这两个人应该对换信封;并且在对换之后,基于同样的考虑,还应该继续对换信封,这样的过程无法终止。

不过,假如你知道竞赛组织者所提供的金钱的总数目,并且你又知道你所选中的信封内的钱的数目,那么,这个悖论就可以消解掉:假如你所选中的信封内的钱的数目不足总数目的一半,你应该换信封;如果它已经超过一半,你不应该换信封。

不过,如果竞赛组织者所提供的金钱数目不确定,或者数目确定但你不知道,两个信封的悖论就类似于圣彼得堡悖论了。[1]

九、心理博士悖论

心理博士是在 1940 年代以来流行的一部连环画中的人物。在所谓的"心理博士悖论"中,包含两个不一样却同样合理的解决方法,这两个方法都能够使期望值最大化。

> 设想你有一位古怪的朋友叫做心理博士,他是一位聪明、严肃、可靠并且富有智慧和自信的生物化学家。他喜欢装成一名有洞察力的灵媒,并且确实拥有很好的预测命中率。现在你们刚吃完苹果,他开始发表一通即将让你倍感震惊的消息:
>
> 我有一件有趣的事情要告诉你。现在你必须慎重考虑服下这粒

---

[1] 参见 Clarke, M. *Paradoxes from A to Z*, Second edition, pp. 227—230。

药丸。如你所知(因为这是最近我们一起弄清楚的),它包含具有致命毒性的物质 X,但是 X 对毒药 Z 有万无一失的解毒效果,同时还会产生轻微的副作用。根据我对你是否会服下这粒药丸的预测,你刚刚吃完的那个苹果或者被我下了 Z 毒或者没有下 Z 毒。当然,我这样一个老好人只会在预测到你确实将服下这粒药丸时才会给苹果下毒。不要担心,我是一个非常优秀的预言家。

说完这些话,这位古怪的朋友就急匆匆地离开并消失不见了,你再也无法奢求从他嘴里得到真相。现在你除了相信他别无它法,你甚至怀疑他是否特意编造了这一整套胡言乱语来迫使你服下这粒药丸。

然后,你开始做一些决策论的快速计算。首先你列出一个包含所有可能性的表格:

你	他	他对你的预测	你体内包含	结果
服下	预测正确	服下	Z,X	存活
服下	预测不正确	不服	X	死亡
不服	预测正确	不服	两者皆无	存活
不服	预测不正确	服下	Z	死亡

接下来该怎么做?

第一种分析:

令 p = 他对你的行动预测准确的概率。下面是一个存活期望 EV(expectation-of-life)的计算:

$$EV(服下) = p((+1)^-) + (1-p)(-1)$$
$$EV(不服) = p(+1) + (1-p)(-1)$$

其中上标"$^-$"表示"稍小于",以示解毒带来的微小副作用。因此,不管 p 值如何我们都有 EV(不服) < EV(服下)。也就是说,无论心理博士的预测准确度如何,根据决策论分析中期望值的对比,你似乎都不应该服下这粒药丸。

第二种分析：

令 p = 他给苹果下毒的概率。类似的,我们有：

$$EV(服下) = p((+1)^-) + (1-p)(-1) = (2p)^- - 1$$
$$EV(不服) = p(-1) + (1-p)(+1) = -2p + 1$$

接下来我们可以计算 EV(服下) > EV(不服)当且仅当：

$$(2p)^- - 1 > -2p + 1$$
$$(4p)^- > 2$$
$$p > (1/2)^+$$

现在,根据已给信息,我们可以附加地假设：你强烈地怀疑,心理博士实际上想要通过这个奇怪的尝试来诱使你服下那粒药丸,这个行为是他假装可以预见的,而你会这么做当且仅当他给苹果下毒。因此 p 略大于 1/2 的条件能被满足,根据以上的决策论分析,你最好服下这粒药丸。

综上所述,我们在这里遇到的确信谜题由以下命题造成：

(1) 理性而明智的做法是在一个决策论分析的指导下行事。

(2) 第一种分析的论证是一个能使人信服的决策论分析。

(3) 第二种分析的论证是一个能使人信服的决策论分析。

(4) 题中两个理性地令人信服的分析导致了不一致的解决方法。

(5) 理性是一致的：理性地令人信服的问题解决方法不会导致相矛盾的结果。

我们先来分析这 5 个命题的优先程度。(5) 是一个理性基本原则：没有明智的供替代的选择。(4) 是一个事实描述。(1) 是一个合理却或多或少值得存疑的假设。由此我们得到一个优先权排序：(5) > (4) > (1) > {(2),(3)}。因此(2)或(3)必须被舍弃,也即两种分析必须要有一个被抛弃。哪种分析是对的? 这是一个很难并且现实中也不可能回答的问题。从所有已知的迹象来看,这两种分析都是同样强有力的。此时我们遇到了与纽康姆悖论中同样的问题：在各种各样的决策背景中,仅仅由于所讨论的概率不能被良定义地量化,期望值分析的标准机制就可能使我们陷入险境。[1]

类似的选择与决策悖论(如石头、剪子、布游戏以及井字游戏)都是在一个决策问题下有两种看起来有同等价值却不相容的解决方式。在实际中面临该类问题时,我们可以依照自己的偏好随意选择其中之一,然而理论上理性的决定却只能等待新的有力证据出现时才能做出。

心理博士悖论揭示出这样一个问题:有时理性的分析会损害对一个明智的解决方法的选择。由于没有证据证明一种解决方法优于另一种,所以我们惟一能够诉诸的只有无理性的随机选择。这也为一个臭名昭著的悖论——布里丹的驴子悖论——指明了方向。

十、偏好悖论

理性决策理论中有一个问题与偏好的传递性有关。理性似乎要求我们的偏好是可以传递的,也就是说,在 a、b、c 之间,如果我们认为 a 比 b 好,b 比 c 好,我们就会认为 a 比 c 好。用符号表示:如果 P_{ab} 且 P_{bc},则 P_{ac}。如果偏好可以传递的话,偏好就有些像高度了:如果 a 比 b 高,b 比 c 高,则 a 比 c 高。这样一来,传递性的意义也就可以解释为"比……高"。尽管如此,偏好却不可以这么理解,这一点可以从我们下面将要给出的偏好实例中看出:

> 你可以在如下两个选项之间进行选择:要么跟一个有经验的飞行员一块开滑翔机,要么沿着跑道独自开赛车。你应当会选择开滑翔机,因为有经验的飞行员可以确保你的安全。如果情况变成在单独开赛车与单独开滑翔机之间进行选择,那么,你应该会选择开赛车,因为地面上的赛车显然比空中的滑翔机更安全。如果你是理性的,鉴于以

---

[1] 参见:"Doctor Psycho," From Wikipedia, the free encyclopedia, http://en. wikipedia. org/wiki/Doctor_Psycho; Michael Clark and Nicholas Shackel, "The Dr. Psycho Paradox and Newcomb's Problem," *Erkenntnis*, vol. 64, 2006, no. 1, pp. 85—100; Rescher, N. *Paradoxes, Their Roots, Range, and Resolution*, pp. 269—272。

上所述的偏好,你会选择在有人协助的情况下开滑翔机而不是单独开滑翔机,否则你将会是不理性的。但是,换一个角度来看,如果你不想显得太懦弱,那么,选择独自开滑翔机就不再是非理性的。

如此看来,单独开滑翔机相对于在有人协助的情况下开滑翔机就会是既理性的又是不理性的。[1]

由以上悖论我们不得不重新考虑:理性还要求偏好具备传递性吗?

"钱泵"论证对上述问题的肯定回答做出了支持。假设你有一张票能够让你单独开一次滑翔机。由于相对单独开滑翔机你更偏好开赛车,所以我就能用一张可以开一次赛车的票来跟你换取这张能够单独开一次滑翔机的票和一些钱。依此类推,我也可以用一张能够在有人协助的情况下开一次滑翔机的票来跟你换取这张能够单独开一次滑翔机的票和一些钱。假如偏好是不可传递的,那么,我就可以用换来的这张能够单独开一次滑翔机的票再跟你换取一张能够在有人协助的情况下开一次滑翔机的票和一些钱。如果我持续这样做,那么,即使在最开始买那张能够开一次赛车的票时花了一些钱,但很快我就能够把那些钱赚回来并源源不断地获得更多的利润。

可能有一种更精确的方式来描述上述情况:在有人协助的情况下开滑翔机和单独开赛车之间,你会选择开滑翔机;在单独开赛车和单独开滑翔机之间,你会选择开赛车;而在单独开滑翔机和有人协助时开滑翔机之间,你会选择单独开滑翔机。一旦带着重点部分被嵌入,那么,偏好的传递性在加点部分相同的情况下就能够被保持。此时上述情况就可用符号表示为:如果 P_{aab},并且 P_{bbc},那么 P_{aac}。此时,$Pxxz$ 表示在 x 和 z 之间选择 x。这与本小节第一段中的符号表示显然是不一样的。

然而即便你的偏好依上所述被约束,"钱泵"论证仍然能对你生效。

但是一个具有理性的人真的会按"钱泵"论证那样被骗吗?一旦这个主体发现他换回的是自己最初拥有的那张票并且还损失了钱,他很可能将

---

[1] 参见 Clarke, M. *Paradoxes from A to Z*, Second edition, pp. 169—171。

不再继续这个交易。而且，如果他一开始就获得足够的信息，并且了解自己的偏好以及这种偏好能被这种交易利用的情况，理性的他肯定也不会使自己陷入被骗的境地。

如果这是真的，那么，一个人具有不传递的偏好可能并不是不理性的，悖论因此被消解。

十一、连锁店悖论

假设有一个大型连锁店，在 20 个市镇分别开设 20 家分店，经营百货用品。在每一个市镇上，都有一个小型百货店作为潜在的竞争者与这个大型连锁店在当地开设的分店进行竞争。另外，假设除了这 20 个潜在的竞争者外，没有任何其他竞争者与这个大型连锁店进行竞争。把这 20 个作为潜在竞争者的小型百货店命名为(1)，(2)，(3)，…，(20)。

现在，这 20 个潜在的竞争者既没有足够的资本，也不能从当地银行借贷足够的资本，但是随着时间的推移，它们都一个接一个地逐渐积累起足够的资本。也就是说，首先是(1) 积累起足够的资本，其次是(2) 积累起足够的资本，再次是(3) 积累起足够的资本，如此类推。一旦某个潜在竞争者积累起足够资本，它就面临两种策略选择：在当地市镇中建立除大型连锁店分店之外的第二家商店，或者以其他方式使用这些资本。如果它选择后者，那么它不再是大型连锁店的潜在竞争者。另一方面，大型连锁店也可以采取两种策略来应对潜在竞争者：合作或者攻击。如果某个潜在竞争者选择建立分店，并且大型连锁店与之进行合作，那么，两者的利益结果分别是 50；如果某个潜在竞争者选择建立商店，而大型连锁店以价格战的方式对其进行攻击，那么，大型连锁店的利益结果为 0，潜在竞争者的利益结果为 −10；如果潜在竞争者选择其他投资方式，那么，无论大型连锁店是否攻击这个潜在竞争者，大型连锁店的利益结果都为 300，潜在竞争者的利益结果都为 0。这个博弈可以更为清晰地表述在如下表格中：

大型连锁店 ＼ 潜在竞争者	建立商店	其他投资
合作	50,50	300,0
攻击	0,-10	300,0

从短期来看,根据我们前面关于博弈论中纳什均衡的说明,大型连锁店选择合作是最优策略。原因在于,如果潜在竞争者建立商店,那么,大型连锁店选择合作的利益结果(50)大于它选择攻击的利益结果(0);如果潜在竞争者选择其他投资,那么,大型连锁店选择合作的利益结果(300)与选择攻击的利益结果(300)相同。因此,在两种情况下,大型连锁店选择合作的利益结果都大于或等于选择攻击的利益结果。但是,从长期来看,大型连锁店可能会选择攻击,以便阻止其他潜在竞争者建立商店。如果20个竞争者都选择其他投资,那么,大型连锁店将获得20×300=6000的利益结果;如果20个竞争者都选择建立商店,并且大型连锁店都选择合作,那么,大型连锁店将获得20×50=1000的利益结果。因此,6000的利益结果远大于1000的利益结果。所以,大型连锁店有必要通过攻击的方式,威吓潜在竞争者,使它们选择其他投资方式。

连锁店悖论揭示出,短期利益与长期利益的不一致之处。[1]

十二、阿比林悖论

美国华盛顿大学的管理学教授哈维(Jerry B. Harvey)在1974年所发表的一篇论文中提出该悖论[2],其名称出自文中提到的一桩轶事:

　　一家人到了德克萨斯州的科尔曼,这是一个炎热的午后,他们

---

[1] 参见张维迎:《博弈与社会》,第七章"不完全信息与声誉",156—79页;张峰:《博弈逻辑》,101—105页。
[2] Harvey, J. B. "The Abilene Paradox: The Management of Agreement," *Organizational Dynamics* 3, 1974, pp.63—80.

正在兴高采烈地玩多米诺骨牌。这时,岳父建议全家到阿比林去吃饭(要往北行驶53英里)。妻子觉得这个主意不错。但丈夫对此有所保留,毕竟这段路程又远天气又热。但他又怕扫了大家的兴,于是说:"我也觉得不错,就希望你妈也想去。"接着,岳母说:"我当然想去了,有好一阵子没去那里。"果不其然,这段路程又长天气又热,还尘土飞扬。到了饭馆才知道,店里的饭菜像行程一样糟糕。4个小时后,他们回到家,已经筋疲力尽。其中,岳母说了句客套话:"一次不错的旅行,不是吗?"事实上,岳母更愿意呆在家里,只不过是看到其他人的热情才跟着一块去的。丈夫说:"其实我是不想去的,只是怕扫了你们的兴而已。"妻子说:"我也是为了让你们开心;否则,除非是疯掉了,我是不会在这大热天出去的。"最后,岳父声明,他提这个建议也是怕大家闷得慌。这时,众人才意识到,他们一起做出的决定直接导致了一次大家都不想要的旅行,对此每个人都颇为困惑。本来可以舒舒服服得度过一个下午,当时大家为什么就不肯说出心里话呢?

这一现象体现的正是一种集体审议形式。依据社会心理学理论中的社会性一致与社会性影响等观点,这一现象很容易得到解释。该理论认为,人们普遍地都不希望自己的行为与群体的倾向有冲突。在心理学中还可以观测到类似的现象,人们的言语与行为背后一般都会有间接的暗示和隐藏的动机,因为一般来说,较为直接地表达意愿与欲望,这在社会中是不受鼓励的。[1]

阿比林悖论涉及集体审议这一概念。它解释了处在社会环境中的集体一致行为会出现问题的原因。该悖论的关键就在于,它表明集体在处理一致与不一致的现象时存在许多问题。

---

[1] 参见:"Abilene paradox," From Wikipedia, the free encyclopedia, http://en.wikipedia.org/wiki/Abilene_Paradox。

十三、审判权悖论

丹尼斯在 2001 年 2 月于德克萨斯州射伤了保尔。受伤的保尔回到新罕布什尔州的家。六个月后，保尔在 2001 年 8 月于新罕布什尔州因伤而死。保尔并不是在 2 月于德克萨斯州被杀死的，因为那时他还没有死亡。保尔也不是在 8 月于新罕布什尔州被杀死的。然而，似乎也没有确定保尔被杀死的其他时间和地点。但是，又必须确定保尔在某个时间和地点被杀死。这就是悖论。[1]

保尔不是在 2 月于德克萨斯州被杀死的；否则，他会在他死亡前 6 个月被杀死。射伤这一行为造成保尔在 6 个月后的死亡。但是，射伤这一行为并没有直接杀死保尔。保尔在 2 月受了致命伤，但他并没有死。6 个月后，射伤这一行为成为保尔的死亡原因。因为保尔并没有在 2 月死于德克萨斯州，所以他并不是在那里被杀死的。如果一个人没有死，即使他受了致命伤，我们也不能说他是被杀死的。

虽然在 8 月，射伤成为一种杀人行为，但是保尔也不是在那时被杀死的，因为丹尼斯在 2 月以后并没有对保尔做出进一步伤害。如果保尔不是在 8 月被杀死的，那么，他也并非死于新罕布什尔州。

但是，保尔必定是在某个地方和某个时间被杀死的。如果既不是在 2 月也不是在 8 月，那么，保尔似乎也不是在其他时间被杀死的。既不是在德克萨斯州也不是在新罕布什尔，那么，保尔似乎也不是在其他地方被杀死的。

然而，我们可以确定地说，保尔在 2001 年死于美国。如果我们继续询问：保尔究竟死在 2001 年的哪个月？究竟死于美国的哪个州？那么，这实际上是在询问一个伪问题。事实仅仅是：丹尼斯在 2 月于德克萨斯州杀伤了保尔，并且受伤的保尔在 6 个月后于新罕布什尔州死亡。不存在任何其他事实来确定保尔究竟是在哪个确切的时间和确切的地点被杀死的。

---

[1] 参见 Weintraub, R. "The Time of a Killing," *Analysis*, vol. 63, 2003, pp. 178—182。

这个案例对于法学研究具有重要意义。如果丹尼斯谋杀了保尔，那么，应该在哪个地方追究丹尼斯的刑事责任呢？不同的地方实行不同的法律条款。例如，死刑适用于德克萨斯州，但是不适用于新罕布什尔州。所以，法官必须确定刑事责任到底是在哪里产生的，以及随之而来的该案件的司法审判权归属。

第十一章　一些道德悖论

第一节　关于道德原理和社会正义的思考

在叙述和讨论具体的道德悖论之前,我们先讨论有关道德原理和社会正义的四个哲学问题:一是决定论和自由意志的关系,这个问题实际上攸关于人的道德责任是否可能以及如何可能。二是休谟提出的问题:从"是"能否推出"应该"? 若能推出,如何推出? 这个问题涉及道德判断的来源和合理性根据。三是关于康德原则即"应该"蕴涵"能够"的讨论,此原则规定了"义务"的范围:凡是应该做的都是能够做的;反过来,凡是不能做的就是不该做的。四是罗尔斯(J. Rawls)的议题:原初状态、无知之幕与正义原则,这实际上涉及正义原则是如何产生的,也涉及如何确保正义原则之为"正义"的程序和方法。

一、决定论和自由意志

先从因果关系说起。一个现象引起、产生另一个现象,前者是后者的原因,后者则是前者的结果。因果联系有这样一些特点:(1) 普遍性:原因和结果如影随形,恒常相伴,没有无因之果,也没有无果之因;并且,相同的原因永远产生相同的结果。(2) 共存性:原因和结果在时空上相互邻近,总是共同变化的。原因的变化将引起结果的相应变化,结果的改变总是由原因的改变所引起。(3)先后性:尽管先后关系不等于因果关系,但一般而言,原因总是在先,结果总是在后。(4)复杂性:因果联系是多种多样的,有必要条件意义下的原因,也有充分条件意义下的原因;有"一因一果",也有"多因一果";在"多因一果"中,有主要原因,也有次要原因,还有近因和远因的分别,等等。(5)必然性:任何充分的原因都必然导致相应结果的发生。

决定论基于普遍因果律,可以说是因果律的强化版本:对于世界的任何事件,都有先已存在的充分的原因,导致该事件必然发生。正是在这一意义上,我们可以说,该原因"决定"了该事件,该事件"被"该原因所"决定"。凭借这种原因,我们可以充分地解释或理解该事件,不需要再引入其他外在的、非自然的因素。这种观念是自然教导我们的基本常识,也是自然科学不断取得成功的关键所在。特别是牛顿力学为决定论提供了强有力的支持。

一般认为,从决定论出发可以得到如下三个推论:

(1)世界上的一切未来事件至少在原则是可预测的。根据决定论,世界上的一切事物都处于普遍的因果联系之中,形成了复杂的因果链条或因果网络。对于每一个先前现象或事件,假如我们再往前追溯,都有导致它必然发生的先已存在的充分的原因;对于每一个后续现象或事件,假如我们往后瞭望,也有导致它将会必然发生的先已存在的充分的原因。倘若我们能够知道所有先已存在的条件和所有的自然律,我们就能够对一切未来事件做出准确的预测。这就是拉普拉斯(Pierre-Simon Laplace,1749—1827)如下豪言的由来:如果我知道宇宙中每一个微粒的运动和状态,我就能预测宇宙在未来任何一个时刻的状态!

(2)人没有自由意志。根据决定论,每个事件都有先已存在的充分的原因,即是说,它被其先在的原因所决定。人的每一次选择或行动都是一个事件,所以,也被其先在的原因所决定。当人在做一件被预先决定的事情时,他是不自由的;所以,人在选择或行动时是不自由的,尽管看起来情况与此相反。这里的"自由"或"不自由",主要不是指涉一个人做某件具体事情的时空条件和实际能力,而是指涉他是否希望、欲求、打算去做他想做的事情,即他做出选择和付诸行动的意愿和能力,简称"自由意志"。

基于此,像物理事件一样,我们也可以对人的选择及其后果做出准确的预测:

> 恰当地讲,那种被称为哲学必然性的学说就是:只要知道一个人心灵中的各种动机,同时知道他的性情和意向,那么他的行为模式就可以被正确地推断出来;如果我们能够彻底地了解一个人,知道作用于他的种种诱因,那么我们就能像预测任何物理事件那样准确地预言他的行为。[1]

(3)人对其选择和行动不负道德责任。一个人只能对他有意为之且受他本人控制的行动负责。例如,在某个特定的情景下,某个人可以选择不杀人,也可以选择杀人。如果他最后选择杀人,并具体实施了,达到了其目的,那么,他应该承担他的选择的法律和道德后果。反之,如果他的任何选择和行动都是被先前的原因预先决定的,他几乎就是一个受控的机器人,只是不由自主地在执行指令、完成任务,那么,我们就不能要求他承担其行为的法律和道德责任,就像不能要求一个人对某次强烈地震所造成的巨大损失承担责任一样。假如决定论是正确的,人没有自由意志,他就不必为自己的行为承担道德责任,我们也不能因其善举而奖励他,不能因其恶行而惩罚他。

这三个推论特别是后两个是高度反常识和反直观的。似乎很明显的,人有自由意志,在很多情形下可以做出自由选择:在一条岔路口,我们可以选择向左走,也可以选择向右走;我们可以选择抽烟,也可以选择不抽烟;即使先前习惯性抽烟,我们还可以选择戒烟;如此等等。因此,我们应该对我们的选择和行为的后果负责任。有人由此推论,这就足以说明,决定论

---

〔1〕 Mill, J. S. *A System of Logic*, *Ratiocinative and Inductive*, Eighth Edition, New York: Harper & Brothers, Publishers, 1882, p. 582.

是不正确的,至少用决定论来解释人的行为是不正确的。但问题是:既然人是自然界长期进化的产物,也是自然的物体,不用因果关系和决定论模式去解释人的行为,我们用什么方式去解释它们呢? 对决定论的这一挑战过于肤浅,但还有来自量子力学和现代物理学的更为严重的挑战,这就是著名的"海森堡测不准定理":我们可以知道一个粒子的位置,但不能确定它的运动;我们可以知道一个粒子的运动,但不能确定它的位置。因此,我们不能预测一个粒子的未来状况。不过,即使测不准定理是正确的,它也只是在微观粒子领域内挑战了决定论,但在宏观物体的领域,对决定论的地位仍然没有丝毫撼动。无证据表明,量子理论和现代物理学驳倒了牛顿力学,因而也无证据表明,它们驳倒了基于牛顿力学的决定论。

如何消解或调和决定论与自由意志之间的冲突? 可以列出三种选择[1]:

选择1:接受决定论,排斥自由意志,认为后者只是一种假相和幻觉。

这是一种强决定论立场。它解释说,我们只是觉得自己在自由地选择和行动,但这只是一种假相,就像我们感知到棍子在水中是弯的一样。如果我们把眼光放远,仔细考察一个人的全部历史,他的选择和行动都是有迹可循的,都可以找到先前的解释性原因。并且,它还解释说,奖励促进善举,惩罚压制恶行,这也可以用决定论模式加以解释。不过,强决定论所遭遇的最强挑战是:支持它的理由有哪些? 它如何论证自己的合理性? 其内部是否融贯一致?

选择2:调和决定论与自由意志,认为两者不相互排斥,而是彼此相容的。

这是一种弱决定论立场。根据这种观点,只要一个人不是被迫去做一件事或被阻止去做一件事,他实施该行动就是自由的。反之,如果一个人的行动是受限制或受胁迫的,他就是不自由的。应用因果模式解释一个人的行动,并不意味着他不自由。这种立场受到"不彻底"与"和稀泥"

的指控。

选择 3：抛弃决定论，承认自由意志，认为前者是虚假的，后者才是真实的。

这是一种非决定论立场。它所面临的最大挑战是：如何解释因果模式和决定论模式在自然科学中所获得的巨大成功，以及它们在我们的日常理解和解释活动中的无处不在？几乎所有关于自然事件的解释都是因果解释，都有决定论的味道。既然人也是自然界长期进化的产物，人的身体包括大脑也是自然物体，为什么因果模式和决定论模式对解释其他自然现象都适用，却在解释人的行为时不适用？

自由意志如何可能？这是一个重要的哲学问题，更是一个至关重要的伦理学问题！

二、休谟问题：能否从"是"推出"应该"？

在《人性论》第三卷第一章第一节末尾，休谟谈到，

> 在我所遇到的每一个道德学体系中，我一向注意到，作者在一个时期中是照平常的推理方式进行的，确定了上帝的存在，或是对人事作了一番议论；可是突然之间，我却大吃一惊地发现，我所遇到的不再是命题中通常的"是"与"不是"等连系词，而是没有一个命题不是由一个"应该"或一个"不应该"联系起来的。这个变化虽是不知不觉的，却是有极其重大的关系的。因为这个应该或不应该既然表示一种新的关系或肯定，所以就必须加以论述和说明；同时对于这种似乎完全不可思议的事情，即这个新关系如何能由完全不同的另外一些关系推出来的，也应当举出理由加以说明。不过作者们通常既然不是这样谨慎从事，所以我倒想向读者们建议要留神提防；而且我相信，这样一点点的注意就会推翻一切通俗的道德学体系，并使我们看到，恶和德的区别不是单单建立在对象的关系上，也不是被理性所察知的。[1]

---

[1] 休谟：《人性论》，509—510 页。

休谟在这里提出了一个重要问题,即"是"与"应该"的关系,主要涉及伦理学或道德科学,也被称作"休谟问题",但与另一个更为著名的"休谟问题"因果问题和归纳问题不同,后者重点关注因果性的根据和归纳推理的有效性,主要涉及认识论或知识论。对于"是—应该"问题,有三种强度不同的解读:

(1)它主要在质疑能否以及如何从"是"推出"应该",若能推出,其理由和根据是什么? 休谟似乎得出了否定性结论:"应该"表达一种不同于"是"的新关系;从"是"到"应该"是一种极其重要的转变,对这一转变必须给予理性的说明;但这一转变似乎并未得到也不可能得到理性的说明。休谟的否定性结论被有的学者叫做"休谟法则",即从"是"不能推出"应该"。

(2)由于"是"主要用于描述事实的命题,而"应该"主要用于表达规定或规范的命题,故"是"与"应该"的关系就是"事实"与"规定"和"规范"的关系。由于"规定"或规范"都牵涉到"价值评价",也可以把它们简称为"价值"。于是,可以把"是"与"应该"的关系进一步抽象为"事实"与"价值"的关系,更精确地说,是"事实命题"和"价值命题"的关系。事实命题与外部对象有关,且有确定的真值:真或假。价值命题所刻画的对象是什么? 它们有确定的真值吗? 价值命题与事实命题之间、价值命题相互之间是否有像"蕴涵"或"推导"这样的逻辑关系? 若有或没有,其根据或理由是什么?

(3)更进一步地说,"是—应该"问题所质疑的是价值命题的来源和基础。很明显,我们拥有为真的自然科学命题,具有自然科学知识;我们是否也同样拥有为真的价值命题,或具有伦理学知识? 由于价值命题是价值科学(如伦理学或道德科学)的核心构成部分,于是,"是—应该"问题就是在质疑价值科学的合理性或有效性。仿效康德的问题"先验综合判断如何可能",我们也可以说,休谟是在质疑或追问"价值科学如何可能"。[1]

应该说,这三种解读是依次递进的:第一种解读最合乎休谟的本意,后

---

〔1〕 参见孙伟平:《事实与价值》,北京:中国社会科学出版社,2000 年,2—6 页。

两种是对休谟原意的引申或发挥,但我认为仍在"合理引申"的范围内,因为《人性论》的目的之一就是要把关于人的科学建立在牢固的基础之上,特别是建立在经验和观察的基础上。所以,休谟所关注的是关于人的科学的来源和基础问题,也可以说是其合理性或有效性问题。

对于"是—应该"问题,在知识论范围内有各种不同的回答。自然主义以密尔为代表,认为伦理知识是经验的,相应地把自然科学作为伦理知识的范型。按照这种观点,伦理概念关涉自然现象。理性主义以康德和直觉主义者为代表,认为伦理知识是先验的,相应地把纯数学作为伦理知识的范型。根据这种观点,伦理概念关涉合乎道德性(morality),后者被理解为某种完全不同于自然现象但又可以应用于自然现象的东西,其内容和结构不依赖于感觉输入而能够被理性所把握。与这两种观点相反,非认知主义否认伦理学是真正的知识分支,或者仅把伦理学看作在一种特别限定的意义上的知识分支。在这两种情形下,它都不承认伦理学可以把科学或数学作为其范型。按照最极端的认知主义,没有真正的伦理概念;像"正确""错误""好""恶"这样的词语没有认知意义,相反只是用来释放情感和情绪,表达决定和承诺,或者影响态度和倾向。按照不那么极端的认知主义的观点,刚才提到的那些词语具有某种认知意义,但与释放情感、表达决定或影响态度相比,对这种意义的传达绝对居于次要地位。非认知主义主要兴起于 20 世纪的分析哲学运动中,其代表人物是斯蒂文森(C. L. Stevenson)和黑尔(R. M. Hare)。

不过,与休谟相反,有些哲学家(如麦金泰尔和约翰·塞尔)认为,可以凭借某些方式从"是"推出"应该"。我本人属于这一阵营。我认为,"应该"是相对于人的需要和实践目的而言的。人在一定的情景中有其特定的需要,相对于这种需要,人会产生特定的行动目标;相对于这种目标,客观情景有适合与否的分别。所有这些几乎都可以客观地确定,都属于"是"的范畴,至少含有"是"的成分。从实践的目标和对客观情景的判断,就会产生出当下"应该做什么""不应该做什么",甚至"禁止做什么"的判断。所以,价值判断也有客观的起源和依据;在某种意义上,"应该"起源于

"是",依赖于"是";从"是"至少可以概然地推出"应该"。

三、康德原则:"应当"推出"能够"

下面的公式是某些道义逻辑系统的定理:

$$T_1 \quad \square p \rightarrow Op$$
$$T_2 \quad \neg \Diamond p \rightarrow Fp$$
$$T_3 \quad Op \rightarrow \Diamond p$$

这里,T_1 说,"必然 p"蕴涵"应该 p";T_2 说,"不可能 p"蕴涵"禁止 p";T_3 说,"应该 p"蕴涵"能够 p",即凡是应该做的都是能够做的;反过来说,凡是不能做的就是不该做的。T_3 是与康德的伦理学观念相联系的,因此被称为"康德原则"。康德指出:

> 纯粹几何学拥有一些作为实践命题的公设,但它们所包含的无非是这一预设,即**假如我们被要求应当做某事,我们就能够做某事**,而这些命题就是纯粹几何学仅有的那些涉及一个存有的命题。所以这就是一些从属于意志的某种或然条件之下的实践规则。但在这里的这条规则却说:我们应当绝对地以某种方式行事。所以这条实践规则是无条件的,因而是被先天地表象为定言的实践命题的,意志因而就绝对地和直接地(通过这条实践规则本身,因而这条规则在此就是法则)在客观上被规定了。[1]

其意思也许是:一个人只有做自己能够做的事情的义务,没有做自己不能做的事情的义务。但康德原则在直觉上成立吗?

这一方面取决于如何理解"能够"。"能够"可以有四种不同的意义:逻辑的可能性($\Diamond^l$)、经验的可能性($\Diamond^e$)、技术的可能性($\Diamond^t$)、个人的可能性($\Diamond^p$)。在这四种可能性中,个人的可能性最强,它蕴涵或推出技术的可能性,技术的可能性蕴涵经验的可能性,经验的可能性蕴涵逻辑的可能

---

[1] 康德:《实践理性批判》,邓晓芒译,北京:人民出版社,2003 年,41 页。粗体系引者所加。

性,因此逻辑的可能性最弱。康德原则所涉及的可能性是哪一种意义上的呢?人们似乎不是在最弱的意义上理解康德原则的,而是把它理解为经验的可能性或技术的可能性,甚至是个人的可能性。一个人做出下述断言是自然的,即他所理解的康德原则是:

　　KR　凡一个人应该做的,都是利用他自己的力量能够做的。

用符号表示,即

$$Op \rightarrow \diamond^p p$$

但是,当我们把康德原则理解为这种最强的形式时,它可能就不再成立了。例如,我们可以问下述问题:一个人应该做他没有能力去做的事情吗?回答在很多场合下是肯定的。例如,一个人的借约到期了,他应该还给别人钱,但他此时身无半文,无法还钱;一个人应该按时上班,但由于上班途中发生车祸,他不能按时上班。这一类的例子是非常多的。因此,KR违反人们的直觉。另一方面,康德原则是否成立还取决于如何理解"蕴涵"或者"推出"。对于蕴涵有多种理解,例如有实质蕴涵、严格蕴涵、相干蕴涵、衍推等等,康德原则所涉及的蕴涵是哪一种意义上的呢?所有这些问题都有待进一步澄清。

实际上,T_1 和 T_2 也有同样的问题,其中的"必然"与"可能"也是有歧义的,因而这些定理也具有不同的表达形式,其中每一种形式都具有不同的强度。当把它理解为较强的形式(例如个人的可能性或技术的可能性)时,它们即使不完全为假,也是十分可疑的。例如,在我们的道德规范体系中有这样一个原则:

　　OR　凡是一个人应该做的,他应该去尝试;凡是禁止去做的,他必须不去尝试。

这似乎是一个合理的原则,因为在进行道德评价时,它不仅考虑到实际的行为,而且顾及到是否有意去做某行为。在它看来,完全不做某行为和已经尝试去做但失败了,这两者有重大差别。不过,一旦接受 OR 为正确,我们

就会遇到麻烦。T_2 说，凡是不可能的事情禁止去做。根据 OR，我们有

OR′ 凡是不可能的事情必须不去企求。

即使我们把这里的"可能"理解为最无可争议的逻辑可能性，上述规则也是道义逻辑中不能容忍的论题。因为根据 T_2 和 OR′，那些试图证明平行公设对于其他欧氏公设的独立性或用直尺和圆规三等分任意角的数学家，那些企图为一阶逻辑找到一判定程序或证明一阶算术的相容性和完全性的逻辑学家，都犯有某种道德的错误。这当然是荒谬的。由此推知，T_1 和 T_2 并不是道义逻辑中可不加思索就接受的定理，它们的正确性、可接受性是尚存疑问的。

四、罗尔斯：原初状态、无知之幕、反思的均衡与正义原则

罗尔斯的《正义论》一书于 1971 年问世，旋即在欧美学术界产生了巨大的反响。该书把批判的矛头主要对准功利主义的正义观，力图继承和发展以洛克、卢梭（J. Rousseau）和康德为代表的传统的社会契约论，用严格理性主义的方法，系统地阐发一个核心理念：正义即公平。

这里，我们对罗尔斯提出其正义理论的程序和方法更感兴趣，该套程序和方法中渗透着严格的理性主义精神，甚至可以说，罗尔斯的正义理论就是用这套理性主义方法论推论出来的。其推论的逻辑起点是原初状态，其中包括正义的环境，无知之幕，关于主体条件的假设，对正义观念的形式限制，最大化最小值原则等概念。可以把这一整套概念和方法看作一项思想实验，其目的只有一个：确保最终提出的正义原则是"公平"的。

"原初状态"（original position）与早期契约论者所设想的未开化的自然状况有些许近似，但它不是现实历史中的真实状况，而是一种纯粹的假想情形。对它的全面刻画依赖于如下一些关键性概念[1]：

---

[1] 参见约翰·罗尔斯：《正义论》，何怀宏、何包钢、廖申白译，北京：中国社会科学出版社，1988年，118—192 页；何怀宏：《公平的正义：解读罗尔斯〈正义论〉》，济南：山东人民出版社，2001 年，128—178 页；王沪宁：《罗尔斯〈正义论〉中译本序》，载约翰·罗尔斯：《正义论》，谢延光译，上海：上海译文出版社，1991 年。

（1）正义的环境（circumstances of justice）。其客观条件包括：人们在一个确定的地理区域内生存，其体质状态和精神状态相似；自然资源和其他资源存在中等程度的匮乏，这既不会使相互合作成为多余，也不会使合作因资源极度匮乏而招致失败。其主观条件包括：人们有大致相似的需求和利益，又有各自的生活计划，而且还存在哲学、宗教信仰、政治和社会理论上的分歧；人们都专注于自己的"好"或"善"，既不是利他的，也不是嫉妒的，而是互不关心、彼此冷淡。于是，处于这种环境中的人们既有共同利益，这使得他们之间的合作成为可能；又有利益冲突，会出现相互掣肘，因而需要有一套公平、正义的原则来划分利益，约束竞争。

（2）无知之幕（veil of ignorance）。这里假定：没有人知道他在社会中的地位、阶级出身、天生资质、体力和智力等情形；没有人知道他自己关于善的观念，他的特殊的合理生活计划，甚至不知道他的心理特征，如是否喜欢冒险，气质是乐观还是悲观；也没有人知道这一社会的经济或政治状况。但是，被无知之幕遮蔽的人们，知道他们所处的环境是一种正义的环境，知道所有人类社会的一般事实，知道社会组织的基础和人的心理学法则，也理解政治事务和经济事务的一般原则。罗尔斯掩藏在无知之幕后面的苦心孤诣是：先让人们一切清零，摆脱自我知识和自我利益的一切羁绊，从空白处开始思考正义原则，以确保所得出的原则对所有人来说都是公正的。

（3）主体条件假设。处在原初状态中的人们是自由平等的，有理性且有道德。他们可以按自己的意愿做出选择，在选择过程中也都拥有同等的权利；他们在选择正义原则时都力图尽量推进自身的利益，对其选择目标有前后一贯的倾向，能有次序地排列这些目标，并遵循那个能满足他的较多愿望且具有较多的成功机会的计划，采取最有效的达到其目标的手段；他们都有自己关于善的观念和正义感，努力寻求自己的尽可能高的得分，而不太计较对方的得失如何。这就是说，他们的选择不取决于随意性的偶然事件，也不取决于社会力量的相对平衡，而是基于他们自己的理性和道德感自主地做出的。

（4）对正义原则的形式限制。在选择正义原则时，处于原初状态中的人们必须遵守如下限制条件:正义原则应当是一般性质的,而不涉及具体的个人或事物,首要的原则必须能够作为一个井然有序的社会的共同蓝图;它们在应用中是普遍有效的,对每个场合中的每个人都起作用;它们及其限制条件应当是公开的,让每个人知晓;它们应该赋予各种互相冲突的要求以一种次序,以便使这些要求总汇成为相互融贯、层级分明的体系;从原初状态中选出的正义原则应当是终极性的,是裁决所有纷争的最后上诉法庭,在它们之上没有更高的标准。

(5)最大化最小值原则(maximin rule)。即是说,在选择正义原则时,在各种可能的选项中,人们只考虑那些能够使自己确定地得到最小收益的选项,再在这些选项中选择对自己最有利的那个;而不去考虑那些能够使自己获得最大收益的选项,由于利益冲突和相互竞争,后面这些选项常常很不靠谱。也就是说,在做选择时,与其开始时好高骛远、最后落得一无所有,不如起初就选择保证满足自己的基本生活条件,再图其他。采用最大化最小值原则有如下特点:选择者对计算各种情境出现的或然率不感兴趣;他们的价值观偏向保守,不愿意为进一步获利而冒险;被拒绝的各个选项中有无法接受的结果。

(6)反思的平衡(reflective equilibrium)。即使处于原初状态的人类个体也都具有理性思考能力,但他们的思考能力还是有差别;现实的个体在其知识教养、生活经验以及所处的认知地位等方面更有差别,由此会形成有关公平、正义和道德等等的不同直觉和各种各样的"慎思判断"(considered judgments),甚至会导致相互之间的冲突和矛盾,包括来自内部的和来自外部的:一个人自己的道德直觉与慎思判断不一致,他所持有的多个慎思判断彼此不一致,他的直觉和判断与社会生活现实不一致,他的直觉和慎思判断与别人的类似直觉和判断不一致。这就使得有必要对他自己的观念进行反思:它们各自有哪些理由?这些理由都成立吗?哪些观念得到较好的证成?哪些则得到较弱的证成?是否需要放弃或修改某些观念?如何放弃或修改?由此达成自己观念内部的协调和融贯。这叫做"狭义的反思平衡"。"广义的反思平衡"还要求认真思考别人的不同道德观念及其理由:在什么地方有分歧?为什么会有这些分歧?对方持有哪些理由或根据?它们都成立吗?其与社会生活的吻合程度如何?回过头来再对照思考自己的观念及其理由,如此往复,权衡比较,不断调整、修改和完善自己的观点,直至达到这样的程度:"这个人已经考虑了我们哲学传统中那些最重要的政治正义观念,已经权衡了其他哲学和其他理由的力量",他的观点"是在范围广泛的反思和对先前众多观点加以考虑的情况下产生的"。[1]这样的反思平衡凸显了"多元""开放""宽容""理解""对话""审慎"等关键词语的价值,并且是一个动态的过程。[2]

在做了以上准备工作后,罗尔斯在《正义论》第5章第46节给出了"关于制度的两个正义原则的最后陈述":

第一原则:"每个人对与所有人所拥有的最广泛平等的与基本自由体系相容的类似自由体系都应有一种平等的权利。"

第二原则:"社会和经济的不平等应这样安排,使它们:① 在与正义的储存原则一致的情况下,适合于最少受惠者的最大利益;并且,② 依系于在机会公平平等的条件下职务和地位向所有人开放。"

罗尔斯还提出了两个"优先规则"。

第一规则要求自由的优先性:"两个正义原则应以词典式次序排列,因此,自由只能为了自由的缘故而被限制。这有两种情况:① 一种不够广泛的自由必须加强由所有人分享的完整自由体系;② 一种不够平等的自由必须可以为那些拥有较少自由的公民所接受。"

第二规则要求正义对效率和福利的优先:"第二个正义原则以一种词典式次序优先于效率原则和最大限度追求利益总额的原则;公平的机会优先于差别原则。这有两种情况:① 一种机会的不平等必须扩展那些机会

---

[1] 约翰·罗尔斯:《作为公平的正义》,姚大志译,上海:三联书店,2002年,第52页。

[2] 基于我自己的治学经验,我曾经在很多场合这样谈到,按国际学术水准做学问,就是要做到这样几点:在一个学术传统中说话;在一个学术共同体中说话;说一些自己的话;对自己的观点做出比较严格系统的论证;对他人的不同观点做出适度的回应。在精神实质上,我的这些话与罗尔斯的"反思的平衡"庶几近之。

较少者的机会;② 一种过高的储存率必须最终减轻承受这一重负的人们的负担。"

如上所述的两个正义原则和与之配套的两个优先规则,体现了如下的关于正义的一般观念:"所有社会价值——自由与机会、收入与财富以及自尊的基础——都应平等地分配,除非任何价值的不平等分配对每一个人都是有利的。"[1]

可以看出,罗尔斯的正义论基于一些预先的假定:人类社会中的每一个公民都是自由、平等、理性和有道德的;人类社会就是由这样的公民组成的一个公平合作的体系;治理这样的社会所要遵循的首要原则就是体现公平的正义原则;正义原则可以凭借一套严格理性主义的方法产生出来,并有可能被每个公民所接受和遵循。改用尼采的句式,这些假定以及随后的推演逻辑是理性的,也许太理性了,过于的理想化,因而不那么适合现实社会的真实情况,所以招致后人对它的非议和挑战,也导致了后来许多新理论(如社群主义、审议式民主)的发展。就此打住,还是把这些问题留给有兴趣的读者去思考吧。

第二节　主要道德悖论及其解读

道德悖论是"一类"很特殊的悖论,不仅涉及逻辑学,同时也涉及伦理学、法学等多个学科,是一个多领域交叉的研究课题。

"道德悖论"这一概念的来源可追溯到尼布尔(R. Niebuhr)在 1932 年出版的《道德的人与不道德的社会》(*Moral Man and Immoral Society*)一书,该书对个体道德和群体道德进行了区分,形成了"道德的人"和"不道德的社会"之间的矛盾。这种道德上的矛盾被后人称为"尼布尔悖论"。1987年,国外第一部正式以"道德悖论"为关键词的书——《核威慑的道德悖论》出版。2007 年,国际著名出版社布莱克威尔出版了以色列哲学家史密

---

[1]　约翰·罗尔斯:《正义论》,302—303 页。

兰斯基(Saul Smilansky)的《十个道德悖论》一书。该书作者认为,道德悖论的表现是:一对道德信念相互支撑却彼此矛盾,我们不能找到放弃其中一个的任何理由和出路,却又不能同时支持这两个信念,除非我们接受或容忍逻辑矛盾。这些悖论威胁着人们熟悉的道德假设、被证明为好的道德原则以及常识性的道德思维习惯,除非我们找到解决方案,否则我们只得向它们举手投降。

国内对"道德悖论"的研究,是从改革开放后逐渐兴起的。1997年,茅于轼在他的《中国人的道德前景》一书中援引了胡平1985年讲述的一个关于"分苹果"的故事,并冠以"道德的悖论"之名,后来被国内研究界广泛引述。

一、对功利主义的质疑

1. 电车难题

我们设想,一个疯子把5个无辜的人绑在电车轨道上。一辆制动失控的电车由你驾驶着朝他们驶去,并且片刻之后就要碾压到他们。幸运的是,你可以拉一个拉杆,只要拉动它(可以确定,你有力气拉动它),你就可以让电车开到另一条轨道上,以避开这5个无辜的人。但是,那个疯子在这另一条轨道上也绑了1个无辜的人。面对这样的局面,你有两种选择:一是直接冲向那5个人,另一个就是拉动拉杆变换轨道,冲向另一个无辜的人。因为电车制动已经失控,你必须做出一个选择。这个难题"难"就难在:如果你不拉动拉杆,就会有5个人被轧死;如果你拉动拉杆,则会有1个无辜的人被轧死。你要么拉动拉杆,要么不采取任何行动,其结果是:要么5个人会死,要么1个人会死。

电车难题是福特(Philippa Foot)在1967年发表的《堕胎问题和双重结果原则》(The Problem of Abortion and the Doctrine of the Double Effect)一文中提出来的,它是伦理学领域最为知名的"思想实验"之一。

电车难题的提出是为了批判功利主义学派的如下观点:大部分道德决策都是依据"为最多的人提供最大的利益"这一原则做出的,只有依据这一原则做出的选择才是合乎道德的。根据功利主义,社会是由个体人构成的团体,其中每个人都可以看作是组成社会的一分子;社会全体的幸福是组成此社会的个人的幸福的总和;社会的幸福是以最大多数人的最大幸福来衡量的,道德行为的选择必须符合社会大多数人的利益;人应该做出能"达到最大的善"的行为,道德行为应该得到有最大收益的结果。

从功利主义的观点看,面对电车难题,合乎道德的选择就应该是拉动拉杆,这样可以拯救 5 个人,只杀死 1 个人。但是,功利主义的批判者认为,一旦你拉了拉杆,你也就成为了另一个不道德行为的同谋,因为你至少也要为另一条轨道上那一个人的死负部分责任。这一个人也是无辜的,难道一个人的生命就不应该去珍惜吗? 同时还有人指出,一旦你身处这种状况之下,就要求你有所作为,你必须选择拉动拉杆或不拉动它,你的不作为也会是不道德的,那等于坐视 5 个人的生命瞬间逝去,你又情何以堪呢?! 总之,不存在完全的道德行为。许多哲学家都用电车难题作为例子来表示现实生活中经常存在的一些状况:强迫一个人去做违背自己道德准则的事。

桑德尔(M. J. Sandel)在哈佛大学开设了一门网上公开课——"正义",其中就举了电车难题这个例子,并做了进一步引申:设想你不是那个火车司机,你只是近旁桥上的一个看客,看到这危险的一刻时,你身边有一个胖子,如果把他从桥上推下去,就可以挡住电车,救下那 5 个人。你会把这个胖子推下去吗? 如果只看结果的话,其实是一样的,都是牺牲 1 个人来拯救 5 个人。同样的道理,医院里有 5 个人,都是受伤需要紧急救治的,那么,作为医生的你会不会杀死 1 个健康的、只是碰巧来做体检的人,以便给其他 5 个人做器官移植呢?[1] 考虑到这些例子,功利主义的道德原则是否合理,就不那么确定了。面对这样的问题,人们开始思考:究竟什么才是道德。左右道德判断的似乎应该是"行为",而不应该是行为的"结果",不能为了拯救更多生命而牺牲无辜的人。这就是康德所代表的绝对主义

---

[1] 桑德尔:《公正:该如何做是好?》,朱慧玲译,北京:中信出版社,2011 年,22—25 页。

的道德原则,绝对主义认为,道德有绝对的原则,有明确的责任和权利,无论"结果"是怎么样的,都不能影响对于是否道德的判断。

对于电车悖论的解决,有这样几种看法:

(1)你只有两种选择:拉动拉杆或不拉动它,这必然造成两种不同结果,1个人死亡或5个人死亡,而这两种行为不可能都是不道德的。这是因为,你只能在两种结果中选择,在这个大前提下,个人没有完全自由选择的意志,而如果结论只有道德和不道德两种,若非得要给出一个定性论断的话,结果只能是:一种选择是道德的,另一种是不道德的。不难看出,这是一种以"结果"论道德的思路,所体现的是功利主义的伦理观。

(2)你拉动拉杆,造成1个人死亡,你不应该为此承担道德责任。因为这个人的死亡不是你"有意"造成的,你并不是真想去这样做,只是因为外界条件已经决定必然会有人死亡,要么死1个,要么死5个,这是你无法阻止的,况且这样的选择是代价最小的。既然你的行为并非自主,你就可以不为这一行为的结果负责。

这里涉及一个重要的概念——"行为"。按照这种看法,行为区分为"有意的"和"无意的"两种。这种区分是否有意义?毫无疑问,人应当为自己的"行为"负责,否则就不能说是一个有道德的人。"行为"是什么意思?人为自己的行为负责的理论依据又是什么?著名语言哲学家塞尔关于"行为"与"行动"的区分有助于我们理解这些问题。按照塞尔的观点,两者的差别在于有无"意向性"[1]因素,行为(behavior)这个概念从外延上要大于行动(action),行动是有意向的行为,是有意向有目的做出了的行为。比如,一个学生因为患重感冒,上课时打喷嚏,并非有意打断老师讲课甚至是对老师表达不满,这就属于一种行为;而如果这个学生有意如此,就属于一种行动了。如果说一定要为自己的行为负责,似乎也应限定为有意向的行为(即行动)负责。就电车难题来说,当电车司机处于这种情境,无

---

[1] Searle, J. R. *Intentionality: An Essay in the Philosophy of Mind*, Cambridge: Cambridge University Press, 1983. 中译本见约翰·塞尔著:《意向性:论心灵哲学》,刘叶涛译,上海:上海人民出版社,2007年。

论你是否拉动拉杆,都已经注定是一种行为,而任何行为都有其后果。人不为自己不能自主的行为负责,应该成为伦理学的一个预设。

(3) 外界条件决定了此种情境下必然会有人死亡,要么死 1 个,要么死 5 个,至少死 1 个是必然的,死 5 个却只是可能性。如果最后死了 5 个人,那就是你的不作为造成的,你应当为此承担道德的谴责。在这里,我们把这 6 个人看成具有同等价值的个体。

怎样看待不作为呢?把这个思想实验做一些修改就可以看到,不作为有时候确实是一种"行动"。假如电车的前方绑着 5 个人,你拉动一下拉杆就能将电车驶向岔道,而另一条轨道上什么也没有,不会造成任何危害。这时候你动不动拉杆呢?如果你什么也不做,眼睁睁看着 5 个人被轧死,这显然是不道德的行为,明知可为而不为,即使法律不惩罚你,你的行为最起码也是不道德的。但与此形成鲜明对比,另一条轨道上有 1 个人,他也是一个有生命的存在。我们不得不在已经设定的情境下进行选择。而且我们认为,这种情境也并非全无现实可能性,在现实生活中也是有可能发生的。有百分之一的风险,就应尽百分之百的努力去规避风险。

此外,在实际生活中,生命个体是否能看作有同等价值的个体?如果这 5 个人中有杀人犯、盗窃犯,或者有国家元首、科学家,相信这种身份的认定将会给你带来新的思考和抉择的困境,并陷入无穷无尽的两难境地。在这一境地中,杀人犯是不是就没有与国家元首一样的权利呢?如果绑在铁轨上的是你的孩子,甚至是你自己,你会不会期待他人去做不同的选择呢?

我们再来考虑桑德尔对电车难题的进一步引申。推下桥上的胖子和电车司机的行为有什么不同呢?这里有如下几种解释:(1) 因为电车轨道上的人,无论是这边轨道上的 5 个人还是另一边的 1 个人,都是原本卷入这个事件的,而站在桥上的胖子是毫无关系的路人甲,所以推下胖子的行为是不道德的,甚至是不人道的。(2) 电车上的司机只有两种选择,要么什么都不做,5 个人死;要么改变方向,用 1 个人的牺牲来换取 5 个人的生命,这种选择空间极其狭小,司机在这种境况下是不能自主的。而站在桥上观望的人推不推下胖子是他自己的自主行为,他可以不去做推还是不推的二难选择。这里,已经不只是道德问题,而是法律上的谋杀问题了。

按照塞恩斯伯里的解释,悖论的表现是:从明显可以接受的前提,通过明显可以接受的推理,得出明显不可接受的结论。从逻辑技术看,若假定某些前提,则会导致逻辑矛盾或悖论,而矛盾在逻辑中不能被允许,根据否定后件式,相应的前提也就不能成立。例如,在说谎者悖论中,所要否定的前提是"本句是假的"这样的说法。而在道德悖论中,有苛刻的限制条件,比如在电车难题中,第一,对于这一事件,你只有两种选择的可能性——拉动拉杆或不拉动它,你必须在这两种行为中选择一个,而且你能够预料到不同的行为会有不同的后果;第二,你选择"不拉动拉杆",会造成 5 个人死亡;你选择"拉动拉杆",则会造成 1 个人死亡。这个悖论的关键在于,人们普遍认为,这是在两种不道德的行为中选择其一,无论怎样都躲不开,因而是一个难题。

在解决纯理论型的悖论问题时,比如自指悖论,我们可以通过不允许自指或避免自指来解决或避开,而道德悖论和理论型悖论不同之处在于,其由以产生的前提很可能是在现实生活中发生的。比如,在哈佛大学的"正义"课中就提到了真实的案例:当船失事之后,救生艇中 4 个人很快没有了食物,有一个生病的奄奄一息的人,其他 3 个人如果为了生存把这个人杀了,当作食物吃掉,是否应对这 3 个人做法律制裁或道德谴责?面对这样的现实问题,按照现有的道德规范,我们没有更好的解决办法;如果想更好地解决,似乎要增加更多的规则并达成共识,比如在这个真实案件中被当作食物的那个人,是通过抓阄产生的,但是即使通过规则解决了这一问题,这个结果是否就一定是道德的,这又是一个极有争议的问题。

在电车难题中,我们是否可以通过增加一些规则就可以摆脱困境呢?如果我们增加一条法律规定:根据功利主义原则,在这种情况下可以不负道德或刑事责任。在我国法律中,实际上就有这样的规定。中华人民共和国《刑法》第二十一条规定:为了使国家、公共利益、本人或者他人的人身、财产和其他权利免受正在发生的危险,不得已采取的损害另一较小合法权益的行为,造成损害的,不负刑事责任。但对于已经达成一致的规则,我们是否应该为了某种深刻的道理而放弃它,也是值得探究的问题。

2."定时炸弹"悖论

如果你经常关注政治事件或者熟悉影视作品,对定时炸弹就不会太陌生。现在让我们来想象这样一个场景:一颗大炸弹或其他大规模杀伤性武器藏在你所在城市的某一个地方,而且爆炸的倒计时马上就到零了。一旦爆炸,后果不堪设想。现在我们羁押了一个恐怖分子,他是此事的知情者,知道炸弹的埋藏点,并知道拆除爆炸装置的方法。问题是:你是否会对这个知情人使用酷刑来获知这些信息呢?再做更极端一些的设想:如果这个恐怖分子对于酷刑毫无反应,以致施以刑罚毫无效果,那么,我们是否可以通过要挟他的家人来使他开口呢?一种困境摆在面前:如果不对恐怖分子施以酷刑,很多人就会被定时炸弹炸伤或致死;如果对其施以酷刑,也会面临道德上的指控。

英国电视剧《黑镜》(*Black Mirror*)也向人们展现了一个类似的残酷又现实的世界,将人们的目光聚焦于对当今社会的不安全感。其中有这样一个故事:清晨,英国首相得知,Facebook 和 Twitter 红人、广受公众欢迎的英国公主苏珊娜被绑架,绑匪的要求居然是首相必须在当天下午四点和一头猪做爱,并现场直播给全世界看,否则公主将被杀害。由于 Youtube 和 Facebook、Twitter 的广泛传播,公众很快知晓了这一切,虽然政府下了禁止媒体报道的命令,精明的媒体还是通过贿赂内阁官员推出了突发新闻。另一方面,首相办公室正策划找人代替首相,却被一名在场工作人员发的 Twitter 搅黄。绑匪向媒体又提供了一盘录像带和一根断指,录像带的内容显示公主的手指被绑匪割去,此时就连原来支持首相不要干蠢事的公众,也因担心公主安危转而希望首相就范。而反恐部队所谓的营救公主,不过是绑匪的迷魂阵而已。在一切努力均告失败之后,英国首相不顾妻子反对,只好就范;公众们此时也发现,自己所围观的笑话更像是一场悲剧。具有讽刺意味的是,在首相最后被直播前半小时,公主就被释放了,而当时大家都在围观首相的笑话,居然无人发现。最后发现那根断指是绑匪的手指,绑匪已经上吊自杀。影片的最后是:一年后,电视台对此事件做了回顾,绑匪被誉为艺术家,公主仍然在人前风光无限,首相依旧正常任职,但回到家中却异常寂寞,因为他的妻子再也不爱这位与猪做过爱的人了。

对于定时炸弹的知情人该不该严刑逼问?定时炸弹悖论与电车难题有些类似,也是强迫一个人从两个不道德行径中必须做选择的问题。它通常被用来反驳在任何情况下都不能使用酷刑之类的说法,也是被用来证明在极端形势下法律可以被放在第二位的例子。

我们可以对定时炸弹问题做更细致的处理,考虑如下几个问题:

(1)假设罪犯隐藏的不是一颗定时炸弹,而是一千颗原子弹,时间一到地球就玩完,只有剁掉他的手指头才能阻止这一切。现在决定权交给你,你是否用刑?即使完全不管全人类的生死,只从维护这个罪犯权利的角度考虑,你似乎也必须用刑,因为一旦爆炸,该罪犯的小命也要呜呼;若你用刑,他无非少几个手指头,小命仍保得住,还能够使全人类幸免于难。你应该用刑吗?

(2)假设罪犯隐藏的不是一颗定时炸弹,而是一千颗原子弹,时间一到地球就玩完,全人类也都玩完,但这个罪犯由于有特异功能而得以幸免。只有剁掉他的手指头才能阻止这一切,现在决定权交给你,你应该用刑吗?

(3)假设罪犯隐藏的不是一颗定时炸弹,而是一百颗原子弹,时间一到地球就玩完一半,人类玩完一半,这个罪犯却能够幸免。只有剁掉他的手指头才能阻止这一切,现在决定权交给你,你是否用刑?

如果说卷入事件的这个罪犯本身就是有罪的,相信许多人会赞成对他用刑,但考虑上面提出的更极端情况,是否要对他的妻子儿女用刑来阻止这一悲剧发生?若我们对其用刑的话,在某种程度上,我们就是站在了功利主义的立场上。但如前所述,功利主义受到了很多批评,面临着很多难解的难题。

对于"一个行为在道德上要么是善的要么是恶的"这样的说法,人们似乎会想到追问:为什么不能同时是这两者,即一方面是善的,一方面是恶的？康德认为，只存在绝对的善与恶，哲学家的责任是尽可能不承认有这种中间状态，因为如果模棱两可，一切道德准则都将失去其确定性和稳定性。如果存在着善，其对立面就是恶。而恶有两种情况：善的缺乏和积极的恶。善的行为是以遵守道德法则作为动机的，善为1，非善则为0，后者是缺乏道德动机的结果。仅从结果看，如果善是1，则恶就是0，但是善的行为和结果并不是同一个概念，善的行为是有动机的。善恶行为不同只是行为准则的不同，故善恶之间没有中间状态。如果道德法则在理性的判断中自身就是行为的动机，在道德上就是善的。假如法则没有在一个行为中规定人的行为，就必然会有一个与之相反的动机规定此人的行为并发生影响，由于这种情况在上述前提下只有通过此人把这个动机纳入自己行为的准则时才会发生。因此，就道德法则而言，人的行为意念没有中间状态。

通过解读我们发现，问题的关键，即悖论之所以为悖的原因，就是我们不存在共同的道德标准，或者说，现有的规则和道德标准不足以完美地解决这样的道德难题。对于定时炸弹悖论的争执，其实是公认正确的背景知识出现了不同：如果是罗尔斯，根据他的正义论就会做出放任炸弹爆炸的行为。但是，不接受罗尔斯的正义论而崇尚功利主义的人，肯定会义无反顾地对罪犯做刑讯逼供，以便制止定时炸弹的爆炸。我们认为，没有一劳永逸地解决这类道德悖论的方法，必须就事论事，因为毕竟在现实中的事件具有复杂性，不可能用一种单一的理论去解决一切难题。

二、道德的知与行悖论及其分析

此悖论由笔者提出，涉及道德信念的知与行的不对称。

很多人早就注意到，大多数道德过错不是因为当事人不知道相应的道德律条，而是不愿意实行之，甚至选择做与道德律令相违背的事情。例如，纽约州前检察总长、前州长斯皮策的嫖妓行为，美国前总统克林顿与白宫实习生莱温斯基的办公室行为，以及中国大大小小贪官们的贪污受贿，不是因为当事人不知道相关的法律和道德律令，他们对它们简直是太熟悉了，甚至可以说了如指掌、烂熟如心、倒背如流，但他们还是受本能的驱使或经不住诱惑而铤而走险，犯下了道德过错甚至罪行；正是由于他们知道有关的道德律令，他们在作案时才会心底发虚，玩尽花招去掩饰和隐瞒。

有些论者也注意到这类现象：

> 怎样才能说服人们——哪怕是一个人，不但在观念上接受一种伦理主张，而且奉行之？或者，作为个人，当遇到选择时，哪些力量让我们遵行已有的道德信条，哪些力量让我们抛开它，而以利害为先呢？在"新三纲"的"义为人纲"中，何怀宏提出"显见、自明"而且完全之义务体系的四条主要规范：不可杀害，不可盗窃，不可欺诈，不可性侵。老实说，读到这四条时，我心中生出一股悲观的情绪。这是人类最古老的道德诫条(比如，"十诫"的六条至九条便是它们)，同时也是被违反得最多的诫条。在我们的社会中，从古至今，大概很少有人反对它们的地位，很少有人主张偷东西是美德，欺诈是行善，然而人们仍在不停地撒谎，不停地彼此杀戮；人偷盗，不是因为他相信偷盗本身是正当的，而是因为偷盗对他是有利的，而且，每违反一条道德命令，他都能至少找出两条，来为自己的行为辩护(对极少的人来说，根本无需道德辩护)。当义务体系笨拙难用时，我们想到美德；当德性令人迷惑时，我们又希望有严格的规范可以遵奉；当两者都有希望成功而又都失败时，我们又回到个老问题：我们为什么要做一个好人？[1]

我认为，透过对此类现象的反省，至少可以引出如下的道德教训：

(1) 人的本能需求和其他基本需求的力量是强大的，不能强行压制，而必须提供条件或途径让其得到适当满足和宣泄。没有这个基本点，就无从谈道德，即使谈也毫无用处。"饥寒起盗心"，我们的老祖宗早就归纳总结出这个常识性见解，它几乎是一个自明的真理。所以，一个正常和健康的社会，应该设法提供必要的社会保障，满足每一个社会成员最基本的生活和生理需求，让他们能够体面而有尊严地生存在这个世界上。在这方面

---

[1] 刀尔登：《读何怀宏的〈新纲常〉》，《南方周末》2013 年 8 月 15 日，第 24 版。

去考验其社会成员的道德水准，是注定要失败的。一个优雅的绅士或淑女，当被置于生存底线时，也很可能抛开道德面纱，显露出狰狞和丑恶的一面。关在纳粹集中营的犹太人，已经用他们的行为证明了这一点。

（2）"人是理性的动物"，这是迄今为止我们给人下的定义。但我们以前过于强调人的理性方面，忽视了他的动物性遗传和本能的作用，忽视了其非理性的方面。正是弗洛伊德、叔本华、尼采等思想家使我们注意到人的本能和非理性方面。人性确实非常之复杂，复杂到连当事人自己都无法控制和把握，有时候都感到担心和害怕。否则，就无法合理地解释克林顿的办公室行为和斯皮策的嫖妓行为。因此，与其把人设想得太好，不如把人设想得很坏，至少在某些情景下容易变得很坏。从"人性恶"的基点出发，去从事政治制度、社会制度和道德伦理文化的设计与建构，比较可靠和保险。这种制度性设计还必须包含两方面：事前的防范或事后的惩戒，前者使人不那么容易作恶，后者使人常怀戒慎恐惧之心。

（3）并不是人人都可以成为圣贤的，甚至不是人人都想去做圣贤的。与其把道德的调门定得那么高，不如现实一点，定出一些对普通大众有真正约束力的"底线伦理"，即基本的道德规范。关于这种"底线伦理"究竟应该包括哪些律条，不同的人会有不同的看法。在我看来，以下两条大抵足够：（a）不伤害他人。我常说的一句话是：不害人的人就是好人。有一种说法，自由主义的精髓是"只要不伤害他人，就可以随心所欲"，我大体上赞成。（b）恪尽职守。一个人的职业是他或她的饭碗，是他或她在这个世界上获得生存资源的最基本的手段。即使为了对得起自己的饭碗，也应该把自己的那份本职工作做好；对于每个人来说，做好自己的分内之事，或许就是他对所在社会的极大贡献了。在我看来，能做到这两点的人，对于国家来说，他是一位合格的公民；对于他人来说，他是一个没有危险的人，因而至少是一个可以接纳和相处的人。[1]

（4）道德教育的效果有限，且常常靠不住，还是应该更多地从制度设

---

[1] 陈波：《与大师一起思考》，322 页。

计方面考虑问题。

三、一些另外的道德悖论

1. 道德的二难

一艘轮船失事后,30 名幸存者挤进一只救生船,但救生船容量非常有限,最多只能载 7 人,人多了会很危险。一场暴风雨已经临近。如果还想有人存活下去,这只救生船就必须"减负"。船长认为,在道德上看,他应该强令一些人离船,这样就可以让一些人活下去,是一件好事。但这意味着这些被强令下船的人会被淹死。船长清楚,任何一个被他挑选出来弃置一旁的人都是无辜的,而杀掉一个无辜的人是一件道德上很坏的事情。船长又在被迫去做一件在道德上很坏的事情。

斯泰伦(W. Styron)所著《苏菲的抉择》(Sophie's Choice)被视为"大屠杀"文学的经典之作。在奥斯维辛集中营,苏菲和她的两个孩子被关在一起。纳粹卫兵命令苏菲从她的两个孩子中挑出一个,卫兵将把这个挑出来的孩子杀死。如果苏菲拒绝服从的话,两个孩子都将被杀死。形势显而易见:牺牲一个孩子,会救活另一个。苏菲的任一选择既可以救命,也能够招致死亡,这一选择既是道德上必须的,也是道德上所不齿的。

塞恩斯伯里在其《悖论》一书中把这种悖论称为"道德的二难"(moral dilemma)。这是指道德责任相互冲突的情况:某种行动既应该去做又不应该去做,但根据不同的道德理据,做与不做均会导致不道德的后果。问题似乎仍旧是采用何种道德立场作为出发点。正如姚燧《寄征衣》所描述的境况:"欲寄君衣君不还,不寄君衣君又寒,寄与不寄间,妾身千万难",把这种境况挪移到道德领域,道德"二难"似乎可以作为道德"悖论"的同义词。

2. "幸运的不幸"悖论

这是史密兰斯基在《十个道德悖论》一书中给出的悖论。[1]

---

〔1〕 Smilansky, S. *10 Moral Paradoxes*, Oxford: Blackwell Publishing, 2007, pp. 11—22.

阿比盖尔在出生时就很不幸,她患上了严重的呼吸困难和罕见的肌肉机能疾病,这使得她很难像正常人那样用腿行走。医生建议她去学习游泳。在慈善机构的帮助下,贫困的阿比盖尔获得了一个在游泳馆里练习游泳的机会。经过不懈的努力,阿比盖尔不仅康复了呼吸和腿部力量,还开创了"仰泳"形式,因为这是更适合于她身体的先天缺陷的游泳姿势,后来她竟然成了世界女子仰泳冠军。可以看到,这种被克服了的"不幸"已经不再是不幸了,而是成了一种"幸运"。

亚伯拉罕出生在一个贫穷的家庭,这使他遇到了很多出身富裕的人从未遇到的困难,但这也使他从小就有了不同寻常的雄心壮志:一定要改变自己的命运,"王侯将相,宁有种乎"?经过多年的艰苦奋斗,他成功地建立了自己的商业连锁,为自己和家庭赢得了财富和舒适的生活。

这里,"悖论"是这样构成的:这种不幸是不好的,因为谁也不能否认阿比盖尔和亚伯拉罕在自己还是一个孩子时所遭受的一切是不幸,甚至是悲惨和凄凉的。试想:谁会希望自己的孩子遭遇这一切呢?同时,这种不幸又是好的,因为导致他们最后成功的原因恰恰就是他们童年所遭遇的这些不幸,而且似乎可以确定,这种因果关系不只是偶然和碰巧。为了说明这一点,塞恩斯伯里举了一个例子:一个人因为摔断了腿而被送往医院,结果爱上了他的医生,俩人结了婚,幸福地生活在一起。这里有一个因果关系:摔断腿是这个人获得美好婚姻的原因。但这种因果关系是偶然的。只是因为后来获得了美好婚姻,我们才会回想:多亏他摔断了腿,不然哪会有这一段姻缘呢?早知道有这种姻缘,我宁愿也摔断腿。换言之,姻缘的好胜过了断腿的坏。但有谁会愿意选择儿时生活在穷困潦倒,或者如阿比盖尔那样有先天缺陷的状况中呢?

按照这种思路,中国老百姓经常说的一句话——"寒门出贵子",也属于"幸运的不幸"。而"富不过三代",就是另一种悖论了,即"不幸的幸运"。"失败是成功之母"是不是也应该这样去理解呢?

3. "受惠的退休"悖论

其内容是：每个行业中都有那些工作能力和业绩处于倒数位置的人，对于这些人来说，是否应该本着提升行业整体绩效的道德考虑而选择退休呢？从经济学角度考虑，这似乎是没有疑问的。但是，这部分人退休后，其个人价值又如何得到体现呢？[1]

20世纪90年代，数以百万的犹太人决定离开苏联，移民以色列，这些新移民中不乏医生、工程师和其他专业人士，他们到达以色列后，那些原居地的人是否应该考虑将岗位让渡于这些更有能力的"候选人"呢？如果说这里的有益只是针对群体的有益，那么，那些被退休的人的权益又如何得到保护和体现呢？

按照史密兰斯基的看法，这类悖论普遍存在于我们的日常生活中，要知道如下风险是始终存在的：能力比自己突出的人随时可能会取代自己。这里存在着不同的道德判断出发点：若从推动社会发展角度去看，应该让这些人早些退休。因为他们的退休会使社会"受惠"。这显然又是功利主义伦理观的表现。若从劳动作为人的价值体现的基本载体的角度去看，这又是对有关人群的尊严的践踏，是不道德的。这种看法反映了康德的绝对主义伦理观。

4. 打击犯罪悖论

这个名词听上去就是矛盾，为什么打击犯罪会有悖论？塞恩斯伯里提出了这个悖论。[2]

如果我们对特定类型的犯罪施以重典，其严厉程度完全超出了该罪行本身应得的惩罚，比如对盗窃罪处以死刑，那么，由于惩罚如此严厉以至对犯罪绝对起到了威慑作用。这类犯罪从此不再发生。这是好的方面。但与此同时，坏的方面是：这种好的局面是由于施行了不公正的刑罚造成的，后者在客

---

[1] 参见 Smilansky, S. *10 Moral Paradoxes*, pp. 23—32。
[2] 参见 Sainsbury, R. M. *Paradoxes*, third edition, pp. 22—27。

观上会导致社会对于公正产生歪曲的认识,形成一个不公正的社会。

"重典治乱"在减少犯罪的同时也产生了对公正的破坏,这种行为既合乎道德要求,又破坏社会公正,因此是不可取的。但若不如此,犯罪问题又无法解决,这也是不合道德要求的。这也是一个典型的道德二难困境。趋利避害是所有动物的本能,但从这个悖论看,趋利并不能避害,反倒有可能适得其反。

5. 道德价值悖论

此悖论涉及如下情形:假如社会环境是被设计好的,大部分社会成员都能够轻松地拥有良好的道德水准,这是否就是一件好事? 在被精心设置的极小道德环境中,比如《桃花源记》中的世外桃源,其中的人们发扬尊重道德和欣赏道德成就的精神,大多数人能很轻松地成为"世俗圣人"。[1]

但是,如果我们理性地反思这种现象,就会发现:它既是有价值的,同时又是社会发展的阻碍。比如,世外桃源的时代远远落后于现在的时代,因为它将会给社会带来太多的约束,社会环境将会变得如此"单纯":没有不同的道德观之争和必要的道德牺牲,生活变得浮浅和狭隘。实际上,不同的道德观及其合理的努力,以及由此而产生的诸多道德困惑、遭遇和不公正问题,恰恰是道德行为产生价值的源泉。如果社会停滞不前,道德理论也就得不到发展,同时就不能解决更多的道德问题,长此以往,经济、政治、文化等等也会停滞不前。这当然不是一种值得期待的前景。

6. 分苹果悖论

1985 年,胡平在《青年论坛》第 3 期发表《道德问题随感录》一文,设置了如下道德情境,后来被学界广泛引述:甲、乙二人分吃两个苹果,一大一小。甲捷足先登拿走了那个大的,乙责怪甲说:"你怎么这样自私?"甲反问:"要是你先拿,你要哪一个?"乙说:"我先拿就拿那个小的。"甲笑道:

---

[1] 参见 Sainsbury, R. M. *Paradoxes*, third edition, pp. 77—89。

"如此说来,我的拿法完全符合你的愿望。"

两个人分一大一小两个苹果。从道德角度看,在两个人中,谁先拿且拿了小的,就是道德的,另一个就是不道德的。这样的话,先拿的人虽然把善名留给了自己,却把不道德的恶名留给了对方。

我们从小就对"孔融让梨"的故事有所了解,也经常会用这个故事对少年儿童进行道德教育,教导小朋友向孔融学习,学习他懂得礼让的品德。可是从道德的角度讲,孔融自然是因为主动拿了小个梨子而被誉为道德典范,但同时却把不道德之名留给了他的哥哥,要知道,当孔融拿了小的以后,他的哥哥已经别无他选,只能背上不道德之名。或许哥哥一开始就想让弟弟先挑大的。这难道不是礼让吗?

7. 学雷锋悖论

茅于轼曾谈到这样一个悖论[1]:过去在宣传学雷锋时,经常有这样的报道:一位学雷锋的人在为附近群众免费修理锅碗瓢盆,于是在他前面排起了长龙。报道的目的是宣传学雷锋的好心人,如果没有长队,宣传就没有任何效果。但值得思考的是:排队等候的人完全不是来学雷锋的,而是专门来拣小便宜的。因此,培养一个学雷锋的人的同时,也会造就出几十个或更多的贪小便宜的人。以为通过学雷锋就可以改进社会风气,实在是极大的误解。

好心办坏事,当然不是我们所希望的。但如果学雷锋会导致这样的后果,那就应该对所谓雷锋精神进行反思了。雷锋精神的基本要求是所谓"毫不利己,专门利人"。但这也只能是一部分人能做到,如果全社会都来毫不利己,专门利人,在现实和逻辑上都是行不通的。而且学雷锋悖论表明,即使一部分人去学雷锋,在客观上也会助长其他学雷锋的受益者滋生坏的品德,最后反倒会有损社会道德水准。

学雷锋悖论提示我们:不存在完美的道德要求,也没有必要以完美的道德要求对待别人。

---

[1] 茅于轼:《中国人的道德前景(第三版)》,广州:暨南大学出版社,2010 年。

8. 医患关系悖论

设想医院或医生遇到一位身无分文的病人,此时该不该进行救助呢?如果救治的话,费用要自己出,但这种情况一多,医院或医生都无法承受;如果不救治,则显得不人道。按照传统道德观念,医院或医生应该本着救死扶伤的精神进行救治;但这种以牺牲一方利益为代价而保全另一方利益的做法,对另一方是不公平的,也是不能作为普遍的道德规则而坚持的。

可以看到,这里共同起作用的是两个道德立场:一个是传统上关于高尚医德的基本要求——"救死扶伤",另一个是经济利益上的公平考虑。医患关系悖论说明,救死扶伤也应该是有条件的,无条件的救死扶伤也只能在一时适用,不可能成为一种普遍适用的道德要求。

9. 救助弱势群体悖论

救助弱势群体的善举,在产生善果的同时,也有可能在两个方向上造就恶果:可能救助了不该救助的懒汉、懦夫,使之不劳而获;即便救助的并非懒汉、懦夫,也可能诱发人们不劳而获的依赖思想。救助弱势群体同时也可以扩展到社会福利制度问题,社会福利制度是必要的,而且对社会稳定、经济发展提供了良好保障。但是,社会福利制度也会造成一部分人不思进取,只靠福利金生活,不利于社会形成正确的价值观。

从结构上看,救助弱势群体与学雷锋颇有雷同,好心或许带来不好的结果。但与学雷锋的情况相同,救助弱势群体的主观倾向是合乎道德的,值得鼓励。所谓"悖论"是客观情形使然的,并非出于主观故意。也正是因为这样,社会福利制度才会得以存在。

10. 道德教育悖论

王艳谈到关于道德教育蕴涵价值悖论的两个小故事。[1]

---

〔1〕 王艳:《道德教育蕴涵价值悖论》,《安徽师范大学学报(人文社会科学版)》,2009 年第 4 期,392—395 页。

（1）一位小朋友捡到一分钱交给了老师,老师当众表扬了这位小朋友。第二天,班上就有五六位小朋友同时找到老师,每人都说自己捡到一分钱。

（2）有一天,妈妈拿来几个苹果,大小不同,我很想要那个又红又大的苹果。不料弟弟抢先说出了我想说的话。妈妈责备他说:好孩子要学会把好东西让给别人,不能总想着自己。于是,我灵机一动,改口说:妈妈,我想要那个最小的,把最大的留给弟弟吧。妈妈听了非常高兴,把那个又红又大的苹果奖励给了我。从此,我学会了说谎。

道德教育悖论和道德悖论有一些差别。道德悖论说的是特定的行为或其结果是否合乎道德要求,依据不同的道德观或伦理观,往往会有不同的甚至矛盾的判断,而道德教育悖论是在教给人道德观时产生的悖论,属于对道德判断的判断,是一种元层面的道德悖论。比如,上面的第二个故事,实际上就是妈妈没有认识到分苹果也会导致悖论,没有认识到一种道德上值得肯定的行为会因为行为者占据了道德上的主动而将不道德之名留给了别人,最后会成为不道德的人。

第三节　道义逻辑中的悖论

道义逻辑是与伦理学、法学密切相关的新兴逻辑分支,它研究含有"义务""允许""禁止""承诺"这些概念的语句的逻辑特性与推理关系。芬兰逻辑学家冯·赖特于1951年给出了第一个可行的道义逻辑系统,此后道义逻辑得到迅猛发展,目前已确立了其作为新逻辑学分支的地位。但是,道义逻辑中含有许多"悖论性"定理,主要有两类:一类定理若用自然语言解释之后,会与我们的日常直观相冲突;另一类定理揭示了相应道义逻辑系统的局限性或矛盾。我们在下面将讨论这些悖论性定理,并寻求解决之道。

一、道义悖论举要

先谈一元道义逻辑。所谓一元道义逻辑,是指由重新解释真性模态逻辑中的某些算子,从中去掉那些在道义逻辑中不成立的公理,并适当增加新的公理而得到的逻辑系统。例如,对一些常见的模态逻辑系统作道义解释,并做适当修正之后,可分别得到道义逻辑系统 OK、OD、OT、OS₄ 和 OS₅ 等。在这些新的道义逻辑系统中可以证明很多定理,例如(编号以给出的定理为序):

$$T_1 \quad Op \rightarrow O(p \lor q)$$

1. 罗斯悖论

根据 T_1,如果应该 p,则应该 p 或者 q。举例来说,如果一个人要另一个人寄走一封信,又对他说:你应该寄走这封信或者烧掉它,这是十分令人奇怪的,特别是当禁止烧掉这封信时更是如此。罗斯因此指出:"很明显,这个推理并不被直接看作是逻辑有效的。"T_1 也因此被称为"罗斯悖论"。在上面给出的这些系统中,还可以证明一条类似的悖论性定理:

$$T_2 \quad Pp \rightarrow P(p \lor q)$$

根据 T_2,如果允许一个人抽烟,则允许一个人抽烟或者杀人。这也是违反人们的直觉和常识的。不过,若记住这些系统中的联结词是真值联结词,而不是日常语言中的联结词,上述悖论就不悖了。

$$T_3 \quad Fp \rightarrow O(p \rightarrow q)$$
$$T_4 \quad Oq \rightarrow O(p \rightarrow q)$$

2. 导出义务的悖论

在 1957 年,冯·赖特试图在他的系统中处理另一个重要的伦理学概念,即"道德承诺"(moral commitment)或"导出义务"(derived obligation)。

他利用"应该"算子和条件句把道德承诺定义为：

$$D_1 \quad 做一件事使得我们承诺去做另一件事 =_{df} O(p \rightarrow q)$$

并且认为，T_3 和 T_4 表达"关于承诺的规律"。不过，若根据 D_1，T_3 和 T_4 就成为悖论性的了。T_3 说，做一件禁止的事情使我们承诺去做任何事情。例如，假如无故踩别人一脚是被禁止的，那么，踩那个人一脚就使我们承诺去杀掉他。T_4 说，做任何一件事情都使我们承诺去做那件应该做的事情。例如，假定敬爱父母是义务，则杀掉父母也使我们承诺去敬爱父母。这两个定理也有违人们的直觉和常识，因此被称为"导出义务悖论"或"承诺悖论"。有的学者因此把道德承诺"如果 p 则应该 q"重新形塑为 $O(p \rightarrow q)$。休斯（G. E. Hughes）和普赖尔（A. N. Prior）等人还建议，不用 $O(p \rightarrow q)$，而用 $p \rightarrow Oq$ 去表示道德承诺，但这又引出了新的问题。

3. 齐硕姆二难

很容易看出，人类并不是道德上完善的，我们会不时违背某些道德准则，或有意无意地忽视某些道德义务。所以，我们的道德准则经常允许并且指出了补救的行动。例如，我们经常有用下述形式叙述的道德准则：人们应该做某件事，但是，如果他因为某种或某些原因，未能做某件事，那么，他应该尽一切可能做另外某件事（或不做某件事）；但是，如果他再一次因为某种或某些原因，未能做另外某件事，那么，他应该尽一切可能采取其他的补救行动。齐硕姆于 1963 年指出，在 OS_5 以及其他类似的系统中，我们不可能充分表述他所谓的渎职命令（contrary-to-duty imperative），否则将导致逻辑矛盾。为了看清这一点，我们就利用齐硕姆的例子。

我们假定，根据我们的道德准则，一个人帮助他的邻居是应该的，并且如果他去帮助则他告诉邻居他将去，这也是应该的；如果他不去，则他应该不去告诉邻居他将去。再假定，那个人违背了他的义务，他没有去帮助他的邻居。为了看清楚这种情形如何在 OS_5 之类的道义逻辑系统中导致矛盾，我们用 OS_5 的语言表述上述假定：用"p"表示他帮助他邻居，用"q"表示他告诉邻居他将去，于是我们有：

$$(1)\ Op$$
$$(2)\ O(p \to q)$$
$$(3)\ \neg p \to O \neg q$$
$$(4)\ \neg p$$

从这些前提出发，我们可以推出

$$(5)\ Oq \land O \neg q$$

(5)与 OS_5 中已有的义务(不)矛盾律"$\neg(Oq \land O \neg q)$"相冲突，由此陷入下述二难困境(dilemma)：OS_5 之类的系统不能表述渎职命令，否则将包含一个逻辑矛盾。人们通常将这个二难称之为"齐硕姆二难"，它表明了 OS_5 之类系统的局限性。

4. 第二最佳计划悖论

这是一个与"齐硕姆二难"类似的悖论，其内容是这样的：假定在某个时间内，华生医生正进行一项医疗试验。他的最好做法是今天开阿司匹林且明天再开阿司匹林；他的第二最佳做法是今天开扑尔敏且明天再开扑尔敏。但混合开这两种药则是最坏的做法。假设华生医生今天事实上开了扑尔敏。我们用 O 表示"应该"，用 h 代表华生医生，用 t 代表时间，用 $p \to Oq$ 表示"道德承诺"或"导出义务"，我们有下述几个真语句：

P_1　O(h 在时间 t_1 开阿司匹林且在时间 t_2 开阿司匹林)

P_2　$\neg$(h 在时间 t_1 开阿司匹林)

P_3　$\neg$(h 在时间 t_1 开阿司匹林)$\to O \neg$(h 在时间 t_2 开阿司匹林)

这些命题没有矛盾，它们说：一个人应该按最好的计划去采取行动；但如果他没有按最好的计划去做，那么他应该按第二最佳计划去做。在上述道义逻辑系统中，从 P_1 可推出

P_4　O(h 在时间 t_2 开阿司匹林)

从 P_2 和 P_3 又可推出

$$P_5 \quad O \neg (\text{h 在时间 } t_2 \text{ 开阿司匹林})$$

而 P_4 和 P_5 的合取与前面提到的义务(不)矛盾律冲突,其结果与齐硕姆二难类似。

再谈真性道义逻辑。安德森(A. R. Anderson)于 1956 年指出,道义逻辑在研究规范概念时,若考虑到这些概念在规范性系统——例如伦理学系统或法律系统中的特性,将大有裨益。他注意到,在实际的规范系统中,惩罚(penalty)或制裁(sanction)起了重要作用。据此,他在模态逻辑系统中引入一个命题常项 S,并把 S 解释为由于不履行义务而导致的"坏事情"或"制裁",然后借助于常项 S 和真性模态词去定义道义模态词:

$$D_1 \quad Op =_{df} \square(\neg p \rightarrow S)$$

$$D_2 \quad Fp =_{df} \square(p \rightarrow S)$$

$$D_3 \quad Pp =_{df} \lozenge(p \wedge \neg S)$$

D_1—D_3 分别是说,p 是义务的,意味着不做 p 必然导致惩罚;p 是禁止的,意味着做 p 必然导致惩罚;p 是允许的,意味着做 p 可以不导致惩罚。

在常见的那些模态逻辑系统中,若引入常项 S 和上述定义,再引入一条说"惩罚不是必然的;或者,惩罚是可以避免的;或者,并非一切都是义务的或禁止的"的新公理

$$\neg \square S$$

就可以得到一些含常项 S 的新模态逻辑系统,权且将它们分别记为 K(S)、D(S)、T(S)、S_4(S)、S_5(S)等。由于这些系统把道义逻辑作为自己的一部分包括在自身之内,安德森由此把道义逻辑归约为真性模态逻辑。

在这些系统中,不仅有表达真性模态词的定理,而且还有表达道义模态词的定理,以及既表达真性模态词又表达道义模态词的定理。例如:

$$T_5 \quad \square p \rightarrow Op$$

$$T_6 \quad \neg \lozenge p \rightarrow Fp$$

$$T_7 \quad Op \rightarrow \lozenge p$$

5. 乐善好施者悖论

下述公式是带 S 常项的模态逻辑系统的定理：

$$T_8 \quad Pp \land (p \Rightarrow q) \rightarrow Pq$$

$$T_9 \quad Fp \land (q \Rightarrow p) \rightarrow Fq$$

如果遵从安德森把"⇒"读作衍推，T_8 和 T_9 分别是说：允许的行为衍推允许的行为，衍推禁止行为的行为本身是禁止的。T_9 导致另一个悖论。考虑下述情形：抢劫并打伤人毫无疑问是禁止的，而帮助一名被抢劫且被打伤的人无疑衍推抢劫、打人事件发生，于是根据 T_9，那位帮助被抢劫且被打伤的人的乐善好施者就是在做一件道德上禁止的事情。这当然是荒谬的，因此被称为"乐善好施者悖论"。这一悖论的另一个更有趣的例子是"知情者悖论"。

6. 知情者悖论

约翰在一家商店当保安。一天晚上，他正在值班，一个被开除的雇员史密斯出于报复，在离约翰几英尺处纵火烧了商店。于是，我们有下述几个真语句：

$$P_1 \quad 史密斯纵火$$

$$P_2 \quad 史密斯纵火 \rightarrow O(约翰知道史密斯纵火)$$

$$P_3 \quad O \neg (史密斯纵火)$$

从 P_2 和 P_3 可推出

$$P_4 \quad O(约翰知道史密斯纵火)$$

而下面的 P_5 是认知逻辑的定理：

$$P_5 \quad 约翰知道史密斯纵火 \Rightarrow 史密斯纵火$$

在道义逻辑系统中，从 P_4 和 P_5 可推出

$$P_6 \quad O(史密斯纵火)$$

而 P_3 与 P_6 是相矛盾的,至少在道义逻辑中会推出矛盾。

可以证明,所有这些系统即 $K(S)$、$D(S)$、$T(S)$、$S_4(S)$、$S_5(S)$ 中也有前面所说的罗斯悖论、导出义务悖论、齐硕姆二难等等。此外,它们还有下面另一个齐硕姆二难:

7. 互相冲突的义务

齐硕姆证明,上述所有道义逻辑系统都不能表述互相冲突的义务,否则将导致逻辑矛盾。

在实际的道德生活中,互相冲突的义务是普遍存在的。例如,根据我们的道德准则,作为丈夫应当爱护自己的妻儿;但这位丈夫同时又是一位军人,作为军人他应该保卫自己的国家,当国家安全受到威胁时,他应挺身而出,甚至为国捐躯。再者,根据一般的道德准则,一个人应该诚实、不说谎;但是,当这个人被敌人抓去之后,根据另外的道德准则,他应该保守机密,不对敌人说真话;如此等等。可以说,每个人在每时每地都面临着大量的互相冲突的义务,按照某些道德准则,应该做某件事;按照另外一些道德准则,应该做另一件事,甚至应该不做这件事。用符号表示,即

$$Op \wedge O \neg p$$

正因为如此,才需要人们进行道德选择,并且正是在这选择中才显出了人们道德上美丑善恶的区别。但是,在我们上面提到的那些道义逻辑系统中,都有下述一条定理:

$$\neg(Op \wedge O \neg p)$$

于是,这里就出现了类似于渎职命令悖论的另一个悖论:上述这些系统或者不能表述互相冲突的义务,或者将导致逻辑矛盾。这一悖论进一步暴露了上述道义系统的缺陷:不能完全表达实际道德生活中关于"义务""允许""禁止"等概念的全部思想。

二、道义悖论的产生原因和解脱之道

正如冯·赖特所言："道义逻辑是作为模态逻辑的副产品而诞生的。这究竟是一个幸事还是搭错了车？恐怕我们必须说这不**完全**是一个幸事。为什么道义逻辑已经激起如此强烈的兴趣？其原因也许会使人隐隐产生一个感觉：这整个方案是成问题的。各种反常性定理的存在，以及对于它的如此多公式已基于直觉提出怀疑这一事实，就是（道义逻辑）患病的症候。"[1] 我基本同意冯·赖特的意见，粗略地说，道义悖论的产生可以追溯到以下几个原因：

1. O-必然化规则的普适性问题

O-必然化规则是指：若 α 是一道义逻辑系统的定理，则 $O\alpha$ 也是该系统的定理。若承认这一规则，很容易在道义逻辑系统中推出以下定理：

$$T_1 \quad O(p \vee \neg p)$$

$$T_2 \quad Ot \qquad （t 指重言式）$$

$$T_3 \quad F(p \wedge \neg p)$$

$$T_4 \quad Ff \qquad （f 指矛盾式）$$

$$T_5 \quad Op \rightarrow O(p \vee q) \qquad （罗斯悖论）$$

$$T_6 \quad Pp \rightarrow P(p \vee q)$$

$$T_7 \quad Fp \rightarrow O(p \rightarrow q) \qquad （承诺悖论）$$

$$T_8 \quad Oq \rightarrow O(p \rightarrow q) \qquad （承诺悖论）$$

$$T_9 \quad Fp \wedge (p \Rightarrow q) \rightarrow Fq \qquad （乐善好施者悖论）$$

即使是前 4 个定理，有人也会对它们皱眉头，因为这些定理说：人们应该去做逻辑上永远为真的行为；人们被禁止去做逻辑上自相矛盾的行为。

---

[1] von Wright, G. H.："Problems and Prospects of Deontic Logic——a Survey", in *Modern Logic——A Survey*, ed. by Aggazi, E., Dordrecht：Reidel, 1981, pp. 420—421.

但是,我们的道德准则对这些"逻辑性行为"不作任何判断似乎更为自然,因为它们并不是意向性行为,只有意向性行为才隶属于道德判断。这几个定理是采用 O-必然化规则的必然结果,因为重言式显然是为道义逻辑所断定的,对其使用 O-必然化规则就直接得到 T_1 和 T_2,再通过等值置换,就得到了 T_3 和 T_4。因此,有些逻辑学家对 O-必然化规则表示怀疑,例如普赖尔就认为,看不出采用 O-必然化规则的任何明显的合理性;冯·赖特还提出了一个与 T_1—T_4 直接矛盾的"道义偶然性原则":$O(p \vee \neg p)$ 和 $\neg P(p \wedge \neg p)$ 不是逻辑有效的。

2. 道义模态词的相互定义问题

通过借助与模态词 □ 和 ◇ 可互定义性的类比,道义模态词 O、P、F 之间也可以相互定义,在道义逻辑中有如下定义:

$$D_1 \quad Op =_{df} \neg P \neg p$$
$$D_2 \quad Pp =_{df} \neg O \neg p$$
$$D_3 \quad Fp =_{df} O \neg p$$
$$D_4 \quad Pp =_{df} \neg Fp$$

冯·赖特指出,对"自由选择的允许"或强的允许来说,

$$Pp \rightarrow \neg Fp$$
$$Pp \rightarrow \neg O \neg p$$

成立,但

$$\neg Fp \rightarrow Pp$$
$$\neg O \neg p \rightarrow Pp$$

不成立。相应地,D_1 和 D_4 对它不成立。这就是说,强允许包含着"不禁止",但不等于"不禁止",它的意思比"不禁止"多。此外,下述公式对它也不成立:

$$Pp \rightarrow P(p \vee q)$$

$$O(p \wedge q) \rightarrow Op$$

$$O(p \wedge q) \leftrightarrow Op \wedge Oq$$

这样,如果我们要建立关于强允许的道义逻辑系统,我们就需要把 O、P 都作为初始符号,并分别引入关于这两个符号的定理。

冯·赖特指出,是否接受上述定义(即 D_1—D_4)和两类允许的区分"事关'法律中是否存在漏洞'的争论。如果接受可相互定义的观点,在一给定的规范系统内,则每一个事态或者行动都将有一确定的'道义性质',也就是说,都将或者是禁止的或者是允许的。这个系统必定是道义上封闭的。按照相反的观点,一个规范系统可以是道义上开放的,也就是说,能够有这样的事态或行动,尽管不被该系统的任何规范所禁止,但也不被其中的任何规范所允许。它们的道义性质未被该系统所决定"[1]。"无漏洞""无空隙"是理想的道义系统所应该具有的特征,但并不为现实的道义系统所具有,因为在后者那里是有漏洞和有空子可钻的,且为数不少。于是,是否接受可相互定义的问题,就关系到道义逻辑是规定理想的规范系统的特征,还是描述现实的规范系统的性质?

3. 义务(不)矛盾律与渎职命令和互相冲突的义务

现有的道义逻辑系统都有下述形式的(不)矛盾律:

$$\neg(Op \wedge O \neg p)$$

$$\neg(Op \wedge P \neg p)$$

$$\neg(Op \wedge Fp)$$

$$\neg(Pp \wedge Fp)$$

它们所刻画的是一致的或无矛盾的规范系统,可以说这是理想的规范系统。在这样的系统中,齐硕姆已经证明不能表述渎职命令和互相冲突的义务,否

---

[1] von Wright, G. H.: "Problems and Prospects of Deontic Logic—a Survey," in E. Aggazi, ed., *Modern Logic—A Survey*, Dordrecht: Reidel, 1980, p.413.

则将导致逻辑矛盾。但渎职命令和相互冲突的义务本身是存在的,并且现实的规范系统常常包含着相互冲突的规范。又遇到了那个二难选择:在理想的规范系统和现实的规范系统两者之间,道义逻辑究竟顾哪一头?

4. 义务、允许的相对化问题

上述道义逻辑系统产生那些悖论的另外一个重要原因是,由于其中的道义概念是绝对的,即义务、允许和禁止都是不以任何情况为条件的,而没有注意到:(1) 义务、允许、禁止等都是有条件的。例如,在国家正面临外族入侵、民族处于生死存亡的关头,"抵御侵略,保卫国家"是头等义务,而当国家处于和平建设时期,此义务不再是头等的。(2) 义务、允许是相对于伦理规则而言的。一个行为是义务的,当且仅当,一组伦理规则要求该行为发生;一个行为是允许的,当且仅当,一组伦理规则不要求该行为的否定发生。例如,根据共产党的组织原则,每个党员有交纳党费的义务,而作为非党人士却没有这样的义务。(3) 在一个社会中,存在着许多不同的伦理规则的集合,这些集合有些是相容的,有些是不相容的,例如,在特定的历史时刻,孝敬父母与忠于国家这两种义务就是互相冲突的,这就是古语所说的"忠孝不能两全"。当出现互相冲突的义务时,在一个社会中常常存在着调解这些冲突的元伦理规则,它在两个互相冲突的伦理规则集中使一个服从另一个。例如,所谓的"舍小家为大家","两利相衡取其大,两害相权取其轻"等等就是这样的元伦理规则。但是,这样的元伦理规则也可能是相互冲突的,那么,就有可能存在元元伦理规则去指导人们进行价值选择或道德评价。当然,也有可能不存在这样的起调节作用的元……元伦理规则。有人认为,我们社会的道德规范体系是绝对不相容的,正因如此,人类眼下不可能摆脱由互相冲突的伦理规则所派生的道德困境。如前所述的所有那些道义系统都没有看到上述种种复杂情况,没有看到道义概念的相对性,而是绝对地去理解各种道义概念,结果导致了各种无法摆脱的道义悖论。

要建立充分合理的道义逻辑系统,就必须使道义概念相对化,创立相对道义逻辑。有些逻辑学家正是这样做的。在齐硕姆提出著名的渎职命令悖论之后,冯·赖特本人提出一个大胆的建议:道义概念应该条件化,并于 1964 年提出了一个条件性道义逻辑系统。其中他用"O(A/B)"表示"在条件 B 之下应该 A",称为"条件性义务";并用它去定义"条件性允许"P(A/B)、"条件性禁止"F(A/B)等概念,还引入了反映条件性义务的公理,构成了一个二元道义逻辑系统。冯·赖特的这个系统开辟了二元道义逻辑的新方向。

后来有人构造了更为复杂的相对道义逻辑系统,例如境况化道义逻辑系统 $CMO_R T'$、$CMO_R S_{4'}$、$CMO_R S_{5'}$。在这些系统中,道义概念被彻底相对化了:(1) 义务、允许被境况化了,即是相对于行为者 x、行为场所 w、行为时间 t 而言的;(2) 义务、允许是相对于伦理规则集而言的,用"O_R""P_R"表示,这里 R 代表伦理规则集;(3) 容许不同的甚至是相互冲突的伦理规则集存在,因而容许不同的甚至是冲突的义务存在,但这些系统内没有逻辑矛盾。有证据表明,这些系统免除了渎职命令二难、互相冲突义务悖论、乐善好施者悖论等。[1] 至于它们本身又存在什么问题,尚待研究。

综上所述,避免道义悖论有这样几条可能的途径:(1) 放弃 O-必然化规则,而用更弱的规则代替。这一条途径目前几乎没有人采纳,因为现有的道义逻辑系统都是建立在与模态逻辑的类比之上的,因而也是建立在 O-必然化规则之上的。放弃这一规则,意味着对现有的道义逻辑作根本性修改。人们一般不愿走这一条路。(2) 不接受道义模态词的可相互定义性,构建另外的道义逻辑系统。或者(3) 构建容纳渎职命令和冲突义务的道义逻辑系统,但其中并没有明显的逻辑矛盾。确实有人走这两条路,但人数并不多,目前的成果也不理想。(4) 构建相对道义逻辑系统,即其中的义务、允许、禁止都相对于各种条件而言。在相对道义逻辑中,目前最成熟的是二元道义逻辑系统。我给出一个相对的道义逻辑系统,它比二元道义逻辑系统稍为复杂一点,其中却可以摆脱如上所述的各种道义悖论。限于篇幅,这里从略。

---

[1] 参见何秀煌:《规范逻辑导论》(英文版),台北:三民书局,1970 年。

第十二章　中国古代的六组悖论

在古希腊罗马时期中,有不少对谬误(fallacy)、诡辩(sophism)和悖论(paradox)的研究,例如,芝诺提出了涉及运动与无穷的四个悖论,斯多亚—麦加拉学派提出了"说谎者悖论""鳄鱼悖论"以及像"秃头""谷堆"这样的连锁悖论,柏拉图记述了"美诺悖论"和"苏格拉底悖论"等,亚里士多德在《论题篇》和《论辩篇》中对谬误与诡辩做了比较系统的研究。

与相距遥远的古希腊相比,在中国先秦时期,也有一些相似的人物、学派在尽情表演,有一些相似的有趣故事在发生。例如,名家足以与古希腊的智者派相媲美,司马谈评论说:"名家,苛察缴绕,使人不得反其意,专决于名,而失人情。故曰:使人俭而善失真。若夫控名责实,参伍不齐,此不可不察也。"(《论六家之要旨》)此外,庄子构造了博大恢弘的意象,恢诡奇谲的言说,表面上近乎荒诞,却内蕴深刻的智慧。墨子及其后学,以及作为法家代表人物的韩非子,一方面继续搜寻、归纳、总结出"悖论""矛盾"的新形式,另一方面也深入探究其产生的根源,并探讨避免和消解矛盾和悖论的逻辑方法。

在本章中,我将把中国先秦时期思想家所提出的悖论分成六组:关于运动和无穷的悖论,关于类属关系的悖论,语义悖论,认知悖论,相对化悖论,其他的逻辑矛盾。并且,将重点比较中国悖论与古希腊哲学甚至当代西方哲学中的类似悖论,揭示它们之间的同与异,由此断定:在中国文明与西方文明的早期阶段,其哲学和逻辑学中有很多类似因素,这种类似值得我们认真对待和深入反思。中国古代思想家和西方思想家都是一些智慧之士,最先意识到在人们的日常语言或思维中存在某些机巧、环节、过程,如果不适当地对付和处理它们,语言和思维本身就会陷入混乱和困境。他们所提出的那些巧辩、诡辩和悖论,实际上是对语言和思维本身的把玩和好奇,是对其中某些过程、环节、机巧的诧异和思辨,是智慧对智慧本身开的玩笑,是智慧对智慧本身所进行的挑激。它们引发了人类理智的自我反省,正是从这种自我反省中,才产生了人类智慧的结晶之一——逻辑学。

先对提出本章所讨论的那些悖论的人物和学派预做出非常简短的描述。

邓析(约前545—前501),先秦名家的最早的代表人物,也是当时一位著名的讼师,以善操"两可之说"著称。

惠施(约前370—前310),先秦名家的另一位代表人物。他提出"历物之意",其中"历"有分辨、治理之意,"意"指思想上的断定和判断,即惠施对世上万物观察分析后所得出的十个基本判断(以后依次缩写为 H1,H2...H10)。"惠施以此为大观于天下,而晓辩者。"为了回应惠施,先秦辩者提出"二十一事"(以后缩写为 D1, D2...D21),"以此与惠施相应,终身无穷。"(《庄子·天下》)

公孙龙(约前325—前250),先秦名家最重要的代表人物,现存著作为《公孙龙子》。他阐述了一些非常著名的诡辩命题,如"白马非马"和"坚白相离",但里面隐藏着深刻的思想。

庄子(约前369—前286),中国先秦时期最伟大的思想家之一。他的想象瑰伟奇丽,文字汪洋恣肆,思想恢诡奇谲,境界高远,意象博大,蔚为大观。他提出很多"吊诡"之说,意指巨大且艰深的理智难题,与"悖论"庶几近之。

墨翟(约前480—前420),据说他"谈辩"(辩论和游说)、"说书"(讲授典籍)、"从事"(从事农、工、商、兵各项事业)三者兼长。其弟子和后学形成墨家学派,曾风靡于整个战国时期。现存《墨子》一书,是墨家著作的总集。墨家创立了中国早期最为系统的逻辑学说。

韩非(约前280—前233),法家思想的集大成者,继承了荀子的正名逻辑思想,把它应用于法治实践,作为论证刑名法术理论的工具。从悖论角度看,他的最重要贡献是提出"矛盾之说",阐述了思维不能自相矛盾的思想。

第一节　关于运动和无穷的悖论

在先秦辩者所提出的"二十一事"(《庄子·天下》)中,第9个命题(缩写为D9)、第15个命题(D15)、第16个命题(D16)、第21个命题(D21)与芝诺关于运动和无穷的悖论很相似。

D9."轮不碾地。"

在解释D9之前,我先引用恩格斯关于运动的断言:"运动本身就是矛盾;甚至简单的机械的位移之所以能够实现,也只是因为物体在同一瞬间既在一个地方又在另一个地方,既在一个地方又不在同一个地方。这种矛盾的连续产生和同时解决正好就是运动。"〔1〕我认为,恩格斯的断言非常鞭辟入里。按我的理解,D9旨在强调运动的连续性。如恩格斯所言,在同一个瞬间,一个运动的物体既在一个地方又不在一个地方,因为它在从那个地方移到下一个地方。如果强调运动物体的第二个方面,即它总是在移向下一个地方,我们就可以说"轮不碾地"。

D15."飞鸟之影未尝动也。"

D15旨在强调运动的间断性。如前所述,运动的物体(如飞鸟)在同一时刻既在一个地方又不在一个地方,既在一个地方又正在离开这个地方朝另一个地方行进。若从其"在同一时刻在一个地方"着眼,则"飞鸟之影未尝动也"。换一种方式说,任何时间段,无论多么短暂,都可以划分成更短

---

〔1〕《马克思恩格斯选集》第三卷,北京:人民出版社,1995年,第462页。

的时间段,在那些时间段里,运动的物体如飞鸟看起来就像静止的一样,类似于每张单个的电影胶片的状态。

D16. "镞矢之疾,而有不行不止之时。"

按我的分析,D9、D15 和 D16 分别关注运动物体的不同方面。D9 关注运动的连续性,D15 关注运动的非连续性。D16 把 D9 和 D16 的意思合在一起,强调运动物体在同一时间内运动的连续性(不止)和非连续性(不行),使运动物体的矛盾本性更为凸显。

我认为,有充足的理由把 D15 和 D16 看作芝诺悖论"飞矢不动"的中国先秦版,它们都关注时间、空间和运动的非连续性。以"飞矢不动"为例。时间划分为不同的瞬间。在每一个瞬间,任何事物都占据一个与它自身等同的空间,即是说,它都处在它所处的地方。空间或处所并不移动。因此,如果飞矢在任何一个特定瞬间都占据一个与它自身等同的空间,则飞矢并不移动。同样的道理,没有任何事物在运动。

D21. "一尺之捶,日取其半,万世不竭。"

D21 旨在强调事物的无限可分性。"捶,杖也。"长度有限的物体却包含无限多的节段,这种可分性是指物体在思维中、意识中、理论上的可分性,而不是经验上、操作上的可分性。这几乎是芝诺悖论"二分法"和"阿基里斯追不上龟"的中国先秦版。

芝诺的"二分法"悖论有三个结论:(1) 如果一个人,比如说约翰,要走完一公里的路程,他必须先走完这路程的一半,此前他必须走完这一半的一半,余此类推,以致无穷。也就是说,约翰必须完成一个无限序列的任务:

$$\left\{ \cdots, \frac{1}{16}, \frac{1}{8}, \frac{1}{4}, \frac{1}{2}, 1 \right\}$$

但芝诺认为,约翰不可能在有穷时间内跨越无穷多个点,因此他不可能走完这段一公里的路程。(2) 每当约翰要跨越某个距离时,他都要先跨越这个距离的一半,然后是一半的一半,然后是一半的一半的一半……以此类推,没有他必须跨越的第一段距离,他的运动没有起点,根本无法开始;把

（1）和（2）合在一起，得出的最后结论是（3）：走完任何有穷距离的运动既不能开始也无法完成，故运动不可能，所有的运动都是假象或幻觉。

不过，从先秦辩者的 D21 出发，我们只能得到关于无限可分性的结论，不能得到关于运动的结论。这是 D21 和芝诺悖论"二分法"的差异之处。

在惠施的十个断言中，第七个断言（H7）与"今天""昨天"等时间索引词的所指有关。

H7. "今日适越而昔来。"

用现代术语说，"今日""明日"是时间索引词，其所指是相对于时间坐标系而言的。假如我们变换时间坐标系，这些词语的所指就会相应地发生改变。这正是冯友兰对 H7 的解释："'今日适越而昔来'。这句是说，'今'和'昔'是相对的名词。今日的昨日，是昨日的今日；今日的今日，是明日的昨日。今昔的相对性就在这里。"[1]

在我看来，H7 很接近当代西方哲学中所讨论的时间旅行悖论，这里描述其中一个版本。一个时间旅行者将要旅行一年，他朝目的地出发了，但他到达目的地的时间早于他出发的时间一百年。他怎么能够到未来旅行却在过去到达？他怎么能够在出发之前到达并且在到达之后出发？这看起来是一个悖论。大卫·刘易斯对时间旅行悖论做了很有影响的分析：（1）那些悖论只是看起来很怪，并非不可能，因为在四维时间观下时间旅行是可能的；（2）我们可以区分个人时间（personal time）和外部时间（external time），并合法地给时间旅行悖论中所涉及的旅行者及其环境指派一种个人时间次序，这种次序与它们在外在时间中的次序有时候不一致。根据刘易斯的分析，一个时间旅行者能够在他的个人时间内旅行到未来，但在外在时间的过去到达。在个人时间内他出发之后才到达，但在外部时间内却是到达之后才出发。[2]

---

[1] 冯友兰：《中国哲学简史》，涂又光译，北京：北京大学出版社，1985 年，第 104 页。

[2] 参看 David Lewis，"The Paradox of Time Travel"，*American Philosophical Quarterly*，1976，13（2）：145—152。

第二节　类属关系的悖论

一、中国古代的"类"概念

许多中国古代思想家论及"类"概念，例如孟子说"凡同类者举相似也"（《孟子·告子章句上》）。只有墨家发展了相当系统的"类"理论。

墨家讨论了"名"，相当于现在所说的"名词"或"概念"，其作用是"以名举实"，其种类有达名（普遍词项）、类名（表示类属关系的词项）和私名（单称词项）等。他们把"同"区分为四种："重同""体同""合同"和"类同"。在谈到"类"时，他们断言："有以同，类同也"，"不有同，不类也"（《墨子·经下》）。这就是说，两个事物属于同类，是因为它们具有共同的特征性质；一类事物的特征性质就是该类事物都具有而不属于该类的事物都不具有（遍有遍无有）的性质。墨家谈到"狂举"，即因不明了事物之间的真正差别而犯下的"不知类"谬误。

墨家讨论了"辞"，相当于现在所说的"语句"或"命题"，其作用是"以辞抒意"，即辞是表达思想和观念的手段。"辞以故生，以理长，以类行"（《墨子·小取》）。墨家把"故""理"和"类"看作"立辞"所必须具备的"三物"："三物必具，辞足以生"（《墨子·大取》）。在"三物"中，"类"是更为基础性的，因为"故"由"类"出，"理"也由"类"出。

基于"类"概念，墨家发展了一套叫做"推类"的逻辑方法，其指导原则是"以类取，以类予；有诸己不非诸人，无诸己不求诸人"（《墨子·小取》）。推类至少有四种具体形式：辟、侔、援、推，它们全都依赖于事物之间的类似性。墨家还指出："夫物有以同而不率遂同。……是故辟、侔、援、推之辞，行而异，转而危，远而失，流而离本，则不可不审也，不可常用也。故言多方，殊类，异故，则不可偏观也"（《墨子·小取》）。可以这样解释：墨家已经意识到，由于事物之间既有类似也有差异，基于事物之间类似性的那四种推类形式并不是必然有效的：即使其前提全都为真，也不能保证其结论是真的。

二、辩者的类属关系悖论

D2. "鸡三足。"

公孙龙解释说："谓鸡足一，数足二；二而一，故三"（《公孙龙子·通变论》）。这就是说，鸡有足，这是一；具体地说，鸡有左足和右足，这是二；一加二，故"鸡三足"。从类理论的角度看，D2 是把鸡足这个类与鸡足类的元素放在同等地位上，把鸡足类当作这个类本身的一个元素。这样的类是非正常类，再举例来说，抽象事物的类就是如此，因为该类本身也是一个抽象事物，故它应作为该类自身的一个元素。相反，一个类是正常的，当且仅当它不把自身当作自己的元素。大多数类都是正常类。例如，"人"类由单个人所组成，但"人"类本身并不是一个人，因此，"人"类自身不能成为"人"类的一个元素。非正常类将会导致像"罗素悖论"那样的悖论。对于 $\{x|x \notin x\}$ 这个类是否属于它自身这一问题，其回答将是悖论性的：假设该类不属于自身，则它满足这个类的构成条件 $x \notin x$，故它应该属于自身；假设它属于它自身，则它不满足该类的构成条件，故它不属于该类自身。我们由此得到一个严格悖论：该类属于它自身当且仅当它不属于它自身！

有人或许会挑战上面的解释，因为他们怀疑先秦辩者真的掌握了"类"和"元素"等概念。不过，如前论证过的，中国古代思想家确实掌握了类和元素的概念，并发展了一系列"推类"方法。退一步讲，先秦辩者肯定掌握了很多与"类"和"元素"接近的概念，如"单位"和"成员"：一个单位由很多成员构成，但该单位本身并不是该单位的一个成员。例如，一支军队以士兵和长官为成员，但该军队本身并不是该军队的一个成员。

D18. "黄马骊牛三。"

辩者解释 D18 成立的理由与"鸡三足"类似：黄马一，骊（指黑色）牛一，黄马骊牛再一，故"黄马骊牛三"。

三、"白马非马"悖论

《白马论》以主客对话的形式写成,客方提问兼反驳,主方陈述自己的观点,兼论证与防卫。此文见于《公孙龙子》,后者是公孙龙著作的辑成。

(客)曰:白马非马,可乎?

(主)曰:可。

(客)曰:何哉?

(主)曰:马者,所以命形也;白者,所以命色也。命色者非命形也,故曰:白马非马。

(客)曰:有白马,不可谓无马也。不可谓无马者,非马也?有白马为有马,白之,非马何也?

(主)曰:求马,黄、黑马皆可致。求白马,黄、黑马不可致。使白马乃马也,是所求一也。所求一者,白者不异马也。所求不异,如黄、黑马有可有不可,何也?可与不可,其相非明。故黄、黑马一也,而可以应有马,而不可以应有白马,是白马之非马,审矣!

(客)曰:以马之有色为非马,天下非有无色之马也。天下无马,可乎?

(主)曰:马固有色,故有白马。使马无色,有马如已耳,安取白马?故白者非马也。白马者,马与白也。马与白,马也?故曰:白马非马也。

(客)曰:马未与白为马,白未与马为白。合马与白,复名白马。是相与以不相与为名,未可。故曰白马非马未可。

(主)曰:以"有白马为有马",谓有白马为有黄马,可乎?

(客)曰:未可。

(主)曰:以"有马为异有黄马",是异黄马于马也。异黄马于马,是以黄马为非马。以黄马为非马,而以白马为有马,此飞者入池而棺椁异处,此天下之悖言乱辞也。

曰"有白马不可谓无马"者,离白之谓也;不离者有白马不可谓有马也。故所以有马者,独以马为有马耳,非有白马为有马。故其为有马也,不可以谓"马马"也。以"白者不定所白",忘之而可也。白马者,言白定所白也,定所白者非白也。马者,无去取于色,故黄、黑马皆所以应;白马者,有去取于色,黄、黑马皆所以色去,故惟白马独可以应耳。无去者非有去也,故曰:白马非马。

可以把公孙龙关于"白马非马"的论证重构如下[1]:

(1)从概念的内涵说,"马者,所以命形也;白者,所以命色也。命色者非命形也。故曰:白马非马。"这就是说,"马"指谓(动物)的形状,"白"指谓一种颜色,"白马"指谓动物的形状加颜色。三者内涵各不相同,所以白马非马。如果把"白马"也叫做"马",是"离白之谓",即撇开马的颜色"白"而不顾,这是不可以的。如果考虑到"白马"的颜色"白",就不能再说"有白马是有马"了。

(2)从概念的外延说,"求马,黄黑马皆可致。求白马,黄黑马不可致。……故黄黑马一也,而可以应有马,而不可以应有白马。是白马非马,审矣。""马者,无去取于色,故黄黑马皆所以应。白马者有去取于色,黄黑马皆所以色去,故惟白马独可以应耳。无去取非有去取也,故曰:白马非马。"这就是说,"马"的外延包括一切马,不管其颜色如何;"白马"的外延只包括白马,有相应的颜色要求。由于"马"和"白马"的外延不同,所以白马非马。

(3)从共相的角度说,"马固有色,故有白马,使马无色,有马如已耳。安取白马?故白者,非马也。白马者,马与白也,白与马也。故曰:白马非马也。"这是在强调,"马"是抽象掉具体马的一切特性之后得到的共相,"白"是如此得到的另一个共相,这两个共相都是独立自藏,互不相同的。马的共相,是一切马的本质属性,不包括颜色,仅只是"马作为马";而"白马"的共相包括颜色。这些共相与其殊相、表现、个例并不相同:"以'白者不定所白',忘之而可也。白马者,言白定所白也,定所白者非白也。"因

---

〔1〕 参考冯友兰:《中国哲学简史》,涂又光译,北京:北京大学出版社,1985年,第106—107页。

此,不能把"白"(抽象的性质,共相)与"定所白"(白性的体现者)相混同。故马作为马不同于白马作为白马,所以白马非马。

关于"白马非马"这个命题的意义,人们有不同的理解。一是把"非"理解为"不属于","白马非马"是说"白马不属于马",因此它是一个假命题。另一种是把"非"理解为"不等于","白马非马"是说"白马不等于马",它把"属"和"种""类"和"子类"区分开来,因此是一个正确的命题。我认为,后一种解释比较符合公孙龙的原意,获得不少文献证据的支持。但也必须指出,公孙龙利用古汉语的语义灵活性和句法结构的不完整性,通过论证一个语义或哲学命题(内涵式命题)"白马不同于或不等于马",去反驳一个常识性命题(外延式论题)"白马是马",仍然是在进行诡辩。

第三节 语义悖论

语义悖论是有关词项的意义和指称以及语句的真值的悖论。

M1."以言为尽悖"

> 以言为尽悖,悖,说在其言。(《墨子·经下》)
>
> 之人之言可,是不悖,则是有可也;之人之言不可,以当,必不当。

(《墨子·经说下》)

这就是说,假设"言尽悖"(所有的言论都是假的)这句话是真的,则有的言论(即这句话本身)是真的,所以,并非"所有的言论都是假的",与假设矛盾;假如这句话不是真的,则并非"所有的言论都是假的",即有的言论是真的,"言尽悖"这句话可能是这些真的言论之一,即它可能是真的。无论如何,"言尽悖"这句话必定是假的。

"言尽悖"十分类似于古希腊说谎者悖论的原始形式:一位克里特岛人说"所有的克里特岛人都说谎"。假如这位克里特岛人所说的话是真的,由于他也是克里特岛人之一,故他也说谎,即他的话是假的;假如他所说的话是假的,故有的克里特岛人不说谎,他自己可能是不说谎的克里特岛人之一,故他所说的话可能是真的。由真可推出假,但由假不能必然推出真,故原初的说谎者悖论是一个"半"悖论,后人将其加强为严格悖论:"我正在说谎"或"本语句是假的"。同样,"言尽悖"也是一个半悖论,也可以加强为严格悖论:"此言为悖"。这是"言尽悖"与"说谎者悖论"的原初形式的相同之处。但两者之间也有不同:墨家论证了"言尽悖"将导致矛盾,因而不成立,但在说谎者悖论的原初形式那里没有类似的论证。

M2. "非诽者悖"

> 非诽者悖,说在弗非。(《墨子·经下》)
> 非诽,非己之诽也。不非诽,非可诽也。不可非也,是不非诽也。

(《墨子·经说下》)

冯友兰解释说:"谴责批评,就是谴责你自己的谴责。如果你不谴责批评,也就没有什么可以谴责。如果你不能够谴责批评,这就意味着不谴责批评。"[1]因此,"非诽"是悖论性的。换另一种解释,墨家承认双重否定律,即 p↔——p,故"非诽"(拒斥否定)等于承认一切说法。初看起来,承认一切说法不会像"言尽悖"那样导致悖论,但墨家证明确实也会导致悖论。由此,可以把"非诽者悖"看作"言尽悖"的相反版本。

D4. "犬可以为羊。"

D4 与命名的语义性质有关,或许旨在强调名称的约定性。正如《荀子·正名》所言:

> 名无固宜,约之以命,约定俗成谓之宜,异于约则谓之不宜。名无固实,约之以命实,约定俗成,谓之实名。

根据荀子的看法,名称与对象的关系是约定俗成的,现在叫做"犬"的动物当初本来可以叫做"羊"。当代西方哲学家大卫·刘易斯也认为,约定是语言交流的一个本质性特征,但戴维森不同意,他论证说:对于语言交

---

〔1〕　冯友兰:《中国哲学简史》,涂又光译,北京:北京大学出版社,1985 年,第 154 页。

流来说,约定既不是必要条件也不是充分条件。[1]

D11."指不至,至不绝。"

D11 涉及指称的语义性质。在名家那里,"指""物"对举:"指"的本意是"手指"和"用手指指某物"这个动作,转义是"名称""概念""共相";"物"则是处于时空中的个别事物。王先谦在《庄子集解》中指出:"有所指则有所遗,故曰指不至。"

通过大胆的推测,我对 D11 提出一个很新颖的解释。作为名称,"指"有时候不能达到世界中的对象;在这种情况下,它就是不指称对象的空名,例如英语中的"独角兽",汉语中的"海市蜃楼"。即使"指"达到一个或一类对象,也不能穷尽该个或该类对象。引用蒯因的一个著名例子:当一个土著部落的成员使用"gavagai"指称一只兔子时,他确切指称的究竟是什么?那整只兔子?兔子的某个部分,如兔子的腿、兔子的毛、兔子的眼睛?兔子的某个时间片断,如小兔子、老兔子?甚至作为抽象共相的兔性?如此等等。仅仅凭借对该土著成员行为情景的观察,我们无法彻底解决这些问题。这就是蒯因所提出的著名论题:"指称的不可测知性"。[2]

D20."孤驹未尝有母。"

D20 涉及对语句中关键词语的分析。先秦辩者对 D20 给出的理由是"有母非孤驹也"。即是说,他们通过对"孤驹"的语义分析,得出了"孤驹无母"的命题,由此推出"孤驹一直无母"的结论。这个推理是明显错误的,墨家在反驳它时区分了两种"无":一种是"无之而无",即从来没有,如"无天陷"之"无";另一种是"有之而无",如先有马,后无马,即先有而后失之"无"。这种"无""有之而不可去,说在尝然"(曾经如此),并说:"已然而尝然,不可无也"(《墨子·经说下》)。这就是说,墨家认为正确的命题是:"孤驹现在无母,但曾经有母",这就击破了辩者的诡辩。

---

[1] 参见 David Lewis, *Convention*: *A Philosophical Study*, Cambridge, MA: Harvard University Press, 1969; Donald Davidson, "A Nice Derangement of Epitaphs", in his *Truth*, *Language and History*: *Philosophical Essays*, Oxford: Clarendon Press, 2005。

[2] W. V. Quine: *Word and Object*, Cambridge, MA: MIT Press, 1960, pp. 51—54.

第四节 认知悖论

认知悖论依赖于认识论概念,如感觉和知觉、怀疑、断定、相信、知道、证据、证成等等,向我们揭示了某种类型的不一致性,指导我们去纠正认识论中至少一个深层的错误。

一、相信和知道的悖论

D17. "狗非犬。"

成玄英(唐朝古文献注释家,608—?)疏:"狗犬,同实异名。名实合,则彼所谓狗,止所谓犬也。名实离,则彼所谓狗异于犬也。"[1] 这就是说,从"名实合"的角度说,狗与犬"二名而一实",为"重同"。但它们确实是两个不同的字,知道"狗"字未必知道"犬"字,故"狗非犬"。

这就是说,就名称与对象的对应而言,"狗"和"犬"是不同的名称但指称同样的对象,它们在所指方面相互吻合。但它们确实是不同的名称,故知道名称"狗"不一定知道名称"犬",相信关于"狗"的一些事情并不意味着关于"犬"也相信同样的事情。这使我联想到克里普克的"信念之谜"。设想有一位法国人皮埃尔,不懂英语,通过某种途径(如看画册)形成了一个法语信念"Londres est jolie"(伦敦很漂亮)。后来,由于某种机缘,他搬到伦敦的一个落后社区,通过与当地人一起生活学会了英语。基于在当地的生活经验,形成了一个英语信念"London is not pretty"(伦敦不漂亮)。不过,他并没有放弃他原有的法语信念。由此产生一个问题:皮埃尔究竟是相信"伦敦很漂亮"还是相信"伦敦不漂亮"? 由于克里普克主张名称是不以意义为中介的严格指示词,他本人将面临一个二难困境:皮埃尔既相信又不相信伦敦很漂亮,但在皮埃尔本人的信念内却没有感受到任何矛盾。克里普克承认,这对于他的严格性和直接指示理论确实是一个难题,

---

[1] 郭庆藩:《庄子集释》,北京:中华书局,第二版,2004 年,第 1110 页。

他不知道如何去解决它。但他反戈一击，论证说：这个难题并非为他的名称理论所独有，像弗雷格和维特根斯坦这样的描述论者也面临同样的难题。[1]

M3. "知知之否之"

> 知知之否之，足用也，悖，说在无以也。（《墨子·经下》）
>
> 论之，非知无以也。（《墨子·经说下》）

墨家并不反对孔子的论断："知之为知之，不知为不知，是知也"（《论语》），但他们并不赞同以下说法：一个人知道自己无知就是他所要知道的一切。当一个人知道 X 不知道 Y 时，知道对 Y 的无知并不能增加他对 X 的知识，也不满足墨家关于他知道 Y 的标准：凭借他的智能，在遭遇某事物之后，他能够描述该事物。[2]

M4. "知其所以不知"

> 知其所以不知，说在以名取。（《墨子·经下》）
>
> 杂所知与所不知而问之，则必曰："是所知也，是所不知也。"去俱能之，是两知之也。（《墨子·经说下》）

如同在英语中一样，在汉语中"知其所以不知"也是歧义的：（a）"知道一个人所不知道的一件事实"，这是自相矛盾的断言；（b）"知道一个人所不知道的是什么"。墨家对"知其所以不知"的回答接近于常识，依赖知道一个名称与知道一个对象的区别。如果一个人询问他所不知道的东西，例如马来西亚航空班机 MH370 堕落地点在哪里？人们能够知道一个对象的名称（……MH370 的堕落地点），但并不知道该对象的状况。

墨家所讨论的以上两个认知悖论与古希腊所讨论的两个认知悖论很相似。

---

〔1〕 Saul Kripke, "A Puzzle about Belief", reprinted in his *Philosophical Troubles*, *Collected Papers*, vol. 1, Oxford and New York, Oxford University Press, 2011.

〔2〕 参见 A. C. Graham, *Later Mohist Logic*, *Ethics and Science*. Hong Kong, The Chinese University Press, 1978, p. 267。

一个是苏格拉底悖论。德尔斐神庙祭司说："没有人比苏格拉底更聪明。"这个说法让苏格拉底感到吃惊，因为他相信自己一无所知。苏格拉底如此消解了他的困惑：他知道自己一无所知，而其他人连这一点也不知道，还自以为自己无所不知。故他断言："我知道我一无所知，这就是我比其他人更有智慧的地方。"但这似乎是一个悖论：如果苏格拉底真的知道自己一无所知，则他至少在这一点上有所知，故他不再是一无所知，因而他说知道自己一无所知就是假的。矛盾！还有很多与苏格拉底的说法类似的说法。例如，人们常说："世界上没有绝对真理。"不知道这句话本身算不算一个"绝对的真理"？彻底的怀疑论者说："我什么也不相信，我怀疑一切！"不知道他们是否相信他所说的这句话？他们是否怀疑"我怀疑一切"这句话？有这样一条规则："所有规则都有例外，除了本规则之外。"不知道这条规则是否还会有其他例外？

另一个是柏拉图对话录中记述的美诺悖论。美诺是一名富家子弟，他在与苏格拉底的对话中提出一个观点：研究工作不可能进行，并论证如下："一个人既不能研究他所知道的东西，也不能研究他不知道的东西。他不能研究他所知道的东西，因为他知道它，无须再研究；他也不能研究他不知道的事情，因为他不知道他要研究的是什么。"[1] 为明确起见，将该论证整理如下：

（1）如果你知道你所寻求的东西，研究是不必要的；

（2）如果你不知道你所寻求的东西，研究是不可能的。

（3）所以，研究或者是不必要的，或者是不可能的。

现在的问题是：这个论证有效吗？我的回答是否定的。

美诺的论证有一个隐含前提："或者你知道你所寻求的东西，或者你不知道你所寻求的东西。"如果仅从形式上看，这是一个逻辑真理，假如"你知道你所知道的东西"在两个选言支中没有歧义的话。但问题恰恰是：它

---

〔1〕　苗力田主编：《古希腊哲学》，250 页。

是有歧义的。

> A. 你知道你所探究的那个问题；
>
> B. 你知道你所探究的那个问题的答案。

在(A)的意义上，(2)是真的，因为如果你不知道你要研究什么问题，研究工作是没有办法进行的；但(1)却是假的，因为尽管你知道你要探究什么问题，但不知道该问题的答案，研究工作仍有必要进行：它的目标就是探寻该问题的答案。在(B)的意义上，(1)是真的，因为如果你知道你所要探究的问题的答案，那还什么必要去再做研究？但(2)却是假的，因为尽管你不知道某个问题的答案，但你知道你要探究什么问题，研究工作仍有可能进行。故两个前提不是在同一种意义上为真。于是，从一对真的前提，即(1B)和(2A)，推不出任何结论，因为其中有歧义性，说的不是一回事。

为了看清楚歧义性，我们还可以再考虑一个问题："你有可能知道你不知道的东西吗？"在一种意义上，答案是否定的，因为你不可能同时知道又不知道同一个东西；但在另一种意义上，答案是肯定的，你可以知道你对之尚没有清楚答案的那个问题，你遵循正确的程序去回答该问题，最后你知道了你先前不知道的东西，也就是该问题的答案。

于是，美诺的论证是有缺陷的，它犯了歧义性谬误。不过，在歧义性之外，美诺还是提出了有意思的问题，后来被概括为"柏拉图问题"：我们能够在贫乏的证据基础上认识这个复杂的世界吗？

二、感觉和认知的悖论

D7. "火不热。"

成玄英疏："譬杖加于体，而痛发于人，人痛杖不痛。亦犹如火加体，而热发于人，人热火不热。"[1] 即是说，热是人体对火的感觉或知觉，而不是

---

[1] 郭庆藩：《庄子集释》，第二版，北京：中华书局，2004 年，第 1108 页。

火本身的一种性质。问题是：人体遇到火时会产生热的感觉，而遇到冰时却会产生寒冷的感觉，这种差别是如何产生的？难道在火与冰本身那里没有某种根据吗？并且，"热"和"关于热的感觉"是一回事吗？克里普克特别强调，"热"不同于"关于热的感觉"，前者是一种客观现象，后者是一种主观感觉，客观现象的存在不依赖于人的主观感觉。[1]

D10. "目不见。"

为了理解 D10，我们可以参考公孙龙和墨家给出的解释："且犹白以目以火见，而火不见，则火与目不见，而神见，神不见而见离。"（《公孙龙子·坚白论》）"以目见，而目以火见，而火不见，惟以五路智。久不当以目见，若以目。"（《墨子·经说下》）这就是说，视觉现象需要眼睛、光线与心灵的配合，仅凭光线或仅凭眼睛不会产生视觉现象。如此解释，D10 就说得通了。

根据我上面的解释，D7 和 D10 都是在强调感觉和知觉需要多因素（如外在对象、感知器官和我们的心灵）的合作，任何单一因素都不足以产生感觉和知觉现象。

三、"离坚白"悖论

《公孙龙子》中另有一篇《坚白论》：

（客）曰：坚白石三，可乎？

（主）曰：不可。

（客）曰：二[指坚石或白石]可乎？

（主）曰：可。

（客）曰：何哉？

（主）曰：无坚得白，其举也二；无白得坚，其举也二。

（客）曰：得其所白，不可谓无白；得其所坚，不可谓无坚。而之石也之于然也，非三也？

---

[1] 克里普克：《命名与必然性》，梅文译，上海：上海译文出版社，第 107—111 页。

（主）曰：视之不得其所坚而得其所白者，无坚也；拊不得其所白而得其所坚者，无白也。

（客）曰：天下无白，不可以视石；天下无坚，不可以谓石。坚、白、石不相外，藏三可乎？

（主）曰：有自藏也，非藏而藏也。

（客）曰：其白也，其坚也，而石必得以相盈，而自藏奈何？

（主）曰：得其白，得其坚，见与不见谓之离。一[指石]二（指坚、白）不相盈，故离。离也者，藏也。

（客）曰：石之白，石之坚，见与不见，二与三，若广修而相盈也。其非举[举，拟实也]乎？

（主）曰：物白焉，不定其所白；物坚焉，不定其所坚。不定者，兼[指兼现万物]。恶乎其石也？

（客）曰：循石，非彼无石，非石无所取乎白石。不相离者，固乎然，其无已！

（主）曰：于石，一也；坚、白，二也，而在于石。故有知[指触觉]焉，有不知焉；有见[指视觉]焉[有不见焉]。故知与不知相与离，见与不见相与藏。藏故，孰谓之不离？

（客）曰：目不能坚，手不能白，不可谓无坚，不可谓无白。其异任也，其无以代也。坚白域于石，恶乎离？

（主）曰：坚未与石为坚，而物兼；未与为坚，而坚必坚。其不坚石物而坚，天下未有若坚，而坚藏。白固不能自白，恶能白石、物乎？若白者必白，则不白物而白焉。黄、黑与之然。石其无有。恶取坚白石乎？故离也。离也者，因是。力与知果[能力和智慧证明]，不若因是[不如相信离]。且犹白以目以火见，而火不见，则火与目不见，而神[指心]见；神不见而见离。坚以手，而手以捶，是捶与手知而不知，而神与不知。神乎！是之谓离焉。离也者天下，故独而正。

我把公孙龙关于"坚白相离"的论证重构如下[1]：

1. 知识论论证

假设有坚白石存在，问："坚白石三，可乎？曰：不可。二，可乎？曰：可。何哉？无坚得白，其举也二；无白得坚，其举也二。"公孙龙给出了如下两个理由：

（a）"视不得其所坚而得其所白者，无坚也；拊不得其所白而得其所坚者，无白也。"这就是说，用眼睛看，只能感知到有一白石，而不能感知到有一坚石；用手摸，只能感知到有一坚石，而不能感知到有一白石。因此，坚、白相离。这是在用感官和感觉的分离性去论证坚白相离，或者说，公孙龙提出了一个原则：某物的"存在性"或"具体性"要由"感觉呈现"来界定或保证。值得思考的问题：感觉呈现原则是否成立？感官和感觉的综合作用是如何发生的？

（b）"且犹白以目以火见，而火不见，则火与目不见，而神见；神不见而见离。坚以手，而手以捶，是捶与手知而不知，而神与不知。神乎！是之谓离焉。"即是说，要看见白，需要"目"（眼睛）与"火"（光线）这两个条件，缺少其中任何一个条件，就不能看见白；要感受到坚硬，需要手和"捶"（手杖）为条件，没有这样的条件，也不会感受到坚。不过，它们都还需要另外一个共同条件，即"神"（人的心智）的参与。没有心智的参与，尽管有"目"与"火"，也不会看见白；尽管有手与捶，也不会感受到坚。看不到或感受不到，就是所谓的"离"，即坚、白相离，它们各自"独而正"。

2. 本体论论证

公孙龙认为，在具体的感官世界之外，还有一个由"坚""白"这样的共相组成的抽象世界，它与感官世界的关系是："兼现万物"，"离而自藏"。坚、白二者作为共相，尽管兼通万物，即体现在一切坚物和白物身上，但它

---

〔1〕 参考克里普克：《命名与必然性》，梅文译，上海：上海译文出版社，第107—109页。

们本身却是不定所坚的坚、不定所白的白，并不唯一确定地存在于某一具体物之中。即使这个世界中完全没有坚物和白物，坚还是坚，白还是白。坚、白作为共相，独立于坚白石以及一切坚物和白物而存在，"离而自藏"，它们"超离"于具体事物和感官世界之外；并且，各个共相又相互"隔离"而独立自存（"自藏"）。坚白相离的事实根据在于：在这个世界上，有些物坚而不白，有些物白而不坚。所以，坚、白相离。

不过，有人对关于公孙龙思想的如上解释提出异议，例如，著名汉学家陈汉生（Chad Hansen）指出："冯友兰对公孙龙的怪论的解释，要求把对于不变的抽象共相理论多少自觉的'发现'归于公孙龙。一些人还提出了类似的论点，诸如，断言公孙龙发现了质、性质、概念、一般观念、属性、类和意义。所有这些即质、性质、概念等都具有三个特征，它们把有关实体的理论的发现归于公孙龙。这些实体：① 起着古典的抽象实体的语义作用；② 是在西方逻辑、本体论、精神哲学或语义学（即坚实的、'可尊重的'哲学）的发展与完善中比较重要的主导观念；③ 在其他方面是中国思想中所没有或很少见的。"[1] 他不同意此种解释，他反对的理由是根本性的："我赞成下述主张，即中国古代没有一个用汉语表达的哲学系统以任何传统上重要的方式承认抽象（共相）实体的存在，或让其发挥重要作用，而西方语义学、认识论、本体论或心理哲学则给抽象以重要地位。"[2] 他把这一点叫做关于中国语言和思维的"唯名论假设"，另外三个假设是：强调语言的规范功能，强调语言的划分或辨识功能，以及强调语言的约定论基础。[3] 他另外提出了一种替代性解释：中国古代语言和思维中没有抽象名词，所使用的是物质名词（mass-term）："汉语名词的语法与英语中'物质名词'的语法惊人的相似。"[4]

---

[1] 陈汉生：《中国古代的语言和逻辑》，周云之等译，北京：社会科学文献出版社，1998 年，第 172—173 页。
[2] 同上书，第 45 页。
[3] 同上书，第 72—81 页。
[4] 同上书，第 39 页。

我不同意陈汉生的说法,而强烈赞同冯友兰和成中英对公孙龙哲学的解释。[1] 这里,我只提请读者注意公孙龙做出了非常重要的区别:"曰'白者不定所白',忘之而可也。白马者,言白定所白也,定所白者非白也。"(《白马论》)"物白焉,不定其所白;物坚焉,不定其所坚。"(《坚白论》)"不定所白的白"是所有白物所共享的,是一种抽象的共相,"离而自藏";"定所白的白"是抽象共相"白性"的个例,是其具体呈现者。抽象的共相不同于作为其呈现者的具体个例,因此公孙龙说:"定所白者非白也。"类似地,公孙龙还区别了作为抽象共相的"马本身"与该共相的呈现者如白马。"马本身"是所有具体的马的共同本质,关于颜色的限定如"白""黄""黑"等等已经完全抽离掉,而"白马""黄马""黑马"包含对马的颜色要求,只是"马本身"的具体呈现者,两者不能混同:"马固有色,故有白马。使马无色,有马如已耳,安取白马? 故白者非马也。白马者,马与白也。马与白,马也? 故曰白马非马也。"(《白马论》)由此可知,公孙龙确实掌握了"白本身"(或"白性")和"马本身"等抽象共相,说中国古代哲学中没有抽象名词、只使用物质名词等说法没有根据。但我在本文中没有篇幅就此说给出更多证明和反驳。

四、庄子的三个认知悖论

我将简要地讨论庄子所提出的三个认知悖论,它们全都关涉非常基础性的问题:确实存在一个不依赖于我们的外部世界吗? 如果存在的话,我们怎么能够证明它存在? 我们确实能够认识这个世界吗? 如果能够,我们怎么获得关于这个世界的知识? 如何证明或证成关于这个世界的知识? 如此等等。隐藏在下面三个悖论之后的,是关于这个世界的存在性以及我们关于这个世界的知识的一种非常彻底的怀疑论。

---

[1] 参见冯友兰:《中国哲学简史》,涂又光译,北京:北京大学出版社,1985 年,第 105—109 页;《中国哲学史》(上册)第九章,上海:华东师范大学出版社,2011 年;Chung-Ying Cheng, "Reinterpreting Gongsun Longzi and Critical Comments on Other Interpretations", *Journal of Chinese Philosophy*, 2007, 34(4): 537—560。

(1)庄周梦蝶

> 昔者庄周梦为胡蝶,栩栩然胡蝶也。自喻适志与！不知周也。俄然觉,则蘧蘧然周也。不知周之梦为胡蝶与？胡蝶之梦为周与？周与胡蝶则必有分矣。此之谓物化。(《庄子·齐物论》)

笛卡尔(1596—1650)发展了一种与庄子怀疑论非常类似的怀疑论,包括如下要点:(a)关于这个世界的感觉经验靠不住,因为我们有错觉、幻觉等,这说明我们的感官会欺骗我们;(b)我们有时候会做梦,但我们无法真正分辨清楚我们何时在做梦,何时不在做梦;(c)无法排除这样一种可能性:有一个本领超强的恶魔在系统地欺骗我们,赋予我们一幅关于外部世界以及我们在世界中作用的完全错误的图景。很难彻底驳倒或推翻庄子和笛卡尔所提出的怀疑论。

(2)濠梁之辩

> 庄子与惠子游于濠梁之上。庄子曰:"鯈鱼出游从容,是鱼之乐也。"惠子曰:"子非鱼,安知鱼之乐。"庄子曰:"子非我,安知我不知鱼之乐?"惠子曰:"我非子,故不知子矣;子故非鱼也,子之不知鱼之乐,全矣。"庄子曰:"请循其本。子曰'汝安知鱼乐'云者,既已知吾知之而问我,我知之濠上也。"(《庄子·秋水篇》)

在这个迷人的故事后面,隐藏的是一些带根本性的哲学问题:我们确实知道外部事物的状况吗?比如说,我们真的知道河里的鱼是否快乐吗?如果知道,我们是怎么知道的?如果不知道,我们为什么不知道?我们的认知程序和手段是可靠的吗?我们真的知道他人的心灵及其状态吗?比如说,惠施真的知道庄子的心灵及其状态吗?他能否知道庄子是否知道河里的鱼是否快乐?如果能够,他如何知道的?如果不能够,他为什么不能?至少在这个故事里,惠施似乎对关于外部事物和他人心灵的知识抱持深深的怀疑。

（3）辩无胜

　　既使我与若辩矣，若胜我，我不若胜，若果是也？我果非也邪？我胜若，若不吾胜，我果是也？而果非也邪？其或是也？其或非也邪？其俱是也？其俱非也邪？我与若不能相知也。则人固受其黮暗，吾谁使正之？使同乎若者正之，既与若同矣，恶能正之？使同乎我者正之，既同乎我矣，恶能正之？使异乎我与若者正之，既异乎我与若矣，恶能正之？使同乎我与若者正之，既同乎我与若矣，恶能正之？然则我与若与人俱不能相知也，而待彼也邪？（《庄子·齐物论》）

我可以把庄子的论证重构如下：

论点：辩论分不出胜负。

论据：

① 辩论的胜负需要裁判来裁决。

② 没有人能够当这样的裁判。

③ 你我不能当这样的裁判。

④ 与你意见相同的人不能当裁判。

⑤ 与我意见相同的人不能当裁判。

⑥ 与你我意见都不同的人不能当裁判。

⑦ 与你我意见都相同的不能当裁判。

在这个论证中，总结论"辩无胜"由理由①和②协同支持，其中任何一个理由都不能单独推出该结论。而理由②又作为子结论，由子理由③、④、⑤、⑥、⑦协同支持。于是，该论证是一个二层结构，每一层分别都是协同式结构。我们把该论证结构图示如下：

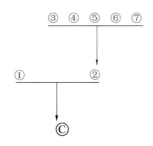

在我看来,这个论证从反面说明,要裁决一场论辩的胜负,或要确定某段言说的真假对错,这不是一件私人性和主观性的事情,必须超越主观的范围,找到某种公共和客观的标准。在庄子那里,这要诉诸客观、外在、独立的"道";在唯物主义哲学家那里,这要诉诸外在的客观世界;在柏拉图主义者那里,这要诉诸抽象的客观的理念世界。我们所要面对的问题是:究竟是否存在这样的判断一场论辩胜负或一个句子真假的客观的或公共的标准? 如果有,如果找到它们和使用它们?

第五节　相对化悖论

惠施所提出的"历物之意"中的如下 7 个论断构成"相对化悖论"。

H1."至大无外,谓之大一;至小无内,谓之小一。"

我们可以把 H1 看作是惠施给"大一"和"小一"所下的两个定义,相当于"分析命题"。据此推之,毫末不足以"定至细之倪",还有东西比它们更小;天地不足以"穷至大之域",还有东西比它们更大。

H3."天与地卑,山与泽平。"

尽管"至小"和"至大"之间有绝对分明的界限,但世上万物的高低差别却具有相对性,例如高山上的"泽"就有可能与平原上的"山"一样高,甚至更高。这是因为:"以差观之,因其所大而大之,则万物莫不大;因其所小而小之,则万物莫不小。知天地之为稊米也,知毫末之为丘山也,则差数睹也。"(《庄子·秋水》)

H4."日方中方睨,物方生方死。"

H4 似乎在强调宇宙中变化的恒常性。世上万物无时无刻不在变化:太阳刚中午,既已开始西斜;事物刚产生,既已开始走向死亡的历程。这使我想起前苏格拉底哲学家赫拉克利特的说法:"一切皆变,无物常驻。……人不能两次踏进同一条河流。"[1]在他看来,世界是一团永恒燃烧的活

---

[1] Plato, *Cratylus*, Paragraph 402, section a, line 8.

火,按一定的尺度燃烧,按一定的尺度熄灭;事物的更替变换是一物取代另一物:火的熄灭是空气的诞生,而空气的死亡是水的诞生。恩格斯评论说:"这种原始的、素朴的、但实质上正确的世界观是古希腊哲学的世界观,而且是由赫拉克利特最先明白地表述出来的:一切都存在,而又不存在,因为一切都在流动,都在不断地变化,不断地生成和消逝。"[1]

H5. "大同而与小同异,此之谓小同异。万物毕同毕异,此之谓大同异。"

我可以这样解释 H5:同一个属(genus)的事物有共同的特性,同一个种(species)的事物也有共同特性,但这两组共同性质是不同的。这叫做"小同异"。任何事物之间都有相同之处,但与此同时也有各自的特点。这叫做"大同异"。我还可以这样来解释 H5:世上万物既有同一又有差别。自其同者视之,物我齐一,天地一体;自其异者视之,每一个事物都不同于其他事物,都永远处于变化的过程中。故有这样的说法:世上没有两片相同的树叶(莱布尼茨),人不能两次踏进同一条河流(赫拉克利特),太阳每天都是新的(赫拉克利特)。这是所谓的"大同异"。至于世俗所谓的彼物与此物的相同与相异,则是"小同异"。显然,"大同异"不同于"小同异",它们之间的差别是视角、立场、观点、境界的差别。

H6. "南方无穷而有穷。"

先秦时期,当时的中国主要位于现代中国的北方,所以早期中国人认为,南方是最远的地方,差不多是无限远,有无穷无尽的距离。但他们当时也认为,南方最终以海为限,因而也是有界限的,即是有穷的。H6 的更深含义或许是:有穷和无穷是相对的。

H9. "我知天下之中央,燕之北、越之南是也。"

先秦时期的常识是:中国是天下的中央,燕南越北即华夏民族聚居区则是中国的中央。而 H9 断言,燕北越南才是天下的中央。晋朝史学家司马彪给出了合理解释:"天下无方,故所在为中;循环无端,故所在为始

---

[1] 《马克思恩格斯选集》第三卷,第 733 页,北京:人民出版社,1995 年。

也。"由于时空是无限的,故你所在的任何一个时空点都是时空的一个中间点。这是对时空无限性的最好注解。

H10. "泛爱万物,天地一体也。"

既然万物之间的差别都是相对于某种视角的,如果我们采取宇宙论视角,或者有一双上帝之眼,所有那些差别都是无关紧要的,甚至都能够消失不见:物我齐一,天地一体,故应当泛爱万物,因为爱他人、他物就是爱自己。

我大致同意以下评论:

> 这些悖论表达了对悖论的怀疑,或许可以把它们理解为对墨、儒、法家的反动;墨、儒、法家试图将名的指称固定下来并加以标准化,并以此达到操控百姓的目的。这些悖论指出,无论大小、面积、高度、方向、位置还是时间,它们的标准与度量都是相对的。其中一些集中在度量如何随着观察者位置的改变而发生变化……其他一些命题指出了时空的无线可分性(……),它们与芝诺悖论不无相似之处。[1]

第六节　逻辑矛盾及其消解

一、邓析的"两可之说"

邓析常持"两可之说",有一个著名的例子:

> 洧水甚大,郑之富人有溺者,人得其尸者,富人请赎之,其人求金甚多,以告邓析。邓析曰:"安之,人必莫之卖矣。"得尸者患之,以告邓析。邓析又答之:"安之,此必无所更买矣。"(《吕氏春秋·离谓》)

邓析对溺者家属说:不要着急,得尸者除了把尸首卖给你们,还能卖给

---

〔1〕 赖蕴慧:《剑桥中国哲学导论》,刘梁剑译,北京:世界图书出版公司,2013 年,第 212 页。

谁呢？又对得尸者说：不要着急，溺者家属除了向你买尸首，还能找谁呢？他的话看似矛盾，其实没有什么矛盾，因为邓析作为一位讼师，其职责是法律咨询和代理。当他为死者家属出主意时，他是站在死者家属的立场上说话；当他为得尸者出主意时，他是站在得尸者的立场上说话。他的两个主意间的冲突只不过是死者家属与得尸者之间利益冲突的表现，并不是逻辑上的矛盾。

二、韩非论盾与矛

从逻辑角度看，韩非最重要的贡献是提出了"矛盾之说"，阐述了思维不能自相矛盾的思想。

> 楚人有鬻盾与矛者，誉之曰："吾盾之坚，莫能陷也。"又誉其矛曰："吾矛之利，于物无不陷也。"或曰："以子之矛陷子之盾，何如？"其人弗能应也。夫不可陷之盾与无不陷之矛，不可同世而立。（《韩非子·难一》）

在上面的引文中，那位既卖矛又卖盾的楚人说出了两个命题：

（1）"吾盾之坚，物莫能陷"（任何物都不能戳穿我的盾）。

（2）"吾矛之利，物无不陷"（我的矛能够戳穿任何物）。

这是两个互相否定的全称命题，具有传统逻辑所说的反对关系：不可同真，但可以同假，故它们"不可同世而立"。

既然"我的矛"也是世上之"物"，由（1）可以推出：

（3）我的矛不能戳穿我的盾。

既然"我的盾"也是世上之"物"，由（2）可以推出：

（4）我的矛能够戳穿我的盾。

于是，我们得到一对直接意义上的逻辑矛盾，即（3）和（4），它们既不能同真，也不能同假；必有一真，也必有一假。也就是说，"不可同世而立"。

上面的"矛盾之说"表明，韩非已经认识到，思维中不能自我否定，相互否定的说法不能同时成立。韩非以例证的形式表述了矛盾律的核心思想:互相否定的两个思想(在他那里是互为反对关系的两个命题,不可同真,但可同假)不能都真,但这还不构成对矛盾律的准确表述,因为矛盾律所说的"矛盾"是指两个互为矛盾关系的命题,它们既不可同真,也不可同假。

更重要的是,韩非已经把"思维不能自我否定或自相矛盾"作为一条基本原则,去论证其他说法不能成立。例如,在《难一》中,他论证说:"贤舜"和"圣尧"这两种说法或做法是相互冲突的,就像那位既鬻矛又鬻盾的楚人的说法相互冲突一样,因为"贤舜,则去尧之明察;圣尧,则去舜之德化:不可两得也。"在《难势》中,他论证说,"夫贤之为势不可禁,而势之为道也无不禁,以不可禁之势,与无不禁之道,此矛楯之说也。夫贤势之不相容亦明矣。"

三、墨家论矛盾律及其应用

《墨经》用它特有的语言已经相当清楚地表述了矛盾律:"辩,争彼也。"如果我们遇到两个可以都成立的命题,例如"这是一条狗"和"这是一条犬",或者遇到两个都不成立的命题,例如"这个动物是一头牛"和"这个动物是一匹马",我们就不在"争彼"。"彼"是辩论双方所持的两种互相矛盾的观点或命题,它们不能都成立,也不能都不成立。"彼,不两可两不可也。"(《墨子·经上》)例如,"或谓之牛,或谓之非牛,是争彼也。是不俱当,必或不当。不当若犬。"(《墨子·经说上》)在"牛"和"非牛"这两种互相矛盾的说法中,不可能都真("是不俱当"),必有一个假("必或不当")。在这里,墨家既表述了矛盾律的基本思想(一对互相矛盾的命题不能同真),也表述了排中律的基本思想(一对互相矛盾的命题不能同假),这是先秦思想家的一项重要的理智成就。如此表述的矛盾律又成为墨家分析和消解悖论的强有力思想武器。

墨家提出了"悖""费""拂""谬"等概念,其中"悖"的含义很多,有"自相矛盾""自相背离""荒谬""虚假""不合情理"等意思。"费"通"拂",

"费""拂"犹"谬",即诡异、荒谬之意,也就是自相矛盾、自相背离。他们发展了一种类似于归谬法的反驳方法,即指出对方的观点将导致"悖"的境地,而"悖"在思维中是不允许的,故该观点不能成立。这里的依据就是矛盾律。兹举几例:

1. 言论上的矛盾

墨家谈到:

> [儒者]曰:"君子循而不作。"应之曰:古者羿作弓,伃作甲,奚仲作车,巧垂作舟;然则今之鲍、函、车、匠,皆君子也,而羿、伃、奚仲、巧垂,皆小人邪?且其所循,人必或作之;然则其所循,皆小人道也。(《墨子·非儒》)

由此我们得到言论中的矛盾:

> 在某个言说中,明显断定了 A;
> 在同一言说中,可间接推出非 A;
> 故有言说中的矛盾:A 且非 A。

2. 言行间的矛盾

> 诽,明恶也。非诽者悖。(《墨子·经下》)
> 非诽,非己之诽也。(《墨子·经说下》)

即是说,"诽"就是提出批评,指出缺点和错误。"反对一切批评"的人("非诽者")也在进行批评,他既然"非诽",他也在"非己之诽",其言行处于自相矛盾的状态,故"非诽者悖"。

古代有人倡言"学无益",例如老子《道德经》说"绝学无忧。"墨家反驳说:"以为不知学之无益也,故告之也,是使知学之无益也,是教也。以学为无益也教,悖。"(《墨子·经说下》)即是说,你一方面主张"学无益",另一方面你又教导别人,告诉他们"学无益",而教的目的在于传播你的观念,使别人按照你的观念行事,这暗中假定了"学有益",等于否定了"学无益",于是你的信念、言行间就出现自相矛盾。

在言论上主张 A;

在行动上践行非 A;

所以,有言行间的矛盾:A 且¬A。

3. 态度上的矛盾

子墨子曰:世俗之君子,欲其义之成,而助之修其身则愠,是犹欲其墙之成,而人助之则愠也,岂不悖哉?(《墨子·耕柱》)

子墨子曰:世俗之君子,贫而谓之富则怒,无义而谓之有义则喜,岂不悖哉?(《墨子·贵义》)

上面两个推论的共同模式是:

两件事情十分类似,故对它们的态度也应类似;

但有些人在一件事情上有态度 A,在另一件类似的事情有态度¬A;

所以,有态度上的矛盾:A 且¬A。

4. 行为上的矛盾

子墨子曰:世之君子,使之为一犬一彘之宰,不能则辞之;使为一国之相,不能而为之,岂不悖哉?(《墨子·贵义》)

其推论模式是:

在一行为上 A,即不能则辞之;

在另一行为上¬A,即不能而为之。

所以,有行为上的矛盾:A 且¬A。

5. "不知类"之悖

墨子谓鲁阳文君曰:世俗之君子,皆知小物而不知大物。今有人于此,窃一犬一彘则谓之不仁,窃一国一都则以为义。譬犹小视白则谓之白,大视白则谓之黑。是故世俗之君子,知小物而不知大物者,若此言之谓也。(《墨子·鲁问》)

设 A 为不仁的事情之类,按其不仁的程度,把 A 中的元素排成一个序列,不仁程度小的记为 $a_小$,不仁程度大的记为 $a_大$,我们有:

> 按实际的情形,$a_小 \in A$ 并且 $a_大 \in A$;
>
> 世俗之君子却认为,$a_小 \in A$ 但 $a_大 \notin A$;
>
> 因此,世俗之君子"明于小而不明于大",是谓"不知类"。

可以看出,在不同的文明之间,特别是在古代中国文明和起源于希腊的西方文明之间,既存在类似性又存在差异。在本章中,我仅仅着眼于揭示中国古代思想家的悖论研究与古希腊思想家甚至当代西方哲学家的悖论研究之间的类似。

中国古代思想家在我们思维、言说和行为中发现了各种矛盾、冲突和不一致。他们试图弄清楚它们源自何处,是如何产生的,如何消解它们。他们以自己的方式表述了矛盾律和排中律,并发展了一种基于矛盾律的归谬方法,在名、辞、说、辩、故、理和类等关键概念的基础上,发展了比较系统的具有中国特色的逻辑学说。

我先前写过,"历史常常是由一些异想天开的人士推动的"。[1] 很多中国先秦思想家恰好就是这样的人物,他们深入地思考,大胆地想象,一起探究,一起论辩,做出了堪与古希腊文明相比拟的理智成就,创造了中国文化的黄金时代。

---

[1]　陈波:《逻辑学是什么》,北京:北京大学出版社,2002 年,第 139 页。

第十三章　关于悖论的一些思考

第一节　究竟什么是悖论

在本书前面介绍和讨论了如此多的悖论之后，我觉得有必要回过来头来重新思考一个问题:究竟什么是悖论?

很显然，在我们的日常语言中以及在现有文献中，"悖论"一词被用在十分宽泛的意义上，主要取"悖"的这样一些含义:悖谬;怪，不合常识和直观;包含矛盾;不好理解，难以思议;处理起来非常棘手;等等。当然，有时也用在很专门的意义上，如前面提到的"矛盾等价式"概念。我同意塞恩斯伯里的下述说法:

> 悖论有程度之分，取决于表象在何种程度上掩饰了实在。让我们假装，我们能够在一根有 10 个刻度的标尺上表征悖论的程度。最弱或最肤浅的一端，我们标识其刻度为 1;最灾难性的一端，悖论的发源地，它把剧烈的震动传递到思维的广大区域，我们标识其刻度为 10。所谓的"理发师悖论"可以用作其标识度为 1 的悖论的代表。……在标尺的另一端，刻度为 10 的位置，我将放上说谎者悖论。这种处置看

起来至少是为了纪念斐勒塔。[1]

悖论的程度越深,关于我们该如何回应悖论这个问题的争议就越多。我在本书各章中所讨论的几乎所有悖论,都处在该标尺上6度以上(包括6度)的位置,所以它们都是真正严肃的悖论。(或许有人认为,在第二章和附录中所讨论或列示的有些悖论,其悖论度更低一些。)这意味着,关于如何处理这些悖论,人们之间有严重的难以化解的分歧。[2]

不过,塞恩斯伯里的上述说法基本上是比喻性的,他从来没有说清楚,根据什么来区分悖论度,也没有把他所讨论或提到的那些悖论分列在不同的刻度上,只是举了几个例子而已。我们不能把他的说法过于当真。不过,对于人们通常说到的"悖论"有程度之分这个说法,我是基本赞同的。下面,我把"悖论"按从低到高的次序分为6个程度或类型:

(1)悖谬,直接地说,就是谬误。例如,苏格拉底谈到的关于结婚的二难推理,古希腊麦加拉派的"有角者"和"狗父",中国墨子谈到的"以言为尽悖",以及后人提到的赌徒谬误、小世界悖论等,就属此列。之所以它们是谬误而应被直接否定,是因为它们或隐含着逻辑矛盾,或预设了虚假命题,或基于概念的混淆,或基于无根据的信念,等等。

(2)一串可导致矛盾或矛盾等价式的推理过程,但很容易发现其中某个前提或预设为假。例如,鳄鱼悖论,国王和大公鸡悖论,守桥人悖论,堂·吉诃德悖论,理发师悖论等,就属此列。理发师悖论表明,该理发师或者是一位女士,不长胡子,故不需要给自己刮胡子;或者不是那个村庄的居民,他的约定对他本人无效;或者他说了一句他自己无法兑现的疯话,就像他说他能够拔着自己的头发上天一样。

----

[1] 说谎者悖论在古希腊就引起了广泛的关注。据说,斯多亚派的克里西普斯写了6部关于悖论的书。科斯的斐勒塔(Philetas of Cos)更是潜心研究这个悖论,结果把身体也弄坏了,瘦骨嶙峋,为了防止被风刮跑,不得不在身上带上铁球和石块,但最后还是因积劳成疾而一命呜呼。为了提醒后人免蹈覆辙,他的墓碑上写着一首诗:"科斯的斐勒塔是我/使我致死的是说谎者/无数个不眠之夜造成了这个结果。"——引者注

[2] Sainsbury, R. M. *Paradoxes*, third edition, pp.1—2.

（3）违反常识，不合直观，但隐含着深刻思想的"怪"命题。由于常识和直观并不保险，最终可能发现，这些"怪"命题有些确实是假的，有些却是真的。例如，芝诺悖论，苏格拉底悖论，半费之讼，幕后人悖论，厄特克里拉悖论，各种连锁悖论，有关数学无穷的各种悖论，邓析的"两可之说"，惠施的"历物之意"，"二十一事"，公孙龙的"白马非马"和"坚白相离"，庄子的许多吊诡之辞，都属此列。它们看起来或听起来很怪，与常识和直观相冲突，有些甚至就是假命题，但仔细分析之下，里面大都隐藏着深刻的思想和智慧。

（4）有深广的理论背景，具有很大挑战性的难题或谜题。例如，休谟问题，康德的各种二律背反，弗雷格之谜，罗素的"非存在之谜"，克里普克的信念之谜，盖梯尔问题，塞尔的中文屋论证，普特南的缸中之脑论证，囚徒困境等等，都属此列。

（5）一组包含或明显或隐含的矛盾和冲突，但难以找到摆脱之道的命题。有关上帝的各种悖论，有些逻辑—集合论悖论，有些语义悖论，各种归纳悖论，许多认知悖论，许多合理决策和行动的悖论，绝大多数道德悖论，都属此列。其中，导致矛盾或冲突的是一组信念或命题，它们各自都得到很好的证成，放弃其中哪一个都感到棘手，甚至会带来很大的麻烦。

（6）矛盾等价式：由假设它成立可推出它不成立，且由假设它不成立能够推出它成立的命题，最典型的是罗素悖论；或者，由假设它真可推出它假，且由假设它假可推出它真的命题，最典型的是说谎者悖论和非自谓悖论。在这类悖论中，以逻辑—数学悖论和语义悖论居多。

我认为，起码应该把（1）从"悖论"的行列里驱逐出去，它们并不是悖论，而是直接的谬误，应该直接加以否定和抛弃。（2）中所列示的那些"悖论"实际上也不能算作悖论，尽管其中含有矛盾或矛盾等价式，但后者是从一个虚假前提中导出的，所以，那些"悖论"只不过是对那个前提的虚假性的归谬式证明，应该直接抛弃那个虚假前提。对这一点，人们并没有什么争议。但稍微麻烦的是：很久以来，它们就被称作"悖论"，例如鳄鱼悖论，守桥人悖论，理发师悖论，给它们换一个别的名字，反而不好。还是约定俗成地仍把它们叫做"悖论"吧。（3）—（5）中的许多案例，如芝诺悖论，从古至今就被叫做"悖论",我们何必因它们不导致矛盾等价式而非得给它们改名呢？实际上,"悖论"一词最为常见的用法是:从明显为真的前提,通过明显为真的推理,得出了假的或荒谬的或自相矛盾的结论;但我们很难轻易地发现,矛盾究竟出自何处,如何解决或摆脱它们。第一章所引的大多数关于"悖论"的说明或定义,都在强调"悖论"的这样一种意义。(6)可以说是最严格、最典型的"悖论",姑且称之为"严格悖论"吧。不过,如果我们执意只把"严格悖论"称为"悖论",这样的悖论数目并不多,由此将把各种文献中称为"悖论"的东西都排除在外,但这些被排除的东西所包含的深刻的难以化解的难题一如严格悖论。我们何必那么执着于"名词"或"概念"呢？我本人偏向于把列在(2)—(6)中的几乎所有案例都叫做"悖论",并且这也是欧美学界目前的主流意见。再看下面关于"悖论"的两个刻画和说明:

> "悖论"能够定义为:从看似明显可接受的前提,凭借看似明显可接受的推理,得到了不可接受的结论。与分组谜题和脑筋急转弯不同,许多悖论是严肃的:它们提出了严肃的哲学问题,且与思想的危机和革命性进展相关联。与它们缠斗不只是在玩一种智力游戏,而是在力图解决具有真正重要性的问题。[1]

> ……在哲学家和逻辑学家中间,这个词(指悖论)已经逐渐获得了一个更特殊的含义:当某些似然(plausible)前提推出其否定也具有似然性的结论时,悖论就产生了。当单独看来均为似然的论题的集合 $\{p_1, p_2, \cdots, p_n\}$ 可有效地推出结论 C,而 C 的否定也是似然的时候,我们就得到一个悖论。这就是说,集合 $\{p_1, p_2, \cdots, p_n, \neg C\}$ 就其每个元素来说都具有似然性,但整个集合却是逻辑不相容的。相应地,对"悖论"这个词的另一种等价的定义方式是:悖论产生于单独看来均为似然的命题所组成的集合整体却为不相容之时。[2]

［1］ Sainsbury, R. M. *Paradoxes*, Second edition, 1995,封底推荐语。
［2］ Rescher, N. *Paradoxes*, *Their Roots*, *Range and Resolution*, p. 6.

第二节　严格悖论产生的根源

如前所述,"严格悖论"指导致矛盾等价式的命题及其推理过程,主要包括逻辑—集合论悖论和语义悖论。我认为,严格悖论与三个因素有关,即自我指称,否定性概念,总体和无限。尽管不能说这三个因素一定导致严格悖论,但严格悖论中一般含有这三个因素。

一、严格悖论与自我指称

一般的共识是:严格悖论总与自我指称有关联。所谓自我指称,简称"自指",是指一个总体的元素、分子或部分又直接或间接地指称这个总体本身,或者要通过这个总体来定义或说明,这里所说的总体可以是一个语句、集合或类。罗素最早明确地指出了这一点:"一切悖论……都有一个共同特征,我们称之为自我指称性或自返性。……在每一个悖论中,对某种情况的所有情况有所论述,从所说的情况就产生一种新的情况,它既与下述情况相同,又不相同:即在所说的情况中牵涉到所有的那些情况。但这是不合法总体的特征,……因此,我们的所有悖论都犯了恶性循环的谬误"。"这种恶性循环起源于这样的假定:对象的一个汇集可以包含只能用作为一个整体的汇集加以定义的那些分子。"[1]

自我指称分两种情况:一是直接循环,作为总体的元素、分子和部分反过来直接指称这个总体,或直接需要用这个总体来定义。最典型的是说谎者悖论和罗素悖论。例如,下述说谎者悖论语句

> 本方框内的这个语句是假的

之"悖"就在于:"本方框内的这个语句"作为"本方框内的这个语句是假

---

[1] 转引自张家龙:《数理逻辑发展史——从莱布尼茨到哥德尔》,北京:社会科学文献出版社,1993 年,250—251 页。

的"的主语,却指称这整个语句本身。罗素悖论的情况与此类似:把所有集合分为两类,以自身为元素的集合和不以自身为元素的集合。把所有不以自身为元素的集合收集起来,构成一个新集合——"所有不以自身为元素的集合之集合"。这时再问"这个新集合是不是自己的元素",从而构成了如下的直接循环[1]:

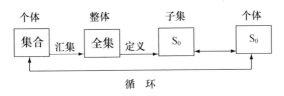

循　环

另一种是间接循环,即表面上没有循环,但在兜了一个或大或小的圈子之后又回到了原处,最后依然是自我指称。圈子兜得最小的是"明信片悖论"或其变体:

　　苏格拉底只说了一句话:柏拉图说假话;

　　柏拉图只说了一句话:苏格拉底说真话。

　　问:苏格拉底(或柏拉图)究竟说真话还是说假话?

要确定苏格拉底是否说真话,只要看柏拉图的话真不真;要确定柏拉的话之真假,又要回到苏格拉底自己的话。这就等于苏格拉底自己说自己说假话,归根结底仍然是自我指称。

把明信片悖论展开,让圈子兜得更大,这就是我所谓的"转圈悖论"(我自己杜撰的一个名词)。一般地说,若依次给出有穷多个句子,其中每一个都说到下一个句子的真假,且最后一个句子断定第一个句子的真假。如果其中出现奇数个假,则所有这些句子构成一个悖论,并且此情况构成"恶性循环"。图示如下:

<hr />

[1]　参见夏基松、郑毓信:《西方数学哲学》,151 页。

$S_0:S_1$ 是假的
$S_1:S_2$ 是假的
$S_2:S_3$ 是假的
$S_3:S_4$ 是假的
$\vdots$
$S_{n-1}:S_n$ 是假的
$S_n:S_0$是真的

若出现奇数个假,则为恶性循环,导致悖论。

间接循环的另一类型是我所谓的"砝码悖论"(我本人杜撰的另一个名词),也就是我前面说到过的"经验悖论",那里给出了好几种形式,最典型的一种是:共有 $n+m+1$ 个命题,其中有 n 个假命题,m 个真命题,并且 $n=m$,最后一个命题则是:这里假命题比真命题多。这又等于最后一个命题自己说自己假,仍是自我指称。

这里有两个问题需要考虑:

(1) 是否所有严格悖论都是自我指称的? 能否找到或构造出不自我指称的悖论? 据我看来,对前一问题的答案是肯定的,对后一问题的答案则是否定的。因为经仔细分析就会发现:现有的所有严格悖论都是自我指称的,只不过有直接自我指称和间接自我指称的区别罢了。不过,前面第六章所提到的雅布罗悖论号称是"无自指悖论",但我不同意这一称谓,在我看来:第一,它只是推出了矛盾,而不是矛盾等价式,因而它本身不是一个严格悖论;第二,它只是关于"某个任意选定的 S_n 是真的"这个假设的虚假性的归谬式证明:在满足所规定条件的无穷句子序列中,找不到为真的 S_n;否则,将导致矛盾!

(2) 自我指称是否必然造成悖论? 对这个问题的答案也是明显否定的。相应于说谎者悖论、理查德悖论、明信片悖论、转圈悖论和砝码悖论,我们都可以构造其"说真话者"变形。例如,说谎者悖论的说真话变形是:

本方框内的这句话是真的

如果这句话真,则这句话真;如果这句话假,则这句话假,并没有任何悖论。理查德悖论的说真话变形是"'自谓的'是自谓的吗",也不会造成任何悖论。一连串句子都说到下一个句子的真假,而最后一个句子却说到第一个句子的真假。如果其中出现偶数个假(包括不出现假),则不构成任何悖论,称此情况为"良性循环"。亦可图示如下:

$$
\left.\begin{array}{l}
S_0 : S_1 \text{ 是假的} \\
S_1 : S_2 \text{ 是假的} \\
S_2 : S_3 \text{ 是假的} \\
S_3 : S_4 \text{ 是假的} \\
\quad \vdots \\
S_{n-1} : S_n \text{ 是假的} \\
S_n : S_0 \text{是真的}
\end{array}\right\} \text{若出现偶数个假,则为良性循环,不导致悖论。}
$$

在我们的日常话语中,有很多这样的良性自我指称,例如:

> 本语句是用中文书写的。
> 一本书末尾有这样一个句子:本书中的所有句子都是真的。
> 约翰是所有英国人中个子最高的英国人。

它们并不造成悖论。但是,一般认为,即使是良性循环也是一种病态。与此类似的另一种病态是"无穷倒退":有无穷多个(良序的)句子,它们每一个都断定下一个句子的真假。这些句子甚至都可以是真句子。

二、严格悖论与否定性概念

严格悖论看来总是与否定性概念直接联系的,例如:

> 不以自身为元素的集合之集合是不是自身的一个元素?
> 非自谓的谓词是不是自谓的?
> 说自身为假的语句是真的还是假的?
> 不能用…定义的自然数能否用…定义?

但是,显然并非任何否定概念都可以构成悖论,它必须与自我指称的

语词或者命题联系在一起,构成自我相关的否定,或者更明确地说,构成自我否定,如:

> 本语句是假的。

才会导致悖论。

因此,悖论的成因在于由概念或命题的"自我指称"加上"否定"构成的"自我否定"。若没有这样的"自我否定",就无法构成悖论。具体地说,若没有自我否定,尽管有自指现象,如直接自指"本语句是真的",和间接自指"苏格拉底只说了一句话:柏拉图说真话;柏拉图只说了一句话:苏格拉底说真话";或尽管有否定,但不存在自指,如"他正在说的那句话是假的","不属于空集的所有元素构成的集合"等等,都不构成悖论。并且,例如"不属于空集的所有元素构成的集合"是确实存在的,这个集合就是全集。

从张建军的书中得知,英国学者吉奇(P. T. Geach)构造了一个"悖论",在前提和推导过程中均没有使用"假"或"否定"(这个悖论实际上就是前面第六章谈到的"寇里悖论",至少是它的一个变体)。考虑语句(∗):如果(∗)是真的,则 q。用公式表示(∗),即(∗)→q。从(∗)出发,可以纯句法地推出任意语句 q,推导过程如下:

(1) (∗):(∗)→q	(∗)本身
(2) (∗)→(∗)	同一律
(3) (∗)→((∗)→q)	由(2)定义置换
(4) (∗)→q	由(3)据吸收律
(5) (∗)	由(4)定义置换
(6) q	(4)(5)分离

张建军指出,"吉奇悖论的魔力并不大于原型说谎者,它只不过是说明把语义悖论归结于'否定性自指'不正确罢了。"[1] 不过,我倾向于不把

---

[1] 张建军:《逻辑悖论研究引论》,119 页。

（＊）看作一个"悖论性语句"，至少不是一个严格悖论，因为从它只是推出了任意命题 q，而不是一个矛盾等价式，当然既然 q 是任意的，它就可以是一个矛盾等价式。但问题是，经典逻辑中有一条定理：从逻辑矛盾可以推出任一命题 q。按同样的道理，是不是任何逻辑矛盾都是严格悖论呢？显然不能这么认为，因为如此一来，在逻辑矛盾与严格悖论之间就没有任何区别了。顺带指出，任意命题 q 之所以能从"（＊）：（＊）→q"推出，就在于（＊）既表示条件命题"（＊）→q"，同时又是该命题的前件，就像一个名字既指称一个人，又指称这个人的一个脚指头。于是，我们可以随便地把适于那个人的描述安到那个脚指头上，也可以把适于那个脚指头的描述安到那个人身上，所得出的结论之惊世骇俗，就丝毫不让人诧异了。这表明，"（＊）：（＊）→q"这个命题是有严重缺陷的。

上面说明，悖论的产生与自指加否定有关，但问题在于：自指加否定是否必然导致悖论？看来未必，例如：

> 本语句不是中文语句；
> 本人不是所有中国人中最聪明的中国人。

都不构成悖论。

于是有人说，形成悖论的不是一般的否定概念，而是被片面夸大到绝对的否定概念。悖论总是与绝对否定概念相关联的。问题在于什么是"绝对否定概念"？他们举例说，像"最大""最小"这样的概念并不是绝对否定概念，因此像"小李是本班个子最高的人"并不构成悖论；但如果说"小李是比他所在班上所有人都高的人"，情况就不同了，由于"比他所在班上所有人都高的人"是一个绝对否定概念，上述命题就会导致悖论。[1]

由此看来，所谓"绝对否定"，实际上涉及"否定性自指""总体"和"无限"的问题。

---

[1]　参见夏基松、郑毓信：《西方数学哲学》，186 页。

三、严格悖论与总体、无限

罗素认为，悖论产生的原因在于恶性循环。他提出了著名的（禁止）"恶性循环原则"："'凡涉及一个集合的全部元素者，它一定不是这一集合的一个元素'；或者相反，'如果假定某一集合有一个总体，且这个总体含有仅由这个总体才能定义的元素，那么所说的集合就没有总体'。"[1] 罗素说，像"所有命题"这样的说法，在它成为一个合法的总体之前，必须以某种方式加以限制；任何使它合法的限制还必须使关于总体的任何陈述不属于这个总体的范围之内。

我认为，与悖论相关的总体有两类：

一类涉及有穷，最典型的是如下的"砝码悖论"："共有五个命题，其中有两个真命题，两个假命题，第五个命题说：'假命题比真命题多'。"再如："我说过的所有话，包括本句话在内，都是假的。"不管此人多么长寿，也不管他一生中说过多少话，由于其生也有涯，遣"有涯之生"说"无涯之事"，即使不停地说，"说"还是"有涯"，他所说过的话语在数量上必定是有穷的。前面说到过的由直接自指造成的悖论，以及由间接自指造成的悖论如"转圈悖论""砝码悖论"等，大多涉及有穷的总体。若间接自指涉及无穷，一般不会形成"圈"，而只是"无穷倒退"，但尽管无穷倒退在逻辑上有严重缺陷，却并不导致悖论。

另一类涉及无穷，各种各样的"大全集"都是如此："所有不以自身为元素的集合之集"，"所有序数的集合"，"所有基数的集合"，等等。对"无穷"有两种看法：潜无穷和实无穷。潜无穷把无穷性对象看成一个永无止境的过程，强调其过程性；实无穷则是把无穷性对象看成是完成了的整体，强调其完成性。我认为，即使不是全部也至少是大多数逻辑—数学悖论源自对潜无穷对象做了实无穷的处理。例如，根据素朴集合论的造集规则，"所有不以自身为元素的集合之集合"就是一个潜无穷对象，但当我们

---

[1] 罗素：《逻辑与知识》，76 页。

问这个新集合是不是自身的元素时,显然是把它当作一个完成了的整体,
于是导致罗素悖论。因此,克服此类悖论的办法之一就是不允许对潜无穷
对象做实无穷的处理。后来的公理集合论大致沿着这条途径进行。

关于悖论产生的根源,不同的研究者做出了不同的哲学抽象。例如,
有人认为,悖论是客观实在的辩证性与主观思维的形而上学性质及形式逻
辑化方法之间的矛盾的集中体现。[1]张建军指出:"辩证哲学对于悖论产
生的根源的一般认识可以概括为:认识对象所固有的矛盾和主客观之间的
矛盾,便是悖论产生的实在根源。更具体地说,悖论产生于人类思维'超出
它自己的那些进行分离的规定,并且要联系它们'之时。这些用于进行分
离的规定是一些范畴,诸如我们谈到的个别与一般、肯定与否定、间断性与
连续性、静止与运动等等。在利用这些范畴进行的抽象思维的基础上,再
对它们本身进行考察之时,若仍然局限于固定范畴的知性思维方法,考察
它们的联结,或考察它们的联结的最高问题(存在和非存在的关系、真与假
的关系等等),便会产生悖论性的冲突。用哲学的术语概而言之:悖论产生
于在人类思维中进行相对与绝对的'割离性'联结之时。这便是辩证哲学
对于悖论根源的一种深层把握。"[2]

四、语义悖论与 T-模式

需要指出的是,对语义悖论的新近研究越来越不把矛头对准自我指
称,认为自我指称在日常语言中几乎是难以避免的,而更多地把矛头对准
了与真概念相关的 T-模式以及真概念和真理论本身。对语义悖论的重新
思考引起了对真概念和真理论的重新思考。

语义悖论的典型代表是说谎者悖论,即这样的句子:说它真则它非真,
说它非真则它真。按照我们的常识,悖论句子的存在意味着这个推理系统
是不足道的,而一个不足道的系统可以推出任何东西来,这使得该系统变

---

[1] 参见夏基松、郑毓信:《西方数学哲学》,174 页。
[2] 张建军:《科学的难题——悖论》,240—241 页。

得没有意义了。那么,我们如何处理这类悖论呢? 经过分析,说谎者悖论的产生原因大概有以下几个:(1) T-模式:x 是真的当且仅当 A,其中 A 是句子,x 是 A 的名字,用形式语言表示:Tx↔A,即说一个句子是真的是成立的当且仅当这个句子是成立的;(2) 我们的语言中能构造出一个直接或间接说自己非真的句子;(3) 我们语言的语义学是经典语义学,即塔斯基语义学。可能的解决方案不外乎这样几种:(1) 修改 T-模式,使得与之有关的推理受到限制,从而使得"p 是真的当且仅当 p 非真"这样的句子推不出来;(2) 限制语言的表达力,使得语言中构造不出说谎者悖论这样的句子,由此排除说谎者悖论;(3) 改变语义学,即提供不同的赋值模式,使得"p 是真的当且仅当 p 非真"这样的句子不是假的;(4) 以上几种方案的排列组合。

通常认为,说谎者悖论的产生有自指、否定等原因,上述第二种方案相当于限制自指,第三种方案相当于改变否定词。限制自指的解悖方案中最著名的就是塔斯基方案,改变否定词的方案中比较典型的是次完全(paracomplete)类和次协调(paraconsistent)类方案。修改 T-模式的方案也有很多,比如修正真理论(revisionary theory of truth)就是通过修改对 T-模式的理解来处理说谎者语句。这种方案把"x 是真的"当且仅当"A"中的"当且仅当"理解为定义,即右面的"A"是对左面的"x 是真的"的定义,然后再根据修正语义通过右面的"A"的赋值得出左面的"x 是真的"的赋值。这种方案中的语义学可以是二值的,且在其中仍然会出现"A'当且仅当'¬A"的情况,但这不是矛盾,因为其中"当且仅当"表示的并不是一阶逻辑中的"当且仅当"关系,而是一种定义关系。从某种意义上说,菲尔德的方案也是修改 T-模式的方案,因为他相当于重新定义了"↔"的语义,使得一些与"↔"有关的会导致悖论的推理规则或定理不再成立,由此来避免"A↔¬A"这种形式的悖论出现。

近些年来,有人提倡"公理化的真理论",它也是与符合真理论、冗余真理论、融贯真理论等等一样的关于"真"(truth)的一种理论,并非专为解决说谎者悖论而提出,但是因为说谎者悖论与真谓词有关,所以任何一种真理论都要处理说谎者悖论,在此种意义上,公理化的真理论也可以看作一种解悖方案,而且它们中的很多就是为了处理说谎者悖论而创立的。由于划分标准不同,上面提到的有些方案也可以看作是公理化的真理论,比如菲尔德方案也是一种公理化;还有的方案最初不是公理化的真理论,但后来被别人发展成了公理化的真理论,比如克里普克方案。

简单地说,公理化的真理论是这样的:一个系统的解悖方案最好是公理化的,而一个公理化的方案如果足够丰富以至于包含比如说初等算术,同时又把 T-模式作为公理加进去,则很容易导致悖论。有人认为,也许可以修改或限制 T-模式这条公理,从而避免说谎者悖论。公理化的方案大致可分为两类:一类是"分类型的真理论"(typed theories of truth):如果 $Tx(T_nx)$ 的 x 中包含了 $T(T_n)$,那么,通过公理消除所有与之有关的推理,从而消除与自指有关的推理步骤,以此来消除悖论。这类方案相对简单,而且推理能力比较弱。其主要代表就是公理化的塔斯基方案。另一类是"不分类型的真理论"(type-free theories of truth),这类方案中的 x 可以包含同一个 T,但也会通过公理限制带自指句子的推理,从而避免悖论。这类方案的代表有 FS 理论(Friedman-Sheard theory),KF 理论(Kripke-Feferman theory)等。[1]

第三节 次协调逻辑与严格悖论

次协调逻辑(Para-consistent Logic)是在研究悖论的过程中提出来的。已有的各种解决悖论的方案在总体上不太成功,在学术圈内逐渐滋长了另一种倾向,即转而对悖论持肯定的态度,认为悖论也许是我们的思维甚至是外在世界中固有的,是永远摆脱不掉的。因此,对于悖论的正确态度,也许不是拒斥它,而是学会与它相处;当出现矛盾或悖论时,更合理的办法也

---

[1] Halbach,V. & Horsten, L. "Axiomatizing Kripke's Theory of Truth," *The Journal of Symbolic Logic*, Vol. 71, 2006, No. 2, pp. 677—712; Halbach, V. *Axiomatic Theories of Truth*, Cambridge: Cambridge University Press, 2011.

许是仍然让它们留在理论体系，但把它们"圈禁"起来，不让它们任意扩散，危害我们所创立或所研究的理论整体，使它们成为"不足道"(trivial)的。这种观点显然与认为矛盾律至高无上的经典逻辑不相容，与传统的真理观也不相容。于是，有些研究者如普利斯特(Graham Priest)，就选择了如下途径：修改传统的真理论，修改不允许任何矛盾、主张从矛盾可以推出任一命题的经典逻辑，建立所谓的"次协调逻辑"，其中能够容纳有意义、有价值的"真矛盾"，但这些矛盾并不能使系统推出一切，导致系统自毁。于是，这些新逻辑具有一种次于经典逻辑但又远远高于完全不协调系统的协调性。[1]

次协调逻辑家们认为，如果在一个理论 T 中，一个语句 A 及其否定 ¬A 都是定理，则 T 是不协调的；否则，称 T 是协调的。如果 T 所使用的逻辑包含所谓的"爆炸律"，即 A∧¬A→B，意思是：从互相否定的两个公式可推出任一公式，则不协调的 T 一定是不足道的。因此，通常以经典逻辑为基础的理论，如果它是不协调的，则它一定是不足道的。这一现象表明，经典逻辑虽可用于研究协调的理论，但不适用于研究不协调但又足道的理论。

对次协调逻辑系统 C_n 的特征性描述包括下述命题：

(1) 矛盾律¬(A∧¬A)不普遍有效；

(2) 从两个相互否定的公式 A 和¬A 推不出任一公式；即是说，矛盾不该在一个系统中任意扩散，矛盾不等于灾难；

(3) 应当容纳与(1)和(2)相容的大多数经典逻辑的推理模式和规则。

上述(1)和(2)表明了对矛盾的一种相对宽容的态度，(3)则表明次协调逻辑对于经典逻辑仍有一定的继承性。

在次协调逻辑的众多支持者中，普利斯特是最为著名的。下面介绍他

---

[1] Priest, G. "Paraconsisitent Logics," in Gabbay, Dov M. & Guenthner, F. (eds.): *Handbook of Philosophical Logic*, Second Edition, vol. 6, 2002; *In Contradiction*, *A Study of the Transconsistent*, Leiden: Martinus Nijhoff Publishers, 1989.

为解决悖论所设计的一个新型逻辑——悖论逻辑,以及他在哲学方面的主张——双重真理论(Dialetheism)。

一、悖论逻辑

普利斯特在 1979 年建立了悖论逻辑[1],记为 LP。从语义上看,LP 的解释是一个有序对$\langle D, d \rangle$,其中 D 是个体域,d 为映射,它把个体常项 c 映为个体域中的元素 a,把谓词常项 P 映为有序对 $< E_p, A_p >$,其中 E_p 和 A_p 分别是外延和反外延。另外,要求 $E_p \cup A_p = D$,但是有可能 $E_p \cap A_p \neq \varnothing$。1 和 0 分别表示"真"和"假"。令 V 是悖论逻辑的赋值。原子公式的赋值按以下规则定义:

$$1 \in V(Pc) \quad 当且仅当 \quad d(c) \in E_p$$
$$0 \in V(Pc) \quad 当且仅当 \quad d(c) \in A_p$$

等词的赋值按照以下规则定义:

$$1 \in V(c_1 = c_2) \quad 当且仅当 \quad V(c_1) = V(c_2)$$
$$0 \in V(c_1 = c_2) \quad 当且仅当 \quad V(c_1) \neq V(c_2)$$

命题联结词和量词的真值函数按以下规则定义:

$$1 \in V(\neg \phi) \quad 当且仅当 \quad 0 \in V(\phi)$$
$$0 \in V(\neg \phi) \quad 当且仅当 \quad 1 \in V(\phi)$$
$$1 \in V(\phi \wedge \psi) \quad 当且仅当 \quad 1 \in V(\phi) 并且 1 \in V(\psi)$$
$$0 \in V(\phi \vee \psi) \quad 当且仅当 \quad 0 \in V(\phi) 或者 0 \in V(\psi)$$
$$1 \in V(\forall x \phi) \quad 当且仅当 \quad 任给 a \in D, 都有 1 \in V_{(a/x)}(\phi)$$
$$0 \in V(\exists x \phi) \quad 当且仅当 \quad 存在 a \in D, 使得 0 \in V_{(a/x)}(\phi)$$

等价地,也可以把悖论逻辑看作三值逻辑,它的真值包括 1(真)、0(假)、以及 b(既真又假),其中 1 和 b 是特指值。令 V 是这个三值逻辑的赋值。任

---

[1] Priest, G. "The Logic of Paradox," *Journal of Philosophical Logic* 8, 1979, pp. 219—241.

给原子公式 φ，V(φ) ∈ {1,0,b}。直观地说，对于原子公式 Pc，如果 V(c) = a，V(P) = (E_p, A_p)，则该原子公式的真值条件是：

$$V(Pc) = 1 \quad 当且仅当 \quad a \in E_p 并且 a \notin E_p \cap A_p$$
$$V(Pc) = b \quad 当且仅当 \quad a \in E_p \cap A_p$$
$$V(Pc) = 0 \quad 当且仅当 \quad a \in A_p 并且 a \notin E_p \cap A_p$$

否定、合取和析取的真值表如下：

¬	
1	0
b	b
0	1

∧	1	b	0
1	1	b	0
b	b	b	0
0	0	0	0

∨	1	b	0
1	1	1	1
b	1	b	b
0	1	b	0

蕴涵和等值的真值表如下：

→	1	b	0
1	1	b	0
b	1	b	b
0	1	1	1

↔	1	b	0
1	1	b	0
b	b	b	b
0	0	b	1

按照通常的方式，蕴涵可以由否定和合取定义，等值可以由合取和蕴涵定义。令 ⊨ 是 LP 的语义后承。语义后承的定义是：φ ⊨ ψ，当且仅当，如果 V(φ) ∈ {1,b}，则 V(ψ) ∈ {1,b}。

从语法上看，所有经典逻辑的重言式都是 LP 逻辑的重言式。然而，并非所有经典逻辑的推理规则在 LP 中都成立。如下推理规则在 LP 中不成立：

$$\phi \wedge \neg\phi \models \psi$$
$$\phi \rightarrow \psi, \psi \rightarrow \chi \models \phi \rightarrow \chi$$
$$\phi, \neg\phi \vee \psi \models \psi$$
$$\phi, \phi \rightarrow \psi \models \psi$$

$$\phi \to \psi, \neg\psi \models \neg\phi$$

$$\phi \to \psi \wedge \neg\psi \models \neg\phi$$

$$\forall x\phi, \forall x(\phi \to \psi) \models \forall x\psi$$

$$\forall x(\phi \to \psi), \forall x \neg\psi \models \forall x \neg\phi$$

$$\forall x(\phi \to \psi), \forall x(\psi \to \chi) \models \forall x(\phi \to \chi)$$

但是,如下推理规则在 LP 中依然成立:

$$\phi \models \phi \vee \psi$$

$$\phi, \psi \models \phi \wedge \psi$$

$$\phi \to \psi \models \neg\psi \to \neg\phi$$

$$\phi \to (\psi \to \chi) \models \psi \to (\phi \to \chi)$$

$$\phi \models \psi \to \phi$$

$$\neg\phi, \neg\psi \models \neg(\phi \vee \psi)$$

$$\neg\phi \to \neg\psi \models \psi \to \phi$$

$$\neg(\phi \vee \psi) \models \neg\phi$$

$$\phi \models \neg\neg\phi$$

$$\neg\neg\phi \models \phi$$

$$\neg\phi \models \neg(\phi \wedge \psi)$$

$$\neg(\phi \to \psi) \models \phi$$

$$\phi \wedge \psi \models \phi$$

$$\phi, \neg\psi \models \neg(\phi \to \psi)$$

$$\phi \to \psi \models \phi \wedge \chi \to \psi \wedge \chi$$

$$\neg\phi \models \phi \to \psi$$

$$\phi \to (\phi \to \psi) \models \phi \to \psi$$

$$\phi \to \neg\phi \models \neg\phi$$

$$\forall x\phi, \forall x\psi \models \forall x(\phi \wedge \psi)$$

$$\forall x\phi \models \neg\exists x \neg\phi$$

$$\forall x\phi \models \forall x(\phi \vee \psi)$$

$$\forall x(\phi\rightarrow\psi)\vDash\forall x\phi\rightarrow\forall x\psi$$

$$\forall x\phi\vDash\phi(y/x)$$

$$\forall x\phi\vDash\forall x(\psi\rightarrow\phi)$$

$$\forall x(\phi\rightarrow\psi)\vDash\forall x(\neg\psi\rightarrow\neg\phi)$$

$$\forall x\phi\vDash\forall x(\neg\phi\rightarrow\psi)$$

$$\forall x(\phi\rightarrow\psi)\vDash\exists x\phi\rightarrow\exists x\psi$$

有兴趣的读者可以自己利用真值表进行检验。

二、双面真理论

一般地说，我们只有两个真值——真和假，即 1 和 0，也就是说，对于任意语句，我们要么判断其为真，要么判断其为假，它不可能既真又假，也不可能既不真也不假。普利斯特质疑，我们直接地对于所有语句的判断，间接地对于整个世界的判断，仅仅依靠这两个真值就足够了吗？悖论在某种程度上揭示出，我们并不能仅仅依靠两个真值进行充分地判断。由此，我们可以扩大真值集的范围，从真值集扩展为真值集的幂集，即

$$P(\{1,0\})=\{\varnothing,\{1\},\{0\},\{1,0\}\}$$

由此，我们从两个真值扩展到四个真值，其中 $\varnothing$ 表示既不真也不假，$\{1\}$ 表示真，$\{0\}$ 表示假，$\{1,0\}$ 表示既真又假。$\varnothing$ 也被称为真值空隙（gap），$\{1,0\}$ 也被称为真值重合（glut）。在真值集的基础上，我们还要规定特指值。从直观上来看，所有包括 1 的集合都应该是特指值，也就是说，$\{1\}$ 和 $\{1,0\}$ 是特指值。

对于悖论逻辑 LP 来说，它是一种三值逻辑，其真值集是 $\{\{1\},\{0\},\{1,0\}\}$，其特指值是 $\{1\}$ 和 $\{1,0\}$。而 LP 与克林逻辑具有对偶关系，后者简记为 K。K 的逻辑联结词的真值表与 LP 相同，但是区别在于，K 把 LP 的真值重合（$\{1,0\}$）修改为真值空隙（$\varnothing$），并且 K 的语义后承关系的定义是：$\phi\vDash\psi$，当且仅当，如果 $V(\phi)\in\{1\}$，则 $V(\psi)\in\{1\}$。也就是说，K 的真值集是 $\{\varnothing,\{1\},\{0\}\}$，其特指值是 $\{1\}$。在普利斯特看来，LP 的特指

值{1,0}意味着我们承认"真矛盾"(true contradiction),即既真又假。这就是所谓的双面真理论。普利斯特在不同的地方为双面真理论提出了不同的辩护,我们在普利斯特论证的基础上给出如下简化的辩护策略:

(Ⅰ) 为了对语句做出充分的判断,我们必须对真值集进行扩展;

(Ⅱ) 在扩展的真值集中,真值空隙是不合理的,必须将其排除出真值集;

(Ⅲ) 在扩展的真值集中,真值重合是合理的,必须将其保留;

(Ⅳ) 在保留的真值集中,真和真值重合都是特指值。

根据(Ⅰ),真值集从{1,0}扩展为{∅,{1},{0},{1,0}};根据(Ⅱ)和(Ⅲ),我们得到的真值集是{{1},{0},{1,0}};根据(Ⅳ),我们得到的特指值是{1}和{1,0}。因此,为了论证双面真理论的合理性,特别地为了给 LP 做辩护,我们必须逐一地对(Ⅰ)、(Ⅱ)、(Ⅲ)和(Ⅳ)的合理性进行辩护。相反地,为了说明双面真理论的不合理性,我们也可以对上述四条中的任何一条进行反驳。

无论如何,悖论逻辑以及双面真理论有助于我们从一个新的视角来考察悖论。从实质上说,悖论逻辑及其背后的次协调思想告诉我们,矛盾并不是洪水猛兽,我们无须对矛盾采取畏惧和逃避的态度。在经典逻辑中,由于如下爆炸律:

$$\phi \wedge \neg \phi \models \psi$$

推出矛盾就意味着推出一切,这也就意味着包含矛盾的逻辑系统是一个不足道的系统。然而,在 LP 中,爆炸律不成立;因此,虽然我们推出了矛盾,但是矛盾并不能推出一切。但是,为了让爆炸律失效,LP 也付出了巨大的代价:它使得如下分离规则不成立:

$$\phi, \phi \rightarrow \psi \models \psi$$

而分离规则对于任何逻辑推理来说具有实质意义,因此,丧失了分离规则,也就丧失了绝大多数的逻辑推理。是否能够恢复经典逻辑的推理? 这是

LP 所面临的一个巨大挑战。

第四节　关于悖论的几个问题

一、悖论是否具有统一的结构?

鉴于"悖论"一词的宽泛性和包容性,很难在本书所谈到的各种类型的"悖论"之间找到某种统一的结构。即使把"悖论"一词的使用限制在如下意义上:"从看似明显为真的前提,通过看似明显有效的推理,得出了假的或荒谬的或自相矛盾的结论;但我们很难轻易地发现,矛盾究竟出自何处,如何摆脱或消除它们",我们最多只能在其中找出如下的共同要素:看似明显为真的前提,看似明显有效的推理,自相矛盾的结论,但很难摆脱或消除矛盾。但这最多是共同的特征,而不是统一的结构。但是,如果我们只盯住两类严格悖论,即逻辑—数学悖论和语义悖论,情况就有所不同。

汤姆逊(J. F. Thomson)于 1962 年发表一篇论文——《论几个悖论》,证明通常所谓的逻辑—数学悖论和语义悖论实际上有共同的结构。[1] 他利用康托尔的对角线方法,证明了一条对角线定理 I:

> I　设 S 是任一集合,R 是至少在 S 上有定义的任意关系,则 S 中不存在这样的元素,它与且仅与 S 中所有那些与其自身没有 R 关系的元素具有 R 关系。

用集合论的语言表述,I 就是:

$$\neg(\exists y)(y \in S \wedge (\forall x)(x \in S \rightarrow (R(y,x) \leftrightarrow \neg R(x,x))))$$

由于集合可以用相应的谓词来刻画,我们可以把集合论语言"$y \in S$"翻译为一阶语言"$S(y)$",于是,这条定理的一阶逻辑表达方式是:

---

[1] Thomson, J. F. "On Some Paradoxes," *Analytical Philosophy* (first series), ed. R. J. Butler, London and New York: Blackwell, 1962, pp. 104—119. 中文摘译见张建军、黄展骥:《矛盾和悖论新论》,石家庄:河北教育出版社,1998 年,162—169 页。

$$\neg(\exists y)(S(y) \wedge (\forall x)(S(x) \rightarrow (R(y,x) \leftrightarrow \neg R(x,x))))$$

只要使用反证法、存在消去、全称消去、分离规则等,就能证明这个公式是一阶逻辑的定理。

汤姆逊指出,理发师悖论、格雷林悖论、理查德悖论、罗素悖论都是建立在对角线方法之上的。

先看格雷林悖论,这是汤姆逊重点分析的对象。作为对角线定理的特例,没有哪一个形容词的汇集中含有这样一个形容词,它对且只对该汇集中所有那些"非自谓的"(不适用于自己)的形容词为真。但另一方面,我们确实可以把所有那些不适用于自身的形容词叫做"非自谓的",这后一形容词就刻画了所有这些形容词的共同性质。悖论!

再看理查德悖论的一个变体。令 N 是正整数集合,并设 N 按字典顺序排列,以便我们能够谈论 N 中第 1 个名称,第 2 个名称,……令 $R(y,x)$ 表示:如果已用 N 中第 x 个名称命名一正整数集合,则 y 不在该集合之中。那么,作为 I 的特例,在 N 中一定存在这样一个正整数的集合,在 N 中没有它的命名,这个集合就是 $\{x \mid \neg R(x,x)\}$。但另一方面,$\{x \mid \neg R(x,x)\}$ 本身就给出了这个集合的命名。悖论!

然后看罗素悖论。令 S 是集合的一个汇集,再令 S′ 是 S 中所有那些正常集合(本身不能作为自己的一个元素的集合)的汇集。作为 I 的特例,则 S′ 就不是 S 中的一个集合。换句话说,如果存在由且只由 S 中所有那些正常集合组成的汇集,则 S′ 就不是这个汇集的元素。特别地,如果 S 中的所有集合都是正常集,则 S 就不是它自身的元素。但另一方面,"本身不能作为自己的一个元素的集合"也是一类集合的一条性质,根据素朴集合论的概括规则,也能够构成一个集合,这个集合也应该把它本身包括在内。悖论!

最后看理发师悖论。设 S 是某村村民的集合,$R(y,x)$ 定义为"y 给 x 理发",作为 I 的特例,在 S 中不存在这样的村民,他给并且只给那些不给自己理发的人理发,因而从理发师的规定出发,必然导致悖论。由于前面已经说过的原因,汤姆逊把这个悖论叫做"伪悖论"。由于对角线定理对

理发师悖论的分析最容易理解,后来有的逻辑学家把对角线定理干脆叫做
"理发师定理"。

汤姆逊没有分析说谎者悖论。按张建军的分析,设 S 是所有命题的集
合,R(y,x)定义为"y 说 x 真",作为 I 的特例,不存在这样一个命题,它说
x 为真当且仅当 x 为假。但是,根据拉姆塞、斯特劳森等人所主张的冗余真
理论,每一个命题都自动地说它自己为真,因此构成说谎者悖论的语句"本
语句是假的"也是如此。悖论![1]

按照拉姆塞的分类,格雷林悖论、理查德悖论、罗素悖论、理发师悖论、
说谎者悖论属于不同的悖论类型。而按照汤姆逊的分析,所有这些悖论都
具有统一的结构,这就等于取消了拉姆塞的分类。正因为如此,在汤姆逊
的工作以后,有些西方逻辑学家把所有这些悖论统称为"对角线悖论"。

为了更好地反思悖论,揭示其背后的深层原因,普利斯特为大多数悖
论提出一个统一的结构,即围笼模式(the inclosure schema)[2]。令 φ 和 ψ
是性质,δ 是一元函数,它们满足以下条件:

(1) $\Omega = \{y \mid \phi(y)\}$ 存在,且 $\psi(\Omega)$;

(2) 任给 x,如果 $x \subseteq \Omega$ 并且 $\psi(x)$,则 x 满足如下两个要求:

(a) $\delta(x) \notin x$

(b) $\delta(x) \in \Omega$

条件(1)是说,存在一个集合 Ω,这个集合中的元素都具有 φ 这个性
质,并且 Ω 这个集合本身具有 ψ 这个性质。条件(2)是说,如果 Ω 这个集
合的子集 x 也具有 ψ 这个性质,那么,函数 δ 把 x 映射为 $\delta(x)$,使得 $\delta(x)$
不属于 x 并且 $\delta(x)$ 属于 Ω。普利斯特分别把(a)和(b)称为超越(tran-
scendence)和闭合(closure)。因为 Ω 本身也是 Ω 的子集,并且 Ω 具有 ψ
这个性质,所以 $\delta(\Omega) \notin \Omega$ 并且 $\delta(\Omega) \in \Omega$,矛盾。由此可见,围笼模式可
以帮助我们很容易地导出一个悖论。以罗素悖论为例,令 ρ_x 是 $\{y \in x \mid y \notin$

---

[1] 参见张建军、黄展骥:《矛盾和悖论新论》,152—153 页。

[2] Priest, G. *Beyond the Limits of Thought*, Second edition, Oxford: Clarendon Press, 2002, pp.
276—280.

y｝的缩写。按照围笼模式,我们把 ρ_x 看作函数 $\delta(x)$,也就是说,我们规定函数 δ 把任意集合 x 映为 x 的元素中那些不属于自身的集合所构成的集合,即把 x 映为 ｛y ∈ x｜y ∉ y｝。然后,我们把 ϕ 和 ψ 都看作“是集合”这个性质,也就是说,$\Omega = ｛y : \phi(y)｝$ 是大全集。根据围笼模式,可以很容易地得出,所有不属于自身的集合既是一个集合又不是一个集合,也就是说,$\rho_\Omega \notin \Omega$ 并且 $\rho_\Omega \in \Omega$。

普利斯特认为,从表面上看,悖论似乎是一个形如“A ∧ ￢A”的结论。但是,从更深层次看,在这个表面结论的背后包含着一个“超越—闭合”的结构,即围笼模式所提到的(a)和(b)。下面以思想悖论为例,更为直观地说明这一“超越—闭合”结构。可以把思想悖论简单地表述为:我们可以思想一个思想,其中前一个“思想”是动词,表示一种思想活动,而后一个思想是名词,表示思想活动的结果。那么,我们是否可以思想所有的思想?一方面,因为我们可以把所有的思想都合并到一起,所以我们可以思想所有的思想;另一方面,当我们思想所有的思想时,这一思想活动本身又导致一个新的思想结果,所以我们永远也不能思想所有的思想。因此,我们既可以思想所有的思想,又不能思想所有的思想,矛盾。

在这个悖论中,所有的思想作为一个固定的结果,它形成了一个界限;而思想这一活动本身又不断地产生出新的作为结果的思想。由此可以看出,这个悖论中有两个对立的因素:界限者(limit)和产生者(generator),前者试图为思想的范围划定一个明确的界限,而后者不断地产生新的思想而突破这个界限。也就是说,界限者像盾一样,从外部静态地限定一个整体;而产生者就像矛一样,从内部动态地突破这个整体。事实上,界限者与产生者恰恰对应于围笼模式中的闭合与超越。普利斯特由此认为,为了解决悖论,避免矛盾,我们不能简单地从“A ∧ ￢A”这一表面结论入手,而应从其背后的产生者与界限者、超越与闭合入手;也就是说,通过揭示出悖论背后的深层原因来避免悖论。但是,在很多情况下,悖论背后的产生者与界限者都有其直观上或哲学上合理的根据,二者的地位在某种程度上是不可动摇的;因此,限制产生者和界限者的方案并不是面对悖论的正确态度。

或许我们可以反其道行之，不是限制导致悖论的前提，而是承认悖论导致的结论，即 $A \land \neg A$。正是基于这样的想法，普利斯特创立了承认"真矛盾"的"悖论逻辑"。

二、自我指称是否应该尽量避免？

在欧洲中世纪，有些逻辑学家不允许自我指称，认为含有自我指称的命题是无意义的。例如，当时有人认为，当苏格拉底说他自己说谎时，他并没有说什么。没有一个不可解命题（悖论式命题）是真的或假的，因为这类命题没有一个能真正表达命题。美国哲学家兼逻辑学家皮尔士（C. S. Peirce）一度也主张类似的观点。他在1864—1865年的一篇讲稿中指出，一个断言性命题必须与一个"外部对象"有关系，"逻辑法则仅仅对具备一个对象的符号发生作用"，对于像"本命题是假的"这样的说谎者悖论型命题失效，因为后者是"无意义的"，它只说到它自己，自己表明自己，没有"外部对象"，无任何"外部关系"。[1]

如前所述的几种主要悖论解决方案，至少是通过避免自我指称来避免悖论的。公理集合论通过修改或限制概括规则的使用，或者通过更严格地限制集合元素的资格，避免了自我指称。罗素最明确地反对自我指称，他称自我指称是"恶性循环"，将导致"不合法的总体"，因此他旗帜鲜明地提出禁止"恶性循环原则"。塔斯基语义学则通过对语言的无限分层并使"真""假"等语义概念相对于某个层次的语言而言，来避免自我指称。克里普克把塔斯基的程序倒过来，从某个具体的语句开始，反过来追溯它为真或为假的根据或基础，以此说明：悖论的语句都是"无根的"，但"无根的"句子不一定导致悖论。但是，随着一些研究者对悖论逐渐持肯定态度，人们对自我指称也逐渐由持否定态度转而持肯定态度，有的论者甚至论证说，自我指称不可能避免，它是存在于自然界包括生物系统、社会和人类思

---

〔1〕 Peirce, C. S., *Writings of Charles S. Peirce*, *A Chronological Edition*, *Volume 1*（*1857—1866*）, Eds. by Edward C. Moore, Max H. Fisch, *et al.* Bloomington and Indianapolis: Indiana University Press, 1982, pp. 174—175.

维的各个领域的一种普遍现象。这种观点最典型的代表就是霍夫施塔特（D. R. Hofstadter）的《哥德尔、艾舍尔、巴赫——集异璧之大成》，此书中文版已由商务印书馆于 1996 年出版。但其缩写本此前曾以《GEB——一条永恒的金带》为书名，由四川人民出版社列入当时轰动一时的《走向未来丛书》出版，影响很大。霍夫施塔特在哥德尔定理、埃舍尔的绘画、巴赫的交响乐中都发现了由自我指称、自相缠绕而形成的"怪圈"，并且他还把这种怪圈推广至几乎一切领域：大脑思维，人工智能，严密的数学，抽象的音乐，形象的美术，甚至是生命系统，都无法摆脱这种由自我指称、自相缠绕而形成的"怪圈"。在某种意义上，这个世界就是一个自我指称、自相缠绕、自组织、自修复的"怪圈"或整体！实际上，他把自我指称、自相缠绕普遍化甚至是本体论化了。国内一些论者受该书影响，把他们自己理解的"怪圈""悖论"进一步普遍化，在当时的学界几乎刮起了一股"悖论""怪圈"旋风，谈"怪圈""悖论"几成时髦！如果该书作者及其追随者的观点成立的话，自我指称不仅合法，而且是势所必至，是我们不接受也得接受的东西；相应地，悖论也就不可能避免，并且也不应该避免，我们必须学会与悖论友好相处。

但是，我对此种观点自始至终持怀疑态度，迄今亦然。关于自我指称，我曾一再表达了如下非常强的个人信念：

> 在我看来，含有自我指称的语句是有意义的，我们作为正常人完全能够理解"本语句是假的""本语句不是用汉语印刷的"在说什么。但是，自我指称是有问题的，应该尽量避免，这里所说的自我指称包括直接自我指称和间接自我指称。当把间接自我指称也包括进来之后，说"禁止自我指称"的要求对于避免悖论来说"过窄"这一指责已经失效，问题在于它是否"过宽"。确实，我们的思维中有很多自我指称是无害的，它们并不总是导致悖论，但在我看来，它们能够或可以导致悖论，就是我们应该对自我指称加以防范、限制乃至禁止的理由。就像违反交通规则并不总是导致交通事故，但交通事故大多因违反交通规则引起，因此我们就应该不违反交通规则。同样，尽管抽烟、酗酒、暴

饮暴食并不总是导致疾病,但它们很可能导致疾病,这就是应该不抽烟、不酗酒、不暴饮暴食的理由。反对"禁止自我指称"的惟一值得重视的理由在于:如果不允许任何形式的"自我指称",那么,我们将失去当代数理哲学研究中的所有最有意义的领域,集合论和递归论的基本定理将不会出现,全世界的数学家和逻辑学家将无事可做。还有,"自我指称"在人工智能研究中是一个不可避免的而又使人困惑不解的问题。但这类断言的真实性和可靠性是需要证明的,至少对我本人来说是如此。[1]

我已经注意到,我的如上观点面临着很多且很强的反例。

其一,本书第八章谈到的"自我修正的悖论"涉及美国宪法第五条,它规定了如何修正它作为其中一个条款的美国宪法的程序和规则。这样的条款显然是绝对必要的,但它明显包含着自我涉及或自我指称!甚至在我本人写作的这本悖论书的过程中,也经常要提到本书前面甚至后面的句子:它们如何如何,甚至这个句子就是如此!这都说明,自我指称或自我涉及很难完全避免;若完全限制甚至禁止自我指称,包括直接的或间接的自我指称,我们的好多话都没法说,甚至也不能说。这对于我们已经习惯了的日常说话方式将造成很大困扰,带来很大麻烦。

其二,前面提到,当代语义悖论研究的方向之一,就是认为自我指称很难避免;要摆脱悖论,必须另寻他途,例如重新定义真概念和重新建构真理论,甚至修改或限制经典逻辑的使用。

其三,有不少学者已经发表了与我上面的意见相反的看法,或隐含地对与我上面说法类似的说法提出了批评。张建军指出:"自经典的解悖方案提出以来,始终有一些学者认为,该方案是罗素的恶性循环原则的一种新的体现,它的功能在于像分支类型论那样禁止自我指涉。然而正如我们已经看到,经典解悖方案与基于由自指定理所决定的自指构造的哥德尔不完全性定理本质相通,塔斯基不可能认为自指语句无意义。经典解悖方案

---

[1] 陈波:《逻辑哲学》,北京:北京大学出版社,2005 年,127 页。

所禁止的是'语义封闭'而绝非一般意义的自指。""……使克里普克敢于断言,自指语句的合法性无可置疑,就如同算术本身的合法性那样毋庸争辩。"[1]

尽管有如此多的反例或异议,我还是本能性地认为,自我指称是有问题的,至少是引发悖论的重要因素之一,还是应该使其以某种方式受到限制,甚至尽可能地避免。如何调和我的本能性见解与如上所述的"反例"或"异议"之间的不协调? 我只能老老实实地承认:我仍然没有想清楚,还需进一步探究。也许,最明智的办法是:把它作为一个开放问题留给未来和高明的同行去探究吧!

顺便指出,康宏逵在《模态、自指和哥德尔定理——一个优美的模态分析案例》一文[2]中,对哥德尔定理、自指和悖论的关系做了相当仔细的诠释和澄清,并得到这样的结论:

> 我看是收起一个时髦了多年的神话的时候了:
>
> 哥德尔式自指 = 怪圈 = 循环。
>
> 神话制造者霍夫施塔特的书不可信。这位先生一心借哥德尔之名发挥他的哲学:循环无所不在,包藏着宇宙之谜![3]

三、严格悖论是不是逻辑矛盾?

随着次协调逻辑的兴起,严格悖论被说成是不能被排除也不应被排除的"真矛盾";在国内学界被进一步说成是所谓的"辩证矛盾"。例如,有人说,逻辑悖论实质上是本体论意义上的辩证矛盾,而语义悖论实质上是认识论意义上的辩证矛盾;从真值方面说,逻辑悖论和语义悖论均属辩证矛盾命题,而不是逻辑矛盾命题。还有人认为,严格悖论既可以是逻辑矛盾,也可以是辩证矛盾:如果用形式逻辑的眼光看,它们是逻辑矛盾;如果用辩

---

[1] 张建军:《逻辑悖论研究引论》,133—135 页。

[2] 该文作为"译者序言"载于 R.B. 马库斯等著:《可能世界的逻辑》,康宏逵编译,上海:上海译文出版社,1993 年,1—92 页。

[3] 同上书,12 页。

证逻辑的眼光看,它们是辩证矛盾。另有人认为,严格悖论是中介于逻辑矛盾和辩证矛盾之间的第三种矛盾。[1]

我不否认存在着辩证矛盾,但对于把严格悖论视为辩证矛盾的说法缺乏任何同情。据我理解,所谓"辩证矛盾",是客观事物本身所存在的矛盾,在语句形式上它表现为两个互相否定的分句在同一个复句中并存,但这两个互相否定的分句常常是从不同方面或在不同意义上说的。例如,马克思在《资本论》中说,"剩余价值既在流通中产生,又不在流通中产生",因为剩余价值是在生产过程中而不是在流通过程中**创造**的,但剩余价值的**实现**却要经过流通领域;毛泽东的名言"帝国主义既是纸老虎,又不是纸老虎",恩格斯的名言"运动本身就是矛盾;甚至简单的机械位移之所以能够实现,也只是因为物体在同一瞬间既在一个地方又在另一个地方,既在同一个地方又不在同一个地方。这种矛盾的连续产生和同时解决正好就是运动"[2],以及"生命有机体的存在方式就是在每一瞬间既是它自身又不是它自身"等等,也可作如此理解。因此,辩证矛盾并不违反形式逻辑的矛盾律,并不是逻辑矛盾,后者是在同一时间、同一方面且在同一意义上对同一对象做出了两个互相否定的论断,例如同时说"所有天鹅是白的"和"有的天鹅不是白的"。但是,从悖论式语句推导出两个相互矛盾的语句时,其"推出"和"矛盾"都是形式逻辑意义上的,因而是逻辑矛盾。

不过,我认为,悖论是一种特殊形式的逻辑矛盾,其特殊性表现在:(1)推理过程看起来是合乎逻辑的。悖论不是在逻辑上进行明显错误推导的结果,包含明显逻辑错误的推导过程不生成悖论,本身直接就是谬误。(2)推理的前提是直观合理的或可接受的。这与从明显荒谬的前提出发推出矛盾有很大的区别,后者最明显的例子是反驳上帝万能的那个著名论证。如果上帝是万能的,那么,上帝能不能创造一块他自己举不起来的石头? 不管他能够创造还是不能创造这样一块石头,逻辑的结论似乎是:上

---

[1] 参见鲁林、宜春:《悖论研究观点述评》,《安徽大学学报》(哲学社会科学版),1992 年第 1 期。

[2] 恩格斯:《反杜林论》,北京:人民出版社,1970 年,117 页。

帝不可能是万能的。但在悖论那里情况与此不同，导致悖论的那些前提按照常识和直觉都是合理的、可接受的，以至究竟在哪个环节、哪个方面出了差错，以及用何种方法去对付它们，常常很不容易弄清楚，不同的研究者可以做出很不相同的分析和判断，相互之间很难取得共识。

既然我不承认严格悖论是所谓的"真矛盾"或"辩证矛盾"，而断言它们仍然属于逻辑矛盾之列，我就很难把次协调逻辑作为一种真正站得住的逻辑理论加以接受。在我看来，次协调逻辑在形式上或许说得过去，但问题在于其哲学方面。鉴于矛盾律在我们的思维和科学理论构造方面的中心作用，修改矛盾律或限制它的作用范围，必须给出充足的理由；以往解决悖论的方案在某些方面有缺陷，并不是我们可以转而承认悖论为所谓的"真矛盾"的充足理由。不过，我承认次协调逻辑具有某种程度的合理性，即作为某种权宜之计的"实用上的"合理性。

如果把经典逻辑定理"$A \wedge \neg A \to B$"读作"爆炸律"的话，即矛盾推出一切，矛盾导致一个理论自毁，那么，确实有必要限制这个定理的使用，甚至有必要让它以及相关的逻辑规律失效。因为，在我们所熟悉的认知实践和思维实践中，"矛盾"并没有如此神奇的魔力，它只是揭示出一个理论存在的问题，但不足以导致一个理论自毁。可以举出很多佐证。

首先，在科学史上，尽管我们在一个正在发展的理论中发现了矛盾，但我们并不因此就简单地放弃该理论，认为它是不足道的；而只是认为，所发现的矛盾说明我们的理论遇到麻烦，还很不成熟，需要进一步发展，使其逐渐成熟起来。如果我们暂时不能解决这些矛盾，我们就把它们搁置起来，继续发展和应用该理论，或许等到该理论变得更为成熟和丰满了，我们就知道那些矛盾是如何产生的，并如何去消除它们。

其次，一个国家通常有一套以宪法为核心的法律体系，其中有难以计数的分门别类的法律、法规和法条，我们很难保证在这些法律条文之间没有逻辑矛盾。当发现某些法律条文相互矛盾或冲突之后，我们会按爆炸律行事，马上废止所有那些法律条文甚至整个法律体系吗？通常不会这样做，因为即使修改法律条文也需要走法律程序，这需要很长的时间。在这段时间内，社会仍然需要法制和法治。因此，我们通常会便宜行事，由有关机关对有关法律条文做出司法解释，随后由立法机关通过正常程序对相关条文做出修改。

再次，我们现在已经进入数字化和网络化的时代，我们要使用庞大的数据库，其中的数据有不同的来源，我们也很难预先进行实质性审查，因此几乎可以肯定，其中存在相互矛盾或冲突的信息。发现矛盾或冲突之后怎么办？我们大概不会关闭或废止该数据库，而是让矛盾或冲突暂时存在，以后想办法去消除它们。

所有这些都表明，矛盾并不导致推出一切，矛盾也不一定会导致相关的理论自毁。正是在这个意义上，次协调逻辑让所谓的"爆炸律"及其相关规律失效，是有道理的，应得到很强的支持。作为没有办法的"办法"，我们暂时"容忍"甚至"接受"一个理论中的矛盾，但把它们圈禁起来，不让它们兴风作浪，不让它们去感染该理论中其他健康的机体，以免该理论自毁。但不能由此进一步推出：我们最终要接受这些所谓的"真矛盾"，与它们永久地和平共处。相反，我们始终认为，这些矛盾属于"不正常"，是一个理论"患病"的征兆，若机会适宜或得当，我们还是要消除这些矛盾，治愈那个"患病"的理论。我们这样做，是基于一个重要的理由：如果矛盾都能够容忍和接受，那么，还有什么别的东西不能容忍和接受？我认为，这才是对"A∧¬A→B"的正确解读，所谓的"爆炸律"则是对它的误读。

附带指出，我同意冯·赖特的如下论断：有一种说法需要予以纠正，即我们在悖论中**证明**（prove）了一个（逻辑）矛盾。这一说法是不正确的，至少是不严谨的。在任何情况下，我们都不能说已经证明了一个矛盾，因为（逻辑）矛盾按其本性来说就是不能被证明的东西，"证明"一词的意义自动排除了证明矛盾的说法。正确的说法是：我们已经从某个或某些前提出发合乎逻辑地推导出（derived）一个矛盾。于是，所证明的不是矛盾，而是一个条件句形式的真命题：

$$p \rightarrow (q \leftrightarrow \neg q) \lor (q \land \neg q)$$

只不过在不同的悖论那里, p 和 q 将代表不同的命题。例如, 在说谎者悖论那里, 所证明的是这样一个条件命题: 如果允许一个语句说自身为假的话, 则 " '本语句是假的' 是真的当且仅当 '本语句是假的' 不是真的"。

四、悖论能否得到最终的解决?

有些论者认为, 悖论是不可避免的, 并给出了本体论论证和认识论论证。所谓 "本体论论证", 我是指把导致悖论的自我指称、自相缠绕普遍化、实在化的做法, 把它们当作是客观事物本来的存在方式。既然客观事物只能如此存在, 我们也只能如此认识, 由此形成思维中的自相缠绕、自我指称, 由此形成摆脱不了的思维怪圈——悖论。这种论证的代表者是《哥德尔、埃舍尔、巴赫——集异璧之大成》的作者霍夫施塔特以及有辩证法背景或倾向的学者。所谓认识论论证, 我是指把悖论产生的根源归结为思维的本性的做法。例如, 有的论者明确指出: 由于悖论是客观实际与主观认识矛盾的集中体现, 因此, 从认识论的角度看, 悖论的出现不可能完全避免。悖论的这种不可避免性是由认识的本性所决定的。他们引述列宁的话说, 如果不把连续的东西割断, 不使活生生的东西简单化、粗糙化, 不加以割碎, 不使之僵化, 思维就不能想象、表达、测量、描述运动。不仅思维是这样, 而且感觉也是这样; 不仅对运动是这样, 而且对任何概念都是这样。于是, 人们对生动的实在的认识总是一种简单化、粗糙化、僵化的过程, 往往包含着对客观事物辩证性质的一定的歪曲, 从而在一定的条件下就可能导致悖论。[1] 从悖论不可避免到悖论不应该避免, 这两者之间只有一步之遥: 既然悖论是人的认识不可避免的, 因此我们就应该承认它, 学会与它和平共处, 悖论因此就不应该避免。允许悖论的次协调逻辑和其他方案就这样产生了。

我对上面的认识论论证有些同情, 但对于本体论论证却缺乏任何同情。在我看来, 同一律、矛盾律和排中律是我们的合理思维或正确思维的

---

[1] 参见夏基松、郑毓信:《西方数学哲学》,188 页。

基础假定,甚至就是理性思维的定义条件或构成条件,它们确保我们的思维具有确定性、一致性和明确性,是不同人们之间的思维具有可交流性、可理解性、可批判性的前提。辩证法所反映的是客观事物本身的矛盾,它的成果若要被人所理解、交流和批评,则它们也应遵守形式逻辑的规律。辩证法就其本性来说,与形式逻辑并不矛盾,它只是超越了形式逻辑而已。既然矛盾律不可动摇,于是悖论在思维和理论中不能容忍,必须予以排除。如何排除?我前面指出过,在导致悖论的论证中,我们所证明的是一个条件命题:$p \rightarrow (q \leftrightarrow \neg q) \lor (q \land \neg q)$,这里$(q \leftrightarrow \neg q)$和$(q \land \neg q)$都是一个典型的逻辑矛盾,既然逻辑矛盾不能成立,根据否定后件式推理,p也不能成立。难题就在于确定这个导致悖论的p,不同的研究者会有不同的认识并做出不同的选择。

我的上述看法受到了冯·赖特相应看法的影响。他通过精确表述说谎者悖论和非自谓悖论证明:若假定某些前提,则会导致逻辑矛盾或悖论,矛盾在逻辑中不能允许,因此根据否定后件式,相应的前提必不成立。在非自谓悖论那里,所要否定的前提是"'非自谓的'表示、命名、指称某种性质如非自谓性",从而证明"非自谓的"并不指称任何性质;在说谎者悖论那里,所要否定的前提是"在'本语句是假的'中,主语'本语句'一词指称'本语句是假的'"。[1]

我们能够找到一种方法一劳永逸地摆脱所有悖论吗?我认为不能。由于实际情况的复杂性和人的认识能力的局限性,我们甚至不可能一下子找出所有的悖论,更不能一般性地弄清楚悖论产生的根源,因而也就不能提出关于悖论的一揽子解决方案。例如,就目前已经发现的严格悖论而言,我前面也只指出了它们产生的三个必要条件:自我指称,否定性概念,以及总体和无限。它们是不是悖论产生的充分条件?我目前无法做出断言。因此,仅目前所发现的那些悖论产生的根源就仍待梳理,更别说一下子指出所有悖论产生的根源了,当然更谈不上排除将来有可能出现的新悖

---

[1] 参见 von Wright, G. H. *Philosophical Logic*, pp. 1—24;pp. 25—33。

论了。对于悖论,我们只能一个个仔细分析,分门别类地提出解决方案,这些方案大都具有尝试性和相对性。但是,就目前所知的而言,它们都有助于排除或消解悖论,例如公理集合论,迄今在它里面没有发现新的悖论,一般认为也不大可能在它里面产生新的悖论,这就证明了这种方案的价值。

这里,我愿意再次重申在本书第一章曾谈到的悖论研究的意义,实际上也是悖论本身所隐含的思想文化价值和教育功能:

(1)悖论以触目惊心的形式向我们展示了:我们的看似合理、有效的"共识""前提""推理规则"在某些地方出了问题,我们思维的最基本的概念、原理、原则在某些地方潜藏着风险。揭示问题要比掩盖问题好。

(2)通过对悖论的思考,我们的前辈提出了不少解决方案,由此产生了许多新的理论,它们各有利弊。通过对这些理论的再思考,可以锻炼我们的思维,由此激发出新的智慧。

(3)从悖论的不断发现和解决的角度去理解和审视科学史和哲学史,不失为一种独特的和有益的视角。

(4)对各种已发现和新发现的悖论的思考,可以激发我们去创造新的科学或哲学理论,由此推动科学的繁荣和进步。

(5)通过对悖论的关注和研究,我们可以养成一种温和的、健康的怀疑主义态度,从而避免教条主义和独断论。这种健康的怀疑主义态度有利于科学、社会和人生。

最后,让我引用乔布斯(S. P. Jobs)所做的一则广告"不同凡想"(Think Differently)来结束本书:

> 向那些疯狂的家伙们致敬。他们特立独行;他们桀骜不驯;他们惹是生非;他们格格不入;他们用与众不同的眼光看待事物;他们不喜欢墨守成规,他们也不安于现状。你可以引用他们,质疑他们,颂扬或诋毁他们,但唯独不能漠视他们,因为他们改变了事物,推动人类不断前进。尽管他们是别人眼中的疯子,但却是我们眼中的天才,因为只有那些疯狂到以为自己能够改变世界的人,才能够真正改变这个世界。

参考文献

Barwise, J. and Etchemendy, J. *The Liar*, Oxford: Oxford University Press, 1987.

Beall, J. C. (ed.), *Revenge of the Liar*, Oxford: Clarendon Press, 2003.

Beall, J. C. (ed.), *Liars and Heaps*, Oxford: Oxford University Press, 2007.

Brandom, R. and Rescher, R. *The Logic of Inconsistency*, Oxford: Blackwell, 1990.

Cargile, J. *Paradoxes: A Study in Form and Predication*, Cambridge: Cambridge University Press, 1979.

Chihara, C. S. *Ontology and the Vicious-Circle Principle*, Ithaca, New York: Cornell University Press, 1973.

Clark, M. *Paradoxes from A to Z*, 2nd edition, London and New York: Routledge, 2007.

Cook, R. T. *Paradoxes*, Cambridge: Polity Press, 2013.

Field, H. *Solving Truth from Paradox*. Oxford and New York: Oxford University Press, 2008.

Haack, S. *Deviant Logic*, Cambridge: Cambridge University Press, 1974.

Hawson, G. *Hume's Problem: Induction and the Justification of Belief*. Oxford: Clarendon Press, 2000.

Keefe, R. *Theories of Vagueness*, Cambridge: Cambridge University Press, 2001.

Koons, R. C. *Paradoxes of Belief and Strategic Rationality*, Cambridge University Press, 1992.

Kripke, S. *Philosophical Troubles*, *Collected Papers*, Volume I, Oxford and New York: Oxford University Press, 2011.

Mackie, J. L. *Truth, Probability and Paradox, Studies in Philosophical Logic*, Oxford: Clarendon Press, 1973.

Maudlin, T. *Truth and Paradox, Solving the Riddles*, Oxford: Clarendon, 2004.

Martin, R. L. *The Paradox of Liar*, Calif. Ridgeview, Reseda, 1970.

Martin, R. L. （ed.）：*Recent Essays on Truth and the Liar Paradox*, Oxford：Clarendon Press, 1984.

McGee, V. *Truth*, *Vagueness*, *Paradox*, Indianapolis：Hackett, 1991.

Olin, D. *Paradox*, Rickmansworth：Acumen, 2003.

Priest, G. *In Contradiction*, Dordrecht：Martinus Nijhoff, 1987.

Priest, G. *et al* (eds.)：*Paraconsistent Logic*, Munich：Philosophia Verlag, 1989.

Priest, G. *Beyond the Limits of Thought*, 2nd Edition, Oxford：Clarendon Press, 2002.

Priest, G. *An Introduction to Non-Classical Logic*, 2nd edition, Cambridge：Cambridge University Press, 2008.

Quine, W. V. *The Ways of Paradox and Other Essays*, New York：Random House, 1966.

Rescher, N. *Paradoxes*：*Their Roots*, *Range*, *and Resolution*, Chicago and La Salle, Ill：Open Court, 2001.

Sainsbury, R. M. *Paradoxes*, 3rd edition, Cambridge：Cambridge University Press, 2009.

Salmon, W. C. （ed.）, *Zeno's Paradoxes*, Indianapolis：Bobbs-Merrill, 1970.

Smilansky, S. *10 Moral Paradoxes*, Oxford：Blackwell Publishing, 2007.

Williamson, T. *Vagueness*, London, Routledge, 1994.

亚历山大·柯瓦雷：《从封闭世界到无限宇宙》，张卜天译，北京：北京大学出版社，2003 年。

巴里·施瓦茨：《选择的悖论：用心理学解读人的经济行为》，杭州：浙江大学出版社，2013 年。

陈波：《逻辑哲学导论》，北京：中国人民大学出版社，2000 年。

陈波：《逻辑学是什么》，北京：北京大学出版社，2002 年。

陈波：《逻辑学导论》第二版，北京：中国人民大学出版社，2006 年。

陈波：《逻辑学十五讲》，北京：北京大学出版社，2008 年。

陈波：《逻辑哲学》，北京：北京大学出版社，2005 年。

陈波：《与大师一起思考》，北京：北京大学出版社，2012 年。

陈晓平：《归纳逻辑与归纳悖论》，武汉：武汉大学出版社，1994 年。

陈晓平：《贝叶斯方法与科学合理性——对休谟问题的思考》，北京：人民出版社，2010 年。

布鲁诺·恩斯特：《魔镜：埃舍尔的不可能世界》，田松等译，上海：上海科技教育出版社，2002 年。

戴维·埃德蒙兹：《你会杀死那个胖子吗？一个关于对与错的哲学谜题》，姜微微译，北京：中国人民大学出版社，2014 年。

邓生庆、任晓明：《归纳逻辑百年历程》，北京：中央编译出版社，2006 年。

顿新国：《归纳悖论研究》，北京：人民出版社，2012 年。

侯世达：《哥德尔、艾舍尔、巴赫——集异璧之大成》，郭维德等译，北京：商务印书馆，1997 年。

《科学美国人》编辑部编：《从惊讶到思考——数学悖论奇景》，李思一、白葆林译，北京：科学技术出版社，1984 年。

詹姆斯·卡斯：《有限与无限的游戏：一个哲学家眼中的竞技世界》，马小悟、余倩译，北京：电子工业出版社，2013 年。

吉姆·艾尔-哈利利：《悖论——破解科学史上最复杂的 9 大谜团》，戴凡惟译，北京：中国青年出版社，2014 年。

雷蒙德·斯穆里安：《这本书叫什么？——奇谲的逻辑谜题》，康宏逵译，上海：上海译文出版社，1987 年。

雷蒙德·斯穆里安：《女人和老虎以及其他逻辑谜题》，胡义昭译，重庆：重庆大学出版社，2010 年。

迈克尔·桑德尔：《公正：该如何做是好？》，朱慧玲译，北京：中信出版社，2011 年。

罗伊·索伦森：《悖论简史——哲学和心灵的迷宫》，贾红雨译，北京：北京大学出版社，2007 年。

罗素：《数理哲学导论》，晏成书译，北京：商务印书馆，1982 年。

罗素：《逻辑与知识》，苑利均译，北京：商务印书馆，1996 年。

罗素：《哲学问题》，何兆武译，北京：商务印书馆，1999 年。

马丁·戴维斯：《逻辑的引擎》，张卜天译，长沙：湖南科学技术出版社，2005 年。

马丁·加德纳：《悖论与谬误》，封宗信译，上海：上海科技教育出版社，2012 年。

欧内斯特·内格尔、詹姆士·R.纽曼：《哥德尔证明》，陈东威、连永军译，北京：中国人民大学出版社，2008 年。

潘天群：《博弈生存——一种社会现象的博弈论解读》，北京：中央编译出版社，2004 年。

佩格·蒂特尔：《图利的猫——史上最著名的 116 个思想悖论》，李思逸译，重庆：重庆大学出版社，2012 年。

卡斯滕·哈里斯：《无限与视角》，张卜天译，长沙：湖南科学技术出版社，2014 年。

钱广荣：《道德悖论现象研究》，芜湖：安徽师范大学出版社，2013 年。

乔治·伽莫夫：《从一到无穷大：科学中的事实和臆测》，暴永宁译，北京：科学出版社，2002 年。

乔治·伽莫夫、罗素·斯坦纳德：《物理世界奇遇记》，吴伯泽译，北京：科学出版社，2008 年。

任晓明主编：《新编归纳逻辑导论——机遇、决策和博弈的逻辑》，郑州：河南人民出版社，2009 年。

斯蒂芬·里德：《对逻辑的思考—逻辑哲学导论》，李小五译，沈阳：辽宁教育出版社，1998 年。

苏珊·哈克：《逻辑哲学》，罗毅译，北京：商务印书馆，2003 年。

塔斯基：《逻辑与演绎科学方法论导论》，周礼全等译，北京：商务印书馆，1963 年。

托马斯·卡思卡特：《电车难题：该不该把胖子推下桥?》，朱沉之译，北京：北京大学出版社，2014 年。

王浩：《逻辑之旅——从哥德尔到哲学》，刑滔滔等译，杭州：浙江大学出版社，2009 年。

王浩：《超越分析哲学——尽显我们所知领域的本相》，徐英瑾译，杭州：浙江大学出版社，2010 年。

王建芳：《语义悖论与情境语义学》，北京：中国社会科学出版社，2009 年。

王天思：《悖论问题的认识论研究》，上海：上海世纪出版集团，2012 年。

王习胜：《泛悖论与科学理论的创新机制》，北京：北京师范大学出版社，2013 年。

威廉姆森：《知识及其限度》，陈丽、刘占峰译，北京：人民出版社，2013 年。

威廉姆·庞德斯通：《推理的迷宫——悖论、谜题及知识的脆弱性》，李大强译，北京：北京理工大学出版社，2005 年。

熊明：《塔斯基定理与真理论悖论》，北京：科学出版社，2014 年。

张建军：《逻辑悖论研究引论》，南京：南京大学出版社，2002 年。

张建军、黄展骥：《矛盾与悖论新论》，石家庄：河北教育出版社，1998 年。

张维迎：《博弈与社会》，北京：北京大学出版社，2013 年。

Stanford Encyclopedia of Philosophy, http://plato. stanford. edu/.

Internet Encyclopedia of Philosophy, http://www. iep. utm. edu/.

Wikipedia, The Free Encyclopedia, http://en. wikipedia. org/wiki/Wikipedia.

百度百科：http://baike. baidu. com/.

索　引